产品设计
与开发

（原书第7版）

[美] 　卡尔·T. 乌利齐　　史蒂文·D. 埃平格　　玛丽亚·C. 杨　　著
　　（Karl T. Ulrich）　（Steven D. Eppinger）　（Maria C. Yang）

杨青　田平野　等译

Product Design
and Development

Seventh Edition

机械工业出版社
CHINA MACHINE PRESS

Karl T. Ulrich，Steven D. Eppinger，Maria C. Yang

Product Design and Development，Seventh Edition

9781260043655

Copyright © 2020 by McGraw-Hill Education.

图书在版编目（CIP）数据

产品设计与开发：原书第 7 版 /（美）卡尔·T. 乌利

齐 (Karl T. Ulrich),（美）史蒂文·D. 埃平格

(Steven D. Eppinger),（美）玛丽亚·C. 杨

(Maria C. Yang) 著；杨青等译 . -- 北京：机械工业

出版社，2024. 9. -- ISBN 978-7-111-76665-0

Ⅰ. TB472；F273.2

中国国家版本馆 CIP 数据核字第 20248RV108 号

机械工业出版社（北京市百万庄大街 22 号　邮政编码 100037）
策划编辑：曲　熠　　　　　　　　责任编辑：曲　熠
责任校对：甘慧彤　张慧敏　景　飞　责任印制：任维东
三河市骏杰印刷有限公司印刷
2025 年 1 月第 1 版第 1 次印刷
186mm×240mm · 26.75 印张 · 510 千字
标准书号：ISBN 978-7-111-76665-0
定价：99.00 元

电话服务　　　　　　　　　网络服务
客服电话：010-88361066　　机 工 官 网：www.cmpbook.com
　　　　　010-88379833　　机 工 官 博：weibo.com/cmp1952
　　　　　010-68326294　　金 书 网：www.golden-book.com
封底无防伪标均为盗版　机工教育服务网：www.cmpedu.com

译 者 序

1991年大学毕业后，我在航天某研究院从事了近十年的复杂研发项目管理工作。后来就职于大学，也一直从事研发项目管理的教学和研究工作。我对复杂研发项目管理有深入的体会和浓厚的兴趣，但在这个过程中，一直有一个非常大的缺憾，就是在市面上没有一本书能够对复杂产品开发的流程和主要工具及方法进行全面、系统、通俗的阐释。

直到2010年，我在美国宾夕法尼亚州立大学访问，一个阳光明媚的上午，当我在图书馆的书架上发现这本书时，*Product Design and Development* 这个书名使我眼前豁然一亮，书中对产品设计和开发流程深入浅出、通俗易懂的描述像磁铁一样深深地吸引着我。本书作者在产品开发、研发项目管理方面有着深厚的造诣和影响力，他们的学术文章我也拜读过很多，由此，我产生了翻译这本书的想法。

回国后，我将这本书的部分内容做了简单的翻译并推荐我的研究生阅读，同时也非常期望有机会扩大这本书在国内的影响，使更多的人受益。几年前一次偶然的机会，机械工业出版社的编辑找到了我，期望我翻译这本书，我毫不犹豫地欣然接受。

中国正处于从制造业大国向创新型国家转变和数字化转型升级的关键时期，党的十九大提出了"加快建设创新型国家"的新发展理念，指出创新是引领发展的第一动力，是建设现代化经济体系的战略支撑。国家统计局数据显示，2022年我国全社会研发经费投入达3.09万亿元，稳居世界第二，我国研发投入强度再创新高。其中，企业是研发投入主体，华为、阿里巴巴等企业在全球研发投入榜中名列前茅。各行业的巨额研发投入催生出大量的新产品开发项目，正如中国工程院杨善林院士指出的，复杂产品的研制是一类事关国家核心竞争力的重大工程，深入研究复杂研发项目管理理论与方法，为企业提高自主创新能力提供理论与方法支持，是管理科学工作者义不容辞的责任。

无论是产品设计方面的工程技术人员还是研发项目管理人员，都会通过本书受到启迪。阅读本书可以使我们了解复杂产品设计开发与管理中涉及的诸多细节和结构化流程方法，以及市场营销、项目经济性评估、面向制造的设计、面向环境的设计、研发项目管理等前沿内容。

本书主要特点如下。

- **知识体系完整、系统**。本书涵盖产品设计与开发过程中涉及的方方面面，包含两条主线：一条主线是研发项目生命期，包括从机会识别、产品规划直至概念测试等各阶段的主要工作内容和工具；另一条主线是研发各阶段都会用到的支撑性方法和工具，如工业设计、面向环境的设计、面向制造的设计、产品开发项目的经济分析、产品开发项目管理等。
- **采用结构化方法进行阐述，通俗易懂**。本书强调采用结构化方法解决问题，包括结构化流程和结构化工具，这些结构化方法更加易于理解、易于掌握、易于推广。
- **实践性强**。每章均通过案例进行相关原理的分析和论述，各章最后均附有练习、思考题和参考文献，使读者能体会到知识的实用性和可操作性。

本书既可以作为从事产品设计与开发的工程设计人员和项目管理人员的实践指南，也适合作为产品设计和项目管理等相关专业本科生、研究生、工程硕士研究生和 MBA 的产品创新管理、技术管理、研发项目管理课程的辅助教材。

阅读本书时，你将体验真实的产品设计与开发环境，在错综复杂的新产品研发世界中自由翱翔。如果本书能成为一张请柬，邀请读者对产品设计与开发中涉及的技术问题和管理问题做进一步有益的探索，那么我将喜出望外。

第 7 版在原有版本的基础上对大量的案例进行了更新，并对部分内容进行了补充。例如，第 13 章增加了面向供应链的设计相关内容。本次再版，在案例方面会使读者耳目一新，阅读体验提高。

感谢参与第 7 版翻译工作的博士和硕士研究生，他们是高杰、尹弘毅、庞佳怡、李依航、田平野、韩瑛。同时，感谢为本书提供修订意见的所有人。

感谢本书第 4～6 版的译者和编辑，他们的工作为本书的翻译提供了许多有益的启发。

谨以本书献给致力于产品设计和研发管理的读者，祝大家阅读愉快！

杨 青

2024 年 1 月 8 日于北京牡丹园

前　言

　　本书是我们在产品开发这一跨学科课程的讲义基础上编写的。参加该课程的人员包括工程和工业设计领域的研究生和MBA。尽管本书主要面向的是上述跨学科领域研究生水平的读者，但是许多工程设计领域的本科生和研究生教师也会发现它是一本非常有用的教学参考书。同时，本书对实践中的专业人士也非常有用。实际上，本书不可避免地需要针对专业的读者来编写，因为我们的大部分学生本身就是专业人士，他们要么从事产品开发工作，要么从事与之密切相关的工作。

　　本书把市场营销、设计以及工业制造的观点融合为产品开发的整体思路。因此，它使每个学生都能准确地理解实实在在的产品开发实践，以及开发团队中各种不同成员扮演的复杂而重要的角色。本书还特别关注业内的实践者，为他们提供了一系列产品开发方法，这些方法可以快速地应用于产品项目开发实践。

　　在学术界常常会存在这样的争议，工业设计的教学工作是应该首先为学生建立坚实的理论基础，还是应该鼓励学生在管理不是那么严格的情况下开展工业实践活动？对于更广泛的产品设计与开发活动，我们摒弃这两种极端情况。没有付诸实践的理论都是空谈，因为很多细微的差别和微妙之处只有通过实践才能学到，并且还有一些非常必要的实践工作缺乏足够的理论基础。实践如果没有理论的指导，很容易产生混乱，也无法利用成功的产品开发专业人员和研究人员长期积累的知识和经验。在这方面，产品开发如同航海，不断实践可以使航海技术变得非常熟练，但是关于航海理论知识和船舶运作原理（甚至技巧）的指导也会对航海有很大的帮助。

　　我们试图通过强调方法在理论与实践之间寻找平衡。我们所提出的方法是一个按部就班完成任务的过程，但它几乎体现不出清晰而精确的理论。在某些情况下，正如第18章中所提到的，方法是由传统的研究和实践来支撑的。在另外一些情况下，方法是非常新颖的专业技术的精华，就像第12章中提到的一样。在所有情况下，方法都会为解决产品开发问题提供具体的途径。根据我们的经验，最好是在工业或学术背景下的项目中通过结构化方法来学习产品开发。因此，我们希望本书能够在课程项目或工业实践背景下为产品开发任务提供指南。

本书的每一种方法都通过具体的工业实例或者案例研究来说明。每一章都选择了不同的产品作为实例，而不是在全书中都使用相同的例子。我们使用多种多样的实例，是因为这样可以使本书更加有趣，并且也可以说明这些方法可广泛应用于从工业设备到消费产品的各个领域中。

我们将本书设计得非常模块化——它由19章构成，每一章都为产品开发流程中的一个具体环节提出了一种开发方法。这种模块化的好处在于使得每一章都可以独立于其他部分使用，这样教师、学生和从业者就可以快速找到他们最需要的材料。

本书的第7版对全书的案例和数据进行了更新，融入了相关研究和创新实践的新观点，并对全书进行了修订。

作为对本书的补充，我们还建立了一个网站，主要是为教师、学生以及从业者提供网上资源。我们将及时对其进行更新，包括及时补充其他参考材料和案例，并且给出相关资源的链接。大家可以通过访问 www.pdd-resources.net 来查阅和使用这些资源。

结构化方法在产品开发中的应用也有助于对开发流程的研究和改进。实际上，我们希望读者能够以本书的思想作为种子，创造自己的开发方法，从而使其能够适合自己的个性、智慧以及企业环境等。我们鼓励读者与我们分享经验并且提供一些改进建议，您可以通过邮件告诉我们您的想法和意见，我们的电子邮箱是 ulrich@wharton.upenn.edu、eppinger@mit.edu 和 mcyang@mit.edu。

致　谢

数以百计的人以各种方式为本书做出了贡献。我们感谢众多的业内实践者，他们提供了大量数据、实例还有观点。我们感谢众多的学术界同事、研究助理和支持人员，以及我们的赞助商和 McGraw-Hill 团队，他们给予了我们很多帮助。事实上，如果没有这么多专家、同事和朋友的协助，我们是难以完成本书的出版的，再次感谢所有人。

开发本书的资金支持主要来自 Alfred P. Sloan 基金、MIT 的制造业领导者项目（LFM）以及 MIT 产品开发创新中心（CIPD）。

许多业内实践者帮助我们收集数据和整理案例。我们特别向以下各位表示感谢：Richard Ahern、Liz Altman、Lindsay Anderson、Terri Anderson、Mario Belsanti、Mike Benjamin、Scott Beutler、Bill Burton、Michael Carter、Jim Caruso、Pat Casey、Scott Charon、Victor Cheung、James Christian、Alan Cook、David Cutherell、Tim Davis、Tom Davis、John Elter、George Favaloro、Marc Filerman、David Fitzpatrick、Gregg Geiger、Anthony Giordano、David Gordon、Kamala Grasso、Matt Haggerty、Rick Harkey、Matthew Hern、Alan Huffenus、Art Janzen、Randy Jezowski、Carol Keller、Edward Kreuzer、David Lauzun、Peter Lawrence、Brian Lee、David Levy、Jonathan Li、Albert Lucchetti、Brint Markle、Paul Martin、Doug Miller、Leo Montagna、Al Nagle、John Nicklaus、Hossain Nivi、Chris Norman、Paolo Pascarella、E. Timothy Pawl、Parika Petaipimol、Paul Piccolomini、Amy Potts、Earl Powell、Jason Ruble、Virginia Runkle、Nader Sabbaghian、Mark Schurman、Norm Seguin、David Shea、Wei-Ming Shen、Sonja Song、Leon Soren、Paul Staelin、Michael Stephens、Scott Stropkay、Larry Sullivan、Malcom Taylor、Brian Vogel、David Webb、Bob Weisshappel、Dan Williams、Gabe Wing、Sabrina Chang Svec、Mark Winter 和 Raymond Wong。

我们也得到了许多同事的大力协助。在某些特别的教学和研究工作中，我们经常得到他们的鼓励和支持，有些已在本书中得到反映。特别感谢 MIT 工程学院与管理学院，我们合作的项目包括 LFM、LGO、SDM、IDM 和 CIPD。在与这些项目相关的教职员工合作的过程中我们受益颇多，尤其要感谢 Gabriel Bitran、Kent Bowen、Don Clausing、Tom Eagar、Charlie Fine、Woodie Flowers、Steve Graves、John Hauser、Rebecca Henderson、Maurice Holmes、Matt Kressy、Tom Magnanti、Kevin Otto、Don Rosenfield、Warren Seering、Shoji Shiba、Anna Thornton、Jim Utterback、Eric von Hippel、Dave Wallace 和 Dan Whitney。我们得到了来自 LFM、CIPD 以及 Gordon 著作基金会的资助。最重要的是，MIT 的合作伙伴为我们提供了接触产品开发与制造领域工业项目和研究问题的特殊途径。

许多教授也帮助我们审阅了书中的章节，并通过本书内容在班级教学中的实践为我们提供了大量的反馈信息。我们特别感谢这些审阅人员和"β 测试者"，他们是 Alice Agogino、Steven Beyerlein、Don Brown、Steve Brown、Charles Burnette、Gary Cadenhead、Roger Calantone、Cho Lik Chan、Kim Clark、Richard L. Clark、Jr.、Morris Cohen、Denny Davis、Michael Duffey、William Durfee、Donald Elger、Josh Eliashberg、David Ellison、Woodie Flowers、Gary Gabriele、Paulo Gomes、Abbie Griffin、Marc Harrison、Rebecca Henderson、Tim Hight、Mike Houston、Marco Iansiti、Kos Ishii、Nitin Joglekar、R. T. Johnson、Kyoung-Yun "Joseph" Kim、Annette Köhler、Viswanathan Krishnan、Yuyi Lin、Richard Locke、Bill Lovejoy、Jeff Meldman、Farrokh Mistree、Donatus Ohanehi、Wanda Orlikowski、Louis Padulo、Matthew Parkinson、Robert Pelke、Warren Seering、Paul Sheng、Robert Smith、Carl Sorensen、Michael A. Stanko、Mark Steiner、Cassandra Telenko、Christian Terwiesch、Chuck Turtle、Marcie Tyre、Dan Whitney、Kristin Wood、Maria Yang 和 Khim-Teck Yeo。

一些业内的实践者和培训专家也在审阅和评论各章原稿的时候为我们提供了帮助，他们是 Wesley Allen、Jerome Arul、Geoffrey Boothroyd、Gary Burchill、Clay Burns、Eugene Cafarelli、James Carter、Kimi Ceridon、David Cutherell、Gerard Furbershaw、Jack Harkins、Gerhard Jünemann、David Meeker、Ulrike Närger、B. Joseph Pine II、William Townsend、Brian Vogel 和 John Wesner。

我们也想感谢试听相关课程的数千名学生。他们分布于麻省理工学院、赫尔辛基理工大学、罗得岛设计学院、巴黎高等商学院、STOA（意大利）、宾夕法尼亚大学和南洋理工大学的不同教学项目。许多学生提出了有助于提升教材水平的建设性意见并提供了我们最终选用的材料。此外，观察学生在产品开发项目中如何使用这些方法有助于我们进一步完善材料。

MIT 的几位学生研究助理对本书中开发方法、实例和数据的调研工作提供了帮助。他们是 Michael Baeriswyl（第 12、17、18 章）、Anitha Balasubramaniam（第 18 章）、Paul Brody

（第 11 章）、Tom Foody（第 18 章）、Amy Greenlief（第 14 章）、Christopher Hession（第 4 章）、Eric Howlett（第 8 章）、Emily Hsu（第 11 章）、Timothy Li（第 5 章）、Tom Pimmler（第 13 章附录）、Stephen Raab（第 19 章）、Harrison Roberts（第 13 章附录）、Jonathan Sterrett（第 5 章）和 Gavin Zau（第 7 章）。

还有一些 MIT 的学生也通过数据收集、提供评价和提出批评建议的方式为部分相关章节提供了帮助，他们是 Tom Abell、E. Yung Cha、Steve Daleiden、Russell Epstein、Matthew Fein、Brad Forry、Mike Frauens、Ben Goss、Daniel Hommes、Bill Liteplo、Habs Moy、Robert Northrop、Leslie Prince Rudolph、Vikas Sharma 和 Ranjini Srikantiah。

McGraw-Hill/Irwin 团队的工作是极为优秀的。特别感谢我们的责任编辑 Laura Hurst Spell。同样感谢项目经理 Lisa Bruflodt、文案编辑 Jennifer Blankenship 和图片设计师 Jacob Sullivan。

最后，感谢家人的关爱与支持，感谢父母给予的诸多鼓励。Nancy、Julie、Tony、Lauren、Andrew、Jamie、Nathan、Pablo 和 Luca 在长达数年的本书写作过程中表现出了无尽的耐心。

卡尔·T. 乌利齐

史蒂文·D. 埃平格

玛丽亚·C. 杨

目　　录

第 1 章

概　论

（从左上方顺时针方向：分别由 Belle-V LLC、AvaTech、Oleksiy Maksymenko Photography/Alamy、
Oleksiy Maksymenko Photography/Alamy 和 Robert Clayton/Alamy 提供）

图表 1-1　工程化的、离散的、有形的产品实例（从左上方顺时针方向）：Belle-V 冰激凌勺、
AvaTech 雪崩探测器、iRobot Roomba 吸尘器、Tesla 的 S 型汽车、波音 787 客机

大多数企业在经济上的成功取决于识别客户需求、快速研制产品以满足客户需求，以及以较低的成本生产的能力。要实现这些目标不仅仅是营销问题，也不仅仅是设计问题或制造问题，而是一个涉及所有职能的产品开发问题。本书提供了一系列方法，旨在提高跨职能团队一起工作并开发产品的能力。

产品（product）是企业向客户销售的东西。产品开发（product development）始于发现市场机会，止于产品的生产、销售和交付，由一系列活动组成。尽管本书的大部分资料对任何产品的开发都是有用的，但我们还是将重点放在集中讨论工程化的、离散的、有形的产品上。图表 1-1 展示了这类产品的几个例子。由于我们关注的是工程化的产品，因此本书更适用于电动工具和计算机外设设备（而非杂志或毛衣）的开发。由于我们关注的是离散的产品，因此本书不太适用于诸如汽油、尼龙和纸张等产品的开发。由于我们关注的是有形的产品，因此我们不强调在开发服务或软件中所涉及的具体问题。尽管有这些局限，本书所提出的方法仍可以很好地应用于大部分的产品，例如消费电子产品、运动器材、科学仪器、机床和医疗设备等。

本书的目的是呈现一整套清晰、详细的产品开发方法，以整合企业的营销、设计和制造职能。在本章中，我们将描述产品开发工业实践的主要方面，并提供本书的路线图。

1.1　成功的产品开发的特点

从投资者的角度来看，在一个以盈利为目的的企业中，成功的产品开发可以使产品的生产和销售实现盈利，但是盈利能力往往难以被迅速、直接地评估。通常，可从五个具体的维度（它们最终都与利润相关）来评估产品开发的绩效：

- **产品质量**（product quality）。开发出的产品有哪些优良特性？它是否能满足客户的需求？它的稳健性（robust）和可靠性如何？产品质量最终反映在其市场份额和客户愿意支付的价格上。
- **产品成本**（product cost）。产品的制造成本是多少？成本包括：固定设备和工装费用，以及为生产每一单位产品所增加的边际成本。产品成本决定了企业以特定的销售量和销售价格所能够获得的利润。
- **开发时间**（development time）。团队能够以多快的速度完成产品开发工作？开发时间决定了企业如何对外部竞争和技术发展做出响应，以及企业能够多快从团队的努力中获得经济回报。

- **开发成本**（development cost）。企业在产品开发活动中需要多少花费？通常，在为获得利润而进行的所有投资中，开发成本占可观的比重。
- **开发能力**（development capability）。根据以往的产品开发项目经验，团队和企业能够更好地开发未来的产品吗？开发能力是企业的一项重要资产，它使企业可以在未来更高效、更经济地开发新产品。

在这五个维度的良好表现将最终为企业带来经济上的成功。然而，其他维度的性能标准也很重要。这些标准源自企业中的其他利益相关者，包括开发团队的成员、其他员工和生产产品所在的社区。开发团队的成员可能会对开发一个令人兴奋的产品感兴趣。生产产品所在社区（community）的成员可能更关注该产品所创造就业机会的多少。生产工人和产品使用者关注开发团队应使产品有较高的安全标准，无论这些标准对于基本利润是否合理。其他与企业或产品没有直接关系的个人可能会从生态的角度要求产品合理利用资源，并尽量减少危险废弃物。

1.2　谁来设计和开发产品？

产品开发是一个跨学科的活动，它需要来自企业几乎所有职能部门的参与。然而，三个职能在产品开发项目中处于核心地位：

- **市场营销**。市场营销职能协调企业与客户之间的关系。市场营销往往有助于识别产品机会、确定细分市场、识别客户需求。市场营销还可加强企业与客户之间的沟通、设定目标价格并监督产品的发布和推广工作。
- **设计**。设计职能在确定产品的物理形态以最好地满足客户需求方面发挥着重要的作用。本书所述设计职能包括工程设计（机械、电子、软件等）和工业设计（美学、人机工程、用户界面等）。
- **制造**。制造职能主要包括为生产产品而开展的生产系统的设计、运营和／或协调工作。广义的制造职能还包括采购、配送和安装。这一系列的活动有时也被称为供应链（supply chain）。

这些职能部门的不同员工通常在某些领域（例如市场调研、机械工程、电子工程、材料科学或制造运营等）接受过专门的培训。新产品的开发过程中通常也涉及财务、销售等其他辅助职能。除了这些广泛的职能类别之外，开发团队的具体组成取决于产品的具体特性。

很少有产品是由一个人单独开发的。开发产品的所有成员的集合组成了项目团队（project

team）。这个团队通常有唯一的团队领导，他可能是从企业的任何职能部门中抽调出来的。这个团队可以由一个核心团队（core team）和一个扩展团队（extend team）组成。为了高效地协同工作，核心团队通常保持较小的规模，而扩展团队可能包含数十个、数百个甚至数千个成员。（虽然"团队"这个术语不合适数千人的群体，在这里我们还是使用这个词，以此强调一个群体必须朝着一个共同的目标努力。）在大多数情况下，企业内部的团队将获得来自伙伴公司、供应商和咨询公司中个人或团队的支持。例如，在一种新型飞机的开发中，外部团队成员的数量可能比出现在最终产品设计名单上的公司内部团队成员的数量更多。图表1-2显示了一个中等复杂程度的机电产品开发团队的构成。

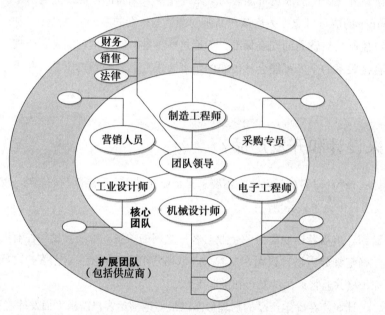

图表1-2　一个中等复杂程度的机电产品开发团队的构成

本书中，我们假定团队处于公司内部。事实上，一个以营利为目标的制造企业是最常见的产品开发机构形式，但其他的形式也是有可能的。产品开发团队有时在咨询公司、大学、政府机构和非营利组织中工作。

1.3　产品开发的周期时间和成本

大多数没有产品开发经验的人都会对产品开发所需的时间和金钱感到震惊。事实上，很少有产品能在1年内被开发出来，很多产品的开发需要3~5年的时间，有些甚至长达10年之久。图表 1-1 展示了五个工程化的、离散的产品。图表 1-3 显示了相关产品开发工作的大致规模以及产品的一些显著特征。

	Belle-V 冰激凌勺	AvaTech 雪崩探测仪	iBobot Roomba 吸尘器	Tesla 的 S 型汽车	波音 787 客机
年产量	10 000（把）	1 000（台）	2 000 000（台）	50 000（辆）	120（架）
销售生命期（年）	10	3	2	5	40
销售价格（美元）	40	2 250	500	80 000	2 500 000 000
特殊零件的数量（件）	2	175	1 000	10 000	130 000
开发时间（年）	1	2	2	4	7
内部开发团队最大规模（人）	4	6	100	1 000	7 000
外部开发团队最大规模（人）	2	12	100	1 000	10 000
开发成本（美元）	100 000	1 000 000	50 000 000	500 000 000	15 000 000 000
生产投资（美元）	20 000	250 000	10 000 000	500 000 000	15 000 000 000

图表 1-3　五种产品的属性和相关的开发工作。所有数据都是根据公开资料或企业内部人士提供的近似值

产品开发的成本大致与项目团队的人数和项目的持续时间成正比。除了开发成本之外，一个企业要在生产所需的工具和设备方面进行投资。这部分费用往往占产品开发总预算的 50%，然而，有时会把这些成本视为生产中固定成本的一部分。作为参考，生产投资与开发成本一同列于图表 1-3 中。

1.4　产品开发的挑战

开发大型的产品并非易事。很少有企业能够达到 50% 的成功率，这对产品开发团队来说是一个重大的挑战。使产品开发具有挑战性的一些特征是：

- **权衡**。飞机的重量可以被做得更轻，但这可能会增加制造成本。产品开发最困难的一个方面是认识、理解并管理这样的权衡，使产品成功的概率最大化。
- **动态性**。技术的提高、客户偏好的变化、竞争对手推出新产品，以及宏观经济环境的变化。在不断变化的环境中做出决策是一项艰巨的任务。
- **细节**。计算机外壳选择用螺钉还是卡扣的形式，在经济上会产生数百万美元的影响。即使开发一个中等复杂程度的产品也可能需要数千个这样的决策。

- **时间压力**。如果有足够的时间，许多困难都可以得到解决。但产品开发通常要求在没有完整信息的情况下迅速做出决策。
- **经济性**。开发、生产和销售一个新产品需要大量的投资。为了获得合理的投资回报，最终的产品必须既能够吸引消费者，生产成本又相对低廉。

对于很多人来说，产品开发因具有挑战性而非常有趣，对于其他的人来说，产品开发的几个本质特性也增强了它的吸引力：

- **创造性**。产品开发过程开始于一个想法，结束于一个有形物品的生产。无论是从整体还是从单项活动的角度来看，产品开发过程都是极具创造性的。
- **满足社会和个人的需求**。所有产品都是为了满足某种需求而生产的。对开发新产品感兴趣的人总能找到相应的机构，在那里他们开发新产品以满足他们认为重要的需求。
- **团队多样性**。新产品开发需要许多不同的技能和人才。因此，开发团队往往拥有大量具有不同的技能、经历、思维方式和个性的人。
- **团队精神**。产品开发团队往往是积极进取、具有协作精神的群体。团队成员可能集中办公，以便集中集体的智慧来创造产品。这种情况能够在团队成员之间产生持久的协作关系。

1.5 本书思路

我们关注企业核心职能部门涉及的产品开发活动。这里，我们将企业的核心职能定义为市场营销、设计和制造。我们希望团队成员在一个或多个特定的学科领域（如机械工程、电子工程、工业设计、市场调研或制造运营）已拥有相应的知识。因此，我们不讨论类似于如何进行应力分析或怎样展开一个联合调查这样的问题。这些是开发团队的成员应具有的学科技能。本书提出的集成方法旨在帮助具有不同的学科视角的人解决问题、做出决策。

1.5.1 结构化方法

本书包含开发活动所需的方法。这些方法是结构化的，这意味着我们会提供一套循序渐进的方法，并提供团队处理关键信息所用的模板。我们相信结构化的方法是有价值的，主要有三个方面的原因：第一，结构化的方法让团队中的每个人都能理解决策的基本原理，使决策过程更加清晰；第二，开发活动中关键步骤的"检查表"可以确保重要的问题不被遗忘；第三，结构化的方法在很大程度上可以自我记录，因此，在这些方法的实施过程中，团队在决策过程中创建的记录可供将来参考和培养新人之用。

虽然这些方法是结构化的，但它们不应该被盲目套用。这些方法是持续改善的起点。团队应该根据他们的需要不断修改和完善这些方法，这样才能真实反映他们所处的独特环境。

1.5.2　工业实例

本书其余各章都围绕工业实例展开。主要的例子包括：无线安全报警系统、激光猫玩具、数字复印机、恒温器、山地自行车悬架、无线电动钉枪、计量注射器、电动滑板车、计算机打印机、移动电话、办公室座椅产品、移动机器人、汽车安全带系统、咖啡杯隔热套、咖啡机和微缩胶卷。在大多数情况下，我们采用最简单的产品作为例子，以说明本书所提出方法的重要方面。例如，当注射器与喷气发动机都能说明一个方法时，我们采用注射器作为例子。然而，本书所述的各种方法已被无数的人成功应用于大小不同的工业项目中。

尽管本书是围绕例子展开的，但这并不表明各章仅仅是案例研究。我们使用例子的目的是阐述本书所提出的开发方法，因此，我们修改了例子中的一些细节以提高例子的呈现效果，并隐含了例子中的大量定量信息（特别是财务数据）。

1.5.3　组织表现

我们精心选择材料以阐述本书所述的方法，这些方法假设的条件是开发团队处于一个有利于成功的组织环境中。在现实中，有些组织也表现出一些阻碍产品开发的特征，包括：

- **团队缺乏授权**。在没有充分了解团队决策背景的情况下，总经理或职能经理不断干预开发项目的细节。
- **超越项目目标的职能控制**。市场营销、设计、制造的代表为了提高他们在企业中的地位，可能会对决策施加影响，而不考虑产品的整体成功。
- **资源缺乏**。人员不足、技能不匹配或缺乏资金、设备、工具等，都可能导致团队无法高效地完成开发任务。
- **缺乏跨职能的项目团队**。做出关键的开发决策时，没有市场营销、设计、制造或其他重要职能部门人员的参与。

虽然大多数组织在某种程度上表现出上述一个或多个特征，但是，这些问题的重要性在于它们会使正确的开发方法失效。尽管我们认识到了组织中这些基本问题的重要性，为了便于阐述，我们假设开发团队是在主要的组织障碍已被清除的环境下运作的。

1.5.4 本书路线图

我们把产品开发流程划分为如图表 1-4 所示的六个阶段（这些阶段在第 2 章中将详细阐述）。本书重点阐述概念开发阶段，对其余阶段的论述较简略，因为我们没有提供后面流程所需的详细方法。本书的其余各章都可以独立地阅读、理解和应用。

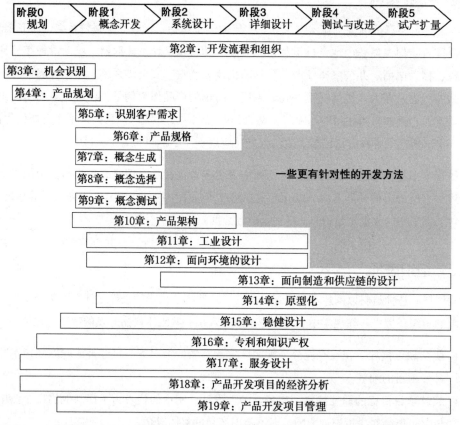

图表 1-4　产品开发流程。该图显示了其余各章所呈现的集成方法的各部分最有可能应用的阶段

本书其余各章的主要内容如下。

- 第 2 章提出了一般的产品开发流程，并展示了流程在不同行业中的不同使用方式。该章还讨论了在产品开发项目中组建团队的方法。
- 第 3 章描述了新产品构想的产生、识别与筛选过程。
- 第 4 章提出了一种产品开发决策方法，该方法的输出是针对特定项目的任务陈述。

- 第 5～9 章呈现了概念开发阶段的关键活动，这些方法为团队从任务陈述到产品概念确定的过程提供指南。
- 第 10 章探讨了产品架构对产品变更、产品多元化、部件标准化、产品性能、制造成本和项目管理的影响，此外，该章提出了建立产品架构的方法。
- 第 11 章讨论了工业设计师的角色以及人机交互问题，包括产品开发中的美学与人机工程学。
- 第 12 章讨论了与产品相关的环境影响，并提出了通过更好的产品设计降低这些影响的方法。
- 第 13 章讨论了降低制造成本的技术，这些技术主要应用于系统设计和详细设计阶段。
- 第 14 章提出了一种在流程中确保有效展开原型化设计工作的方法。
- 第 15 章解释了选择各设计变量值的方法，以确保可靠性和性能的一致性。
- 第 16 章提出了一种申请专利的途径，并讨论了知识产权在产品开发中的作用。
- 第 17 章讨论了如何将本书提出的方法应用于无形产品的开发，并且介绍了描述这些产品的方法，即服务流程图。
- 第 18 章描述了一种方法，以理解项目内部因素和外部因素对项目经济价值的影响。
- 第 19 章介绍了项目管理的基本概念，提出了产品开发项目规划、实施的方法。

参考文献

有关本章及其余各章内容的大量资料均可在互联网上找到。这些资源包括：数据、模板、供应商的链接和相关出版物的列表。许多现有的资源可通过访问 www.pdd-resources.net 获得。

Katzenbach 和 Smith 对一般的团队进行了研究，但他们的大部分见解也适用于产品开发团队。

Katzenbach, Jon R., and Douglas K. Smith，*The Wisdom of Teams: Creating the High-Performance Organization*, Harvard Business Review, Reprint Edition, Boston, 2015.

以下四本书提供了对产品开发的详细叙述，包括对相互交织的社会性和技术性流程引人入胜的描述。

Kidder, Tracy, *The Soul of a New Machine*, Avon Books, New York, 1981.

Sabbagh, Karl, *Twenty-First-Century Jet: The Making and Marketing of the Boeing 777*, Scribner, New York, 1996.

Vance, Ashley, *Elon Musk*: *Tesla, SpaceX, and the Quest for a Fantastic Future*, HarperCollins,

New York, 2015.

Walton, Mary, *Car: A Drama of the American Workplace,* Norton, New York,1997.

练习

1. 估算在咖啡机的价格中，开发成本所占的比例有多少。为了完成估算，你可以从估算图表 1-3 所需的信息开始。

2. 利用图表 1-3 中的数据，以开发成本为横坐标、其他各行的数据为纵坐标绘制一套散点图。对于每一个散点图，解释为什么存在或不存在相关性。（例如，你首先绘制"年产量"与"开发成本"的散点图，并解释为什么似乎没有相关性。然后重复其余各行。）

思考题

1. 图表 1-4 中列出的每一章都为产品开发流程的一部分提供了方法。对于每一种方法，思考可能需要什么类型的技能和专业知识。你能否讨论一个开发团队从开始到结束的人员配置问题？假设这些人应拥有所有的技能和专业知识。

第 2 章

开发流程和组织

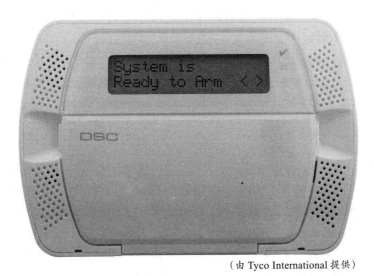

（由 Tyco International 提供）

图表 2-1　Tyco 公司的产品之一，无线安全报警系统控制面板

Tyco 公司是一家领先的传感器和控制系统制造商（包括家用和工业安全系统），该公司的产品之一是无线安全报警系统控制面板（如图表 2-1 所示）。Tyco 公司的高级经理希望建立一种通用的产品开发流程结构，以适合公司不同部门的产品开发，并创建产品开发组织，使Tyco 公司在激烈的市场竞争中保持优势。Tyco 公司面临的问题包括：

- 每一个项目中的关键产品开发活动有哪些？
- 为了管理整个开发流程的各阶段，需要设定哪些里程碑和评审点？
- 是否存在适用于不同部门的标准开发流程？
- 不同职能领域的专家在开发流程中扮演哪种角色？
- 是否应该根据项目或技术、商业职能将开发组织划分为若干小组？

本章提出了基本的开发流程以及这个流程如何适应特定的工业环境，这些内容有助于回答上述问题及相关问题。我们重点关注企业不同职能在开发流程各阶段的活动和贡献。本章还解释了产品开发组织的构成，并讨论为什么不同类型的组织适合不同的环境。

2.1 产品开发流程

流程就是一系列顺序执行的步骤，它们将一组输入转化为一组输出。大多数人比较熟悉物理流程，例如烤蛋糕的流程或组装小汽车的流程。产品开发流程（product development process）是企业用来构想、设计和商业化产品的一系列步骤或活动，它们大都是脑力的、有组织的活动，而非自然的活动。有些组织可以清晰界定并遵循一个详细的开发流程，而有些组织甚至不能准确描述他们的流程。此外，每个组织采用的流程与其他组织都会略有不同。实际上，同一企业对不同类型的开发项目也可能会采用不同的流程。

尽管如此，对开发流程进行准确的界定仍是非常有用的，原因如下：

- **质量保证**。开发流程确定了开发项目所经历的阶段，以及各阶段的检查点。若这些阶段和检查点的选择是明智的，那么，遵循开发流程就是保证产品质量的重要方法。
- **协调**。清晰的开发流程发挥着主计划（master plan）的作用，它规定了开发团队中每一个成员的角色。该计划会告诉团队成员何时需要他们做出贡献，以及与谁交换信息和材料。
- **计划**。开发流程包含了每个阶段对应的里程碑，这些里程碑的时间节点为整个开发项目的进度确定了框架。
- **管理**。开发流程是评估开发活动绩效的基准。通过将实际活动与已建立的流程进行比较，管理者可以找出可能出现问题的环节。
- **改进**。详细记录组织的开发流程及其结果，往往有助于识别改进的机会。

基本的产品开发流程包括六个阶段，如图表2-2所示。该流程开始于规划阶段，该阶段将研究与技术开发活动相联系。规划阶段的输出是该项目的任务陈述，它是概念开发阶段所需的输入，也是开发团队的行动指南。产品开发流程的结果是产品发布，这时产品可在市场上购买。

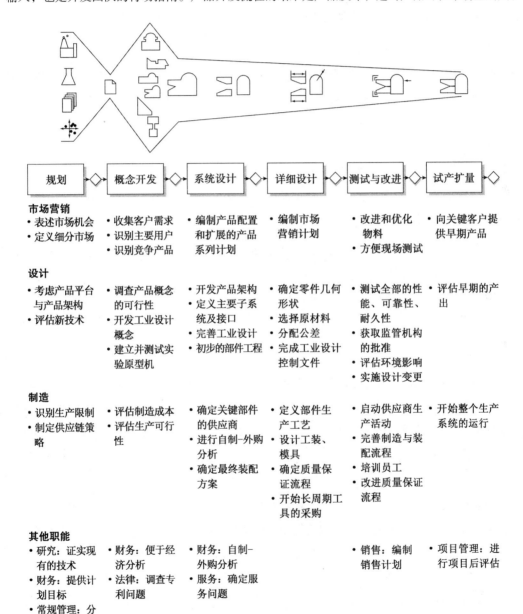

	规划	概念开发	系统设计	详细设计	测试与改进	试产扩量
市场营销	· 表述市场机会 · 定义细分市场	· 收集客户需求 · 识别主要用户 · 识别竞争产品	· 编制产品配置和扩展的产品系列计划	· 编制市场营销计划	· 改进和优化物料 · 方便现场测试	· 向关键客户提供早期产品
设计	· 考虑产品平台与产品架构 · 评估新技术	· 调查产品概念的可行性 · 开发工业设计概念 · 建立并测试实验原型机	· 开发产品架构 · 定义主要子系统及接口 · 完善工业设计 · 初步的部件工程	· 确定零件几何形状 · 选择原材料 · 分配公差 · 完成工业设计控制文件	· 测试全部的性能、可靠性、耐久性 · 获取监管机构的批准 · 评估环境影响 · 实施设计变更	· 评估早期的产出
制造	· 识别生产限制 · 制定供应链策略	· 评估制造成本 · 评估生产可行性	· 确定关键部件的供应商 · 进行自制-外购分析 · 确定最终装配方案	· 定义部件生产工艺 · 设计工装、模具 · 确定质量保证流程 · 开始长周期工具的采购	· 启动供应商生产活动 · 完善制造与装配流程 · 培训员工 · 改进质量保证流程	· 开始整个生产系统的运行
其他职能	· 研究：证实现有的技术 · 财务：提供计划目标 · 常规管理：分配项目资源	· 财务：便于经济分析 · 法律：调查专利问题	· 财务：自制-外购分析 · 服务：确定服务问题		· 销售：编制销售计划	· 项目管理：进行项目后评估

图表2-2　基本的产品开发流程，本表列出了六个阶段，包括每个阶段中关键职能部门的主要任务和职责

第一种产品开发流程的思路是：首先建立一系列广泛的、可供选择的产品概念，随后缩小可选择的范围，并细化产品的规格，直到该产品可以可靠地、可重复地由生产系统进行生产。需要注意的是，尽管生产流程（production process）、市场营销计划以及其他有形产出会随着开发的进展而逐渐变化，但是，识别开发阶段的主要依据是产品的状态。

第二种产品开发流程的思路是：把产品开发流程作为一个信息处理系统。这个流程起始于各种输入，例如企业的目标、战略机会、可获得的技术、产品平台和生产系统等。各种活动处理开发信息，形成产品规格、概念和设计细节。当用来支持生产和销售所需的所有信息被创建和传达时，开发流程也就结束了。

第三种产品开发流程的思路是：把产品开发流程作为一种风险管理系统。在产品开发的早期阶段，各种风险被识别并进行优先排序。在开发流程中，随着关键不确定性因素的消除和产品功能的验证，风险也随之降低。当产品开发流程结束时，团队对该产品能正常工作及在市场获得成功充满信心。

图表 2-2 也明确了在产品开发的每个发展阶段，组织不同职能部门的主要活动和责任。由于市场营销、设计和制造的角色贯穿整个开发流程，我们选择这三个角色进行详细阐述。其他职能部门（如研究、财务、项目管理、现场服务和销售）也在开发流程的特定时间点发挥了重要的作用。

基本产品开发流程的六个阶段是：

0. **规划**。规划活动通常被称为"零阶段"，因为它先于项目审批和实际产品开发流程的启动。这个阶段始于在企业战略指导下的机会识别，包括对技术发展和市场目标的评估。规划阶段的输出是该项目的任务陈述，它详述了产品目标市场、业务目标、关键假设和约束条件。第 3 章阐述了如何从广泛的产品机会开始，开展信息收集、评价和选择工作。第 4 章对后续规划过程进行了讨论。

1. **概念开发**。概念开发阶段识别目标市场的需求，生成并评估可选择产品的概念，然后选择一个或多个概念进行进一步开发和测试。概念是对产品的形式、功能和特征的描述，通常伴随着一系列的规格说明、竞争产品分析，以及项目经济论证。本书介绍了概念开发阶段的几种详细方法（第 5～9 章）。在下一节，我们将详述该阶段包含的主要活动。

2. **系统设计**。系统设计阶段包括产品架构（architecture）的界定、将产品分解为子系统和组件、关键组件的初步设计，以及将详细设计职能分配给内部或外部资源。此阶段通常也会制定生产系统和最终装配的初始计划。此阶段的输出通常包括产品的几何布局、每个产品子系统的功能规格，以及最终装配流程的初步工艺流程图。第 10 章讨论了系统设计中的一些重要活动。

3. **详细设计**。详细设计阶段包括产品所有非标准部件的几何形状、材料和公差的完整规格说明，以及从供应商处购买的所有标准件的规格。这个阶段为即将在生产系统中制造的每个部件编制工艺规划并设计工具。此阶段的输出是产品的控制文件（control documentation），包括描述每个部件的几何形状和生产模具的图纸或计算机文件、外购部件的规格、生产供应链、产品制造和装配的流程计划。贯穿整个产品开发流程（尤其是详细设计阶段）的三个关键问题是材料选择、生产成本和稳健性（robust，也称为鲁棒性）。这些问题将在第 12~13 章和第 15 章中分别讨论。

4. **测试与改进**。测试与改进阶段涉及产品的多个试生产版本的创建和评估。早期（alpha，简称 α）原型通常由生产指向（production-intent）型部件构成，生产指向型部件是指那些与产品的生产版本有相同几何形状和材料属性，但又不必在实际生产流程中制造的部件。我们要对 α 原型进行测试，以确定该产品是否符合设计以及是否满足关键的客户需求。后期（beta，简称 β）原型通常由目标生产流程提供的零部件构成，但可能没有用目标的最终装配流程来装配。β 原型将进行广泛的内部评估，通常也由客户在其使用环境中测试。β 原型的目标通常是回答关于产品性能及可靠性的问题，以确定是否对最终产品进行必要的工程变更。第 14 章将对原型的特性和应用进行深入讨论。

5. **试产扩量**。在试产扩量（也称为生产爬坡）阶段，产品将通过预期生产系统制造出来。该阶段的目的是培训员工，解决生产流程中的遗留问题。该阶段生产出来的产品有时会提供给优先客户，并仔细评估以识别存在的缺陷。从试产扩量到正式生产的转变通常是渐进的。在这个转化过程中的某个时刻，该产品被发布并被广泛分销。项目后评估（postlaunch project review）可能在产品发布后很短的时间内进行，包括从商业和技术的视角评估项目，目的是确定改进未来项目开发过程的方法。

2.2　概念开发：前端过程

与其他阶段相比，概念开发阶段需要更多职能之间的协调，因此，本书提出的很多集成开发方法都集中于此。本节，我们将概念开发阶段扩展为前端过程（front-end process）。前端过程通常包含许多相互关联的活动，其大致的排序见图表 2-3。

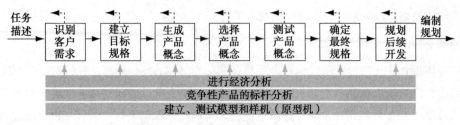

图表 2-3　构成概念开发阶段的前端活动

整个过程很少以顺序的（sequential）方式进行，即上游活动结束之后，下游活动才开始。实际上，这些前端活动可以在时间上是重叠的（overlapped），有时也经常会发生迭代。图表 2-3 中的虚线箭头反映了产品开发流程中的不确定性。几乎在任何阶段，新获取的信息或结果都可能引发团队回过头重新开始先前的活动，这种对上游已完成活动的重复被称为迭代（iteration）。

概念开发流程包括以下活动：

- **识别客户需求**。该活动的目的是了解客户的需求，并有效地传达给开发团队。这一步的输出是一组精心构建的客户需求陈述，它们被列在一个层次化的列表中，大多数或所有需求的权重也被列在其中。关于这项活动的方法在第 5 章讨论。
- **建立目标规格**。规格说明是关于产品必要功能的精确描述。它将客户的需求转化为技术术语。在开发流程的早期就要设定规格目标，其代表开发团队的期望。之后，这些规格将被进一步完善，以使其与产品的约束条件相一致。这个阶段的输出是一系列目标规格，它包含各参数的边界值和理想值。第 6 章提出了建立规格说明的方法。
- **生成产品概念**。概念生成的目的是深入探索可以满足客户需求的产品概念空间。概念生成包括外部探索、团队内创造性的问题解决，以及各种解决方案的系统性探索。此活动的结果通常是一组 10~20 个的概念，每个概念通常由一个草图和简短的描述性文本表示。第 7 章详细描述了这一活动。
- **选择产品概念**。概念选择是指对不同的产品概念进行分析和逐步筛选，以确定最有前景的概念。这一流程通常需要多次迭代，可能会产生新的概念并不断完善。我们将在第 8 章讨论这项任务。
- **测试产品概念**。对一个或多个概念进行测试，以验证客户的需求是否得到满足，评估产品的市场潜力，并找出在进一步开发中需要改进的缺陷。如果客户反应不好，开发项目可能会被终止，必要时可重复一些早期的活动。第 9 章阐述了该活动的相关方法。
- **确定最终规格**。当一个概念被选择和测试后，在过程早期设置的目标规格将被再次确认。在这个时间点，该团队必须确定参数的具体值，以反映产品概念的固有约束、通过技术建模识别的限制条件，以及成本和性能之间的权衡。第 6 章详细阐述这项活动。

- **规划后续开发**。这是概念开发的最后一项活动，在该活动中，团队将编制详细的开发进度计划，制订项目进度压缩的战略，并确定完成项目所需的资源。可以把前端活动的主要成果编写成合同书（contract book），该合同书包含任务描述、客户需求、所选概念的细节、产品规格、产品的经济分析、开发进度计划、项目人员配置和预算。合同书将团队与企业高级管理者之间达成的一致意见文档化。第 19 章描述了项目规划的方法。
- **进行经济分析**。开发团队通常在财务分析师的支持下建立新产品的经济模型。该模型用于判断整个开发项目继续开展的合理性，并解决具体的权衡问题（如开发成本与制造成本之间的权衡）。经济分析是贯穿整个概念开发阶段的活动之一。在项目开始之前就要开展早期的经济分析，并且随着所获得信息的增多，分析工作也会不断更新。第 18 章介绍了这项活动的方法。
- **竞争性产品的标杆分析**。对竞争产品的理解是对新产品正确定位的关键，对竞争产品的理解也为产品和生产流程（生产工艺）的设计提供了丰富的创意来源。竞争性标杆分析（benchmarking）可以支持前端过程的许多活动。有关内容详见第 5~9 章。
- **建立、测试模型和样机**。概念开发流程的每一个阶段都涉及各种形式的模型和样机。这些模型可能包括（但不限于）早期帮助开发团队验证可行性的概念验证（proof-of-concept）模型、可以向客户展示以评估人体工程学和风格的形式化（form-only）模型、用于技术权衡的表格模型，以及用来确定稳健性能参数的实验测试模型。对建模、测试模型和样机相关方法的讨论贯穿本书，包括第 5~7 章、第 9 章、第 11 章、第 14~15 章、第 17 章。

2.3　采用基本的产品开发流程

图表 2-2 和图表 2-3 描述的是最基本的开发流程，特定的流程会随着特定的企业环境和特定项目的挑战而有所不同。基本的流程非常类似于市场拉动（market-pull）情况下使用的流程：企业从发现市场机会开始产品开发，然后寻找可以满足市场需求的技术（即市场"拉动"开发决策）。除了图表 2-2 和图表 2-3 所示的市场拉动流程外，还有其他几种常见的变体：技术推动型（technology-push）产品、平台型（platform）产品、流程密集型（process-intensive）产品、定制型（customized）产品、高风险（high-risk）产品、快速构建（quick-build）产品、数字（digital）产品、产品 – 服务系统（product-service）和复杂系统（complex system），下面将

详细讨论这些流程。图表 2-4 总结了这些开发流程的特征及其衍生形式。

流程类型	描述	显著特征	示例
基本型（市场拉动）产品	开发团队从一个市场机会出发，选择合适的技术满足客户需求	流程通常包括清晰的规划、概念开发、系统设计、详细设计、测试与改进，以及试产扩量阶段	运动器材、家具、工具
技术推动型产品	开发团队从一个新技术开始，然后找到一个合适的市场	规划阶段涉及技术与市场的匹配，概念开发假定一个给定的技术存在	Gore-Tex 雨衣、Tyvek 信封
平台型产品	开发团队假设新产品将围绕已建成的技术子系统进行开发	概念开发假定一个已证实的技术平台存在	消费电子产品、计算机、打印机
流程密集型产品	产品的特性很大程度上被生产流程所限制	在项目开始时，要么已经确定一个具体的生产流程（生产工艺），要么必须将产品和生产流程（生产工艺）一起进行开发	快餐食品、早餐麦片、化学品、半导体
定制型产品	新产品与现有产品相比有略微的变化	项目之间的相似性使建立连续的和高度结构化的开发流程成为可能	发动机、开关、电池、容器
高风险产品	技术或市场的不确定性导致失败风险较高	风险在早期就被识别并在整个流程中被追踪，应尽早开展分析和测试活动	医药品、宇航系统
快速构建产品	快速的建模和原型化产生很多的设计 – 开发 – 测试循环	详细设计和测试阶段将多次重复，直到产品完成或时间 / 预算被用尽	服装、家具
数字产品	规划和概念开发是一个高度迭代的设计 – 开发 – 测试过程	系统级设计为分层的设计 – 开发 – 测试循环指定了一系列开发目标	应用软件、网站、电子商务平台
产品 – 服务系统	产品和它们的相关服务要素被同时开发	物理和操作元素被开发，特别关注客户体验和流程设计	餐饮、软件应用、金融服务
复杂系统	系统必须被分解为若干个子系统和大量的部件	子系统和部件被许多团队并行开发，然后进行系统集成和验证	飞机、喷气发动机、汽车

图表 2-4　基本产品开发流程及其各种衍生形式

2.3.1　技术推动型产品

在开发技术推动型产品时，企业从一个新的专有技术开始，寻找一个能应用此技术的合适市场（即所谓的技术"推动"开发）。例如，Gore-Tex 是一种由 W. L. Gore 公司生产的改进聚四氟乙烯片，它就是技术推动的典型例子，该公司已经开发了数十种采用 Gore-Tex 的产品，包括用于血管手术的人工静脉、用于高性能电缆的绝缘材料、外衣的布料、牙线，以及风笛袋的内衬等。

许多成功的技术推动型产品都涉及基础材料或基础工艺技术。由于基础材料和工艺过程已被成千上万次地应用，因此，材料和工艺中那些新的、不同寻常的特征很有可能与一个合适的应用领域相匹配。

基本的开发流程稍加修改便可应用于技术推动型产品。技术推动的流程开始于规划阶段，在这个阶段，给定的技术与市场机会相匹配。一旦发生这种匹配，即可遵循基本开发流程的其余部分。项目团队在进行项目任务陈述时，假设特定的技术将包含在产品概念中。虽然技术推动型开发产生了许多非常成功的产品，但该方法仍有较大的风险。除非假设的技术在满足客户的需求方面提供了明确的竞争优势，或者竞争对手不能得到合适的可选择技术或难以利用这些技术，否则该产品是不可能成功的。可以通过同时考虑多种市场机会和不同概念的优点（尽管这些概念不一定与新技术相匹配），以最大可能地降低项目风险。通过这种方式，开发团队能够验证实施新技术的产品概念优于可选择方案。

2.3.2　平台型产品

平台型产品是围绕着一个已经存在的技术子系统（技术平台）而建立的。这种平台的例子包括个人计算机中的 Intel 芯片、苹果 iOS 操作系统、吉列剃须刀的刀片设计等。开发这些平台投资巨大，因此企业会尽一切努力将其纳入几种不同的产品中。从某种意义上来说，平台型产品与技术推动型产品非常相似，因为团队在产品开发的开始阶段就假设产品的概念将体现一种特别的技术。主要的区别是技术平台已经证明了它在市场中能满足客户的需求。在很多情况下，企业假设这项技术也可用于相关市场。建立在技术平台上的产品比从头开发技术更容易。出于这个原因，并且可以在多个产品上共享成本，企业能够在无法确定是否开发某项独特技术的市场上，提供一个平台产品。

2.3.3　流程密集型产品

流程密集型产品的例子包括半导体、食品、化工和纸张。对于这些产品，生产流程严格限制了产品的特性，即便是在概念阶段，产品的设计也不能与生产流程设计分离。在许多情况下，流程密集型产品的产量非常大，并且是大批的而不是离散的（非连续的）商品。

在某些情况下，一个新产品和一项新工艺是同步开发的。例如，创建一种新型的早餐谷物食品或快餐食品时，会需要产品和工艺的开发活动。在其他情况下，需要预先选择生产该产品的特定现有工艺，并且该产品的设计受该工艺生产流程能力的限制。例如，在一个特定的造纸厂生产新的纸制品，或用现有的制造设备生产新的半导体器件。

2.3.4　定制型产品

定制型产品的例子包括开关、发动机、电池和容器。定制型产品将产品的标准配置进行略微的改变，以响应客户的特殊需求。定制型产品的开发主要包括设计变量参量的值，如物理尺寸和材料。在线设计工具提供了开发定制型产品的平台。当客户订购了一个新产品时，企业将进行结构化的设计和开发流程，以生产满足客户需求的产品。这样的企业通常已经创建了非常详细的开发流程，该流程涉及一系列含有结构化信息流的步骤（类似于生产流程）。对于定制型产品的开发流程，在基本流程的基础上补充了更具体、详细的信息处理活动的描述。这种开发流程可能包括数百个仔细界定的活动，并且可能是高度自动化的。

2.3.5　高风险产品

产品开发流程中涉及很多不同类型的风险。这些风险包括技术风险（产品是否能正常运转）、市场风险（客户是否喜欢团队开发的产品）、预算和进度风险（团队能否在预算范围内按时完成项目）。高风险产品是指那些具有大量的技术或市场方面的不确定性，因此存在本质性技术或市场风险的产品。对于高风险的情形，可在产品开发的早期阶段调整基本的产品开发流程，以采取措施消除最大的风险。这通常需要在流程的早期阶段完成一些设计和试验活动。例如，当客户对一个新产品的接受程度存在很大的不确定性时，就应该在开发流程的早期阶段通过使用效果图或用户界面原型机（样机）进行概念测试，以降低市场的不确定性和风险。如果产品的技术性能有很高的不确定性，那么在流程的早期阶段建立关键特性的工作模型并进行测试就十分有意义。多个解决问题的路径将平行展开，以确保其中一个解决方案能成功。在设计评审时，必须定期评估风险水平，并确保随着时间的推移，风险被降低，而不是被推迟。

2.3.6　快速构建产品

对于一些产品的开发（例如家具、服装和许多电子产品），构建和测试原型模型的过程非常迅速，因此设计 – 开发 – 测试循环可以重复多次。事实上，团队可以利用快速迭代来实现更灵活、更快捷的产品开发流程，这种方法有时也被称为螺旋式产品开发流程。随着这个流程的概念开发，系统设计阶段需要把整个产品的特性分解为高、中、低优先序，然后从最高优先级的特性开始，执行若干次的设计、开发、集成和测试活动循环。此流程利用快速原型化循环的优点，通过每个循环的结果修改下一个循环的优先级。客户可能需要参与一个或多个循环后的测试环节。当项目结束时，通常所有高、中优先级的特性应已在改进的产品中实现，而低优先级的特性可能被暂时搁置，直到下一代产品开发时才被考虑。

2.3.7　数字产品

大多数纯数字产品（如软件和网站）采用高度迭代（螺旋）的产品开发流程进行开发。由于数字产品的构建速度非常快，因此它们通常采用增量开发方法，即从基本功能开始，通过多次迭代构建完整的系统。在产品规划阶段确定开发里程碑和一系列产品发布的时间。系统设计阶段确定了软件的体系结构和主要功能。数字产品通常采用敏捷开发方式，通过直接与客户和其他利益相关者共同开发和测试产品，来发现客户需求和用例，而不需要在规划阶段就确定产品完整的特性和功能。

2.3.8　产品－服务系统

服务一般是无形的产品，通常与有形的产品一起提供。产品－服务系统的例子包括汽车租赁、餐饮和移动通信等。大部分情况下，我们可以采用本书所述的标准产品开发方法来开发服务流程。然而，由于客户非常密切地参与到服务交付的流程中，服务设计团队要注意客户需求的范围和创建服务体验的关键接触点的时间。通常情况下，服务的生产和消费是同时进行的，因此使供应与需求相匹配至关重要。在服务流程的设计过程中，可以利用模块化架构为每个客户提供定制的服务。第 17 章讨论了开发产品服务系统流程中的一些特点。

2.3.9　复杂系统

较大规模的产品（例如汽车和飞机）是由许多相互作用的子系统和组件构成的复杂系统。在开发复杂系统时，对基本产品开发流程的修改涉及许多系统级问题。概念开发阶段需要考虑整个系统的架构，当完成整个系统的概念设计时，可能会提出多种不同的架构形式，因此，系统设计阶段变得至关重要。在此阶段中，系统被分解成子系统，这些子系统被进一步分解成许多组件。一些团队负责开发每一个组件，而另一些团队负责将组件集成为子系统，并进一步将子系统集成为整个系统。

组件的详细设计是一个高度并行的流程，在这个流程中，许多开发团队同时、独立地开展工作。管理组件和子系统之间的相互关系是不同系统工程专家的任务。在测试与改进阶段不仅包括系统集成，还包括在各层次上大量的测试与验证工作。

2.4　产品开发流程图

通常，产品开发流程遵循结构化的活动流和信息流。这使我们能够通过绘制流程图

（process flow diagram）说明开发流程。如图表 2-5 所示，基本流程图 2-5a 描述了市场拉动型、技术推动型、平台型、流程密集型、定制型以及高风险产品的开发过程，其中，每个产品开发阶段都需要被评审，以确认该阶段已完成，并确认是否应该进入下一阶段。快速构建和数字产品采用螺旋（或敏捷）的产品开发流程（见图 2-5b），在此过程中，详细设计、原型设计和测试活动被重复多次。复杂系统开发流程图 2-5c 显示了许多平行开展的子系统和组件的并行工作阶段的分解。一旦组织内建立了产品开发流程，流程图即可用来向团队中的每个成员解释开发流程。

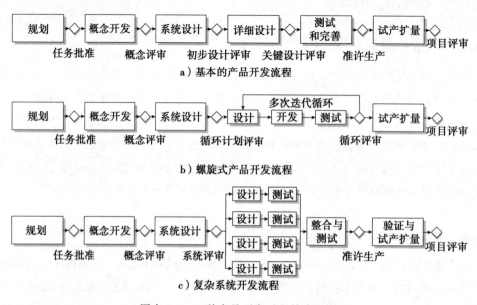

图表 2-5　三种产品开发过程的流程图

2.5　Tyco 公司的产品开发流程

Tyco 是一个以市场拉动型为主的企业。这意味着 Tyco 公司通常基于感知到的市场需求来驱动其开发项目，并利用新的或成熟的技术来满足需求。其竞争优势来自高度有效的全球营销渠道、强大的品牌识别度、庞大的设备安装基础，以及将新技术整合到其产品线中的能力。因此，技术推动流程是不适用于 Tyco 公司的。Tyco 公司的大部分产品都由塑模、机械加工、电子组装等相对传统的流程制造的组件装配而成。在最终的销售和安装流程中，通常会为特殊的客户定制产品，因此 Tyco 公司的开发流程主要旨在创造新的产品，而不是依据现有的产品为客户定制产品。

因此，Tyco 公司建立了一个类似于基本阶段流程的开发流程。Tyco 采用的开发流程图如图表 2-6 所示。注意，在流程中有 9 个阶段，其中 6 个阶段（从概念定义到工艺验证）包含了基本的产品开发流程活动，每个阶段后都有关键评审（称为 Rally Point，RP）环节，获得批准后才能进入下一阶段。每个阶段的主要目标和关键活动以及为每个活动负责的商业职能如图表 2-7 所示。

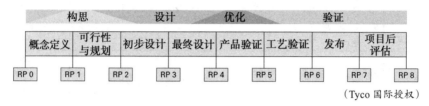

（Tyco 国际授权）

图表 2-6　包含了 9 个不同阶段和评审点的 Tyco 公司产品开发流程

尽管 Tyco 公司建立了标准的产品开发流程，但 Tyco 公司的经理意识到这一流程并不完全适用于 Tyco 公司所有的开发项目，因此，如何需要的话，在概念定义阶段应对标准的流程进行适当的改变。例如，Tyco 公司的一些新产品是基于现有的技术平台的，为开发这些衍生产品，开发团队假设在概念开发阶段使用现有的技术平台。此外，一些产品是为特定的客户设计的，作为标准的 Tyco 产品的自有品牌变体。在这些例子中，使用一种称为 Rally Point EZ 的流程，然而，标准的开发流程是具体项目计划开始的基准。

2.6　产品开发组织

除了精心编制有效的开发流程，成功的企业还必须有效地组织其产品开发人员来实施这个流程。在本节中，我们将介绍几种用于产品开发的组织类型，并为其选择提供指引。

2.6.1　通过建立个人之间的联系形成组织

产品开发组织是一个将各独立设计者和开发者相互联系并组建为团队的体系。个体之间的联系可以是正式的或非正式的，其中包括以下类型：

- **报告关系**。报告关系产生了传统的上下级关系，这是组织结构图上最常见的正式联系。
- **财务安排**。个体通过成为同一个财务实体的一部分被联系在一起，例如企业内的一个业务单元或一个部门。
- **物理布局**。人们因共享同一个办公室、楼层、建筑或场所而产生联系。这种联系产生于工作中的自然接触，因此常常是非正式的。

RP阶段 / 主要目标	0.项目发起	1.概念定义	2.可行性与规划	3.初步设计	4.最终设计	5.产品验证	6.工艺验证	7.发布	8.项目后评估
市场营销和销售	定义项目及商业需求 识别客户和市场规模 描述竞争特征和利益 识别目标成本和价格	编制项目概念和章程 捕获客户的愿望 分析客户需求 文件化客户需求	创建产品描述 编制市场营销和销售计划 编制逐步引进和逐步淘汰计划	创建初步详细设计 与客户一起评审概念	详细与优化设计	验证产品性能 启动现场实验	验证工艺性能 完成现场实验 完成培训计划	发布产品 完成定价和销售预测 完成销售和服务培训	识别经验教训 征求客户反馈和满意度并对销售和预测进行对比 完成逐步引进和逐步淘汰
工程	识别项目风险	识别关键质量特性 开发和选择概念 更新项目风险	创建功能说明书和性能指标 评审选择定义产品架构 评估技术失效模式	运行初步设计评审 构建并测试α原型 评估产品失效模式	冻结硬件和软件设计 完成工程文档 起草技术性文档 获得β原型	完成设计文档 完成β原型和现场试验 申请监管部门批准	获得监管部门批准	最终完成产品指标	
质量保证			编制初步测试计划		测试β原型的稳健性	完成质量保证测试	执行工艺验证测试		
制造				开始编制制造工艺 执行初步制造工艺评审	完成物料清单（BOM） 编制生产控制计划	更新生产控制计划	进行试生产 完成生产控制计划		登记过时和废弃的产品

	RP0	RP1	RP2	RP3	RP4	RP5	RP6	RP7	RP8
采购				创建供应商参与准则与评估供应商资质	识别长周期物品		验证供应链是否准备就绪		监督投资回报
法律		寻找专利	识别贸易合规问题	识别潜在的专利	准备专利申请	保证贸易合规			
财务	准备初步企划案	完善企划案	完成财务工作包						
项目管理	识别项目时间、资源和资本 准备 RP0 检查表，并呈请批准	评估团队能力/技能 识别开发团队成员 调整标准的流程 准备 RP1 检查表，并呈请批准	规划集成的产品开发进度 指派一名项目经理 更新 RP1 交付物 准备 RP2 检查表，并呈请批准	更新 RP1～2 交付物 准备 RP3 检查表，并呈请批准	更新 RP1～3 交付物 准备 RP4 检查表，并呈请批准	更新 RP1～4 交付物 准备 RP5 检查表，并呈请批准	更新 RP1～5 交付物 准备 RP6 检查表，并呈请批准	完成所有可交付物 完成发布计划和文档 更新 RP1～6 交付物 准备 RP7 检查表，并呈请批准	文档化最佳实践 准备 RP8 检查表，并呈请批准

图表 2-7　Tyco 公司产品开发流程的关键活动和相应职能

（Tyco 公司授权）

任何特定的个体都可能会通过几种不同的方式与其他个体联系在一起。例如，一个工程师可能会通过报告关系与在另一座大楼里的另一个工程师联系在一起，同时他通过物理布局与坐在隔壁办公室的一个市场营销人员相联系。最强的组织联系通常是那些涉及绩效评估、预算和其他资源分配的联系。

2.6.2　通过职能和项目之间的联系形成组织

如果不考虑组织之间的联系，可通过两种不同的方式对特定的个人进行分类：根据其职能或根据其工作的项目。

- 职能（在组织术语中）指的是一个责任范围，通常涉及专业化的教育、培训或经验。产品开发组织中，传统的职能是市场营销、设计和制造。比这些更精细的划分还包括市场研究、市场策略、应力分析、工业设计、人因工程、流程开发和运营管理。
- 如果不考虑职能，每个人会把他们的专业知识应用到具体的项目中。在产品开发中，项目就是特定产品开发流程中的一系列活动，例如识别客户需求和生成产品概念。

注意，这两种分类一定是有重叠的，来自不同职能部门的人将在同一个项目中工作。此外，虽然大多数人都只与一个职能相关，但他们可以为多个项目工作。依据职能或项目之间的组织联系，形成了各种传统的组织结构。在职能式组织（functional organization）中，组织联系主要产生于执行相似职能的人之间，在项目式组织（project organization）中，组织联系主要产生于在同一个项目工作的人之间。

例如，严格的职能式组织可能包括一组市场营销专业人员，他们共享相似的培训和专业知识。这些人都向同一个经理汇报，这个经理将对他们进行评估并设定他们的薪酬。这组人员有自己的预算，且在大楼的同一个位置办公。这个市场营销小组可能涉及许多不同的项目，但与每个项目团队的其他成员将不会有较强的组织联系。设计和制造也会有类似的小组。

严格的项目式组织由若干的小组构成，小组成员来自不同的职能部门，每个小组都专注于开发一个特定的产品（或产品线），每个小组分别向一个有经验的项目经理汇报，该项目经理可能来自任一职能领域。由项目经理进行项目的绩效评估，团队成员通常会尽可能地被集中在一起，以便他们能在同一间办公室或大楼的同一区域工作。新的合资企业或"创业"企业就是项目式组织的典型例子：每一个人（无论其职能）都被安排在同一个项目中（即新企业的创办和新产品的开发中）。在这些情况下，总裁或 CEO 都可以被视为项目经理。当需要专注于完成一个重要的开发项目时，成熟的企业有时可以组建一个自主的老虎队（tiger team），为单个项目提供专门的资源。软件项目通常采用小型"Scrum 团队"，以实现一种称为 Scrum 的敏捷软件开发形式（Sutherland 等人，2011）。

矩阵式组织是职能式和项目式组织的混合体。在矩阵式组织中，每个人同时依据项目和职能联系到一起。通常情况下，每个人都有两个上级，一个项目经理和一个职能经理。实际上，在矩阵式组织中，项目经理与职能经理之间的联系更加紧密，这是因为职能经理和项目经理都没有独立预算的权力，他们不能独立地评估、决定下属的薪酬，并且职能式组织和项目式组织也不能轻易地从形式上组合在一起。因此，无论是职能经理还是项目经理，都有试图占据主导地位的倾向。

矩阵式组织有两种形式：重量级项目组织（heavyweight project organization，或称为强矩阵式组织）和轻量级项目组织（lightweight project organization，或称为弱矩阵式组织）（Hayes 等人，1988）。重量级项目组织中，项目经理的权力更大。项目经理有完全的预算权，在对团队成员的绩效评估和决定主要资源的分配方面有更大的权力。虽然项目中的每个参与者也属于一个职能式组织，但职能部门经理的权力和控制力相对较弱。在不同的行业，重量级项目团队可能被称为集成产品团队（Integrated Product Team，IPT）、设计 – 建造团队（Design-Build Team，DBT）或产品开发团队（Product Development Team，PDT），这些术语强调了团队之间跨职能的特性。

轻量级项目组织中含有较弱的项目联系和较强的职能联系。在这种组织结构中，项目经理更像是一个协调者和管理者。轻量级项目的项目经理负责更新进度安排、安排会议、帮助协调，但他在项目式组织中并没有真正的控制权。职能部门经理需要负责预算、人员招聘和解聘，以及绩效评估。图表 2-8 显示了职能式和项目式组织，以及重量级和轻量级项目矩阵组织。

在本书中，我们把项目团队视为主要的组织单位。在这种情况下，团队是参与该项目的人员的集合，不考虑产品开发成员的组织结构。在职能式组织中，团队包含来自所有职能小组的人员，这些人员除了参与共同的项目外，没有任何其他组织联系。在其他组织中，团队对应一个正式的组织实体——项目组——并有正式任命的经理。因此，团队概念更多的是强调矩阵式和项目式组织，而不是职能式组织。

2.6.3　选择组织结构

选择合适的组织结构依赖于那些对成功最为关键的组织绩效因素。职能式组织有利于职能领域的专业化发展，并培养出有深厚功底的专家。项目式组织有利于不同职能之间快速、有效地协调。矩阵式组织作为一种混合体，职能式和项目式组织的特点都能表现出一些。以下问题有助于指导组织结构的选择：

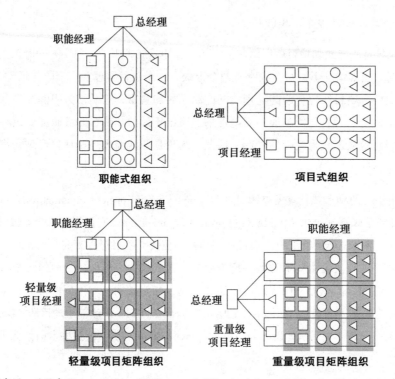

（来源：改编自 Hayes, Robert H., Steven C. Wheelwright, and Kim B. Clark, Dynamic Manufacturing: Creating the Learning Organization, The Free Press, New York, 1988.）

图表 2-8　各种产品开发组织结构。为简化起见，图中列了三种职能和三个项目

- **跨职能整合有多重要？** 职能式组织可能会出现难以协调跨职能领域的项目决策。由于跨职能团队成员间的组织联系，项目式组织使得强大的跨职能整合得以实现。

- **尖端的职能专业知识对企业成功有多关键？** 当学科专业知识必须在几代产品中开发和保留时，那么一些职能联系是必要的。例如，在一些航天企业中，计算流体动力学是非常关键的，因此负责流体动力学的人员按职能的方式被组织，以确保企业在该领域有最好的能力。

- **在项目的大部分时间里，是否每个职能的人都可以得到充分的利用？** 例如，在项目周期的一小部分时间中，可能只需要工业设计师的一部分时间。为了有效利用工业设计资源，企业可能会采用职能的方式组织工业设计师，以便几个项目可以恰到好处地利用工业设计资源。

- **产品开发速度有多重要？** 项目式组织可以快速解决冲突，并使不同职能部门的人高效、协调地工作。项目式组织在传递信息、分配职责和协调任务上花费的时间相对较少。

因此，项目式组织在开发创新产品时通常会快于职能式组织。例如，消费电子产品制造商几乎都是按项目组织产品开发团队的。这使得团队可以按照电子产品市场所要求的快节奏，在极短的时间内开发出新产品。

在职能式组织和项目式组织之间进行选择时，还会有许多其他问题。图表 2-9 总结了每种组织类型的优缺点、选择每种策略的例子，以及与每种方法相关的主要问题。

	职能式组织	矩阵式组织		项目式组织
		轻量级项目组织	重量级项目组织	
优势	促进深入的专业化和专业知识的发展	项目的合作与管理被清晰地指派给一个项目经理；保持专业化和专长的发展	提供项目组织的整合和速度效益；保留了职能式组织的部分专业化	可在项目团队范围内优化分配资源；可迅速评估技术与市场的权衡
劣势	不同职能小组间的合作缓慢且官僚	比非矩阵式组织需要更多的经理和管理者	比非矩阵式组织需要更多的经理和管理者	个人在保持尖端的专业能力方面会存在困难
典型例子	定制化产品，其开发涉及标准的细微变化（如发动机、轴承、包装）	传统的汽车、电子产品和航天企业	汽车、电子产品和航天企业中的新技术或平台产品	创业企业、期望获得突破的"老虎团队"和"黄鼠狼团队"、在有活力的市场中竞争的企业
主要问题	如何将不同的职能（如市场营销与设计）整合到一起以达成共同目标	如何平衡职能与项目；如何同时评估项目与职能的绩效		如何随着时间的推移保持职能的专业化；如何在项目间分享经验教训

图表 2-9　不同组织结构的特点

2.6.4　分散的产品开发团队

众所周知，组织产品开发团队的一个有效方法是将团队成员安排在同一地点工作。然而，现代通信技术和电子开发流程的使用甚至使全球分布的项目开发团队变得有效。使用分散在不同地点的产品开发团队成员的原因包括：

- 可以获取区域市场相关信息。
- 可以获得技术专家。
- 是制造设备和供应商所在地。
- 通过低工资达到成本节约。
- 通过外包提高产品开发能力。

尽管使用处于不同地点的团队成员很重要，但由于分散较远的团队成员之间的联系较弱，实施全球产品开发的公司也经历了许多挑战。这会导致设计迭代数量的增加以及项目协调的困难，尤其是对于新团队而言。幸运的是，有多年全球项目团队经验的组织报告称，随着时间的推移，分散的项目工作起来更加顺利。

2.7 Tyco 公司的产品开发组织

Tyco 公司在产品开发项目中的主要职能包括工程、制造、市场营销、销售、采购、质量保证、财务、法律和项目管理（见图表 2-7）。每个职能由一个经理负责向总经理汇报。然而，产品开发项目由项目经理领导，每个项目的资源从职能领域获取。

根据图表 2-8 和图表 2-9 中的变体，Tyco 公司的产品开发主要采用职能式组织结构，项目领导对获取职能部门的资源只有间接的控制权。正如前文所述，职能式组织结构的不足是：通常会牺牲项目的效率以获得职能技能更大的发展。针对这一担忧，Tyco 公司创建了高度有效的项目管理职能，这些项目领导熟悉项目流程以及如何开展跨职能的协调。组织结构的选择确实产生了非常好的项目绩效，同时保持了 Tyco 公司强大的职能能力。

最近几年，Tyco 公司在快速发展的市场（如中国和印度）创办了新的区域性工程中心。通过遍布全球的商业单元，在这些区域中心的工程师可以很好地支持 Tyco 公司的产品开发项目。这种项目组织方式通过在需要的基础上增加任何项目团队的额外技术资源来提高项目绩效，这对流程的后期阶段非常有用。

2.8 小结

企业必须对进行产品开发的方式做出两个重要决策，即必须明确产品开发流程和产品开发组织。

- 产品开发流程是企业开展构思、设计和商业化某一产品的一系列有序的步骤。
- 良好界定的开发流程有助于确保产品质量，促进团队成员之间的协调，规划开发项目，并不断改善开发流程。
- 本章中介绍的基本流程包括六个阶段：规划、概念开发、系统设计、详细设计、测试与改进，以及试产扩量。
- 概念开发阶段需要开发团队中大量跨职能的整合。这个前端流程包括识别客户需求、建立目标规格、生成产品概念、选择产品概念、确定最终规格、测试产品概念、进行经济分析、规划后续开发，概念开发阶段的结果是编制好的项目合同书。

- 特定企业采取的开发流程可能会与本书中描述的基本流程有所不同。基本流程最适用于市场拉动型产品，其他类型的产品需要对基本流程进行改造，包括技术推动型产品、平台型产品、流程密集型产品、定制型产品、高风险产品、快速构建产品、数字产品、产品－服务系统，以及复杂系统。

- 无论哪种开发流程，任务都是由组织中的个人完成的。可以通过个人之间的联系（如报告关系、财务关系和／或物理布局）来界定组织。

- 职能式组织是指那些组织的联系与开发职能相对应的组织。项目式组织是指那些组织的联系与开发项目相对应的组织。矩阵式组织是两种类型的混合体，包括重量级项目组织和轻量级项目组织。

- 职能式组织和项目式组织之间最重要的权衡是精湛的专业技能与协调效率之间的权衡。

- 全球分布的产品开发团队可以获取特殊的资源、市场信息和技术。然而，全球分布的产品开发会产生更高的项目协调成本。

参考文献

许多现有的资源可通过访问 www.pdd-resources.net 获得。

在过去的 30 年里，阶段式产品开发流程一直在制造企业中占主导地位。Cooper 介绍了现代门径式产品开发流程和许多其授权的做法。

Cooper, Robert G., *Winning at New Products: Creating Value through Innovation,* fourth edition, Basic Books, New York, 2011.

螺旋式和敏捷产品开发流程主要应用于软件行业，然而，螺旋式开发的许多方面可应用于制造业和其他行业。McConnell 介绍了螺旋式软件开发，以及用来开发软件产品的其他几种流程。Scrum 是实现敏捷软件开发的一种特定方式，现在也被应用于其他类型的项目。

McConnell, Steve, *Rapid Development: Taming Wild Software Schedules*, Microsoft Press, Redmond, WA, 1996.

Sutherland, Jeff, Rini van Solingen, and Eelco Rustenburg, *The Power of Scrum*, CreateSpace, North Charleston, SC, 2011.

重量级和轻量级项目组织的概念是由 Hays、Wheelwright 和 Clark 明确提出的，Wheelwright

和 Clark 还讨论了产品开发流程之前的产品战略、规划和技术开发活动。

Hayes, Robert H., Steven C. Wheelwright, and Kim B. Clark, *Dynamic Manufacturing: Creating the Learning Organization*, The Free Press, New York, 1998.

Wheelwright, Steven C., and Kim B. Clark, *Revolutionizing Product Development: Quantum Leaps in Speed, Efficiency, and Quality*, The Free Press, New York, 1992.

Sosa 和 Marle 的研究表明，具备积极创意能力的团队成员在创新任务上会表现得更好。

Sosa, Manuel E., and Franck Marle, " Assembling Creative Teams in New Product Development Using Creative Team Familiarity," *Journal of Mechanical Design,* Vol. 135, No. 8, 2013.

Andreasen 和 Hein 就产品开发中如何将不同的职能进行整合提供了一些很好的想法，他们还展示了一些产品开发组织的概念模型。

Andreasen, M. Myrup, and Lars Hein, *Integrated Product Development,* Springer-Verlag, New York, 1987.

Allen 提供了有力的证据，证明了物理布局可以创造显著但非正式的组织联系。他还讨论了矩阵式组织在缓解职能式和项目式组织的弱点中的应用。

Allen, Thomas J., *Managing the Flow of Technology: Technology Transfer and the Dissemination of Technological Information within the R&D Organization*, MIT Press, Cambridge, MA, 1997.

Galbraith 关于组织设计的著作包含了很多可应用于产品开发的有用信息，他在 1994 年的著作是他早期作品的更新。

Galbraith, Jay R, *Designing Complex Organizations*, Addison-Wesley, Reading, MA, 1973.

Galbraith, Jay R, *Completing with Flexible Lateral Organizations*, second edition, Addison-Wesley, Reading, MA,1994.

练习

1. 绘制一个计划和烹饪晚餐的流程图。你的流程与基本的产品开发流程相似吗？烹饪晚餐类似于市场拉动型、技术推动型、平台型、流程密集型、定制型、高风险、快速构建，还是复杂系统产品的开发流程？

2. 确定一个找工作的流程，一个严格界定的流程通过什么途径可以提高绩效？

3. 你认为一个成功开发住宅空调的公司会采用什么类型的开发流程？对于一个试图打入竞争性轮椅市场的小公司，该如何选择开发流程？

4. 画出一家咨询企业的组织框架图（使用合适的图标）。该企业采用一个个项目的方式为客户开发新产品，假设该公司的个人代表了开发新产品所需的不同职能，这个组织最有可能通过什么方式组织起来，是职能型、项目型还是二者的混合？

思考题

1. 基础技术研究在产品开发流程中扮演什么样的角色？你将如何修改图表2-3，以更好地反映产品开发中的研究和技术开发活动？

2. 大学与产品开发组织有相似之处吗？大学是职能式组织还是项目式组织？

3. 让学生参与到作为产品开发课程一部分的项目中，属于哪种类型的产品开发组织？

4. 是否有可能将产品开发组织的一部分成员通过职能组织在一起，而另一部分成员通过项目组织在一起？如果可以，哪些团队成员最有可能成为职能式组织的候选人？

第 3 章

机会识别[⊖]

（由 Lucky Litter LLC 提供）

图表 3-1 Bolt 激光猫玩具，FroliCat 公司的原创产品

⊖ 本章中的许多想法来自与 Christian Terwiesch 的合作过程，并在 *Innovation Tournaments*（Terwiesch 和 Ulrich，2009）一书中对它们进行了详细阐述。

宠物用品公司 FroliCat 已成功推出了两款激光猫玩具，其中包括 Bolt 激光猫玩具（如图表 3-1 所示），这是一种可以放射出随机移动的激光光线来供宠物猫玩耍使用的产品。该公司的管理团队希望能在初步成功的基础上，寻找更多的机会来开发新的产品，他们对将自己的品牌推广到其他基于动作的猫玩具特别感兴趣。FroliCat 是一家小型公司，因此投资开发新产品意味着可能产生巨大的财务风险。所以该公司的管理团队希望能够识别机会，尽可能地开发可以盈利的新产品。

FroliCat 位于芝加哥，但是由于它的大部分产品生产制造于中国的工厂，并且希望采用更全球化的市场视角，因此公司聘请了一家名为 Asentio Design 的上海产品开发咨询公司来进行新产品的机会识别工作。

本章将介绍机会识别的理念基础，并阐明机会识别的六个步骤，包括生成大量备选方案并从中筛选出最佳机会。我们将通过 FroliCat 的案例来说明机会识别的步骤。

3.1　什么是机会？

在产品开发的环境下，机会是指关于开发新产品的任何想法，它可以是一个产品最初的描述、一种新的需求、一种新发现的技术，或者一种初步的需求与可能的解决方案之间的联系。在开发的初期，由于对未来情况的不确定，机会可以被看作一种尽可能创造价值的假设。对于生产消费品的公司来说（例如宝洁公司），机会可能就是一款用户推荐的新型清洁剂；对于生产材料的公司来说（例如 3M 公司），机会可能就是一种具有特殊性能的聚合物。有的机会最终可以变为新产品，而有的机会无法保证会进行进一步的开发。

对新产品的机会的描述经常只有少量信息，通常包括一个概括性的标题和关于开发想法的叙述，有时还会包括新产品概念的草图。图表 3-2 展示了 FroliCat 公司最终确定的机会，来自团队成员在头脑风暴会议时的想法。这个机会是一个来回摇摆的交互式宠物猫玩具，它由悬挂

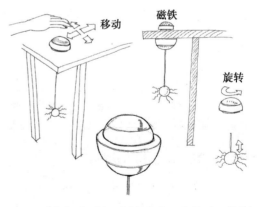

（由 Lucky Litter LLC 和 Asentio Design 提供）

图表 3-2　"摇摆球"机会被 FroliCat 团队逐渐识别出来并进行初步的记录，这是机会识别中包括潜在解决方案的典型例子

在桌子下面来回摇摆的物体组成，这个物体可以由上面的手控制移动。这是一个典型的在确定领域（如宠物猫玩具）中进行新产品机会识别的机会案例，它包括了可能的解决方案的相关概念。

3.1.1 机会的类型

机会的分类有很多种，其中二维法特别实用，其中一个维度是团队熟悉的、可能被采用的解决方案（solution）；另一个维度是团队熟悉的、解决方案所处理的需求（need）。对于技术性产品来说，这两个维度可以理解为技术和市场两方面的相关知识，具体如图表 3-3 所示。

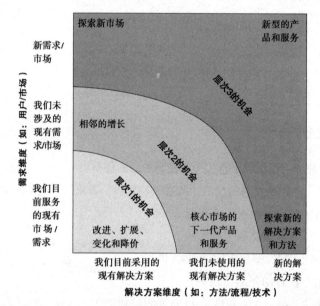

（来源：Terwiesch, Christian, and Karl T. Ulrich, "Innovation Tournaments: Creating and Identifying Exceptional Opportunities," *Harvard Business Press*, Boston, 2009.）

图表 3-3　机会的类型（层次 1～3 代表风险级别的增加，反映不同类型的不确定性）

由于失败的风险会随着潜在的市场机会偏离团队熟知信息程度的增加而增加，因此，依据团队面临的不确定性层次（horizon），我们可以把机会分成不同的类别。层次 1 的机会主要针对现有市场的现有产品进行改进、扩展、变化和降价，这是相对低风险的机会；层次 2 的机会推向市场、技术或两方面均鲜为人知的领域；层次 3 的机会代表尝试开拓一些世界领先的方法，不确定性最大。

由于需要在一年之内推出新产品，因此 FroliCat 团队明确避免考虑位于层次 3 的机会。他们希望在已有的 Bolt 激光猫玩具的基础上开发新产品，并且主要针对已有的客户和已有的需求。下一代猫玩具的解决方案将针对已有的需求，因此，他们关注层次 2 的机会。

3.2　机会识别的评比结构

对于不同的机会，其价值差异很大，且这些价值受不确定性因素的影响。因此我们识别出一系列的机会，然后挑选出可进一步开发并可能成功的机会子集。这个过程可以看作对机会创新性的评比（tournament），只有最佳的方案才能被采用。对于一个成功的商业案例来说，通常几十、几百甚至上千的机会都可能会被考虑到。筛选的过程会选出一些能够进行进一步开发的机会子集，然后从这个子集中再选出一个或多个能够进行完整的产品开发的机会，具体如图表 3-4 所示。

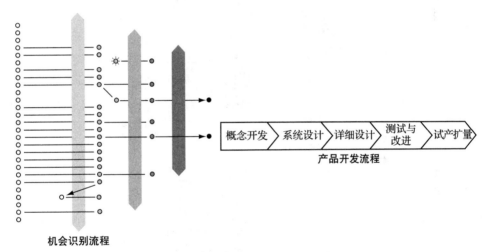

（来源：Terwiesch, Christian, Karl T. Ulrich, "Innovation Tournaments: Creating and Identifying Exceptional Opportunities," *Harvard Business Press*, 2009.）

图表 3-4　机会识别过程的评比结构。采用机会评比方法为产品开发流程提供最佳机会方案

机会识别的过程具体体现在产品开发流程之前的机会创新性评比，如图表 3-4 所示。虽然机会识别过程和产品开发流程中都包括开发和选择的步骤，但这两项活动的首要目标是截然不同的。机会识别的目标是挖掘大量的机会并有效地终止一些不值得进一步投资的机会；而在产品开发流程中，这两项活动的目标则是实现项目任务陈述，并尽一切可能的努力保证产生最好的产品。

虽然机会识别和产品开发可以理解为两个独立的活动，但是两者之间还是有着很明确的重

叠的部分。例如，在生产消费品的公司（如 FroliCat）中，最初的产品概念几乎总是在产品开发流程开始前的机会识别过程中发现并开发成产品原型的。然而，这些探索性的活动通常在几个可选择的机会中进行，最后只有最具开发潜力的方案会进入更深一步的产品设计与开发。图表 3-5 展示了 FroliCat 所使用的机会识别评比结构，从 50 个可选机会方案开始，最终只有一个被选中并进入完整的产品开发流程。

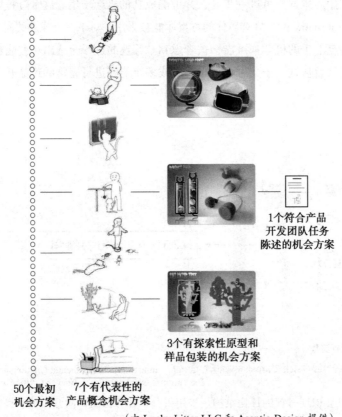

1个符合产品
开发团队任务
陈述的机会方案

3个有探索性原型和
样品包装的机会方案

50个最初   7个有代表性的
机会方案   产品概念机会方案

（由 Lucky Litter LLC 和 Asentio Design 提供）

图表 3-5   FroliCat 公司的机会识别流程的总体评比结构。50 个最初的机会经过逐步筛选和探索，"摇摆球"机会作为产品开发并投入市场

3.2.1   有效的机会评比

识别最佳机会很困难，怎样能够在机会识别过程中识别更多的有效机会呢？这里有三种基本方法。

- **扩大机会方案的数量**。如果你产生了更多的机会，你就可以看到更多的希望。例如，平均来说，如果你从 10 万个人中可以找出一个身高 7ft（约 213cm）的人，那么从 20 万个人中就能找出两个。在不影响平均质量的前提下，扩大初期的机会方案数量是找到更多可行机会的关键手段。

- **寻找高质量的机会方案。**采取更好的方法来产生机会并挖掘更好的机会资源，可以提高所考虑机会的平均质量，这也提高了机会评比中产生的最佳机会方案的质量。
- **产生高质量变异的机会方案。**尽管不是非常明显，但有一个直接的统计含义。如果保持机会的平均质量和数量不变，你就能从更大的可变性过程中产生更多的特殊机会。尽管对可变性的追求与在流程改进中的常规做法有所不同，但这正是在机会创造中的所必需的。发现不一样的想法和概念能提高识别最佳机会方案的概率，至少有一个机会是非常好的。

3.3　机会识别过程

我们把机会识别过程分为以下六个步骤：

1. 确立章程。
2. 挖掘并探索大量机会方案。
3. 筛选机会方案。
4. 开发有前景的机会方案。
5. 选出最佳机会方案。
6. 对结果和过程进行反思。

每一个步骤都是本章中各小节的重点。

3.4　步骤 1：确立章程

企业通常研发新产品以达到一些目标，如增加从已有的客户群体得到的收益、填补生产线上的漏洞或进入新的细分市场等。企业家创办新企业时通常会有某种目标，比如研发一些与个人兴趣领域相关的新产品。产品创新章程（innovation charter）中就会包括这些目标，并对创新工作的一些边界条件进行说明。章程可以近似等于（虽然有的时候范围会更广泛）新产品的宗旨（详见第 4 章）。

例如，FroliCat 案例的章程是：

研发出一款新的宠物猫玩具实体产品，并可以通过我们已有的零售销售渠道在大约一年之内向市场推出。

该章程中的主要约束是强调研发实体商品而不是软件或服务、满足产品属于宠物猫玩具的领域要求、不会花费大量的投资，并且能够充分利用公司与已有的零售商之间的关系。

章程需要解决创新工作的问题约束和满足团队组织目标的具体方向之间的冲突。通过具体化一个范围比较小的章程，团队可以避免在那些很有可能无法被实现的机会中浪费精力。另一方面，提前确定哪些机会值得开展研究和哪些机会存在障碍是很困难的。

类似于一个新产品的任务阐述，我们建议产品的创新章程可以更广泛，或者是比团队所能接受的范围更广。激发各种想法不需要耗费大量成本，而且之后将开发工作的焦点集中也会变得容易。一个广泛的工作范围的优势在于，那些从未被考虑过的机会可能会给团队在选择机会的工作上带来新的挑战和契机。

3.5 步骤 2：挖掘并探索大量机会方案

调查数据显示，在各种不同行业的公司中，一半的创新机会是来自企业内部的，而另一半则是从消费者及其他外部资源中被识别的（Terwiesch 和 Ulrich，2009）。机会的来源分布如图表 3-6 所示。

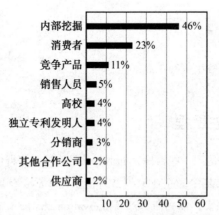

（来源：Terwiesch, Christian, and Karl T. Ulrich, "Innovation Tournaments: Creating and Identifying Exceptional Opportunities," *Harvard Business Press*, 2009.）

图表 3-6 创新机会来源的分布

因此我们提倡团队在挖掘机会时同时关注内部和外部的机会来源。通常情况下，在这个过程中，一些团队会识别几十甚至上百个原始的机会。幸运的是，这项烦琐的工作可以通过应用一些结构化的技术而变得容易。我们会在下文中列举这些技巧和方法。

3.5.1　挖掘机会的相关技巧

对于创造性的人才来说，没有什么事比提出新的想法更有趣了。然而我们会发现，大多数人在挖掘理想的可行机会方案时都会觉得很困难。问题在于提出新想法的过程太抽象、非结构化，以及自由度太高。以下是七种能够激发机会识别的基本技巧，它们大部分能在创业企业和合伙企业中发挥很好的作用。

依据个人兴趣

列出你的个人兴趣爱好，尽量可以让你保持工作热情，然后考虑新技术、市场趋势和商业模式会对它们产生哪些影响，或者找出和你个人兴趣相关的那些未能满足的需求。一位我们熟知的自行车爱好者就开发了一种营养输送系统，并将其运用在已有的自行车运动水袋产品中（如 CamelBak），该系统还可用于军事以及其他各种运动项目中（如图表 3-7 所示）。他从对水袋中饮料的糖分和电解质含量需求的调节过程中得到启发，从而识别出机会。

© Matthew Kressy

图表 3-7　营养输送系统，发明人 Matt Kressy 正穿着它进行测试（他的右手边是营养液的贮存袋、管道及阀门）

编写错误列表

成功的创新者通常会习惯性地对他们周围的事物感到不满。他们会经常发现人们（包括他们自己）的一些未满足的需求，他们会列出或随手记下自己在几天或几周内遇到的不满、困扰和失望的情况，然后从中挑出最受困扰的问题，并努力想出相应的解决方案，这样就能够发现任何问题都蕴藏着机会。

蕴藏机会的那些问题也许不一定是你遇到的问题，它可能来自客户的抱怨或市场的调查。理解他人的烦恼与问题的一个有效的办法就是将自己置身于使用你的产品或服务的人群中，设身处地为他人着想。

从能力中发现机会

关于竞争优势的理论有很多，但是大部分都源于公司期望通过开发独特资源（unique resources）以超出平均收益的想法。资源是一个概括性的术语，它包括能力、核心竞争力和竞争优势。为提供优势，资源必须是：

- **有价值的**（valuable）。资源要有价值，就必须能够让公司达到比竞争对手更好的绩效或降低与对手之间的竞争劣势。
- **稀有的**（rare）。有价值的资源一定是稀有的，才能有一定竞争力。
- **独特的**（inimitable）。有价值且宝贵的资源一定是不能被轻易效仿的，独一无二的。
- **不可替代的**（nonsubstitutable）。资源不仅要有价值、是稀有的、独特的，资源还应该是不可替代的。

以上观点可缩写为 VRIN，这些观点可以通过首先明确资源清单，然后使用清单作为机会生成的要素来对目标进行定义。

例如，苹果公司的 VRIN 资源可能包括卓越的工业设计、领导性的品牌以及忠实的客户群，每一种资源都可以变成一种新的挑战来引领机会挖掘过程。例如，在哪种其他产品领域中苹果的优秀设计会产生优势？在哪种产品和服务中苹果的品牌会成为竞争优势？苹果公司可以为它的忠实客户群提供哪些其他的产品和服务？

研究客户群

机会可以通过对某些市场细分中客户群体的研究来识别。这些研究（也可称为用户人类学（user anthropology）或消费者群体学（consumer ethnography））可以更好地理解消费者的真正需求，这比调查中所得到的要多。

在自行车工业领域，Shimano 公司是一个自行车零件（如踏板、刹车等）制造商，最近开展了一个用户群体的研究，以深入了解美国人不骑自行车的原因。对于这种研究的传统做法是进行一个调查，或聚集一群用户并询问他们多久骑一次自行车以及他们最关注的自行车特性有哪些。但通常情况下，参与调查的美国人会回答他们"经常"（对于有些人这个回答可能意味着一年一次）骑车，并且他们希望自行车越轻、齿轮越多越好。但是，这些自行车的特性需求基本上是每一家自行车制造商都极力追求的。

不幸的是，在调查过程中，人们对调查人员所说的与自己实际所做的之间有很大差别。通过长时间观察潜在的自行车消费者，包括他们花费在学习骑自行车上的时间，Shimano 公司的调查人员们发现这些消费者希望自行车可以有技术简单、易于使用、易于学会的特性。而目前的自行车制造商并没有对这些特性给予足够的重视，但它们体现了自行车爱好者真正的潜在需求。

用户群体研究帮助 Shimano 公司识别出一系列潜在需求（对于潜在需求的描述，详见第 5

章）。当一种潜在需求被识别，它就成为机会创造过程中的目标。一旦他们能够识别是什么因素导致那些潜在消费者喜欢机动车而不是自行车，他们就有机会重新定义整个产品领域。

在 Shimano 的案例中，他们能够最终能挖掘出机会的原因是：他们的目标客户群体正是那些业余骑行者，例如可能会在家庭出游时租自行车一起去海滩游玩的业余爱好者，而不是专业的骑行者。最终，Shimano 在品牌 Coasting 下开发了一条部件生产线，然后一些制造商将部件组装成自行车成品，其中一个例子是 Trek Lime，如图表 3-8 所示。

考虑市场趋势的影响

技术的发展、人口统计的变化或社会规范的改变等通常都会产生新机会。例如，普及的移动通信服务使各种各样的信息传输服务出现、美国日益增长的西班牙语人口使一种新型的西班牙语媒体出现、人们逐渐加强的环保意识创造了绿色产品和服务的市场。因此，探索的方式很容易，

（由 Trek 提供）

图表 3-8　由 Shimano 的 Coasting 品牌部件组装的 Trek Lime 自行车产品

只要列举社会、环境、技术或者经济的趋势，然后在各种条件下创造出相应的创新机会即可。

效仿但更好

当另外一家公司成功创新的时候，实际上是公开了一个有待探索的极佳领域。你可以通过思考该需求的其他可行解决方案或该解决方案可能满足的其他需求来继续对这个领域的信息资源进行探索。图表 3-9 就给出了一个"青出于蓝胜于蓝"的案例，下面列出一些可以用于效仿的机会来源：

- **其他公司的媒体宣传和营销手段**。例如，通过参加各种展会以及跟进专利申请等方式来学习其他公司的媒体宣传，并观察其他公司的活动流程。从任何你能识别出的创新点发现客户需求和解决方案，寻找多种可选择的方法来满足相应的需求或者从一种新的方法中寻找多种需求。
- **商品小众化**。通常情况下，竞争性价格区分了产品的类型，这提供了一个产品不同于其他产品的特性。正如在星巴克咖啡之前有 Recall 咖啡、在欧托兹之前有 Breath 喉糖一样，此类情形会产生创新的机会。为追求这类创新，我们可以通过列出某一类别中便宜、没有差异化的商品或服务，然后考虑开发升级更豪华产品的可能性。
- **从"低迷市场"中开拓创新点**。1998 年，四位有着从事玩具和糖果生意经验的企业家

聚集在一起研发出了佳洁士电动牙刷。由于他们曾经成功地将小型电机结合在棒棒糖上发明出一种电动棒棒糖，所以他们认为自己在发明小型平价电动设备方面是有竞争优势的。当看到大批的电动牙刷卖到每支将近100美元而且其运行原理并没有比他们的电动棒棒糖复杂多少的时候，他们感到很震撼。于是受此启发，他们决定研发出一种电动牙刷，可以只卖6美元一支。最终他们的电动牙刷成为各类牙刷中最热销的一款。从他们的案例可以看出，列举某一领域中的高档产品，然后想象它们变得平价，必然会带来更大的收益。

- **引进具有地区特色的创新点**。创新与改革通常是具有地区特色的，尤其是对于一些小型企业来说。从一个地区的成功改革联系到另一个地区的情况必然能激发不同的创新。红牛能量饮料的产生是为了满足泰国卡车司机的需求，星巴克的创始人 Howard Schultz 是在米兰感受到那个城市的咖啡文化并为之着迷后才开始他的创业。

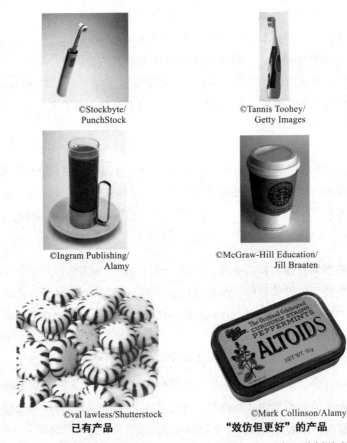

©Stockbyte/
PunchStock

©Tannis Toohey/
Getty Images

©Ingram Publishing/
Alamy

©McGraw-Hill Education/
Jill Braaten

©val lawless/Shutterstock
已有产品

©Mark Collinson/Alamy
"效仿但更好"的产品

图表3-9　效仿但更好的案例：SpinBrush牙刷、星巴克、欧托兹喉糖

挖掘你的资源

如前所述，产品开发过程中创新的机会一半来自组织内部，而另一半来自外部资源。因此，我们可以从培养外部资源中获益，这些资源包括：

- **领先用户**。企业有足够的动力去创新。首先，创新可以带来现金流。但是领先用户和独立发明家可能会有更大的创新动力。领先用户是指那些已有的产品及服务不能满足他们更高级需求的个人或企业。这些个人或企业要么忍受他们没有满足的需求，要么通过创新来满足他们的需求。一些卫生保健设备和程序通常由临床医生发明。例如，Lillian Aronson 博士是一位宾夕法尼亚大学猫科动物肝脏移植专业的兽医，她的手术程序比较新颖，由于市场很小，很难找到满足手术需要的工具。因此她不得不在医用工具和自己发明的工具之间进行选择。如果她发明了有用的工具，Aronson 博士便为一个公司的进一步创新创造了机会。
- **社交网络**。另一种提高创新机会感知灵敏度的方法是熟悉一些适当的社交网络。各种类型的社交机构有助于发明者的交流，有些机构可能与专业领域无关。硅谷的板球和垒球联赛作为很多创业活动的温床已广为人知，它在交流新产品机会的创新想法上起着很重要的作用。一些社交网络和论坛也能够促进创新者的交流和沟通。
- **大学和政府研究机构**。学生、研究人员及专家会不断探索新的解决方案，以解决一些困难的挑战。在许多案例中，实验室或研究机构中提出的解决方案和想法会被第三方商业化，包括已有的公司和创业企业。大学和政府研究机构会将技术授权给相应的企业，以促进后续开发流程。
- **线上意见收集**。一些机会可能会通过网络从客户或者非客户手中收集。例如，戴尔公司就开发运行了一个名为 IdeaStorm 网页，用于征求客户的意见，并从中寻找机会。

3.6　步骤 3：筛选机会方案

筛选工作的目的是排除那些基本上不可能开发出有价值成果的机会，并选出那些值得进一步研究的机会。筛选的目的并不是挑出一个最好的机会。考虑到需要筛选的机会很多，这个过程必须相对高效，即使是以牺牲准确性为代价。

在筛选过程中，有效的筛选标准有助于整体判断一个机会是否值得花几天或几周时间继续开展深入调查。采用多种不同的筛选标准（例如，市场需求、技术可行性、战略一致性）通常会使整个筛选过程陷入不必要的争吵。因为在大多数情况下，我们可能会有几十个甚至上百个初步的机会需要考虑。

这里介绍两种有效的筛选方法：网上调查和研讨会投票决定。这两种方法都依赖于一组人的独立判断。通常这组人由组织的内部成员组成，但也可能包含组织外部的团队，有时甚至可能会包括有相关专业知识的朋友或家人。尽管他们有不同类型和深度的专业知识，这组人在进行评价工作时必须熟知相关的专业知识。

基于互联网的界面可以确保参与者不知道每个想法的提出者是谁，这样他们就可以更公平、公正地依据机会方案本身的质量做出选择，而不被对提出者的看法所影响。有很多免费的网络调查工具可以使用，你也可以使用专门用于评价创新机会的网络工具。网上问卷可以很简单地设计为一个简洁的机会方案描述，向参与者询问这些机会方案是否值得进一步研究投资，只需要他们给出一个"是"或"不是"的简单选择即可。或者，你可以列出 1～10 的范围让他们选择，当参与者是一个相对较小的群体时，这种方法比较有效。根据经验，你需要至少 6 个相互独立的参与判断的人，最好是 10 个以上，这样才能做出可靠的决策。

你也可以采用研讨的方法来进行机会方案的评价。我们经常使用的一种形式是，每个参与研讨的成员提出一个或更多的机会方案，供大家进行进一步探讨。机会方案的展示可以使用幻灯片、页面或图表等形式，这些报告展示的时间每次应限制在 1 分钟以内，并且每个报告人能遵守时间和形式的规定。每个机会方案的概要介绍可以在研讨会前分发。

在报告人陈述后，让参评人员对这些机会方案进行多项选择。在选择的过程中，需要在举行研讨会的会议室墙上将各种可选择的机会方案通过页面或表格列举出来。参评人员采用"圆点"（或其他记号）来标记出他们的选择，只需要在他们满意的机会方案上给出标记即可（另一种可应用于产品开发流程中的多项选择形式是选择有前景的概念，详见第 8 章）。

我们建议可以给每个机会方案编号，这样参评人员在投票时只需写出相应的机会方案编号即可。在进行投票之前完成编号，投票时参与的成员同时做出标记。通过这种方式可以避免一些人在做出自己的选择时受其他人的影响。

研讨会的方式适用于 50 个左右机会方案的选择。当机会方案超过 50 个的时候，我们建议先使用网上调查进行初步的筛选。

除了投票方式的选择外，我们建议不仅应关注那些得到最多支持的机会方案，同时也要注意一些得到少数极力支持的机会方案。强烈的观点通常会引出意想不到的想法和点子。记住，我们目的是有效地排除那些不值得进一步投资的机会，但也要尽量避免扼杀一些潜在的很好的想法。

FroliCat 团队通过 6 个独立参评人的研讨和他们的头脑风暴会议，在 50 个初步机会中进行了评价和选择。团队成员通过聚集每个人的判断和评价，最终识别了 7 个值得进一步开发的机会，团队成员包括 Asentio 产品设计师以及 FroliCat 市场营销经理等。

3.7　步骤 4：开发有前景的机会方案

将所有希望寄托在唯一一个机会上，很难获得成功。因为有太多的不确定因素可能阻碍成功。因此在对机会进行初步筛选之后，研发团队需要投入适当的资源来开发一些有前景的机会。至少，通过已有方案的网络调查和非正式讨论，保证了通过初步筛选的方案拥有一些潜在的消费者。

有时，应完成一些额外的工作，例如客户拜访、现有产品测试、概念生成、早期产品原型样机，以及市场规模和增长速度的预测，你可能会在每个有前景的机会上投入几天到几周的时间来完成这些额外的工作。

开发有前景机会方案的目的是解决每个机会的最主要不确定因素影响，将时间和资金上的投入尽量减到最小。将这一步骤结构化的一种方法是列出影响每个机会方案成功的主要不确定因素、为解决这些不确定因素需要开展的工作，以及每项工作大概的花费，然后执行那些在最少的花费下能够解决最大的不确定因素的工作。例如，如果不可能获得专利，一个有着清晰概念的机会可能没有价值。进行粗略的专利搜索工作可能只需花费几个小时，这个工作应该在开发机会方案之前完成。

FroliCat 团队探索了七个可行的机会方案（如图表 3-5）所示，然后选择了其中 3 个进行进一步的开发。随后的开发任务就是先研制出基本的功能产品原型，并由宠物猫和猫主人一起对产品进行测试，然后产生包装概念、测试消费者的反应，最后进行财务方面的分析（包括制造成本、定价等一系列问题）。

3.8　步骤 5：选出最佳机会方案

一旦这些有前景的机会被投入一定的资源进行开发后，大量的不确定因素应该被解决，以便选择最佳机会方案，以保证产品开发中的投资能够获得成功。

第 8 章阐述了如何根据一定的选择标准来进行比较，选择出最佳设计概念，同样的基本方法也可以用于选择产品机会。其中一种称为 Real-Win-Worth-it（又称 RWW）的特别的方法被很多知名企业运用过，这个方法最初起源于 3M 公司（Day，2007）。RWW 法概括了企业在筛选机会时需要回答的三个问题：

- 这个机会真实可行吗？你所开发的产品真的有相应的市场吗？其中衡量准则包括市场规模、潜在定价、技术可行性，以及产品以所需成本按所需数量交付的可能性。
- 你能够从这个机会中盈利吗？你能从这个机会中建立持续的竞争优势吗？这个想法是否能变成专利或一个品牌呢？相较于其他竞争者来说，你是否能真正利用好这个机会呢？比如，你是否在该领域拥有先进的工程人才？
- 这个机会在资金上是否值得开发？你是否有足够的（资金上和开发流程上的）资源，以及这些投资是否有合适的回报？

图表 3-10 显示的是应用于 FroliCat 公司"摇摆球"机会方案的 RWW 准则。如果对每一个机会进行这样的分析，就可以使组织团队将可行机会的范围缩小到最佳的几个方案。对于 FroliCat 公司来说，"摇摆球"的概念与潜在购买者的需求高度吻合，适用于宠物猫，且它在专利申请方面有很好的前景，投入适当的资金后可以被开发和推广。这些因素使得这个机会从其他可行的选择方案中脱颖而出。

其他的准则也可应用于同样的选择方法。刚创业的企业家通常会使用不同的准则，例如，不仅仅局限于已有的 RWW 准则，企业家可能会依据资金要求、进入市场的时间要求，或机会所激发的热情来选择机会方案。

3.9　步骤 6：对结果和过程进行反思

FroliCat 团队最终采用了摇摆球的机会方案，并开发产品 Sway（见图表 3-11），投入市场销售，产品通过一些主要的零售商（如亚马逊等）推向市场。团队等待着市场的反应，这些反应将会是他们机会识别过程是否成功的体现。然而市场的成功并不是衡量该过程成功的唯一准则，一些问题需要在对结果和过程的反思中充分考虑：

- 有多少识别的机会来自内部资源？又有多少机会来自外部资源？
- 我们是否考虑了足够的机会（几十或上百个机会）？
- 创新章程的范围是否太狭窄？
- 我们的筛选准则是否有偏差？或者在很大程度上是基于对最终产品成功的最佳估计？
- 最终选择的机会是否能激发团队的热情？

Real-Win-Worth-it（RWW）框架结构——以"摇摆球宠物猫玩具"为例

1. 是否存在真实的市场和真实的产品？

是否有市场需求？（什么市场需求？在现有情况下是如何满足的？）	是
会有消费者购买吗？（市场规模、消费者决策过程）	是
消费者愿意购买吗？（预估风险和收益、期望价格和需求量）	是
概念能否转化为产品？可行性有多大？	是
产品在社会、法律及环境规范中是否符合要求？	是
产品可行吗？能否被制造出来？技术可行？能否满足需求？	是
我们的产品是否满足市场要求？相对于其他产品有优势吗？	是
产品能在低成本投资下被制造出来？	是
产品的可能风险在客户承受范围内吗？接受障碍有哪些？	是
	结果：是

2. 我们能否盈利？产品和服务是否有竞争力？从公司的角度能获得成功吗？

有竞争优势吗？竞争优势可持续吗？（性能、专利、替代品及价格等。）	是
开发时机对吗？	是
产品和我们的品牌符合吗？	是
我们在竞争中能取胜吗？（对方会提高多少？价格变化及新的竞争者等。）	是
是否有先进的资源？（工程、财务、销售、生产。符合核心竞争力。）	不是
是否有能够取胜的经营管理？（经验、文化适应及机会承担。）	是
是否和竞争者一样或比他们更了解市场？（消费者行为、渠道。）	是
	结果：是

3. 是否值得开发？回报是否能保证以及风险是否可接受？

它会带来盈利吗？	是
我们是否有足够的资金来开发？	是
我们是否能承受相应风险？（哪些会出问题？技术风险、市场风险。）	是
和我们的战略相符吗？（符合我们的发展方向、品牌影响力、隐念期权。）	是
	结果：是

图表 3-10　应用于摇摆球机会的 RWW 准则，该检查表可从本书的网站得到

©Karl Ulrich

图表 3-11　由摇摆球的机会开发出的 Sway 猫玩具产品

3.10　小结

本章阐述了机会识别的概念框架，先寻找大量的初步机会方案，然后筛选，进一步探索以缩小机会范围，最终确定最佳可行方案。

机会识别流程包括以下六个步骤：

1. 确立章程。
2. 挖掘并探索大量机会方案。
3. 筛选机会方案。
4. 开发有前景的机会方案。
5. 选出最佳机会方案。
6. 对结果和过程进行反思。

机会识别过程的表现取决于考虑来自不同资源的大量机会，运用构想产生的过程找到好的机会，并考虑机会方案各方面的质量。通过系统地筛选和开发大量的初步机会，识别有价值的机会并进行进一步开发，可以使企业的资源得到最充分、最有价值的利用。

参考文献

许多当前的资源，包括 RWW 方法以及基于网络的机会评价软件可在网站 www.pdd-resources.net 上可获得。

有关机会识别的更多信息，请参阅以下书籍。

Kim, W. Chan, and Renee Mauborgne, *Blue Ocean Strategy: How to Create Uncontested Market Space and Make Competition Irrelevant*, Harvard Business Press, Boston, 2005.

Nalebuff, Barry, and Ian Ayres, *Why not? How to Use Everyday Ingenuity to Solve Problems Big and Small?* Harvard Business Press, Boston, 2003.

Terwiesch, Christian, and Karl T. Ulrich, *Innovation Tournaments: Creating and Identifying Exceptional Opportunities*, Harvard Business Press, Boston, 2009.

VanGundy 在筛选方法上给出了很多讨论。

Vangundy, Authur B., *Techniques of Structured Problem Solving*, second edition，Van Nostrand Reinhold, New York, 1988.

RWW 方法的详细论述见以下文章。

Day, George S., "Is it real? Can we Win? Is it Worth Doing? Managing Risk and Reward in an Innovation Portfolio," *Harvard Business Review*, December 2007.

以下的研究在机会识别的原则上提供了理论和实验的依据。

Girotra, Karan, Christian Terwiesch, and Karl Ulrich, "Idea Generation and the Quality of the Best Idea", *Management Science*, Vol. 56, No. 4, 2010, pp. 591-604.

Kornish, Laura J., and Karl T. Ulrich, "Opportunity Spaces in Innovation: Empirical Analysis of Large Samples of Ideas", *Management Science*, Vol. 57, No. 1, January 2011, pp. 107-128.

Kornish, Laura J., and Karl T. Ulrich, "The Importance of the Raw Idea in Innovation: Testing the Sow's Ear Hypothesis," *Journal of Marketing Research*, Vol. LI, February 2014, pp. 14-26.

练习

1. 实地考察当地的一家零售商店（比如体育用品、厨具或电子产品），并识别出其中一个产品或商品，讨论如何通过创新使其去商品化和差异化。

2. 在你感兴趣的领域找出 10 个创新的机会。

3. 识别你信赖的产品公司的 VRIN 资源，然后思考这些资源可以实现哪些产品机会。

思考题

1. 机会筛选中的不记名投票制度有哪些优点和缺点？

2. 在机会筛选过程中消费者是否可以胜任评价的角色？

3. 在产品概念真正被开发之前，企业能确定机会方案是否真实（根据 RWW 方法）可行吗？

4. 机会识别过程如果成功的话，还会出现产品最终在市场上失败的结果吗？

5. 在层次 2 的机会中，两种类型的风险有什么不同之处？一种是处理当前市场的需求，另一种使用当前的解决方案。

第 4 章

产品规划

a)

b)

图表 4-1　SharkNinja 开发的一款轻型无线棒式真空吸尘器（图 a）取得了巨大的成功，未来的无线产品规划考虑多个产品机会，包括电动升降模式（图 b）

SharkNinja 是一家领先的家居产品制造商，包括 Shark 品牌的地板清洁产品和 Ninja 品牌的小厨房电器。图表 4-1 展示了 Shark IONFlex（一款轻型无线棒式真空吸尘器）和 Shark ION Powered Lift-Away（一种容量更大的无线直立式真空吸尘器）。在 IONFlex 无线吸尘器成功推出后，SharkNinja 的开发团队开始考虑为无线真空吸尘器市场创造一系列新的型号，其中包括无线 PLA（Powered Lift-Away）在内的几款新产品。

虽然 Shark 和 Ninja 的产品线在美国市场处于领先地位，但 SharkNinja 需要不断更新现有的产品组合。此外，它们在国际上面临着重大机遇，尤其是欧洲和亚洲。SharkNinja 的一个关键竞争策略是以有竞争力的价格为客户提供便利的功能。面对众多的发展机遇，为每个目标市场的每个产品线提供适合的产品，需要精心的产品规划。

产品规划（product planning）流程发生在一个产品开发项目正式启动、大量资源开始使用以及更大的开发团队形成之前，该流程将确定一个公司应该从事的项目组合（也称为项目投资组合），并决定什么时候从事什么子项目。产品规划是一项考虑当前产品线和组织可能追求的潜在项目组合的活动。产品规划决策决定了在一段时间内哪些项目将被执行。产品规划流程确保产品开发项目可以支持公司未来更多的商业策略，并阐明以下问题：

- 什么产品开发项目将被采用？
- 应该追求哪种全新的产品、平台和衍生产品？
- 如何将与当前的产品线相关的不同项目组合成一个项目组合？
- 项目的时间安排和顺序是怎样的？

每一个选中的项目将会由一个产品开发团队来完成。在开发工作开始之前，团队必须了解他们的任务，这些重要内容包含在团队的任务陈述中：

- 在设计产品及其特点时，应该考虑哪些市场组成部分？
- 如果有的话，新产品中应包括哪些新技术和关键特征？
- 制造和服务的目标和约束是什么？
- 项目的财务目标是什么？
- 项目的预算和时间安排是怎样的？

本章阐述了一个企业怎样从潜在的项目中选择可能追求的潜在项目集，决定哪些项目是最理想的，然后启动每个项目来完成一个中心任务，以使其产品开发工作的效率最大化。在这里，产品规划流程分为五个步骤，从机会识别开始，在项目团队完成任务陈述时结束。

4.1 产品规划流程

产品规划确定了公司将要开发的项目组合和产品进入市场的时间。规划流程要综合考虑由各种因素所带来的产品开发机会，包括来自市场、销售人员、技术研究部门、客户、当前产品开发团队、客户服务、产品支持及竞争对手的标准。从这些机会中，可以选定项目组合，项目的时间计划和资源分配也随之确定。图表 4-2 是一个产品规划的示例，该规划确定开发部门将要从事的项目组合，以及即将发布的产品与当前产品的关系。该规划包括多种类别的项目，例如新产品平台、原有产品的衍生品、改进产品和全新产品。

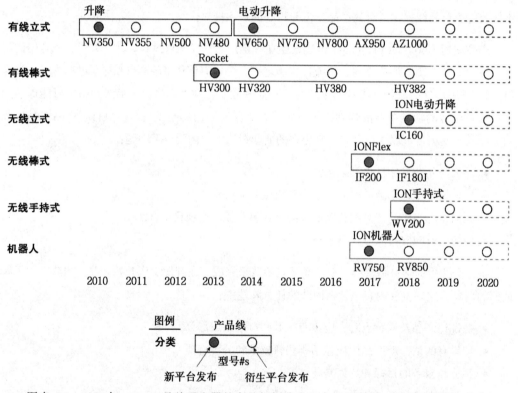

图表 4-2　2018 年，Shark 品牌吸尘器的产品规划分为六大产品类别，图中展示了各个产品平台及其部分衍生产品的历史和未来市场发布情况

根据竞争环境、技术的变化和已有成功产品提供的信息，产品规划需要不断更新。制定产品规划时要综合考虑公司的目标、能力、限制和竞争环境，通常由公司的高层管理者完成，并在一年制定一次或多次产品规划。一些公司由规划主管负责这项工作。

那些不重视制定开发项目组合规划的公司，常常会受到效率低下的困扰，例如：

- 不能以有竞争力的产品占有足够的目标市场份额。
- 产品引入市场的时间安排不合理。
- 总开发能力与所从事的项目数量不匹配。
- 资源分配不合理，一些项目人员过多而另外一些却人手不足。
- 构思错误的项目，启动后又取消。
- 项目方向经常变动。

4.1.1　产品开发项目的四种类型

产品开发项目可以分为四种类型。前三种类型与当前产品相邻，而最后一种类型与公司现有产品差异较大：

- **新产品平台**。这类项目致力于在一个新的通用平台基础上开发一个新产品系列，这一新产品系列可能涉及熟悉的产品类别，但增加了新功能和／或技术。例如，SharkNinja开发的首款锂离子电池驱动的无线棒式真空吸尘器（型号 IF200）项目就属于这类项目。
- **已有产品平台的衍生品**。这类项目在已有产品平台上进行扩展，用一种或多种新产品更好地占有相关市场。开发下一代刷头或基于现有产品开发特定于区域市场或主要零售商的产品属于这类项目。SharkNinja 的 HV380 就属于衍生产品，它将新的 DuoClean 刷头添加到有线棒式真空吸尘器上。
- **对已有产品的改进**。这类项目只是增加或改进已有产品的某些功能，以使生产线跟上潮流和具有竞争力。例如，颜色改变、技术改进、采用更大容量的电池以增加运行时间就属于这类项目。这类项目通常不引入新的产品名称，只更改型号，就向市场发布。
- **全新产品**。这类项目涉及完全不同的产品或生产技术，并由此进入一个新的、不熟悉的市场。这种项目本质上存在更大的风险，但是，企业的长期成功可能取决于从这种重要的项目中获得的经验。这类项目的典型例子就是 SharkNinja 的 RV750 进入自主机器人市场，该产品与 Shark 的手动真空吸尘器系列完全不同。

4.1.2　产品规划流程

图表 4-3 描述了产品规划流程。首先，按照优先级对多种机会进行排列，选择一组有前景的项目，将资源分配到这些项目中，并进行时间安排。这些规划活动注重多种机会和潜在的项目组合，有时被称为组合管理、集成生产规划、产品线规划或者产品管理。一旦项目被选定并分配了资源，就制定每个项目的任务陈述（mission statement），因此，产品规划和任务陈

述的制定先于实际的产品开发流程。

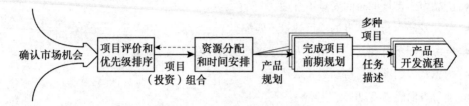

图表 4-3   产品规划流程。这些活动确定产品开发项目组合、制定产品规划，并为每个被
选项目制定任务陈述

虽然在图表 4-3 中我们将产品规划流程表示为顺序的，但是选择有前景的项目和分配资源的过程实际上是迭代的，鉴于时间安排和预算的实际情况，通常需要重新确定优先级并对项目做进一步的细化和选择。因此，经常需要对产品规划进行重新评估，并根据开发团队、研发部门、生产、营销和服务部门的最新信息对其进行修改。后期参与这一过程的人员通常率先认识到整个规划流程和某个项目的任务不一致、不可行或者是过时的。随时调整产品规划的能力对企业的长期成功来说是至关重要的。

制定产品规划和项目任务陈述包括五个步骤：

1. 识别机会。
2. 项目评价和优先级排序。
3. 资源分配和时间安排。
4. 完成项目前期规划。
5. 对结果和过程进行反思。

4.2   步骤 1：识别机会

规划流程始于对产品开发机会的识别。这种机会可能包括上述四种类型项目中的任何一种。这一步可以看作机会漏斗（opportunity funnel），因为它将来自整个公司的各种投入汇聚到一起。机会可能是被动收集得来的，但我们也建议公司努力尝试创造机会。第 3 章提供了一种机会产生、识别和评估的过程。

积极运用机会漏斗可以持续收集各种创意，新产品机会也可能随时出现。作为一种追踪、分类和提炼这些机会的方法，我们建议对每个有希望的机会加以简单清晰地描述并存放到一个数据库中。尽管一个简单的电子表格可能已经足够，但是一些基于互联网理念的管理系统也可以用于收集和存储机会的各种信息。

在 SharkNinja 公司，产品经理定期收集产品机会，并在会议中与执行团队讨论。SharkNinja 会定期在客户家中或者公司总部对客户进行采访和观察。他们还采用敏捷开发方法，组织了设计冲刺，以便在计划决策最终确定之前将最有前景的想法具体化。机会范围从逐渐增加到彻底变化，包括对当前产品的功能提升、针对新区域市场与现有产品区别化、基于新技术提出新产品，以及全新的厨房或清洁产品类别。下面是一些与 SharkNinja 无线吸尘器有关的机会描述相似的例子：

- 为美国市场开发具有新技术的下一代无线吸尘机（新平台）。
- 为中国市场开发 IONFlex 无线真空吸尘器的衍生产品，带有改进的清洁头（衍生产品）。
- 更新两款现有产品，且产品采用新的集尘杯设计（改进）。

这一机会描述最终成为无线 PLA 项目：

- 为大型家庭开发无线立式真空吸尘器（新平台）。

4.3 步骤 2：项目评价和优先级排序

如果能实施有效的管理，机会漏斗在一年中可以收集成百上千个机会，这些机会中有些对于企业的其他活动没有意义，因为在多数情况下，有太多的机会要求企业立即去把握。因此，产品规划流程的第二步就是要选出最有前景的项目进行开发。对已有产品领域中新产品机会的评价和优先级排序过程中，需要仔细讨论四个基本方面：竞争策略、市场细分、技术曲线和产品平台。讨论了这四个方面之后，我们将讨论全新产品的机会评价，以及如何平衡项目组合。

4.3.1 竞争策略

一个企业的竞争策略（competitive strategy）决定了它在市场和产品上针对竞争对手的基本运作方法，这一策略可以指导企业选择应该把握的机会。多数企业都是在高层管理的层面上讨论其战略能力和竞争目标。以下是几种可能的竞争策略：

- **技术领先**（technology leadership）。为实施这一策略，企业必须强调新技术的研究和开发，并将其应用到产品开发流程中。
- **成本领先**（cost leadership）。这一策略要求企业通过实行规模经济、使用先进的制造方法和低成本的劳动力，或者引入更好的管理生产系统在生产效率上进行竞争。因此，在这一策略指导下必须强调产品开发流程中制造方法的设计（见第 12 章）。

- **以客户为中心**（customer focus）。为实施这一策略，企业必须跟新老客户保持密切联系以评估变化的需求和偏好。精心设计的产品平台有助于快速开发满足客户偏好的新特点或新功能的衍生产品。这种策略将造就用来满足不同层次客户需求的多种产品生产线。

- **模仿策略**（imitative strategy）。这一策略要求紧跟市场趋势，允许竞争对手先探索每一部分已获成功的新产品。当确定了可行机会之后，企业快速开始模仿成功竞争对手的新产品。快速的开发流程对于这一策略的有效实施至关重要。

在 SharkNinja 公司，每一代产品开发都会获得大量的工程知识，并用于后续项目。战略讨论围绕如何有效利用开发资源，以保持市场领先地位和稳定增长。SharkNinja 认为，通过专注于客户的生活方式并为其提供便利，推出新功能以及不断降低成本，可以实现这一目标。产品规划的每个元素都需要支持这一战略重点。

4.3.2　市场细分

一般认为客户属于不同的细分市场。把市场分为不同的细分市场，使企业能够按照每个详细定义的客户群来考虑竞争对手的行动和企业已有产品的市场力度。通过将竞争对手的产品和企业自己的产品映射到各个细分市场，企业就可以评估哪些产品机会最好，以揭示企业自身的（或竞争对手的）产品生产线缺点。图表 4-4 展示了无线真空吸尘器产品的市场细分图（product segment map），这些产品的市场是按照清洁任务的规模进行细分的。

4.3.3　技术曲线

在技术密集型企业中，产品规划的关键是什么时候在生产线上采用一种新的基本技术。许多无线电子产品面临的一个关键技术问题是使用哪种电池。产品规划决策的一个关键是：何时在每种产品中采用最新的电池技术，而不是使用旧的电池技术。S 形技术曲线（technology S-curve）是一种帮助我们考虑这种决策的概念性工具。

S 形技术曲线显示了在一种产品领域内产品的性能随时间变化的情况，通常与单一的性能参数有关，如功率、速度、成本或可信度。S 形曲线显示了一个基本但很重要的事实：技术在刚出现时性能相对较低，发展到有一定经验之后快速成长，最后受到一些自然的技术性限制达到成熟，继而过时。S 形曲线捕捉到了这种总体的动态（如图表 4-5 所示），横轴可能是研发工作的工作量或持续时间，纵轴可能是性能 / 成本比率或者任何一种重要的性能参数。尽管 S

形曲线能够清晰地表示多种行业中的技术变化，但是很难预测性能曲线的未来走势（最终的性能极限在哪里，以及何时到达该极限）。

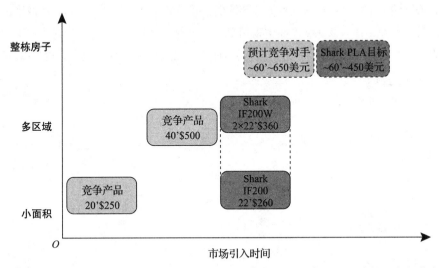

图表 4-4　产品细分图。它展示了 SharkNinja 无线真空吸尘器产品以及跨越三个细分市场的领先竞争，考虑关键产品规格的轨迹（这里显示的是发布时间和价格点）是确定未来产品机会的一种方法

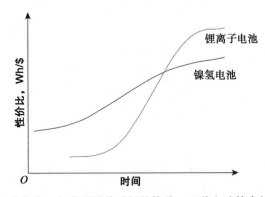

图表 4-5　S 形技术曲线，它表明随着时间的推移，两种电池技术的性价比变动情况

4.3.4　产品平台规划

产品平台是指由一系列产品共享的一整套资产。通常，零件和部件是这些资产中最重要的部分。一个有效的平台可以更快更容易地制造出许多衍生产品，每种产品都提供特定细分市场所需的特点和功能。关于实现产品平台和平台规划方法底层结构的讨论请参阅第 10 章。

由于平台开发项目在时间和资金上的消耗是衍生品开发项目的 2～10 倍，企业不可能承担将每个项目都变成平台开发项目的成本。图表 4-6 展示了一个有效产品平台的杠杆作用，在这个阶段，关键的策略是项目将从现有平台开发衍生品还是开发一个全新平台。产品平台的决策与企业的技术开发工作以及在新产品中采用哪种技术密切相关。图表 4-6 描述了从平台开发工作中获得衍生产品的两种方法：一系列具有不同特征的衍生品可以同时发布，也可以顺序发布。

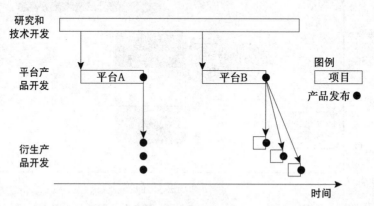

图表 4-6   平台开发项目可以建立一个产品族结构。衍生产品可能包括在最初的平台开发
工作（平台 A）中或者在这之后（平台 B）

除了衍生品的价值流之外，构建一个新平台也有助于在需求端和供给端通过网络效应（network effect）实现额外的增长。在需求端，网络效应来自客户，他们得益于平台标准的推出，并承诺长期使用其衍生品。在供给端，网络效应来自供应商或合作伙伴，他们主要在互补创新方面进行投资，如配件或服务，以提高平台的价值（和需求）。为了实现网络效应，开发人员在创建平台及其衍生产品时，应密切关注关键功能和界面的设计。

4.3.5　技术路线图

技术路线图（technology roadmap）是一种协调技术开发与产品规划的方法，该方法描述与正在考虑开发的产品相关的各种技术的预期实用性和未来应用性。这一方法已经被摩托罗拉、飞利浦、施乐、NASA、Facebook 和其他快速发展的高技术行业中的领先者所采用。它对于规划那些关键功能元件已经被详细了解的产品尤其有效。

如图表 4-7 所示，各代的技术按照时间顺序被标明在技术路线图中。技术路线图中可以加入项目的时间计划和使用这些技术开发的项目（有时其被称为产品 – 技术路线图）。其结果是产生一个图表，显示产品的关键功能元件和在既定时间内实现这些元件所采用技术的顺序。技术路线图可以作为一个指定技术开发和产品开发联合策略的规划工具（产品开发与技术开发过程的关系见第 2 章）。

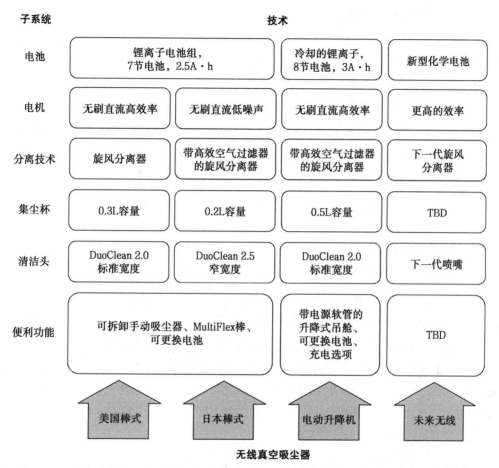

图表 4-7 技术路线图。它表明了子系统技术的演变，有助于规划哪些技术可能在未来的
产品中使用

4.3.6 评价全新产品的机会

除了现有产品领域的新版本产品之外，企业还将面对许多机会，如新的市场或全新的技术。尽管在使用新技术或为进入新市场而进行的产品开发中投入稀缺资源有很大风险，但是这种投入对于定期更新产品组合是必要的（Christensen，1997）。评价全新产品机会的标准包括：

- 市场规模（单位 / 年 × 平均价格）。
- 市场增长率（每年百分比）。
- 竞争激烈程度（竞争对手的数量和实力）。

- 企业对市场了解的深度。
- 企业对技术了解的深度。
- 与企业其他产品的匹配。
- 与企业核心资产和能力的匹配。
- 专利、商业秘密或其他竞争障碍的潜在压力。
- 企业中冠军产品的存在。

这些标准不仅对于评估全新产品机会非常有效，同时也适用于任何其他产品机会的评估，它可以通过一个简单的筛选矩阵（screening matrix）来评估任何机会的吸引力和风险类型。第 3 章中介绍了 Real-Win-Worth-it（RWW）分析，它是一种基于标准进行评估的方法，第 8 章中介绍了选择产品概念的筛选矩阵，这种方法也直接适用于评估产品机会。

4.3.7 权衡项目组合

有多种方法可以帮助管理人员权衡公司的开发项目组合，其中一些方法用有效的标准来衡量项目组合，以便考虑其规划决策的战略意义。这些衡量方法包括技术风险、资金回报、市场吸引力等标准（Cooper 等人，2001；Terwiesch 和 Ulrich，2009）。一种特别有效的度量方法是由 Wheelwright 和 Clark（1992）提出的沿两个维度标准绘制的项目组合图，包括项目所涉及的产品变化的程度和项目所涉及的生产工艺变化的程度。图表 4-8 是产品 – 工艺变化矩阵（product-process change matrix），这种方法对于表明所考虑的项目组合中的不平衡和评估项目组合和竞争策略之间的一致性十分有效。例如，企业可能会发现并没有获得根本性突破的机会，或者没有对已有产品进行改进余地。

尽管没有一个通用的方法来决定项目组合应该是什么样的。然而，企业对于竞争策略的选择将会影响产品开发项目组合的形式。例如，追求低成本策略的企业会希望项目组合中包含更多的生产过程改进项目。遵循产品多样化策略的企业需要在已有平台上开发更多的衍生产品。实施技术领先策略的企业将需要更多的技术开发和突破性项目，并预见并非所有这些有风险的项目都会产生市场上的新产品。注意，研究和技术开发活动的规划是与产品规划流程紧密联系的，但通常在产品规划流程的范围之外进行。

开发项目组合的范围包括从渐进改进到昂贵的平台开发和风险突破项目。在实践中，直接比较和权衡不同类型的特定投资是不明智的（例如，渐进创新项目与颠覆性创新项目）。因此，创建适当项目组合的一个简单方法是，首先将资金分配给各个类别的项目，然后只选择每个类别中最重要的项目（Cooper，2017）。这使得我们可以关注战略层面，例如，在长期突破性项目上的花费，在渐进改进上的花费。然后，对每种类型中的多个机会进行优先级排序。图表 4-9 展示了自上而下的项目组合预算和优先级排序过程。

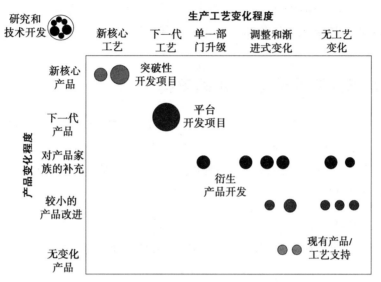

（来源：Steven C. Wheelwright and Kim B. Clark,"Creating Project Plans to Focus Product Development," *Harvard Business Review*, March–April 1992, pp. 70–82.）

图表 4-8　产品 – 工艺变化矩阵（圆圈的大小表明开发项目的相对成本）

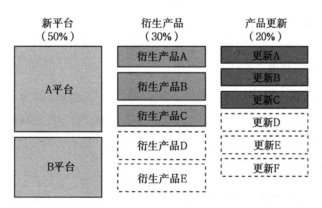

图表 4-9　产品开发项目组合决策可以自上而下地将预算分配给不同的项目类型，然后对每种类型的项目进行优先级排序

　　请注意，不同类别项目的评估方法可能不同。对于战略性长期投资项目，某些高风险项目会被优先考虑，因为它们可能会在新的市场取得成功。现有产品领域的许多竞争性项目可以根据收入或盈利能力进行权衡。另一方面，可以根据关键客户痛点来改进现有产品。

在 SharkNinja 公司，由执行团队来决定每年要在现有产品线上投入多少研发预算，以及在面向全新市场的产品上投资多少。然后，每个产品线的产品经理决定在研发资金分配范围内应该优先考虑哪些项目。SharkNinja 的高管设定了一个较高的目标，即通过新产品来增加收入。为实现这一目标，战略规划团队将 SharkNinja 的大部分工程和设计资源分配给新产品的开发。

4.4 步骤 3：资源分配和时间安排

任何公司都无法对所期望的项目组合中的每个产品机会都进行投资。由于时间安排和资源分配是按照最有前景的项目来制定的，许多项目不可避免地争夺有限的资源。即使分配了预算，可能根本没有足够的合适人选来完成每项工作。其结果是，资源分配和时间安排不得不退回到前面的评估和优先级排序步骤，以削减所要开发的项目。

当预算充足但没有合适的人员时，外部产品开发资源可能是有用的。全球有许多产品设计咨询公司，在外包开发项目方面有丰富的经验，还有很多公司可以提供资源，以对内部人员进行补充。

4.4.1 资源分配

如果企业开发太多的项目而不考虑开发资源的有限性，那么有经验的工程师和经理就会被分配到越来越多的项目上，导致生产效率急剧下降，项目完成时间被延长，产品上市迟缓，利润水平低下。综合规划（aggregate planning）有助于企业通过合理地利用预算内的资源完成多个项目，从而高效地利用企业的资源。

无线 PLA 项目只是 SharkNinja 公司众多项目中的一个。然而，作为一个新的平台开发工作，无线 PLA 比开发衍生产品和产品更新需要更多的资源。设计工程师负责探索新平台的各种产品架构。SharkNinja 还分配了研发小组进行优化工作，以提高第一代无线棒式真空吸尘器的效率，并将这些技术应用于新的无线 PLA 平台。

对每个项目每月、每季度或每年所要求资源数量进行估计，会迫使公司面对资源有限的现实。在多数情况下，需要管理的主要资源是研发人员的工作量，通常以人 – 小时或人 – 月来表示。其他重要资源也需要仔细规划，如制模车间设备、快速成型设备、主导生产线、测试设备等。将每个时期所需资源的估计量与可得到的资源进行比较，以计算整体能力利用率（需求 / 能力）和不同资源种类的利用率，如图表 4-10 所示。基于总体资源规划，SharkNinja 需要将其他产品线资源重新分配到无线产品的开发工作中。

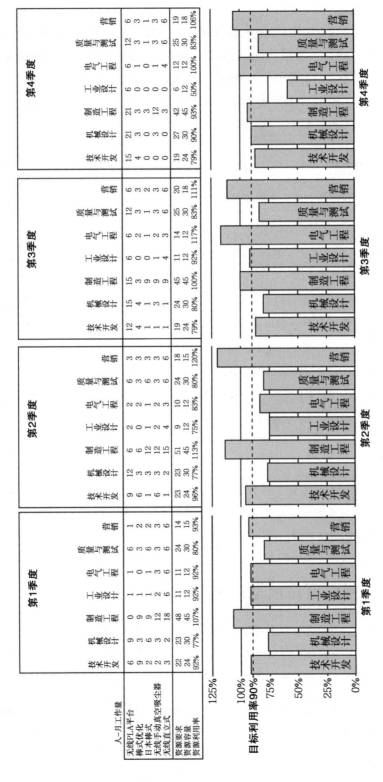

第1季度

人-月工作量	技术开发	机械设计	制造工程	工业设计	电气工程	质量与测试	营销
无线PLA平台	6	9	0	1	1	6	1
棒式优化	9	3	9	1	0	3	2
日本棒式	2	3	12	1	3	6	3
无线手动真空吸尘器							
无线直立式	3	2	18	6	6	6	6
资源要求	22	23	48	11	11	24	14
资源容量	24	30	45	12	12	30	15
资源利用率	92%	77%	107%	92%	92%	80%	93%

第2季度

人-月工作量	技术开发	机械设计	制造工程	工业设计	电气工程	质量与测试	营销
无线PLA平台	9	12	6	2	2	6	3
棒式优化	6	3	6	0	2	3	3
日本棒式	1	3	12	1	1	6	3
无线手动真空吸尘器	6	3	12	2	2	3	3
无线直立式	1	2	15	4	3	6	6
资源要求	23	30	51	9	10	24	18
资源容量	24	30	45	12	12	30	15
资源利用率	96%	77%	113%	75%	83%	80%	120%

第3季度

人-月工作量	技术开发	机械设计	制造工程	工业设计	电气工程	质量与测试	营销
无线PLA平台	12	15	15	0	6	12	6
棒式优化	4	4	3	0	2	3	3
日本棒式	1	1	9	1	1	1	3
无线手动真空吸尘器	1	3	9	1	2	3	3
无线直立式	1	1	9	4	3	6	6
资源要求	19	24	45	11	14	25	20
资源容量	24	30	45	12	12	30	18
资源利用率	79%	80%	100%	92%	117%	83%	111%

第4季度

人-月工作量	技术开发	机械设计	制造工程	工业设计	电气工程	质量与测试	营销
无线PLA平台	15	21	21	6	6	12	6
棒式优化	4	3	3	0	1	3	3
日本棒式	0	0	3	0	1	0	1
无线手动真空吸尘器	0	3	12	0	1	1	3
无线直立式	0	3	3	0	4	6	6
资源要求	19	27	42	6	12	25	19
资源容量	24	30	45	12	12	30	18
资源利用率	79%	90%	93%	50%	100%	83%	106%

纵轴刻度：125%　100%　75%　50%　25%　0%　目标利用率90%

图表 4-10　基于资源随时间的需求得到的资源综合规划表。尽管更小的时间单位（季度，周或天）在实际中更为常用，但例子中的表格使用的单位是"人-月"。该图表对各项目产能未达到 90% 目标利用率的地方进行了标注

为了应对突发事件并做出响应，在进行综合规划时，资源利用率略低于 100% 是很有必要的（通常设定为 80%~90%）。当利用率超过 100%，则没有足够的资源来执行规划中的所有项目。然而，许多组织没有进行有效的综合规划，并且经常过度使用资源（通常多达 50% 或更多）。根据平衡项目组合中确定的优先级，组织必须确定哪些项目可以利用可用资源执行？其他项目可能需要在规划中删除或后移。

4.4.2 项目时间安排

确定项目的时间和顺序的方法，有时被称为管道管理（pipeline management），必须考虑以下因素：

- **产品上市时间**。通常情况下产品上市越快越好。但是，在产品质量未达到足够好的情况下就上市会损害企业的声誉。
- **技术储备**。基础技术的稳健性对于规划流程十分重要。一种被证实的成熟度高的技术可以快速可靠地集成到产品中。
- **市场准备**。产品上市的顺序决定了最初使用者的购买意图，是先购买低端产品，再购买更高价的产品，还是直接购买价格高的高端产品。一方面，改进的产品上市太快，会打击紧追产品更新步伐的客户；另一方面，新品上市太慢将会面临落后于竞争者的风险。
- **竞争**。竞争性产品的预期上市将会加快开发项目的进度。

4.4.3 产品规划

在规划流程中确定了时间安排的项目被称为产品规划（product plan），如图表 4-2 所示。这一规划可能包括不同规模的全新产品、平台项目和衍生品项目。作为企业战略规划活动的一部分，产品规划要定期更新，时间可以是一个季度或一年。

4.5 步骤 4：完成项目前期规划

当项目确定下来但是还未进行物质资源的分配时，需要进行项目前期规划。这一过程涉及一个小的跨职能团队，通常被称为核心团队（core team）。无线 PLA 项目的核心团队由一群人组成，他们分别代表技术、市场、制造和服务部门等。

这时，早期的机会描述可以作为产品前景描述（product vision statement），项目团队以下面的产品前景描述作为开始：

开发下一代无线 PLA（电动升降式真空）吸尘器。

　　产品前景描述所定义的目标可能是非常笼统的，它可能没有说明将采用哪些新技术，也没有说明职能，如生产和服务的目标和限制。为了给产品开发组织提供明确的指导，通常要在任务书（mission statement）中对目标市场和开发团队的工作设想进行更加详细的定义，这些决策在任务书中完成，如图表 4-11 所示。

任务书：无线 PLA（电动升降式真空）吸尘器	
产品描述	● 用于全屋清洁的新型电动升降式无线立式真空平台
获益方案（获益建议）	● 大容量电池和集尘杯，适用于多房间和全屋清洁 ● 可更换电池组，具有多种充电选项，包括充电座 ● 电动升降式外形，方便地板和细节部位的清洁
主要商业目标	● 2018 年秋季发布 ● 具有竞争力的定价，可实现目标销量和利润 ● 五星级客户评价 ● 提高无线市场份额和细分市场渗透率
一级市场	● 美国家庭多房间和全屋清洁
假设和限制	● 可更换锂离子电池组 ● 带有升降吊舱的立式外形 ● 电动升降用动力软管 ● 使用单个 DuoClean 头清洁地毯和硬地板
利益相关者	● 主要零售商 ● 新老客户 ● 营销和销售 ● 制造供应链

图表 4-11　新型无线 PLA 项目的任务书，它指明了产品开发团队要遵循的方向

4.5.1　任务书

任务书应包括下文描述的部分或全部信息：

- **产品描述（用一句话描述）**。这一描述通常包括产品的基本功能，但要避免包含特定的产品概念。实际上，它可以是产品的前景说明。
- **获益方案（也称为获益建议）**。这一部分阐述了客户会购买商品的几个关键原因。在某种程度上这只是一种假设，并将在概念开发过程中得到验证。
- **主要商业目标**。除了支持公司战略的项目目标之外，这些目标通常包括时间、成本和质量目标（如产品的上市时间、预期财务效益和市场份额目标等）。
- **产品目标市场**。每一种产品可能会有几个目标市场。任务书的这一部分确定了一级市

场和开发工作中应该考虑的任何二级市场。

- **指导开发工作的假设和限制**。必须仔细地制定假设，尽管它会限制可能的产品概念的范围，但是它有助于项目管理。有关设想和限制的决策信息可以被附加到任务书中。
- **利益相关者**。一种确保开发流程中的细微问题均被考虑到的方法是，清楚地列出产品的所有利益相关者，也就是所有受产品成败影响的人群。利益相关者列表以末端使用者（最终的外部客户）和做出产品购买决定的外部客户开始，利益相关者还包括企业内部与产品相关的人，如经销商、服务商和生产部门。利益相关者列表可以提醒团队考虑被产品影响到的每个人的需求。

4.5.2 假定条件和限制

在制定任务书时，团队应考虑企业内部不同职能部门的策略。在要考虑的职能策略中，制造、服务和市场差异化策略对新型无线 PLA 项目影响最大。实际上，这些策略指导着产品核心技术的开发。

人们可能会问，为什么制造、服务和环境策略（举例来说）应该成为新产品任务书的一部分？有一种观点认为，有关这些问题的决策应该从客户对新产品的需求中得出，而不应该提前确定。这是因为，首先，对于许多复杂的项目，制造和供应链系统的设计是和产品本身的设计一样巨大的项目，因此，产品的制造设备必须很早就确定下来。其次，一些目标和限制并非完全从客户需求中得来。例如，很多客户不会直接表达对于低环境影响的需求。但是，许多公司选择采取对环境负责的设计策略。在这种情况下，任务书应该反映这些公司的目标和限制。

下面是 SharkNinja 在建立无线 PLA 项目的假定条件和限制时考虑的一些问题：

- **制造**（manufacturing）。即使在初期阶段，考虑制造和供应链系统的性能、产量和限制也是十分重要的。许多问题与此相关，包括制造和组装产品需要哪些内部生产设备？开发中包括哪些重要供应商以及什么时候要用到它们？已有生产系统是否具有生产产品所需要的新技术？对于无线 PLA 项目，SharkNinja 认为该产品将在中国的制造基地生产。
- **服务**（service）。在客户服务和服务满意度对企业的成功非常重要的行业中，确定服务质量水平的战略目标是十分必要的。在设计产品时，提高服务水平包括一项战略承诺，该承诺包括设计只包含少量零件的产品，以及可以对关键部件提供快速维修。对于无线 PLA 项目而言，质量目标包括一流的可靠性评级和获得现有服务渠道的支持。

- **环境**（environment）。现在，许多公司依据"环境可持续性发展"的原则指导新产品开发，参见第 12 章。无线 PLA 设计策略包括优化运行时间和功耗的能效目标，该团队还希望其电池可以通过市政收集系统实现经济回收。

4.5.3 人员配备和其他项目前期规划活动

项目前期规划通常还涉及确定项目经理和人员，这包括与关键研发人员在新项目中签约，也就是说，要求他们承诺领导产品或其关键部分的开发。预算通常也要在项目前期规划中制定出来。

对于全新的产品来说，预算和人员规划只是为概念开发阶段制定的。这是因为项目的细节是不确定的，这种状况会一直持续到新产品的基本概念被确定下来，更细致的规划要等到概念进一步开发时再制定。

4.6 步骤 5：对结果和过程进行反思

在规划流程的最后一步中，团队应该问几个关于评估过程和结果质量的问题。我们推荐的问题是：

- 机会漏斗收集到各种令人激动的产品机会了吗？
- 产品规划支持企业的竞争策略吗？
- 产品规划是否针对企业现在面临的最重要的机遇？
- 分配给产品开发的资源足以贯彻企业的竞争策略吗？
- 使有限资源发挥最大作用的方法被充分考虑了吗？例如产品平台的使用、合资和与供应商合作等。
- 核心团队接受了最终任务书的挑战了吗？
- 任务书的各个部分一致吗？
- 任务书的假设条件真的必要吗？项目的限制过多吗？开发团队能自由开发最好的产品吗？
- 怎样才能改进产品规划流程？

由于任务书将管理权移交给开发团队，在进行开发之前必须进行现状核实（reality check）。这一早期阶段是纠正已知缺陷的时候，可以避免当开发进行之后这些缺陷越来越严重且更耗费精力。

为了使表达简单易懂，本章将产品规划方法解释为一个逐步的过程。然而，对于一致性和适应性的反馈和批评是一个持续的过程，这一过程中的步骤可以而且应该同时执行，以确保许多规划能相互协调并与企业的目标、能力和限制相一致。

4.7   小结

- 产品规划是一个关于所要从事的产品开发项目组合的周期性过程。
- 产品开发包括以下五个步骤：

  （1）识别机会。

  （2）项目评价和优先级排序。

  （3）资源分配和时间安排。

  （4）完成项目前期规划。

  （5）对结果和过程进行反思。

- 机会漏斗从企业内外的各种资源中收集新产品平台、对已有产品的改进和全新产品的可能性。
- 对潜在产品开发项目要根据公司的竞争策略、技术曲线和产品平台规划进行评估。
- 产品开发组合预算可能是自上而下创建的，首先将资金分配给项目的高级类别，然后对每种类型的项目进行优先级排序。
- 集成性规划确保有足够的资源保证所选项目顺利完成。
- 每个产品开发项目的任务书指明了产品描述、获益方案、主要商业目标、目标市场、关键假设和限制，以及产品的利益相关者。

参考文献

许多现有的资源可通过访问 www.pdd-resources.net 获得。

关于战略产品管理的优秀书籍有很多。它们主要探讨技术开发、S 形曲线和产品规划方面的内容。

Burgelman, Robert A., Clayton M. Christensen, and Steven C. Wheelwright, *Strategic Management of Technology and Innovation,* fifth edition, Irwin McGraw-Hill, New York, 2009.

Crawford, C. Merle, and Anthony Di Benedetto, *New Products Management*, eleventh edition, McGraw-Hill, New York, 2014.

Moore, Geoffrey A., *Crossing the Chasm: Maketing and Selling Technology Products to Mainstream Customers*, third edition, Harper Business, New York, 2014.

Porter, Michael E., *Competitive Advantage: Creating and Sustaining Superior performance*, The Free Press, New York, 1985.

Schilling, Melissa A., *Strategic Management of Technological Innovation*, fifth edition, McGraw-Hill, New York, 2016.

Treacy, Michael, and Fred Wiersema, *The Discipline of Market Leaders*, Basic Books, New York, 1997.

Terwiesch 和 Ulrich 讨论了在产品规划过程中机会识别和投资组合映射方法的有用性。

Terwiesch, Christian, and Karl T. Ulrich, *Innovation Tournaments: Creating and Identifying Exceptional Opportunities*, Harvard Business Press, Boston, 2009.

Wheelwright 和 Clark 讨论了产品规划的几种方法，包括集成性规划和一些图表方法。

Wheelwright, Steven C., and Kim B. Clark, "Creating Project Plans to Focus Product Development", *Harvard Business Review*, March-April 1992, pp. 70-82.

Cooper 描述了一系列产品组合管理方法，包括财务分析、评分技术和可视图表方法。

Cooper, Robert G., *Winning at New Products, fifth edition*, Basic Books, New York, 2017.

Cooper, Robert G., Scott J. Edgett, and Elko J. Kleinschmidt, *Portfolio Management for New Products*, second edition, Basic Books, New York, 2001.

一些作者对技术型行业产品平台的战略和规划进行了详细介绍。

McGrath, Michael E., *Product Strategy for High-Technology Companies*, second edition, McGraw-Hill, New York, 2000.

Meyer, Marc H., and Alvin P. Lehnerd, *The Power of Product Platforms*, The Free Press, New York, 1997.

Parker, Geoffrey G., Marshall W. Van Alstyne, and Sangeet Paul Choudary. *Platform Revolution: How Networked Markets Are Transforming the Economy and How to Make Them Work for You*, WW Norton & Company, New York, 2016.

Sanderson, Susan W., and Mustafa Uzumeri, *Managing Product Families*, Irwin, Chicago, 1997.

Foster 发展了 S 形曲线的概念并提供了多种行业中的许多有趣的例子。

Foster, Richard N., *Innovation: The Attacker's Advantage*, Summit Books, New York, 1986.

摩托罗拉和飞利浦公司的经理们描述了他们在集成技术开发和产品开发规划时对几种路线方法的使用。

Groenveld, Pieter, " Roadmapping Integrates Business and Technology," *Research-Technology Management*, Vol. 40, No.5, September/October 1997, pp. 48-55.

Willyard, Charles H., and Cheryl W. McClees, " Motorola's Technology Roadmap Process," *Research Management*, Vol. 30, No.5, September/October 1987, pp. 13-19.

Christensen 举例说明了公司必须在全新的产品、技术和市场中投资以保持其在行业的领先地位。

Christen, Clayton M., *The Innovator's Dilemma: When New Technologies Cause Great Firms to Fail*, Harvard Business School Press, Boston, 1997.

练习

1. 通过互联网或企业年报进行搜索，以确定你可能有兴趣投资的企业的战略。了解企业的生产线和最新产品，这些产品怎样支持企业的战略？你希望在生产规划中看到哪种类型的项目？

2. 对你所了解的一种产品（如个人计算机）建立一个产品–技术路线图以说明其技术的可用性。

思考题

1. 在下面的 S 形技术曲线中，某一特定产品的技术在 *A* 或 *B* 点时，其开发的项目组合有什么不同？

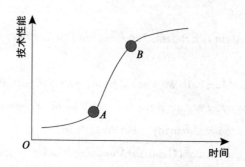

2. 在图表 4-10 所示的资源综合规划表中，一个组织如何处理制造工程师的短缺？列举增加制造工程师资源能力的 5 种方法和减少对制造工程师需求的 5 种方法。

第 5 章

识别客户需求

图表 5-1　具有自我学习功能的 Nest 学习型恒温器，它基于家里的活动模式运行

Tony Fadell 曾在苹果公司领导产品开发十余年，参与了 iPod 便携式音乐播放器和 iPhone 智能手机的开发。离开苹果后，他创业并最终决定开发一款更好的恒温器来控制家庭供暖和制冷系统。图表 5-1 是一个 Nest 学习型恒温器，这是 Tony 和他的团队在其新公司 Nest Labs 开发的第一个产品。

Nest 研发团队希望开发出市场上最好的恒温器，他们知道理解并满足客户需求是成功的关键。Nest 恒温器在市场上很受欢迎，Nest Labs 在成立三年后，便以 32 亿美元的价格被谷歌公司收购，这对成长型企业来说是一个惊人的财务成果。

本章以 Nest 恒温器开发项目为例，提出了一种全面识别客户需求的方法。该方法的目标是：

- 确保产品关注客户需求。
- 识别潜在的（或隐含的）需求以及明确的需求。
- 提供一个确定产品规格的事实基础。
- 建立一个开发流程所需活动的原始记录。
- 确保没有遗漏重要的客户需求。
- 在开发团队成员中形成对客户需求的统一认识。

该方法所依赖的思想是：建立一个高质量的信息渠道，它使目标市场中的客户和产品开发者可以直接进行沟通。该思想建立在这样一个假设之上：那些直接控制产品细节的人（包括工程师和工业设计师），必须与客户相互沟通并体验产品的使用环境（use environment）。如果没有直接的体验，将无法识别重要的客户需求，也不可能正确地做出技术权衡并找到解决客户需求的创新方案，开发团队将永远无法开发出能充分满足客户需求的产品。

识别客户需求是产品开发流程中不可分割的组成部分，它与机会识别、产品规划、概念生成、概念选择、竞争性产品的标杆分析和建立产品规格等活动密切相关。图表 5-2 表示的是客户需求活动与前端产品开发活动之间的关系，这些活动的集合可被视为概念开发（concept development）阶段。

图表 5-2 所示的概念开发流程暗含了客户需求与产品规格之间的区别，这种区别很微妙，但却很重要。需求（need）在很大程度上独立于我们可能要开发的某种特殊产品，它们是解决方案中立的，并不一定是我们最终选择和追求的概念。团队应该在不知道是否能最终满足这些需求或怎样满足这些需求的情况下，识别出客户需求。另一方面，规格（specification）确实依赖于我们选择的概念，并依赖于它在技术上和经济上的可行性、竞争对手在市场上提供的

产品，以及客户需求（有关这些区别的详细描述，请参阅第 6 章）。还应注意，我们选择需求这个词来表明客户期望产品的任何一个特征，在这里，我们不区分期望（want）和需求在概念上的差别。在实际中，用于指代客户需求的其他术语还包括客户属性（customer attribute）和客户要求（customer requirement）。

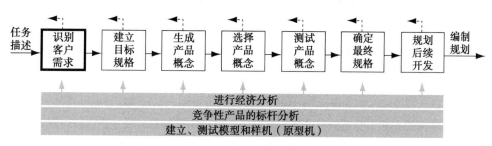

图表 5-2　客户需求活动与其他概念开发活动之间的关系

5.1　潜在需求的重要性

潜在需求（latent need）是尚未被大多数客户广泛认可的、尚未由现有产品实现的需求。潜在需求确实存在，如果它们能够被实现，将提高客户满意度。然而，这些潜在需求在很大程度上是未知的。考虑下面的例子：

- 在 2000 年之前，手机没有摄像功能，大多数消费者不知道能用手机拍照，直到诺基亚和摩托罗拉增加了摄像功能。
- 在亚马逊 Echo 和谷歌 Home 推出智能音箱时，人们才开始意识到使用简单的语音访问在线服务和控制家中连接设备的便捷性。
- 在福特开发免提电动升降门之前，人们一直存在购物时难以打开汽车后备厢的困扰。

很明显，在产品出现之前，需求是真实存在的。此外，这些潜在需求的满足创造了差异化的功能和突破性的产品。因此，识别潜在需求是产品开发中的重要能力，它使企业能够创造出令客户惊喜和愉悦的产品。当然，一旦潜在需求被成功实现，就会被广泛采用，成为必不可少的功能。

5.2　识别客户需求的流程

识别客户需求本身就是一个流程，对于这个流程，我们提供了五个步骤。我们相信这种结构可以对有效的产品开发实践起到长久的帮助作用。我们希望该方法不会被使用它的人视为一个僵化的流程，而是持续改进的起点。这五个步骤是：

1. 从客户处收集原始数据。
2. 根据客户需求角度解释原始数据。
3. 采用层级的方式组织需求，包括一级需求、二级需求和三级需求（如果必要的话）。
4. 建立需求的相对重要性。
5. 对结果和过程进行反思。

我们将依次处理这五个步骤，并以恒温器为例说明要点。之所以选择恒温器是因为它比较简单，我们给出的方法不会受例子的复杂性影响。但应注意的是，该方法在经过细微调整后，已被成功地应用于无数产品开发（从厨房用具到智能手机和汽车等多种产品）。

在开发项目之前，企业识别出特殊的市场机会并列举大量的限制条件和项目目标。这些信息通常组合成任务书（mission statement）（有时也叫作章程（charter）或设计概要（design brief）。任务书指明了任务的方向，但通常不会指明精确的目标或具体的前进方向。任务书是第 4 章的结果，图表 5-3 所示为恒温器的任务书。

任务书：恒温器项目	
产品描述	● 家用恒温器
效益描述	● 简单实用、吸引人、节约能源
关键商业目标	● 产品在 2012 年第 4 季度投放市场 ● 50% 毛利率 ● 到 2016 年在恒温器市场占据 10% 的市场份额
主要市场	● 普通居民消费者
次要市场	● 从事住宅工程供暖、通风和空调的承包商
假设	● 代替现有的恒温器 ● 与现有的大多数系统和线路兼容
利益相关者	● 用户 ● 零售商 ● 销售人员 ● 服务中心 ● 生产制造 ● 法律部门

图表 5-3　恒温器的任务书

恒温器类产品的发展相对较好，这类产品特别适合那些为收集客户需求而设立的结构化流程。有人可能会问：结构化的方法对客户没有体验过的全新产品是否有效？实际上，识别客户需求对于颠覆型的创新产品和改进型的产品同样重要。产品成功的必要条件之一就是该产品可以为客户带来看得见的益处，当产品满足需求时，它们就为客户提供这些益处，无论是对现有产品的改进还是颠覆型的创新产品，这都是可行的。开发全新的产品是一项有风险的工作，在某种程度上，客户需求是否已被正确识别的唯一真实标志是：客户是否喜欢团队的第一个原型产品。然而，在我们看来，收集客户数据的结构化方法仍是有用的，这可以降低开发全新产品的固有风险。不管客户是否能完全清晰地阐述他们的潜在需求，与目标市场上的客户相互沟通将有助于开发团队构建基于用户环境和用户观点的个人理解。即使它不能确认新产品的所有需求，但这些信息总是有用的。

5.3　步骤1：从客户处收集原始数据

数据收集包括：接触客户及使用产品环境体验，这一点与我们的基本思想是一致的（即建立一个直接来自客户的高质量信息渠道）。数据收集通常使用三种方法：

- **访谈法**。一个或多个开发团队成员与单个客户讨论客户需求。访谈通常在客户处进行，一般持续1～2小时。
- **焦点小组**。主持人组织一个由8～12个客户组成的小组进行两小时的讨论。焦点小组通常被安排在一个装有双面镜的特殊房间里，双面镜使得一些开发团队的成员可以观察该小组。在大多数情况下，主持人是专业的市场研究人员，但开发团队成员有时也可以担任主持人。讨论的过程通常会被录像。一般来说，要付给参与者适当费用（每人50～100美元），焦点小组的总成本大约为5000美元，包括房间的租金、参与者费用、录像费和茶点等。在大多数美国城市中，招募参与者、主持焦点小组和或租赁设备的企业通常可以在"市场调查"的目录和搜索中找到。
- **观察使用中的产品**。观察客户使用现有产品或更换新产品所需要的工作，都可以揭示客户需求的重要细节。例如，观察发现，由于新旧产品的形状不匹配，消费者更换现有的恒温器时，会导致墙面出现难看的空隙。观察可能是被动的（没有与客户直接互动），也可能通过与客户共同工作进行观察（这就使得开发团队的成员能够获得使用该产品的第一手资料）。在理想情况下，团队成员观察在实际使用环境中的产品。为了更好地了解客户需求，宝洁公司每年在客户的家中或工作场所中观察他们。对于一些产品（如自己动手（DIY）的工具），实际使用起来是简单和自然的；对于另外一些产品（如手术器械），团队必须将产品使用在替代任务上（如当开发新的手术刀时，要切水果而非人体组织）。

一些业内人士也依据书面调查来收集原始数据。尽管网络调查在流程的后期十分有用，但在最初识别客户需求的活动时，我们不推荐这种方式。书面调查不能提供有关产品环境的足够信息，它们在揭示无法预期的（潜在）需求上是无效的。

Griffin 和 Hauser 的研究表明，一个两小时的焦点小组讨论所揭示的需求量与两个一小时的访谈相同（Griffin 和 Hauser，1993）（见图表 5-4）。因为访谈通常比焦点小组每小时的成本要低，并且访谈使得产品开发团队能够体验产品的使用环境，我们把访谈作为数据收集方法的首选。一或两个焦点小组可以作为访谈的补充，因为它能使高层管理人员观察到客户群，或为高层管理人员提供与一个更大的团队成员（通过视频）分享客户体验的机制。一些业内人士认为，对于确定的产品和客户群，与访谈相比，焦点小组参与者之间的相互作用能够揭示更多差异化的需求，尽管没有研究结果能够强有力地支持这一观点。

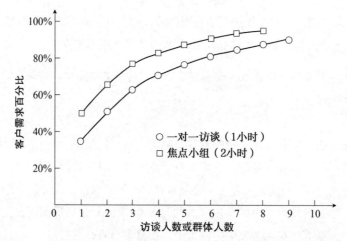

（来源：Abbie Griffin and John R. Hauser, "The Voice of the Customer," *Marketing Science*,
Vol.12, No.1, Winter 1993, pp. 1-27.）

图表 5-4　数据收集的功能，焦点小组和访谈所揭示的客户需求百分比的比较。注意，焦点小组持续 2 小时，而访谈持续 1 小时

5.3.1　选择客户

Griffin 和 Hauser 也研究过这样的问题：为了揭示大部分客户的需求，应该访谈多少个客户？在一项研究中，他们估计 90% 的野餐制冷器客户需求，在访谈 30 人后可以被揭示出来；在另一项研究中，他们估计 98% 的某办公设备客户需求，在焦点小组和访谈共同进行 25 小时的数据采集后可被揭示出来。对大多数产品来说，少于 10 次访谈揭示的客户需求可能不太全面，而 50 次又可能太多。但是，访谈可以按次序进行，当增加的访谈不能揭示出新的需求

时，该流程就可以结束了。这些指导原则适用于开发团队解决一个细分市场的情况，如果团队希望从多个不同的细分市场收集客户需求，那么团队可能需要在每个细分市场进行 10 次或更多次数的访谈。将超过 10 人组成的概念开发团队划分为几个小组，就可以从大量客户中收集数据，例如，如果团队被分成 5 组，每组进行 6 次访谈，则团队共进行 30 次访谈。

与领先用户（lead user）和极端用户（extreme user）进行访谈可以更有效地识别客户需求。依据 von Hippel 的理论，领先用户是指那些在市场普及之前的数月或数年就体验需求并能从产品创新中大幅受益的客户（von Hippel，1988），这些客户对于数据的收集十分有用，主要有两个原因：他们能够清楚地阐述新需求，因为他们已经与现有产品进行了充分的比较；他们可能已经发明了满足自身需求的办法。通过关注领先用户的数据收集工作，团队可以识别市场中大多数人的潜在需求（但对领先用户来说需求是清晰的）。开发满足客户潜在需求的产品使企业能够预测趋势，并超越竞争产品。

极端用户是指那些以不寻常的方式使用产品或有特殊需求的客户。极端用户帮助研发团队识别主流市场没有识别出的需求，这也是赢得竞争优势的重要机会。例如，恒温器的极端用户可能是视力不好的人、行动不便的人、每天需要多次改变温度的人，或者拥有多个加热和制冷区域的大型住宅的人，这些区域具有复杂的控制系统和编程需求。一些极端用户甚至使用恒温器调节通风系统、毛巾加热器、酒窖或水族馆。识别这些极端用户可以挖掘潜在的需求，并激发对主流用户也有用的功能。

当几组不同的人都能被视为"客户"时，选择哪一类客户作为访谈的对象就是一件复杂的事情。对许多产品来说，一个客户（买方）做出购买决策，而另一个客户（用户）实际使用该产品。在所有情况下，从产品的最终用户那里收集数据是一种不错的途径；而在某些情况下，其他类型的客户和利益相关者也是很重要的，也要从他们那里收集数据。

客户选择矩阵对于规划相关市场和探索客户变化是有用的。如图表 5-5 所示，Burchill 认为细分市场应列在矩阵左边，而不同类型的客户应列在矩阵顶部（Burchill 等人，1997），每个单元格中是期望的客户接触数量，它们表示调查涵盖的深度。

	领先用户	用户	零售商
家庭用户	5	5	5
HVAC 承包人	5	5	

（来源：Gary Burchill et al., Concept Engineering, Center for Quality of Management, Cambridge, MA. Document No. ML0080, 1997.）

图表 5-5　恒温器项目的客户选择矩阵

对于工业和商业产品，通常通过电话或发送电子邮件来锁定客户。企业在开发这样的产品时，销售人员通常可以提供客户的姓名，尽管团队必须认真考虑选择客户时的偏好，以免偏向于选择那些忠于某个特殊制造商的客户。对某些类别的客户（例如，建筑承包商或保险代理人），在线搜索可以被用来确定某些类型客户的名字。对于客户工作不可或缺的那些产品，让客户同意接受访谈是容易的，这些客户渴望讨论他们的需求。对于消费类产品，可以通过电话或电子邮件调查来确定客户。然而，为消费类产品安排一组访谈通常要比工业或商业产品需要更多的询问，因为对消费类产品客户来说，参加这些访谈的好处很难直接体现。

5.3.2　清晰表达客户需求的艺术

我们这里提供的技术主要适用于针对最终用户的访谈，但这些方法确实适用于三种数据收集模式和所有利益相关者。基本的方式是接受客户提供的信息，并避免对抗。收集需求数据不同于一个销售电话，它的目的是做出真实的需求表达而非说服客户需要某样物品。在大多数情况下，客户交流是口头的，采访者提出问题，客户回答问题。有准备的访谈指南对于有层次地开展谈话是非常有价值，在采访者自我介绍和解释完访谈目的之后，可以提一些有帮助的问题或说一些引导性的话，例如：

- 你在何时以及为何要使用这种产品？
- 给我们演示一下如何使用这种产品？
- 你喜欢现有产品的什么地方？
- 你不喜欢现有的产品的什么地方？
- 当购买产品时，你考虑了哪些问题？
- 你将对产品做哪些改进？

下面一些要点有助于与客户的有效交流：

- **顺其自然**。如果客户提供有用的信息，不用担心是否符合访谈指南。我们的目标是收集有关客户需求方面的重要数据，而非在规定的时间内完成访谈指南中的任务。
- **使用视觉刺激和道具**。收集现有产品和竞争对手的产品，甚至那些与待开发产品仅有少许联系的产品，并将它们带到访谈中。在一部分访谈结束时，访谈者甚至可以展示一些初步的产品概念，以获得客户对各种技术路径的早期反应。
- **抑制对有关产品技术先入为主的假设**。客户通常就他们所期望的能够满足他们需求的产品概念做出假设。在这种情况下，访谈者应避免关于如何逐步设计或制造产品的假设。当客户提起特殊的技术或产品特征时，访谈者应该思索客户认为这些特征将满足的基本需求。

- **让客户演示产品和与产品相联系的典型任务**。如果在使用环境中进行访谈，演示通常比较方便并可以揭示出新的信息。

- **要关注出乎预料的事情和潜在需求的表达**。如果客户提到令人吃惊的事，要用连续的问题追问其原因。通常，一个意想不到的问题会揭示潜在的需求——它们是那些没有被满足的或没有被清晰阐述和理解的客户需求的重要组成部分。

- **注意非语言信息**。本章描述的流程旨在开发更好的有形产品。但是，语言并不总是沟通有形世界相关需求的最好途径。对于涉及人性化需求（如舒适、想象或风格）的产品，这一点尤其重要。开发团队必须时刻注意客户所提供的非语言信息，他们的面部表情是什么？他们怎样持有竞争对手的产品？

- **数据隐私**。在与客户互动过程中涉及个人数据的收集时，对于如何使用数据和保护数据必须有相关限制和规则。因此，学习并遵守相关准则是很重要的。

应当注意，我们的许多建议性的问题或引导都假定客户对那些与正在开发的新产品相似的产品比较熟悉，这种假设通常是正确的。例如，在第一个可编程的恒温器被研发出来之前，人们已经在一天中控制温度。理解那些与一般的温度控制任务相联系的客户需求将有助于开发第一个可编程的设备。类似地，理解使用其他类型家用电器的客户需求（比如咖啡机和微波炉）也是有益的。我们认为，没有一个产品具有如此高的颠覆性，以至于开发团队找不到可以学习的类似产品。然而，在收集客户没有体验过的真正颠覆性产品的相关需求时，访谈问题应集中在新产品将被应用的任务或环境中，而非产品本身。

5.3.3　归档整理与客户的互动

归档整理与客户的互动信息通常用到四种方法：

- **录音**。对访谈进行录音非常容易，但将录音转换成文本是非常耗时的，雇人来做这件事可能费用昂贵，而且录音也会有使某些客户产生恐惧感的弊端。

- **笔记**。手写笔记是记录访谈中最常见的方式。指定一人作为主要的记录者可以使其他人专注于有效的提问，记录者应努力抓住每个客户陈述的每一句话。如果在访谈后立即对这些记录进行整理，它们就可以产生一个与实际非常接近的访谈描述，这也有助于访谈者之间分享观点。

- **录像**。录像经常用于记录焦点小组的会谈，它也用于记录对产品使用环境中的客户和使用现有产品的客户的观察。录像可让团队成员"跟上速度"，也可作为原始资料提供给高层管理者。录像从多个视角反映出客户行动，这通常有助于识别潜在的客户需求。

同时，录像对捕获最终用户环境的许多方面也是有用的。

- **拍照**。拍摄照片提供了许多与录像一样的好处，但拍照通常有更少的干扰，因此更容易做到在现场观察客户，拍照的其他优点是易于展示和出色的视觉效果。主要的不足在于相对缺乏记录动态信息的能力。

数据收集阶段的最终结果是一组原始数据，通常以客户陈述（customer statement）的形式表现，但通常辅以录像或照片。采用表格的数据模板对于组织这些原始数据非常有用，图表 5-6 就是这种模板的例子。我们建议，在与客户互动后尽快填写模板，并由交互期间在场的其他开发团队成员编辑。模板主体部分的第一栏是引出客户数据的问题或提示，第二栏是客户做出的语言陈述或对客户行为的观察（来自录像或直接观察），第三栏包含原始数据中隐含的客户需求。应该重视调查那些可以识别潜在需求的线索，这些线索可能以幽默的语言、不太严肃的建议、非语言信息或对使用环境的观察和描述等形式表达出来。在图表 5-6 中，惊叹号（！）用于标记潜在的需求。我们将在下一部分给出以客户需求的形式来理解原始数据的技术。

客户：Bill Esposito 地址：100 Memorial Drive Cambridge, MA 02139 电话：617-864-1274 是否愿意跟踪调查：是		访谈者：Jonathan 和 Lisa 日期：2018 年 1 月 19 日 目前使用：Honeywell Model A45 用户类型：普通居民
问题 / 提示	**客户陈述**	**需求**
典型用途	当太冷或太热时我需要手动打开或关闭它	恒温器可以自动保持舒适的温度，不用手动调整
	每次我想改变温度时，我需要调整房子里的两个恒温器	所有操作都不用在多地点完成（！）
目前模式的优点	我喜欢我可以在设置过高时改变温度	温度设置可以简单手动控制
	它价格不高	恒温器的价格可以接受
目前模式的缺点	我太懒了以至于我不想弄清楚怎么操作	恒温器几乎不需要说明书，也不用学习去使用它
	我有时候离开家时忘了关恒温器	恒温器可以在家里没人时节约能源
	有时候按钮不灵敏，我要重复按它	恒温器可以明确反应用户的所有操作
改进建议	我想用我的手机控制恒温器	恒温器可以在不需要特殊装置的情况下远程控制
	我想要快速在两种不同模式间切换，例如节能模式和超舒适模式	恒温器对于不同的用户偏好做出即刻的反应

图表 5-6　包含客户陈述和需求理解的客户数据模板。注意该模板代表访谈的一部分。一个典型的访谈可能要引出 50 多个客户陈述和需求理解

步骤 1 的最后一项任务是向参与访谈的客户表示感谢。一般来说，团队总是需要了解更多

的客户信息，因此，与一些用户建立并保持良好的关系至关重要。

5.4　步骤2：从客户需求角度解释原始数据

客户需求以书面的形式表达出来，它也是以从客户收集的原始数据为基础来理解需求的结果。每一个陈述或观察（见数据模板的第二栏）可能被理解为多个客户需求。Griffin 和 Hauser 发现不同的分析者会把相同的访谈记录理解成不同的需求，因此，让多个团队成员参与理解过程是非常有用的。下面我们列出书写需求书时的五个原则，前两个原则是基本的，对于有效理解至关重要，后三个原则确保团队成员之间措辞和模式的一致性。图表5-7提供了几个例子以说明每一个原则。

- **以产品必须"做什么"（而非该"怎么做"）的方式表达需求**。客户通常以描述一个概念或一个实施方法的方式来表达他们的偏好。然而，需求书应以独立于特定技术解决方案的形式表达出来。
- **像原始数据一样尽量具体地表述需求**。需求可以在许多不同的细节层次上表达。为了避免信息丢失，要像原始数据那样在相同的细节层次上表达需求。
- **使用肯定句而非否定句**。如果需求以肯定句的形式表达出来，需求向产品规格的转化就比较容易。但这并非一个严格的规定，因为有时肯定的表达比较困难和晦涩，例如，假设图表5-6中的一句需求陈述是"恒温器不需要替换的电池"。这个需求用否定形式表达就显得更加自然。
- **将需求表达成产品的一个属性**。有关产品的需求陈述保证了一致性，并有助于向产品规格转化。然而，并不是所有的需求都能作为产品的属性被清晰地表达出来，在大多数情况下，需求可能是以产品用户的属性表达出来的（如"用户的出现触发恒温器自动调整模式"）。
- **避免使用"必须"和"应该"**。必须和应该暗含了需求重要性的程度。我们建议将每种需求的重要性评价推迟到步骤4，而不是在这里随便对需求进行相关重要性的评价。

原则	客户陈述	需求陈述（正确）	需求陈述（错误）
"做什么"而非"怎么做"	"我想用我的手机控制恒温器。"	恒温器可以在不需要特殊装置的情况下远程控制	恒温器带有一个可下载的手机应用程序
特点	"我有不同的加热和制冷系统。"	恒温器可以分开控制加热和制冷系统	恒温器具有多功能

图表5-7　书写需求书的原则举例

原则	客户陈述	需求陈述（正确）	需求陈述（错误）
肯定而非否定	"我不想站在我的恒温器面前控制它。"	可以在舒服的位置控制恒温器	恒温器不需要我站在它面前控制它
产品属性	"如果我回到家，我不得不手动重新设置程序。"	恒温器对用户的出现做出自动的反应	用户的出现触发恒温器自动调整模式
避免"必须"和"应该"	"如果恒温器可以在线控制，我担心它的安全性。"	恒温器控制系统可以安全地控制未授权的接入方式	恒温器控制系统必须防止未授权的接入方式

图表 5-7 （续）

客户需求表是目标市场上所有被访谈客户所表述需求的子集。有些需求可能在技术上是不可能实现的。在随后的开发步骤中，技术和经济的可行性约束将被整合到后续建立产品规格的流程中（参见第 6 章）。在某些情况下，客户所表达的需求是相互矛盾的，此时，团队在该流程中不要试图解决这种矛盾，只需简单记下这两种需求，决定如何解决矛盾的需求是后续概念开发活动的挑战之一。

5.5　步骤 3：采用层级的方式组织需求

步骤 1 和 2 的结果应是含有 50～300 条需求陈述的列表。处理如此大量的详细需求很不方便，总结它们以在后续开发活动使用也很困难。步骤 3 的目的是将这些需求组织成层级列表，该表一般由一组一级需求（primary need）组成，每一种需求又进一步细化为一组二级需求（secondary need），对一些非常复杂的产品，二级需求有可能被分解成三级需求（tertiary need）。一级需求是最一般的需求，而二级需求和三级需求则更详细地表达需求。图表 5-8 是恒温器需求的最终层级列表，对于恒温器来说，共有 8 个一级需求和 41 个二级需求。

把需求组织成层级列表的过程是直观的，许多团队都可以在没有详细指导下成功地完成这项任务。为了完整起见，我们在这里提供一个循序渐进的过程，该过程在由较少成员组成的团队中效果最好，最好在墙上或者大桌子上进行这项活动。

1. 在分开的卡片或便签纸上打印或写出每一条需求陈述。使用打印宏可以很容易地从数据模板中打印出需求陈述。这种方法的好处在于，需求可以放大打印在卡片的中间，而原始的客户陈述和相关信息可以缩小打印在卡片的底部以方便参考。一张标准的打印纸可以裁成 4 张卡片。

**	**恒温器易于安装**	**	**恒温器可被精确控制**	
***	恒温器与现有的加热和 / 或制冷系统兼容	**	恒温器精确维持温度	
**	新手也可以自己安装恒温器		恒温器可以最大限度地减少温度的意外变化	
**	恒温器可以分别控制加热和制冷系统		恒温器可以精确地确定温度	
*	恒温器不用特殊工具就可以安装	***	**恒温器很智能**	
	恒温器易于购买	***	恒温器可以在一天中根据用户偏好调整温度	
		**	恒温器有精确的时间表	
*	**恒温器很耐用**	!	恒温器对使用做出自动响应	
	恒温器防磕碰	!	恒温器在冬天防止管道冻裂	
	恒温器耐脏且防尘		恒温器可以在出问题时发出警报	
!	恒温器的表面不会随时间而褪色		恒温器无须用户设置日期和时间	
	恒温器报废之后可回收利用		恒温器可以自动地根据季节调节	
		*	**恒温器是个人化的**	
***	**恒温器易于使用**		恒温器为不同用户偏好提供舒适环境	
**	恒温器的用户交互易于理解		恒温器根据不同用户偏好节约能源	
*	恒温器的使用学起来很简单		恒温器不向未授权的获取方法开放	
*	恒温器对用户的记忆力要求不高		恒温器提供有用的信息	
!	恒温器可以在舒服的位置进行设置	***	**购买恒温器是值得的**	
	恒温器不用特殊装置就可远程控制	**	恒温器的价格可以承受	
!	恒温器打开即用，不用设置	***	恒温器节约能源	
	恒温器的行为易于改变	*	恒温器省成本	
	恒温器易于手动控制			
	可远距离读取恒温器的显示	**	**恒温器很可靠**	
	任何情况下恒温器的显示都清晰		恒温器无须更换电池	
	恒温器的控制一定程度上适应用户		恒温器在停电时照常工作	
	恒温器适应不同的温度范围			
	恒温器适用于显示日期和时间的不同偏好			

图表 5-8　恒温器的一级需求和二级需求的层级列表。二级需求的重要性以 * 的数量表
　　　　示，其中 *** 表示至关重要的需求，潜在需求用 ! 表示

　　2. **删除冗余陈述**。那些表达需求的冗余陈述卡片可以钉在一起，视为一张卡片，注意只把那些意思相同的句子合并起来。

　　3. **根据卡片表达的需求相似性对它们进行归类**。这时，团队应尽量归并出 3～7 个表达相似需求的卡片组。每组卡片产生的逻辑要特别注意。开发团队经常从技术角度归类卡片，如根据材料、包装或电源归类；或者根据假定的有形部件，如外壳、显示屏、表盘和软件等归类卡片。这两种方法都是不对的。回想一下，该流程的目的是创造对客户需求的描述，因此，归类应与客户考虑的需求相一致，而不是开发团队想当然的产品方式。归类后的组应与客户的需求观点相似，事实上，有些业内人士认为客户应是组织需求陈述的合适人选。

　　4. **为每个组选择一个标签**。标签本身就是该组中所有需求的概括。它可以是组中的某个

需求，也可以是团队写出的一条新的需求陈述。

5. 建立一个包含 2～5 个组的超级组。如果少于 20 个组，两层的层级图就足以将数据组织起来。在这种情况下，组标签就是一级需求，组成员是二级需求。但是，如果组数超过 20 个，团队就应该考虑建立一个超级组，因此就出现了层级的第三层。建立超级组的流程与建立组的流程相同。根据以前的步骤，依据所表达需求的相似性归类组，并建立或选择多级组标签。这种超级组标签就成了一级需求，组标签成了二级需求，组成员为三级需求。

6. 评审和编辑组织好的需求陈述。没有用于层级分类的唯一正确的方法，因此，团队可能希望考虑其他形式的归类或标签，也可能加入另外的卡片组以形成不同的安排。

当团队试图反映两个或多个不同细分市场的需求时，识别需求的流程将更加复杂。针对这一挑战至少可以采取两种方法。首先，团队可以用引出客户需求的细分市场（最可能的是用该细分市场的名字）标记每一个需求，如此一来，就可以观察到各细分市场间需求的差异。进行这种标记可以使用的视觉技巧是用不同颜色的纸制作写有需求陈述的卡片，每一种颜色对应一个不同的细分市场。另一种处理多种细分市场的方法是对每一个细分市场单独进行分组过程。使用这种方法，团队既可以观察需求之间的差异，还可以观察这些需求最佳组织方式的差异。当各个细分市场的需求差异很大，并且对团队用同样的产品满足不同细分市场的能力没有把握时，我们建议团队采用这种并行、独立的方法。

5.6　步骤 4：建立需求的相对重要性

需求的层级列表不能提供有关客户对不同需求重要性的信息。然而，开发团队必须在设计产品时做出权衡并分配资源。理解各种需求的相对重要性是正确权衡的本质所在。需求流程中的步骤 4 就是对步骤 1～步骤 3 所识别的客户需求建立相对重要性指标，该步骤的结果就是对每个需求建立数字化的权重。完成这一任务有两种基本方法：基于客户体验所形成的团队成员共识和在进一步的客户调查基础上形成的重要性评价。两种方法需要在成本、进度与准确性之间进行权衡，团队在一次会议上就可做出需求相对重要性的文字评价，而客户调查至少需要两周时间。在大多数情况下，我们认为客户调查是很重要的，因此，为完成调查所花费的时间是值得的。其他的开发任务（如概念生成和竞争产品分析）可以在相对重要性调查完成之前开始。

此时，团队应当已经与客户群建立融洽的关系。通过对相同的客户进行调查，可以评估已识别需求的相对重要性，调查可以通过面谈、电话、网络或邮件的方式进行。只有很少的客户会对让他们评估 100 种需求的重要性的调查做出回应，因此，团队一般仅针对需求的一个子集开展调查。在客户调查中，可以解决的实际需求数一般限制在50个左右。但这个限制并不是严格的，因为许多需求要么明显很重要（如恒温器精确地保持温度），要么容易操作（如恒温器允许精确地指定温度）。因此，团队可以通过询问客户那些在产品设计中可能出现的不同技术权衡或成本特征来限定调查的范围，这些需求包括避免更换电池的需求或不需要输入时间或日期的需求。另外，团队可以进行一系列调查，询问每一个客户有关需求列表中不同子集的情况。有许多调查设计可以用于建立客户需求的相对重要性。图表5-9是以恒温器为例说明一种较好的调查设计方法。除了所要求的重要性评估，调查还要求访谈者识别独特的或意外的需求，这些信息可以用来帮助团队识别潜在需求。

恒温器调查

对于以下每个恒温器的特征，请用1～5共5个等级表示出其重要程度。请使用下面的标准：
1. 不希望有的特征，我将不考虑具有此种特征的产品。
2. 不重要的特征，但如果有我也不介意。
3. 如果有这种特征会很好，但不是必须有。
4. 非常希望有的特征，但我会考虑不具有此种功能的产品。
5. 重要的特征，我不会考虑不具有此种特征的产品。
如果你认为特征很独特、令人兴奋或出乎意料，请在方块里打钩。

1～5个等级的重要程度	如果特征很独特、令人兴奋，以及／或者出乎意料，请打钩。
_____恒温器无须用户来设置时间和日期。	☐
_____恒温器无须更换电池。	☐
_____恒温器适应季节的变换。	☐
_____恒温器适用于显示时间和日期的不同偏好。	☐
_____其他。	☐

图表5-9　重要性调查举例（部分）

客户对每个需求陈述的反应可以采用不同的方式刻画：均值、标准差或对每种类别反应的数量。这些反馈可以进一步用于分配需求陈述的权重，同样，1～5标度可以用于总结重要性数据。图表5-8中的需求是根据调查数据来确定权重的，其重要性评级用每个需求陈述旁边的星号（*）的数量来表示，而潜在需求用惊叹号（！）来表示。注意，关键需求不可能同时是潜在需求，这是因为如果一个需求是关键的，客户会期望它得到满足，而他们不会对它感到惊讶或者兴奋。

5.7　步骤5：对结果和过程进行反思

该方法的最后一步是对结果和过程进行反思。虽然识别客户需求的流程可以非常实用地进行结构化，但它并不是一门精确的科学。团队必须不断地挑战自己的结果，以证实这些结果和过程通过与客户的大量沟通而形成的知识和结构相一致。要问的问题包括：

- 我们是否与目标市场上所有主要的客户都进行了交流？
- 为了捕捉目标客户的潜在需求，我们能够看到现有产品相关需求之外的需求吗？
- 在跟踪访谈或调查中，是否存在在我们应该继续探究的领域？
- 在与我们交谈过的客户中，哪些对于我们即将开展的开发活动来说是优秀的参与者？
- 哪些是我们现在知道而开始时不知道的？我们是否对其中的需求感到惊讶？
- 我们的组织中是否包括那些需要深入理解客户需求的人？
- 我们该怎样完善未来活动的流程？

列出最重要的需求和潜在需求是总结流程结果的一个好方法。例如，已识别的最重要需求是：

- 恒温器操作简单。
- 恒温器可以根据用户偏好调整白天的温度。
- 恒温器与现有的加热和 / 或制冷系统配合使用。
- 恒温器能减少能源消耗。

潜在需求是：

- 恒温器可以在合适的位置运行。
- 恒温器打开就可以使用，不用设置。
- 恒温器可以自动响应占用。
- 恒温器的外壳不会因长期使用而褪色。
- 恒温器可以在冬天防止管道冰冻。

重要的需求可以很好地提醒我们，对于一个伟大的产品来说，只有少数几个关键需求是必须解决的，而潜在需求可以提供洞察力，推动产生产品概念的创造性过程。

5.8   小结

识别客户需求是产品开发流程中概念开发阶段不可分割的一部分，由此产生的客户需求用来指导团队建立产品规格、生成产品概念，并选择进一步开发的产品概念。

- 识别客户需求的流程包括 5 步：
  1. 从客户处收集原始数据。
  2. 从客户需求角度解释原始数据。

3. 采用层级的方式组织需求。

4. 建立需求的相对重要性。

5. 对结果和过程进行反思。

- 建立一条从客户到产品开发者的高质量信息渠道，从而保证那些直接控制产品细节的人（包括产品设计者）能够完理解客户需求。

- 领先用户是客户需求的良好来源，因为他们比大多数人提前数月或数年体验新的需求，也因为他们能够明显得益于新产品的创新，此外，他们往往能够比一般客户更清楚地阐述他们的需求。而极端用户的特殊需求，也会反映出主流用户的潜在需求。

- 在决定客户满意度方面，潜在需求可能比明示需求更重要，潜在需求是指那些客户能够在最终产品中认识到其重要性但却没有或不能事先清楚表达的需求。

- 客户需求应以产品可以"做什么"而不是可能"怎样做"的形式表达。坚持这一原则可使开发团队在生成和选择产品概念时具有更大的灵活性。

- 这种方法的主要优点是能够确保产品专注于客户需求，并且没有遗漏重要的顾客需求；开发团队的成员对目标市场的客户需求有一个清晰的理解；建立一个事实基础以用于生成概念、选择产品概念、建立产品规格；建立开发流程中需求阶段的原始档案。

参考文献

许多现有的资源可通过访问 www.pdd-resources.net 获得。

概念工程（concept engineering）是由麻省理工学院的 Burchill 与质量管理中心联合开发的一种方法，本章受益于概念工程的开发和应用。有关概念工程的详细描述，请参阅：

Burchill, Gary, et al., *Concept Engineering*, Center for Quality of Management, Cambridge, MA, Document No. ML0080, 1997.

Griffin 和 Hauser 所做的研究证实了从访谈数据中提取需求的不同方法，他们关于识别出的需求是访谈客户数量的函数的研究非常有趣。

Griffin, Abbie, and John R. Hauser, " The Voice ofthe Customer," *Marketing Science*, VoL 12, No.1, Winter 1993, pp.1-27.

Kinnear 和 Taylor 全面讨论了数据收集方式和调查设计方法并提供了大量案例。

Kinnear, Thomas C., and James R. Taylor, *Modern Marketing Research: Concepts, Methods, and Cases*, second edition, South-Western, Mason, OH, 2013.

Norman 在其著作中广泛地论述了用户需求，特别是与使用产品的认知相关的需求。

Norman, Donald A., *The Design of Everyday Things*, Doubleday, New York, 1990.

Urban 和 Hauser 对如何建立需求层级展开了全面的讨论（和其他主题一起）。

Urban, Glen L., and John R. Hauser, *Design and Marketing of New Products*, second edition, Prentice Hall, Englewood Cliffs, NJ, 1993.

Von Hippel 描述了在创新过程中关于领先用户的多年研究成果，他为识别领先用户提供了有用的指南。

von Hippel, Eric, *The Sources ofInnovation*, Oxford University Press, New York, 1988.

练习

1. 把下面的有关书包的需求陈述转变成恰当的需求陈述：
   a. "书包底部的皮革有刮痕，真难看。"
   b. "当我在收银处排队时，把书包放在膝盖上以尽力寻找我的支票簿时，我感觉自己像只鹳。"
   c. "书包对我很重要，如果丢了，我会非常麻烦。"
   d. "没有什么比香蕉被教科书的边压坏了更糟了。"
   e. "我从来不双肩背书包，我只是单肩背。"

2. 观察某人执行一项日常任务（在理论上，你应该选择一项由不同用户重复执行的任务），识别他们所遭遇的挫折和困难，识别潜在的客户需求。

3. 选择一件不断令你生厌的产品，识别产品开发者所忽略的需求。你认为这些需求为什么没有被满足？你认为是开发商故意忽略了这些需求吗？

思考题

1. 某种方法有效的原因之一是它涉及整个开发团队，但是，当团队人数超过 10 人时，该方法会变得笨拙。对于一个大的开发团队，你该怎样修改这一方法以保持团队的关注力和做决定的能力？

2. 识别客户需求的流程会导致创新的产品概念出现吗？用什么方法实现这一点？识别客户需求的结构化流程能够使像便利贴一样的全新产品概念出现吗？

第 6 章

产品规格

（由 Specialized Bicycle Copmonents 提供）

图表 6-1　装备有专业悬架的山地自行车

Specialized Bicycle Components 为山地自行车市场推出一款新型前悬架，虽然该企业已经开始销售装有新型悬架的自行车（如图表 6-1 所示），但它希望继续开发新产品，以便为休闲自行车爱好者提供更高价值的设计。

确定客户需求耗费了开发团队大量的时间，除了自己花费很大精力使用装有悬架的自行车外，团队成员还采访了山地自行车比赛中的参赛选手以及当地休闲步道上的自行车使用者，并且与经销商进行了沟通。最终，他们汇总出一份客户的需求清单，并发现目前面临着以下挑战：

- 主观的客户需求如何转化成接下来在开发过程中的精确目标？
- 团队及高层管理人员如何确认产品设计是成功的还是失败的？
- 如何鼓励成员对其开发的悬架在市场中占据一定的份额充满信心？
- 如何解决产品特性（如成本与质量）之间的权衡？

本章旨在提供一种建立产品规格的方法。假设客户需求已经确认清楚（详见第 5 章），该方法涉及几个简单的信息系统，这些信息系统可以通过电子表格建立。

6.1 何谓规格？

客户需求通常是以"客户语言"的形式表述的，图表 6-2 中列出了客户对悬架的主要需求，其中，"悬架易于安装"和"悬架支持自行车在崎岖路面上实现高速下降"都是客户对自行车质量方面的典型主观表述。虽然这些表述能使开发团队对客户关注的问题有一个更清楚的认识，但是它们只是留下了对产品进行主观解释的空间，却并不能明确如何设计和管理这个产品。因此，开发团队通常要建立一系列简洁明了的规格（specification），以精确、可测量的细节说明产品必须做什么。虽然产品规格不能为开发团队提供满足客户需求的方法，但它们确实代表了开发团队应该努力达成的共识，即团队将尝试什么以满足客户需求。例如，与"悬架易于安装"这一客户需求相对应的规格应该是"将悬架装到车架上的平均时间少于 75s"。

编号		需求	重要度
1	悬架	降低手部振动	3
2	悬架	能轻易慢速穿越险要地形	2
3	悬架	能在颠簸的小道高速下坡	5
4	悬架	能调整灵活性	3

图表 6-2   有关悬架的客户需求及其相关重要度

编号		需求	重要度
5	悬架	能保持自行车的操纵能力	4
6	悬架	急转弯时能够保持刚性	4
7	悬架	轻便	4
8	悬架	车闸装配点坚固	2
9	悬架	能和多种自行车、车轮和轮胎相配	5
10	悬架	易于安装	1
11	悬架	能和挡泥板一起使用	1
12	悬架	能带来自豪感	5
13	悬架	能被业余爱好者接受	5
14	悬架	防水	5
15	悬架	减噪	5
16	悬架	易于维修	3
17	悬架	易于更换坏损部件	1
18	悬架	能用常用工具进行维修	3
19	悬架	经久耐用	5
20	悬架	撞车时安全	5

图表 6-2 （续）

本书中，我们用产品规格（product specification）明确产品功能，而有些公司使用产品需求（product requirement）或工程特性（engineering characteristic）等术语表达同样的意思，其他公司则使用"规格"或"技术规格"来说明产品的关键设计变量，比如悬架系统的机油黏度或弹性系数。为了清楚起见，我们需要明确定义以下名词：规格由度量指标（metric，也称为度量标准）和数值（value）构成，如"平均安装时间"是度量指标，而"小于75s"是数值。值得注意的是，数值有多种表现形式，包括特定的数字、一个范围或一个不等式，且数值后一般都会带有单位（如 s、km、J）。度量指标和数值一起构成规格，产品规格是各单个规格的组合。

6.2　何时建立规格？

在理想状态下，开发团队会在开发过程早期建立产品规格，然后以精确满足这些规格为目标设计和管理产品。这种方法对于肥皂或菜汤等产品是非常合适的，团队中的技术人员能制定一个几乎满足所有合理规格的配方。但对于高技术产品来说，这是不可能的，因为高技术产品至少要进行两次规格的确认。确认客户需求后，开发团队立即制定目标规格（target specification）。这些规格代表团队的期望，但是此时开发团队并不能确定限制产品技术的是什么，也不知道他们想要达到的产品目标是什么。开发过程中的团队也许无法达到某些规格的要求，同时也可能超出某些规格的要求，这取决于开发团队最终选择的产品概念。因此，在确定产品概念后，必须对目标规格进行细化。团队在评估实际的技术限制和预期的生产成本的同时重新审视规格。为了制订最终规格（final specification），开发团队需要在产品的各个不同期望特征之间进行权衡。虽然很多产品的规格在整个开发过程中要被修改很多次，但为简单起见，我们将具体阐述一种分两阶段建立产品规格的方法。

如图表 6-3 所示，建立规格的两个阶段是产品概念开发过程的一部分。需要注意的是，最终规格是开发计划的一个关键环节，通常是在合同书（contract book）中对其进行说明。合同书（在第 19 章中讲述）规定了团队同意实现的目标、项目计划、所需资源及对业务经济的影响，产品规格清单也是开发团队用以完成整个开发过程的一种主要信息系统。

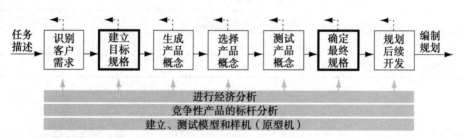

图表 6-3　产品概念开发过程。目标规格是在开发过程的早期制订的，而最终规格则必须
　　　　　等到选择产品概念之后才能确定

本章将讲述两种操作方法：一种是建立目标规格，另一种是在选择产品概念后确定最终规格。

6.3　建立目标规格

如图表 6-3 所示，目标规格是在确认客户需求之后，在生成产品概念并选择一个最有前景的产品概念之前确定的。随意设置的规格很可能在技术上并不可行，例如设计悬架时，开发团队不能事先假定这个悬架能够同时满足质量为 1kg、制造成本为 30 美元和测试曲线呈现最佳下降时间这三个互斥的规格。实际中，根据开发团队最终选择产品概念细节的不同，需要建立这种互斥规格的情况也偶有发生。因此，这种初步设定的理想化规格被称作"目标规格"。

它们是开发团队的目标，描述了团队认为会在市场上取得成功的产品。而随着开发过程的进行，开发团队会根据实际选择的产品概念的局限性进行细化。

建立目标规格过程包含以下四个步骤：

1. 准备度量指标清单。
2. 收集竞争性标杆信息。
3. 为每个度量指标设置理想目标值和临界可接受目标值。
4. 对结果和过程进行反思。

6.3.1 步骤 1：准备度量指标清单

最有用的度量指标应该能够直接反映产品满足客户需求的程度，客户需求和度量指标之间的联系是整个规格说明概念的中心。我们假设客户需求和一组精确可测量的规格之间是可以实现转换的，那么，满足规格就是满足相应的客户需求。

图表 6-4 列出了度量指标清单。形成度量指标清单的最好办法是依次考察每种需求，并考虑哪种精确且可测量的特征将反映这种产品满足相应需求的程度。在理想情况下，每种需求有且只有一种度量指标，而实际生产中，这种情况几乎不存在。

度量指标编号	需求编号	度量指标	重要度	单位
1	1, 3	在 10Hz 时从车身到车把的衰减	3	dB
2	2, 6	弹簧预加载量	3	N
3	1, 3	来自 Monster 的最大值	5	g
4	1, 3	在测试曲线上的最小下降时间	5	s
5	4	衰减系数调整范围	3	N-s/m
6	5	最大行程（26in 的车轮）	3	mm
7	5	倾斜量	3	mm
8	6	顶端的横向刚度	3	kN/m
9	7	总质量	4	kg
10	8	在制动枢纽处的横向刚度	2	kN/m
11	9	"耳机"大小	5	in
12	9	转向管长度	5	mm
13	9	车轮大小	5	List

图表 6-4 悬架度量指标清单。表中也显示了每种度量指标的重要度和单位，"subj"是主观度量指标的缩写

度量指标编号	需求编号	度量指标	重要度	单位
14	9	最大车胎宽度	5	in
15	10	安装到车架上的时间	1	s
16	11	挡泥板兼容性	1	List
17	12	带来自豪感	5	Subj
18	13	单位制造成本	5	US$
19	14	喷水腔中无水进入的时间	5	s
20	15	泥腔中无泥进入的转数	5	k-cycles
21	16, 17	维修时拆卸 / 安装时间	3	s
22	17, 18	维修所需的特殊工具	3	List
23	19	使橡胶老化的 UV 测试持续时间	5	hr
24	19	失效前的 Monster 循环数	5	Cycles
25	20	日本工业标准测试	5	Binary
26	20	弯曲强度（前部受载）	5	kN

图表 6-4 （续）

例如，开发团队会认为，通过测量将悬架安装到车架上的时间，就能在很大程度上满足客户对"悬架易于安装"的需求。但是，安装时间与安装的容易程度可以实现等同转换吗？也许会出现以下情况，即安装过程很快，但需要一系列复杂的手指动作，而这些操作可能会导致工作人员受伤或者无从下手。由于转换过程的不精确性，建立规格的人应该直接参与识别客户需求。这样可以使开发团队能够确定他们对每个需求描述的理解，都是在和客户进行直接交流的过程中获得的。

"减少悬架对用户手部的振动"这种需求可能很难转换为一种单独的度量指标，因为各种振动的传输条件都有所不同，比如平坦路面上的小颠簸和陡峭山路上的大颠簸。开发团队也许会得出这样一个结论，即需要几种度量指标来满足这种需求，例如，"在 10Hz 时从车身到车把的衰减"和"来自 Monster 的最大值"这两种度量指标（"Monster"是 *Mountain Bike* 杂志使用的一种悬挂测试）。

图表 6-5 是一个简单的"需求 – 度量指标"矩阵，它可以在考虑所有客户需求的基础之上，明确地表示出需求与度量指标之间的关系。矩阵的各行表示客户需求，矩阵的各列表示度量指标。矩阵单元格中的标记表示该单元格对应的客户需求与度量指标是彼此相关的，矩阵中的值将会影响产品满足客户需求的程度。这个矩阵是质量屋（house of quality）的关键部分，质量屋是应用在质量功能展开（Quality Function Development, QFD）（Hauser 和 Clausing，

1988）中的一种图形技术。多数情况下，依据度量指标清单（图表6-4中的第2列）并通过列出与对应度量指标相关的客户需求，就可以获得需求–度量指标矩阵中的信息。但当客户需求与度量指标之间的映射关系非常复杂时，这个能够直观代表映射关系的矩阵就会发挥非常重要的作用。

度量指标（列 1–26）：

1. 在10Hz时从车身到车把的衰减
2. 弹簧预加载量
3. 来自Monster的最大值
4. 在测试曲线上的最小下降时间
5. 衰减系数调整范围
6. 最大行程（26in的车轮）
7. 倾斜量
8. 顶端的横向刚度
9. 总质量
10. 在制动板组处的横向刚度
11. 耳机大小
12. 转向管长度
13. 车轮大小
14. 最大车胎宽度
15. 安装到车架上的时间
16. 挡泥板兼容性
17. 培养自家感
18. 单位制造成本
19. 喷水腔中无水进入的时间
20. 泥腔中无水泥进入的时间
21. 维修时拆卸/安装所需工具
22. 维修所需的特殊工具
23. 像橡胶老化的UV测试持续时间
24. 失效前的Monster循环次数
25. 日本工业标准测试
26. 弯曲强度（前部受载）

	需求	1	2	3	4	5	6	7	8	9	10	11	12	13	14	15	16	17	18	19	20	21	22	23	24	25	26
1	降低手部振动	●		●	●																						
2	能轻易慢速穿越险要地形		●																								
3	能在颠簸的小道高速下坡	●		●	●																						
4	能调整灵活性					●																					
5	能保持自行车的操纵能力							●	●																		
6	急转弯时能够保持刚性		●																								
7	轻便									●																	
8	车闸装配点坚固										●																
9	能和多种自行车、车轮和轮胎相配											●	●	●	●												
10	易于安装															●											
11	能和挡泥板一起使用																●										
12	能带来自豪感																	●									
13	能被业余爱好者接受																		●								
14	防水																			●							
15	减噪																				●						
16	易于维修																					●					
17	易于更换坏损部件																					●	●				
18	能用常用工具进行维修																						●				
19	经久耐用																							●	●		
20	撞车时安全																									●	●

图表6-5　"需求–度量指标"矩阵

创建度量指标清单时，需要考虑以下几个标准：

- **度量指标应该是完整的**。在理想情况下，每种客户需求应该对应一个度量指标，并且该度量指标的值应能够很好地满足特定需求。而实际情况中，要完整地反映某一种客户需求可能需要几个不同的度量指标。

- **度量指标应该是相互依赖的变量，而不是相互独立的变量**。这个指导原则是第5章介绍的"什么 – 否则 – 怎样"原则的变体。正如客户需求一样，产品规格也表明产品必须做什么，而不表明如何实现这些规格。在产品开发过程中，设计者会用到许多类型的变量，有些变量是相互依赖的（dependent），比如悬架的质量；而有些变量则是独立的（independent），比如悬架的材料。也就是说，设计者不能直接控制悬架的质量，因为质量取决于设计者在其他独立变量上的选择，如大小、尺寸或材料等。度量指标指的是一种产品的综合性能，因此，在设计一种产品时，应将它们考虑为非独立变量（如性能测试或输出变量）。对产品规格使用非独立变量，设计者就可以使用最佳方法自由实现产品规格。

- **度量指标应该是有实际意义的**。如果开发团队为自行车悬架设计了一种只能用科学实验室测量且需花费 100 000 美元的度量指标，那么这样做没有任何实际意义。在理论上，度量指标应该是产品的可直接观测或可分析的特性，开发团队可以轻易地对这种产品进行估价。

- **有些客户需求不能轻易转化为可量化的度量指标**。在注重"潮流"的山地车客户群中，类似于"悬架能够产生自豪感"的需求可能很重要。但是，怎样将自豪感量化呢？在这种情况下，开发团队只需重复给出客户对这种需求的陈述作为规格，并且注意这种度量指标是主观的且只能被这组客户自己衡量（在"单位"列中，我们用"Subj"代表主观）。

- **在市场比较中，度量指标应该具有一个普遍认可的标准**。许多客户依据独立发行的评估资料在市场上购买产品，比如 *Popular Science*、*Consumers Reports* 或利用互联网。在我们的案例中，*Bicycling* 和 *Mountain Bike* 杂志上都可以找到这种评估。如果开发团队知道商业媒体会评估自己的产品并了解其评估的标准，那么他们应将这些评价标准包含在自己产品的度量指标中。*Mountain Bike* 杂志使用了一种名为 Monster 的测试机，可以测试装有悬架的自行车车把的垂直加速性能。因此，开发团队将"Monster 的最大值"包含在度量指标之内。如果开发团队没有找到媒体所用的标准和自己确认的客户需求之间的联系，那么他们应该确保没有忽略某些客户需求或者考虑是否应该和媒体一起修订标准。在少数情况下，开发团队会认为媒体对产品评价高本身就是一种客户需求，因此，他们会选择媒体所用的度量指标，即使这种度量指标没有任何内在技术价值。

除了列出与度量指标对应的客户需求外，图表 6-4 还包括测量单位以及每种度量指标的重要度。测量单位大多是常见的工程单位，比如千克（kg）、秒（s），但有些度量指标不适合使用数值。"悬架与挡泥板的兼容性"这种需求最好转换成一种规格，在规格中列出与悬架相兼容的挡泥板模型。在这种情况下，度量指标的值实际上是一个挡泥板清单而不是一个数字。对于涉及标准安全测试的度量指标而言，这个值是"通过 / 失败"（在"单位"列中，我们以"*List*"和"*Binary*"来表示这两种情况）。

度量指标的重要度源于它所反映的客户需求重要度。对于度量指标和客户需求一一对应的情况，需求的重要度就变成了度量指标的重要度。而对于一个度量指标对应多个客户需求的情况，度量指标的重要度由与它相关的需求重要度及其关系的性质决定。我们认为在这个过程中，重要度可以通过开发团队成员间的讨论来决定，而不是一个运算法则。当产品规格较少而建立这些规格之间的相对重要度十分重要时，关联分析（conjoint analysis）十分有用。本章稍后将对关联分析加以介绍，有关关联分析的参考文献在本章最后列出。

6.3.2　步骤 2：收集竞争性标杆信息

除非开发团队期望享有专利，否则新产品与竞争性产品间的联系在界定商业成功中起着非常重要的作用。在开发团队怀着如何在市场中展开竞争的想法进行产品开发时，目标规格是一种语言，开发团队将用它来讨论和决定其产品相对于现有产品的具体定位，包括产品本身的定位和竞争对手的定位。为了支持这些定位的准确性，必须收集相关竞争性产品的信息。

图表 6-6 展示了竞争性标杆分析图表的实例。图表中的列是竞争性产品，行是步骤 1 中建立的度量指标。值得注意的是，竞争性标杆分析图表可以作为简单的附件添加到度量指标的表格中（这种信息相当于 Hauser 和 Clausing 所著的 *house of quality*（《质量屋》）中的一个"房间"）。

图表 6-6 在概念上非常简单，我们只需将每一种竞争性产品的度量指标值记录到同一列中。但收集这些数据要耗费大量时间，至少要涉及大多数竞争性产品的购买、测试、拆卸和估计产品成本的过程。然而，即使这个过程费时费力也必须进行，因为如果产品开发团队不具备这些信息，就不能取得成功。值得注意的是，竞争对手的目录和相关文献中包含的数据可能是不正确的。因此，开发团队应该通过独立测试或观察，对关键的度量指标值进行核实。

用行代表相应的客户需求，列代表相应的竞争性产品，就可以创建一个竞争性标杆分析图表（见图表 6-7）。这个图表可以用来比较客户对产品满足其需求程度的理解。创建这个图表需要收集客户感知数据，这个过程也会耗费很多的物力和精力。Urban 和 Hauser（1993）的书中具体讲述了测试客户关于满足需求的感知相关知识。对开发团队来说，这两种图表都非常重要，这两种图表之间的任何差异都是有益的。即使无法创建竞争性标杆分析图表（见图表 6-7），至少应该创建度量指标的竞争性标杆分析图表（见图表 6-6）。

度量指标编号	需求编号	度量指标	重要度	单位	ST Tritrack	Maniray 2	Rox Tahx Quadra	Rox Tahx Ti 21	Tonka Pro	Gunhill Head Shox
1	1,3	在10Hz时从车身到车把的衰减	3	dB	8	15	10	15	9	13
2	2,6	弹簧预加载量	3	N	550	760	500	710	480	680
3	1,3	来自Monster的最大值	5	g	3.6	3.2	3.7	3.3	3.7	3.4
4	1,3	在测试曲线上的最小下降时间	5	s	13	11.3	12.6	11.2	13.2	11
5	4	衰减系数调整范围	3	N-s/m	0	0	0	200	0	0
6	5	最大行程（26in的车轮）	3	mm	28	48	43	46	33	38
7	5	倾斜量	3	mm	41.5	39	38	38	43.2	39
8	6	顶端的横向刚度	3	kN/m	59	110	85	85	65	130
9	7	总质量	4	kg	1.409	1.385	1.409	1.364	1.222	1.100
10	8	在制动板纽处的横向刚度	2	kN/m	295	550	425	425	325	650
11	9	"耳机"大小	5	in	1.000 1.125	1.000 1.125 1.250	1.000 1.125	1.000 1.125 1.250	1.000 1.125	NA
12	9	转向管长度	5	mm	150 180 210 230 255	140 165 190 215	150 170 190 210	150 170 190 210 230	150 190 210 230	NA
13	9	车轮大小	5	List	26 in.	26 in.	26 in.	26 in. 700C	26 in.	26 in.

14	9	最大车胎宽度	in	5	1.5	1.75	1.5	1.75	1.5	1.5
15	10	安装到车架上的时间	s	1	35	35	45	45	35	85
16	11	挡泥板兼容性	List	1	List	Zefal	无	无	无	全部
17	12	带来自豪感	Subj	5	1	4	3	5	3	5
18	13	单位制造成本	US$	5	65	105	85	115	80	100
19	14	喷水腔中无水进入的时间	s	5	1300	2900	>3600	>3600	2300	>3600
20	15	泥腔中无泥进入的转数	k-cycles	5	15	19	15	25	18	35
21	16, 17	维修时拆卸/安装时间	s	3	160	245	215	245	200	425
22	17, 18	维修所需的特殊工具	List	3	Hex	Hex	Hex	Hex	Long Hex	Hex, pin wrench
23	19	使橡胶老化的 UV 测试持续时间	hr	5	400+	250	400+	400+	400+	250
24	19	失效前的 Monster 循环次数	Cycles	5	500k+	500k+	500k+	480k	500k+	330k
25	20	日本工业标准测试	Binary	5	通过	通过	通过	通过	通过	通过
26	20	弯曲强度（前部受载）	kN	5	5.5	8.9	7.5	7.5	6.2	10.2

图表 6-6　基于度量指标的竞争性标杆分析图表

编号	需求	重要度	ST Tritrack	Maniray 2	Rox Tahx Quadra	Rox Tahx Ti 21	Tonka Pro	Gunhill Head Shox
1	降低手部振动	3	•	••••	••	•••••	••	•••
2	能轻易慢速穿越险要地形	2	••	••••	•••	•••••	•••	•••••
3	能在颠簸的小道高速下坡	5	•	•••••	••	•••••	••	•••
4	能调整灵活性	3	•	••••	•••	•••••	••	•••
5	能保持自行车的操纵能力	4	••••	••	•	••	•••••	•••
6	急转弯时能够保持刚性	4	•	•••	•	•••••	•	•••••
7	轻便	4	•	•••	•	•••	••	•••
8	车闸装配点坚固	2	•	••••	•••	•••	•••••	••
9	能和多种自行车、车轮和轮胎相配	5	•••••	•••••	•••	•••••	•••	•
10	易于安装	1	••••	•••••	•••	•••••	•••	•••
11	能和挡泥板一起使用	1	•••	•	•	•	•	•••••
12	能带来自豪感	5	•	••••	•••	•••••	•••	•••
13	能被业余爱好者接受	5	•••••	•	•••	•	•••	••
14	防水	5	•	•••	•	•••	•	•••••
15	减噪	5	•	•••	•	•••	•	•
16	易于维修	3	•••••	••••	•••	••••	•••••	•
17	易于更换坏损部件	1	••••	••••	•••	••••	•••••	•
18	能用常用工具进行维修	3	•••••	•••••	•••	•••••	••	•••
19	经久耐用	5	•••••	••••	•••••	••••	•••••	•
20	撞车时安全	5	•••••	••••	•••••	•••••	•••••	•••••

图表 6-7　基于需求满意度的竞争性标杆分析图表

6.3.3　步骤 3：为每个度量指标设置理想目标值和临界可接受目标值

为了给度量指标设置目标值，开发团队要对可利用的信息进行综合。其中有两种目标值最有用：一种是理想目标值（ideal value），另一种是临界可接受目标值（marginally accepted value）。理想目标值是开发团队期望的最好结果，临界可接受目标值是刚好能使产品具有商业可行性的度量指标值。这两种目标可以指导概念生成和概念选择的后续阶段，并在选择产品概念之后精确确定规格。

表达度量指标值的方法有五种：

- **不小于 X。**这些规格组成了度量指标的下限目标，该值越高，结果越好。例如，车闸装配刚度值定为不小于 325kN/m。

- **不大于 X。**这些规格组成度量指标的上限目标，该值越低，结果越好。例如，悬架质量最大不超过 1.4kg。

- **在 X 和 Y 之间。**这些规格组成度量指标的上限值和下限值。例如，弹簧预载量设定在 480N～800N 之间。该值大于 800N，弹簧就会过载；而小于 480N，弹簧就会太松。

- **恰好为 X。**这些规格组成某个度量指标的特定值，如果实际值和该值有偏差，系统性能就会降低。例如，"倾斜量"这个度量指标的理想值设为 38mm。但如非必要，应避免使用这种类型的规格，因为这类规格会从根本上限制产品设计。可以替换为"在 X 和 Y 之间"这种方式的规格。

- **一组离散值。**有些度量指标可以取几个离散值，如"耳机"直径可以是 1.000in、1.125in、1.250in（在工业生产中，这些尺寸和自行车的某些关键尺寸使用英制单位）。

一个度量指标的期望值可能会依赖于另一个度量值，例如"悬架顶端横向刚度不超过车闸枢轴处横向刚度的 20%"。当开发团队有把握保证这种复杂的说明时，可以设定这种目标。但在制定规格的精确值之前，不建议引入这种复杂表述。

开发团队可以使用上述五种不同类型的度量指标来设置目标规格，列出度量指标清单，并为每一个度量指标制定理想目标值和临界可接受目标值。图表 6-6 所示的基于度量指标的竞争性标杆分析图表有助于开发团队做出这些决策。为了设置目标值，开发团队需要进行许多方面的考虑，例如当前可用竞争性产品的性能、竞争对手未来产品的性能（如果这是可预测的），以及产品任务陈述和目标市场细分。图表 6-8 列出了为悬架制定的目标规格。

度量指标编号	需求编号	度量指标	重要度	单位	临界值	理想值
1	1, 3	在 10Hz 时从车身到车把的衰减	3	dB	>10	>15
2	2, 6	弹簧预加载量	3	N	480～800	650～700
3	1, 3	来自 Monster 的最大值	5	g	<3.5	<3.2
4	1, 3	在测试曲线上的最小下降时间	5	s	<13.0	<11.0
5	4	衰减系数调整范围	3	N-s/m	0	>200
6	5	最大行程（26in 的车轮）	3	mm	33～50	45
7	5	倾斜量	3	mm	37～45	38

图表 6-8　目标规格。和其他信息一样，作为规格清单的简单扩展，用电子表格可以轻松为系统编码

度量指标编号	需求编号	度量指标	重要度	单位	临界值	理想值
8	6	顶端的横向刚度	3	kN/m	>65	>130
9	7	总质量	4	kg	<1.4	<1.1
10	8	在制动枢纽处的横向刚度	2	kN/m	>325	>650
11	9	"耳机"大小	5	in	1.000 1.125	1.000 1.125 1.250
12	9	转向管长度	5	mm	150 170 190 210	150 170 190 210 230
13	9	车轮大小	5	List	26in	26in 700C
14	9	最大车胎宽度	5	in	>1.5	>1.75
15	10	安装到车架上的时间	1	s	<60	<35
16	11	挡泥板兼容性	1	List	无	全部
17	12	带来自豪感	5	Subj	>3	>5
18	13	单位制造成本	5	US$	<85	<65
19	14	喷水腔中无水进入的时间	5	s	>2300	>3600
20	15	泥腔中无泥进入的转数	5	k-cycles	>15	>35
21	16, 17	维修时拆卸 / 安装时间	3	s	<300	<160
22	17, 18	维修所需的特殊工具	3	List	Hex	Hex
23	19	使橡胶老化的 UV 测试持续时间	5	hr	>250	>450
24	19	失效前的 Monster 循环数	5	Cycles	>300k	>500k
25	20	日本工业标准测试	5	Binary	通过	通过
26	20	弯曲强度（前部受载）	5	kN	>7.0	>10.0

图表 6-8 （续）

由于大多数数值是根据边界（上限、下限，或两者都有）来描述的，因此开发团队创建的是竞争性产品的可行空间边界。开发团队希望产品能符合理想目标值，但是他们相信，即使一个产品表现出一种或多种临界可接受的特性，它在商业上也是可行的。需要注意的是，这些规格只是初步的，因为在选择产品概念并确定设计细节之前，许多确切的权衡都是不确定的。

6.3.4　步骤 4：对结果和过程进行反思

开发团队需要进行一些迭代（iteration）过程以确定目标，并在每一个迭代过程后进行反馈，这样做有助于确保结果与项目的目标保持一致。需要考虑的问题包括：

- 团队成员之间是否存在"博弈"？例如，市场营销负责人强调需要加强某个特殊度量指标值以实现更高的目标，而实际上，开发团队要实现的目标比他强调的更现实且意义更大，这种情况下该怎么办？
- 为了满足不同市场区域的特殊客户需求，开发团队是否应考虑开发多种产品或至少提供多样的产品型号以满足不同客户对"平均"产品的需要呢？
- 规格有缺失吗？规格是否反映了决定商业成功的特征？

一旦目标设定，开发团队就会继续生成产品概念，目标规格能帮助开发团队选择产品概念，并帮助团队知道什么时候一个概念在商业上是可行的（见第 7 章和第 8 章）。

6.4　确定最终规格

目标规格只是开发团队在产品开发的初始阶段对目标进行的大体描述，通常并不精确。因此，开发团队在进行产品概念选择并准备随后的设计开发过程时，会对目标规格进行修正。

选定最终的产品规格是困难的，由于在两个规格之间存在固有的相反关系，因此需要进行权衡。通常，需要在不同的技术特性度量指标之间和技术特性度量指标与成本之间进行权衡。例如，车闸装配刚度和悬架的质量需要权衡，根据悬架结构的基本原理，假定其他条件保持不变，这些规格是负相关的。此外，成本和质量之间也需要权衡，开发团队可以用钛代替钢来制造部件以减少悬架的质量，但这样会增加其制造成本。修正规格的难点在于选择什么样的方式来解决这种权衡问题。

这里，我们提出由以下五个步骤组成的过程方法：

1. 开发产品的技术模型。
2. 开发产品的成本模型。
3. 修正规格，必要时进行权衡。
4. 确立合理的规格。
5. 对结果和过程进行反思。

6.4.1   步骤 1：开发产品的技术模型

产品技术模型是一种针对特殊设计决策的工具，可以用来表示决策中度量指标的值。我们用模型（model）表示产品的解析近似值和物理近似值（有关模型的进一步讨论，参见第 14 章）。

在选择了机油 – 衰减悬架的概念后，开发团队面临的设计决策包括结构组件的材料、衰减器的孔径大小、机油黏度以及弹性系数等细节参数。图表 6-9 给出了三种将设计决策与特性度量指标联系起来的模型。依据尺寸大小，可以用这三种模型预测产品的性能。模型的输入是与产品概念相关的独立设计变量（如机油黏度、孔径大小、弹性系数和几何形状）。模型的输出是度量指标值（如衰减、刚性和疲劳时间）。

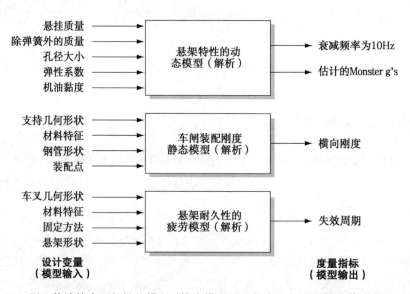

图表 6-9   用于估计技术可行性的模型（技术模型可以是产品概念的解析值或物理近似值）

理想情况下，开发团队可以通过完善电子表格或计算机仿真模型来准确分析产品模型。这样的模型允许开发团队快速确定一个特殊设计变量具有的特性，而不需要进行昂贵的物理实验。在大多数情况下，可以对度量指标中的一小部分使用解析模型，例如采用动态系统的工程知识，开发团队可以分析衰减模型。

当每一个独立模型都与一个度量指标的子集相对应时，几个独立模型会比庞大的综合模型更易于管理。例如，开发团队为车闸装配刚度设计独立的解析模型，其中的装配刚度与用于描述振动衰减的动态模型完全独立。此外，在某种情况下，采用解析模型是不可行的。例如，开发团队对悬架疲劳特性的确认是不能采用解析模型的，此时需创建物理模型，并对它进行测试。开发团队通常需要实际创建多种类型的物理实验模型或原型，以探索设计变量的几种组合的含义。创建物理模型时，为了减少模型的数量，利用实验设计（Design-Of-Experiment，DOE）技术是非常有用的，因为它可以使大型实验数量降到最小（参见第 15 章）。

应用这些技术模型，开发团队可以通过探索不同设计变量的组合，预测任何一组特殊的规格（如理想目标值）在技术上是否可行。这种建模和分析方法可以防止开发团队将那些不是在产品概念可用范围内的规格组合在一起。

值得注意的是，与特殊产品概念相对应的技术模型通常是唯一的。图表 6-9 列出了一种机油 – 衰减悬架系统模型，如果开发团队选择的是一个包含橡胶悬架组件的概念，那么这个模型会发生很大的变化。因此，只有在选择产品概念后才能创建该模型。

6.4.2　步骤 2：开发产品的成本模型

这一步骤的目标是确保产品能以目标成本生产。目标成本是公司将产品以具有竞争力的价格提供给客户的同时获得足够利润的制造成本。本章的附录提供了对于目标成本计算的详细解释。例如，在这一步中，开发团队试图明确为了降低 50g 质量，需要增加多少制造成本。

对于大多数产品而言，可以通过列出材料清单（一张包括所有组件的清单）以及估计每一个组件的购买价格来完成对产品制造成本的初步估计。在这个阶段，开发团队通常并不能确定产品中的所有组件，他们只是尽可能地列出所需要的所有组件。虽然早期的估计一般集中在组件成本上，但开发团队依然要对组装和其他制造成本（如一般管理费）进行估算。这些早期成本估算包括估算来自外部供应商组件的成本以及公司自己制造组件的成本。通常情况下这个过程是由专业采购人员和产品工程师协助完成的。图表 6-10 列出了悬架的材料清单成本模型（估计制造成本的详细介绍，见第 13 章）。

组件	数量 / 悬架	最高单价（美元）	最低单价（美元）	最高总价（美元 / 悬架）	最低总价（美元 / 悬架）
转向管	1	2.50	2.00	2.50	2.00
齿冠	1	4.00	3.00	4.00	3.00
导入装置	2	1.00	0.75	2.00	1.50
下部管	2	3.00	2.00	6.00	4.00
下部管上表面	2	2.00	1.50	4.00	3.00

图表 6-10　成本估计的材料清单（这种成本模型可以进行早期成本估计，有助于对产品规格进行较为真实的权衡）

组件	数量 / 悬架	最高单价 （美元）	最低单价 （美元）	最高总价 （美元 / 悬架）	最低总价 （美元 / 悬架）
主前缘密封装置	2	1.50	1.40	3.00	2.80
滑行刷	4	0.20	0.18	0.80	0.72
滑行刷逆电流器	2	0.50	0.40	1.00	0.80
下部管塞	2	0.50	0.35	1.00	0.70
上部管	2	5.50	4.00	11.00	8.00
上部管端盖	2	3.00	2.50	6.00	5.00
上部管调节手柄	2	2.00	1.75	4.00	3.50
调节移动杆	2	4.00	3.00	8.00	6.00
弹簧	2	3.00	2.50	6.00	5.00
上部管孔帽	1	3.00	2.25	3.00	2.25
孔弹簧	4	0.50	0.40	2.00	1.60
车闸螺栓	2	0.40	0.35	0.80	0.70
车闸曲柄带	2	0.25	0.20	0.50	0.40
车闸曲柄	1	5.00	3.50	5.00	3.50
润滑油（L）	0.1	2.50	2.00	0.25	0.20
各种卡环、O 环	10	0.15	0.10	1.50	1.00
表面处理（贴花釉法）	4	0.25	0.15	1.00	0.60
安装费（20 美元 /h）		30min	20min	10.00	6.67
一般管理费（直接成本的 25%）				20.84	15.74
总计				104.19	78.68

图表 6-10 （续）

　　记录成本信息的一种有效方法是为每个条目列出最高估计值和最低估计值。这有助于开发团队理解估计过程中不确定的范围。通常要迭代使用材料清单：开发团队为每一组设计决策进行"如果……该怎么办"的成本分析，接着根据已获得的信息修改这些决策。材料清单本身就是一种性能模型，但是，它并不能预测技术性能度量指标值，它预测的是成本特性。在整个开发过程中，材料清单都发挥重大作用，并且定期更新（每周更新一次），以反映估计制造成本的当前状况。

　　在开发过程中，开发团队设计包含几百甚至几千个组件的复杂产品，因此在多数情况下，他们不能将每一个组件都包含在材料清单中。相反，开发团队只列出主要的组件和子系统，并根据以往的经验或者供应商的判断来分配成本。

6.4.3　步骤 3：修正规格，必要时进行权衡

一旦开发团队在可能的情况下创建了技术特性模型和初步成本模型，就可以对规格进行修正。修正规格的过程可以通过小组会议来完成，通过使用技术模型确定可行的组合值，然后探索成本范围。通过迭代的方式，开发团队将花费大部分精力，以在竞争产品中取得最受人们欢迎的地位，能最大限度满足客户需求并确保足够利润的规格。

如图表 6-11 所示，支持这种决策过程的一个重要工具是竞争性分析图。依据从度量指标中选择的两个维度，该图是竞争性产品的散点图，竞争性分析图有时也被称作权衡图。图表 6-11 显示了估计的制造成本与 Monster 得分之间的关系。这个分布图显示了临界值和理想值的定义范围。在现实估计制造成本高的高性能悬架（低 Monster 值）时，这个分布图特别有用。将技术性能模型和成本模型作为辅助工具，开发团队可以估计自己是否能处理竞争性分析图中显示的权衡问题。

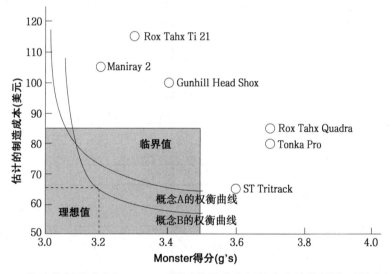

图表 6-11　估计的制造成本与 Monster 测试的得分之间的竞争性分析图。该图也显示了
　　　　　这两种概念性能的权衡曲线

使用电子表格的绘图功能，可以直接用竞争基准图所含数据创建这种分布图。一般来说，开发团队会为少数临界度量指标准备 3～4 个这种分布图。要想支持后续的决策，可能还需要创建其他分布图。

竞争性分析图用于新产品在竞争中的定位。权衡曲线显示了产品概念在一系列设计变量下的表现，可以直接绘制在竞争性分析图上，如图表 6-11 所示。使用产品的技术和成本模型以

及竞争性分析图，开发团队能够不断修正规格，这样既可以满足产品概念自身的约束，又可以为竞争产品提供一种更具优势的性能以解决权衡问题。图表 6-12 显示了悬架的最终规格。

编号	度量指标	单位	值
1	在 10Hz 时从车身到车把的衰减	dB	>12
2	弹簧预加载量	N	600~650
3	来自 Monster 的最大值	g	<3.4
4	在测试曲线上的最小下降时间	s	<11.5
5	衰减系数调整范围	N-s/m	>100
6	最大行程（26in 的车轮.）	mm	43
7	倾斜量	mm	38
8	顶端的横向刚度	kN/m	>75
9	总质量	kg	<1.4
10	在制动枢纽处的横向刚度	kN/m	>425
11	"耳机"大小	in.	1.000 1.125
12	转向管长度	mm	150 170 190 210 230
13	车轮大小	List	26in
14	最大车胎宽度	in	>17.5
15	安装到车架上的时间	s	<45
16	挡泥板兼容性	List	Zefal
17	培养自豪感	Subj	>4
18	单位制造成本	US$	<80
19	喷水腔中无水进入的时间	s	>3600
20	泥腔中无泥进入的转数	k-cycles	>25
21	维修时拆卸 / 安装时间	s	<200
22	维修所需的特殊工具	List	Hex
23	使橡胶老化的 UV 测试持续时间	hr	>450
24	失效前的 Monster 循环数	Cycles	>500k
25	日本工业标准测试	Binary	通过
26	弯曲强度（前部受载）	kN	>10.0

图表 6-12　最终规格

对于相对成熟的产品种类，其竞争产品的性能度量指标已经广为人知，关联分析（conjoint analysis）对于修正这些产品的规格十分有用，该方法是用客户调查数据构建一个客户偏好模型，然后由部分潜在客户评价一种由一系列属性所描述的假想产品。这些属性必须是易于客户理解的度量指标（如燃油经济性和汽车的价格）。主观属性（如样式）可以用图像表示。假想产品可以用实验设计的统计技术来构建，关联分析可以依据客户的反应推断出每种属性对客户的相对重要程度。在提供一系列备选假设产品时，利用这些数据可以预测客户的选择。对样品中的所有潜在客户进行预测，可以初步确定各个备选产品的市场份额。使用这种方法，可以估计使产品占有市场最大份额的产品规格值。关联分析的原理十分简单，但超出了本章范围，详见本章参考文献。

6.4.4　步骤4：确立合理的规格

本章主要关注由一个相对较小的开发团队设计相对简单的组件规格的过程。当涉及由不同团队设计的多个子系统组成的复杂产品时，建立规格显得格外重要且具有挑战性。在这种情况下，产品规格用于定义每个子系统以及整体产品的开发目标，并按照每个子系统的规格来确定整个系统的规格。例如，一辆汽车整体规格的度量指标包括燃油经济性、0～100km/h 加速时间和转弯半径等。但是组成汽车的几十个子系统（如车身、发动机、传动装置、刹车系统和悬挂装置）也必须制订相应的规格。发动机规格的度量指标包括最大功率、最大扭矩、最大功率下的耗油量等。确立规格过程的难点之一是要确保子系统的规格能够切实反映产品整体的规格，即确保实现子系统的规格，就能实现整体规格。第二个难点在于确保不同子系统的特定规格的实现难度相当，也就是说，发动机的质量规格与车身的质量规格难度相差不应过大，否则，产品制造成本可能过高。

一些整体性的规格可以通过预算分配（budget allocation）来建立。例如，当确信产品的整体成本、质量和能耗仅仅是各子系统的总和时，那么制造成本、质量和能耗规格也可以分配给子系统。在某种程度上，几何量也可以这样分配。其他规格必须通过子系统的性能与整体产品性能关系的详细了解来确定。例如，燃烧效率是一个与汽车质量、旋转阻力、空气动力阻力系数、正面面积和发动机效率相关的复杂函数，建立车身、轮胎和发动机的规格需要一个关于这些变量与整体燃料效率的关系模型。

确定复杂产品规格的综合性策略是系统工程的一个主要研究领域，超出了本章的范围，详见本章参考文献。

6.4.5 步骤5：对结果和过程进行反思

和以前一样，本方法的最后一步是对结果和过程进行反思，需要考虑的一些问题包括：

- 产品能获得成功吗？产品概念应该允许开发团队用以下思路设定规格，即产品应满足客户需求并且具有较强的竞争力。如果不满足这个条件，开发团队应该返回概念生成和选择阶段，或者放弃这个项目。
- 技术模型和成本模型具有多大的不确定性？如果描述竞争成功的度量指标具有许多不确定性，那么开发团队会对技术模型或成本模型进行修正，这样就可以增加开发团队满足规格的信心。
- 开发团队选择的概念能很好地适合目标市场吗？它能很好地应用于另一个市场（例如，低端或高端市场，而不是中端市场）吗？实际过程中会生成一些很好的产品概念，如果开发团队生成一种明显优于竞争产品的概念，那么他们会将这个概念应用在具有更多需求和更大利润潜力的市场中。
- 公司应该开发有关产品性能方面更好的技术模型以供将来之用吗？有时，开发团队会发现自己不能真正理解产品技术，以至于不足以创建有用的性能模型。在这种情况下，努力增强理解力并开发更好的模型将有助于后续的开发项目。

6.5 小结

客户需求通常以"客户语言"来表述。为了给设计和管理产品提供具体的指导，开发团队创建了简洁明了的规格，它们描述了产品能够取得成功的细节，并且能够反映客户需求、区分一般性产品和竞争性产品以及在技术和经济上具有可行性。

- 通常，至少应创建两次规格。在识别客户需求后，开发团队立即设置目标规格。在选择并测试产品概念后，开发团队确定最终规格。
- 目标规格代表开发团队的期望，但是这些规格是在开发团队了解产品技术对所能取得成功的约束之前建立的，有些规格也许不能满足，而有些规格也可能会被超越，这取决于开发团队最终选择的产品概念细节。
- 创建目标规格的流程包括四个步骤：
  1. 准备度量指标清单。
  2. 收集竞争性标杆信息。
  3. 为每个度量指标设置理想目标值和临界可接受目标值。

4. 对结果和过程进行反思。

- 可以使用解析模型和物理模型估计实际技术约束和期望产品成本，通过这种方法可以确定最终规格。在修正过程中，开发团队必须在各种期望的产品特性间进行权衡。

- 确定最终规格的流程包括五个步骤：

  1. 开发产品的技术模型。

  2. 开发产品的成本模型。

  3. 修正规格，必要时进行权衡。

  4. 确立合理的规格。

  5. 对结果和过程进行反思。

- 确定最终规格的流程可以由几个简单的信息系统辅助完成，使用常规的电子表格软件就可以轻松创建这些信息系统。度量指标清单、"客户需求–度量指标"矩阵、竞争标杆分析图表以及竞争性分析图等工具，都能够支持开发团队进行关于描述和确定规格的决策。

- 由于需要尽可能多地利用市场知识、客户知识、核心产品技术以及可选择方案的成本信息，确立规格的过程要求企业的市场营销人员、设计人员、产品制造人员积极参与。

参考文献

许多现有的资源可通过访问 www.pdd-resources.net 获得。

将客户需求转换成规格的过程也可以通过质量功能展开法完成，Hauser 和 Clausing 的著作中清楚地阐释了质量功能展开和质量屋的核心思想。

Hauser, John, and Don Clausing, "The House of Quality", *Harvard Business Review*, Vol.66, No.3, May-June 1988, pp.63-73.

Ramaswamy 和 Ulrich 详细地阐述了如何在设置规格的过程中使用工程模型。他们还指出了常用的质量屋方法的一点弱点。

Ramaswamy, Rajan, and Karl Ulrich, "Augmenting the House of Quality with Engineering Models", *Research in Engineering Design*, Vol.5, 1994, pp.70-79.

许多市场营销研究教材讨论了关联分析，这是一个参考资料。

Aaker, David A., V. Kumar, Robert P. Leone, and George S. Day, *Marketing Research*, twelfth edition, John Wiley & Sons, New York, 2016.

下列著作完整讨论了系统工程和建立规格。

Systems Engineering Handbook: A Guide for System Life Cycle Processes and Activities, International Council on Systems Engineering, fourth edition, Wiley, New York, 2015.

Rechtin, Eberhardt, and Mark W. Maier, *The Art of System Architecting*, second edition, CRC Press,Boca Raton, FL, 2000.

更多关于目标成本的介绍可以在 Cooper 和 Slagmulder 的文章中获得。

Cooper, Robin, and Regine Slagmudler, "Develop Profitable New Products with Target Costing", *Sloan Management Review*, Vol. 40, No.4, Summer 1999, pp.23-33.

练习

1. 对于"钢笔书写流畅"这一需求，列出一个度量清单。

2. 为"可使用多年的屋顶材料"这一需求，设计一种度量指标和相应的测试。

3. 对不同产品进行权衡时，会涉及某些相同的度量指标，请给出相应的例子。

思考题

1. 你怎样为诸如"前悬挂装置看起来很好"这样不明确的需求建立精确并可测量的规格？

2. 为什么有些客户需求很难用单一的度量指标来衡量？

3. 你怎样解释客户对于一些竞争性产品的理解（如图表 6-7）与这些产品的度量指标不相符这样的情形？

4. 一种规格的低性能总能被其他规格的高性能所补偿吗？如果是这样，是否真的存在度量指标的"临界接受"价值？

5. 为什么独立设计变量不能成为度量指标？

附录：设定目标成本

设定目标成本的想法很简单：确定制造成本规格的价值，取决于公司希望客户最终支付的产品价格，以及分销渠道各环节的临界利润。例如，假定 Specialized 公司希望通过自行车商店向客户销售悬架，如果它希望客户最终支付的价格是 250 美元，而自行车商店希望的毛利率（gross profit margin）率为 45%，那么 Specialized 公司将以 137.50（（1−0.45）×250）美元的价格将其产品出售给自行车商店。如果 Specialized 公司希望其产品的毛利率至少为 40%，那么其单位制造成本必须低于 82.5（（1−0.40）×137.5）美元。

设定目标成本与成本加成（cost-plus）的定价方法原理上正好相反。成本加成方法以公司希望的制造成本开始，将预期利润加到成本上制定价格。这种方法忽视了竞争市场的现实，即竞争市场中的价格是由市场和客户因素来驱动的。目标成本是一种机制，可以确保设定的规格使产品在市场中具有竞争力的价格。

有些产品是由制造者直接出售给产品的消费者的，但产品通常要通过一个或多个中间环节来销售，如分销商和零售商。图表 6-13 所示为不同种类产品的大致目标毛利率。

令 M 代表分销渠道中一个环节的毛利率。

$$M=(P-C)/P$$

这里，P 是这一环节对其客户的要价，C 是这一环节为其产品支付的成本（注意加价（make-up）与毛利率相似，但定义不同，是 $P/C-1$，毛利率为 50% 相当于加价 100%）。

目标成本 C 由下式给出：

$$C=P\prod_{i=1}^{n}(1-M_i)$$

这里，P 是最终客户支付价格，n 是分销渠道中环节的个数，M_i 是第 i 个环节的毛利率。

举例

假定最终客户价格 P 为 250 美元。

如果产品由制造商直接销售给最终客户，制造商的预期毛利率 M_m 为 0.40，那么目标成本为：

$$C=P(1-M_m)=250\times(1-0.40)=150（美元）$$

如果产品通过一个零售商来销售，零售商的预期毛利率 M_r 为 0.45，那么：

$$C=P(1-M_m)(1-M_r)=250\times(1-0.40)\times(1-0.45)=82.50（美元）$$

如果产品通过一个分销商和一个零售商来销售，分销商的预期毛利率 M_d 为 0.20，那么：

$$C=P(1-M_m)(1-M_d)(1-M_r) = 250 \times (1-0.40) \times (1-0.20) \times (1-0.45) = 66.00（美元）$$

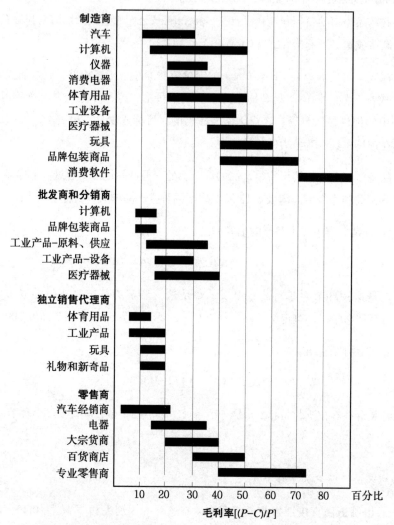

图表 6-13   制造商、批发商、分销商、销售代理商和零售商的大致毛利率。注意这些值只是很粗略的估计，实际的毛利润率取决于许多特殊因素，包括竞争强度、销售数量和所需客户支持水平

第 7 章

概念生成

图表 7-1　无线电动钉枪

某建筑用"钉枪"开发团队受 Stanley-Bostitch 公司总裁的委托去开发一种用于屋顶装修的新型手提式钉枪。图表 7-1 所示是该团队开发的最终产品,除了要满足钉入常规钉子这一基本功能之外,该开发团队还需要广泛寻找其他的产品概念。在确定客户需求并建立目标产品的规格之后,该开发团队面临着如下问题:

- 现有的哪些产品概念(如果有的话)可以成功地适用于这一应用?
- 哪些新的产品概念可以满足既定的要求和规格?
- 哪些方法可以促进生成产品概念?

7.1　什么是概念生成?

产品概念是对产品的技术、工作原理和形式的大致描述,能简要地说明该产品如何满足客户需求。通常采用草图、三维模型并加以简要的文字描述来表示。产品概念的质量在很大程度上决定了该产品是否满足客户需求和实现商业化的程度。好的产品概念在后续环节中可能没有被很好地执行,但差的产品概念无论在后续环节中如何努力都难以获得商业成功。幸运的是,与其他研发环节相比,概念生成环节耗资小、耗时少。例如,在以往的钉枪研发中,概念生成一般花费不到 5% 的研发投入和不到 15% 的研发时间。由于概念生成活动并不耗费很多时间和成本,我们在研发过程中就应该有效地执行概念生成环节。

概念生成从确定客户需求、建立目标规格开始,到最后形成一系列的产品概念以供开发团队做出最后的选择。概念生成与其他的概念开发活动之间的关系如图表 7-2 所示。通常,有效的开发团队会生成数百个产品概念,其中有 5~20 个概念需要在概念选择环节中认真考虑。

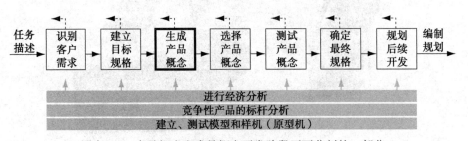

图表 7-2　产品概念生成是概念开发阶段不可分割的一部分

好的产品概念生成环节可以使开发团队充满信心,因为新产品的所有可开发空间已经被完全探索。如果团队在研发初期就全面深入地探讨了新产品概念,就不会在后期又发现更好的产品概念,也不会让竞争对手开发出性能更加优越的产品。

7.1.1　采用结构化方法避免出现代价过高的问题

开发团队在概念生成过程中经常存在的问题包括：

- 只考虑团队中最有主见的成员提出的 1～2 种选择。
- 没有认真考虑其他公司相关或无关的产品概念中有用的东西。
- 在概念生成过程中只有 1～2 个人参与，导致小组其他成员缺乏信心和责任。
- 对一些好的解决方案整合不力。
- 没有考虑解决方案的整体范畴。

概念生成的结构化方法鼓励团队成员从大量不同的信息源收集资料，指导团队深入拓展新产品概念，提供整合解决方案的机制，从而可以避免上述 5 个问题。结构化方法也为那些经验不足的团队成员提供一个步骤明确的程序，有助于他们积极参与到概念开发的过程中。

7.1.2　五步法

本章提出了一种用于概念生成的五步法（见图表 7-3）。首先，我们把一个复杂的问题分解成若干个比较简单的子问题。然后，通过外部搜索和内部搜索来寻找子问题的解决方案。采用概念分类树和概念组合表来对解决方案进行系统探索，并把子问题的解决方案整合成一个整体的解决方案。最后，团队要对整个过程和结果的可行性与适用性进行反思。

本章将遵循上述过程来详细讲述五步法的每一个步骤。虽然我们对五步法依次进行描述，但概念的产生几乎总是迭代的。与其他概念开发方法一样，五步法只是一个基本方法。在此基础上，产品开发团队可以按照各自解决问题的特点来制定和完善本团队的概念开发方法。

尽管本章所介绍的五步法主要针对新产品的整体概念，但是，该方法也可以且应该

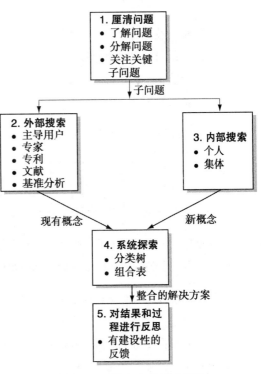

图表 7-3　概念生成的五步法

用于概念开发中的其他阶段。另外，该方法不仅可以用于开发产品的整体概念，也可以用于子系统及其具体组成部分的概念开发。同时应该注意的是，虽然本章只以技术产品为例，但是五步法几乎可以用于所有产品的概念生成。

7.2   步骤 1：厘清问题

厘清问题是指深入理解问题，必要的时候要把问题分解成若干子问题。

项目的任务描述、客户需求清单和产品的主要规格等三个方面是概念生成阶段开始时理想的输入信息，不过它们在概念生成阶段开始后还有待继续完善。理论上，团队既要确定客户需求，又要制定产品要达到的目标规格。没有参与以上三方面准备的团队成员应该在概念生成阶段开始前熟悉这三方面的过程及结果（详见第 5 章和第 6 章）。

前面提到，任务是"设计更好的手提式屋顶钉枪"。我们应该对该项目设计的范围进行更广泛的定义（例如"固定屋顶材料"）或更具体的定义（例如"比现有气动工具速度更快"）。对团队任务进行如下假设：

- 该钉枪将使用钉子（而不是黏合剂、螺钉等）。
- 该钉枪能与现有主流型号的钉子兼容。
- 该钉枪能把屋顶瓦钉到木头里。
- 该钉枪将是手提式的。

基于上述假设，该团队确定了客户对手提式钉枪的需求，包括：

- 该钉枪能快速连续地钉入钉子。
- 该钉枪轻便。
- 该钉枪在使用时不会有明显的发射延迟现象。

该钉枪开发团队还收集了一些补充材料来厘清和量化客户需求，例如钉枪的近似功率和速度。这些基本需求随后被转换成目标产品的规格。目标规格包括以下内容：

- 钉子的长度范围在 25～38mm。
- 每个钉子的最大能量可以到 40J。
- 钉子的反作用力上限为 2000N。
- 最快速度是每秒钉入 1 个钉子。
- 平均速度是每分钟钉入 12 个钉子。

- 钉枪的重量小于 4kg。
- 触发延迟时间控制在 0.25s 之内。

7.2.1　把一个复杂的问题分解成几个简单的子问题

许多设计任务往往太过复杂从而不能将其简单地当成一个问题来解决，我们往往可以把它分解成几个简单的子问题。例如，设计像复印机这样的复杂产品时，可以把任务分解成若干个更关键的设计问题，包括文件处理器的设计、进纸器的设计、印刷设备的设计及图像采集设备的设计。然而，在某些情况下，我们很难把一个设计问题分解成一系列子问题，例如，回形针的设计就很难划分出子问题。一般来说，开发团队应该设法对复杂的设计问题进行分解，同时也要清楚，对于功能非常简单的产品来说，分解问题的方法不是很适用。

把一个问题分解成若干个子问题的过程称为问题分解（problem decomposition）。很多任务都涉及问题分解，下面将介绍一种功能的（functional）分解方法，并列出其他一些常用方法。

如图表 7-4a 所示，功能分解问题的第一步是把问题看作一个操作材料、能量和信息的黑箱（black box），细实线表示能量在系统中的传递和转化，粗实线表示材料在系统中的运动，虚线表示系统中的控制信息流和反馈信息流，这个黑箱代表产品的整体功能。

功能分解的第二步是把这个黑箱分解成若干个子功能，详细描述产品中的哪些元素对实现整体功能起作用。子功能一般还可以再分解为更简单的子功能，不断地将功能分解，直到团队可以轻易实现最终的子功能。经验表明，一般设计任务要层层分解为 3～10 个子功能才可行。图表 7-4b 表示最终结果，包括能量流、材料流和信号流的子功能图。

功能分解的目的是描述产品的功能要素，而不是描述新产品的具体工作原理。例如图表 7-4b 中包括"分离钉子"这一子功能，但并没有说明任何一种实际的解决办法，例如在槽子里记录钉子的位置，或把钉子钉到木头的侧面。小组应该逐一考虑每个子功能，看是否每一个子功能的描述中都没有说明具体解决方案。

功能图的创建方法并不唯一，产品功能的解决方法也不是唯一的。创建功能图的一种有用的方法是快速创建几个草图，最后精简成一个与团队能力相匹配的分解图。这种方法可从以下几个方面入手：

- 为现有产品创建功能图。
- 根据团队已经生成的任一产品概念来创建功能图，或者根据一个已知的子功能技术来创建功能图。一定要保证创建的功能图要能够对概念有一个比较恰当的概括。
- 按照其中的一个流程（如材料流），确定需要进行哪些操作。通过考虑该流程与其他流程的关系来描述其他流程的具体情况。

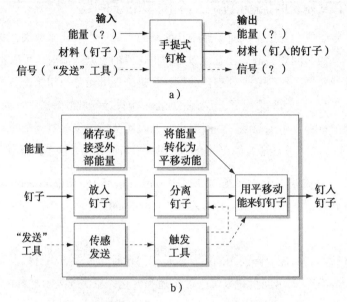

图表 7-4　通过功能分解得到手提式钉枪的功能图。a) 整个黑箱，b) 细化显示子功能

功能图并不是唯一的，我们可以通过不同的方法来分解子功能，产生不同的功能图。有时材料流、能量流和信息流的流向很难确定，所以只要列出产品子功能的简要清单就可以，不用考虑各子功能之间的关系。

功能分解最适用于技术性产品，也可用于简单的非技术产品。例如，冰激凌勺有在分离、形成、运输和存放冰激凌的材料流。可以根据这些子功能来分解问题。

除了功能分解这一方法外，把问题分解成更简单的子问题的方法还有两种：
- **依据用户的使用顺序分解问题**。例如，钉枪问题可以分解为三个使用动作，分别是把工具移到钉入的大概位置、精确定位、启动钉枪。当产品的技术功能非常简单同时需要更多的用户参与时，这种做法往往很有效。
- **依据关键的客户需求分解问题**。例如，钉枪问题可以分解为以下子问题：快速地连续钉钉子、轻便、有较大的钉子容量。当产品最主要的问题是外形而不是技术工作或者原理时，这种做法更有用。例如牙刷（假定保留刷子的基本概念）和储存容器。

7.2.2　在最初阶段将精力集中于关键的子问题

所有分解方法的目的都是把一个复杂问题分解成若干个更简单的子问题，以便能集中精力解决这些更简单的问题。完成问题分解后，小组要挑选出关键子问题——对于产品获得商业成功至关重要的子问题以及通过创造性的解决方案能获得更大利益的子问题。这意味着同时要推迟解决另一些子问题，例如，该钉枪开发团队选择去关注"储存或接受外部能量""将能量转化为平动动能"和"用平移动能来钉钉子"这三个子问题。他们认为可以在储存与转化能量的问题解决后再解决钉枪操作与触发的问题，还延迟了大部分用户交互问题的处理。该小组认为关于钉枪基本工作原理的选择会影响钉枪的最终形式，所以应该从核心技术开始，然后再考虑如何用一种能够吸引客户的形式将这种技术体现出来。通过讨论哪些子问题要优先解决、哪些子问题可以推迟解决，小组成员可以对子问题的优先级达成一致意见。

7.3　步骤 2：外部搜索

外部搜索的目的是找到针对整个问题以及分解出的子问题的现有解决方案。虽然外部搜索是概念生成五步法的第二步，但实际上，外部搜索贯穿整个概念开发过程。采用现有的解决方案通常比开发一个新的解决方案更快、更节约资源。通过灵活利用现有的解决方案，开发团队可以把精力集中于创造性地解决暂时没有满意解决方案的关键子问题。此外，通常可以把某一子问题的传统解决方案与另一子问题的新解决方案结合起来，产生更好的整体解决方案。所以，外部搜索不仅包括对直接竞争产品进行详细分析，还包括对产品相关子功能所采用的技术进行详细分析。

解决方案的外部搜索在本质上是一个资料搜集的过程。通过使用扩大与集中的战略可以使时间和资源得到优化利用：首先扩大（expand）搜索范围，即广泛搜集可能涉及的问题的相关资料；然后进行集中（focus）搜索，即对有希望改进的方向进行深入探索。过度使用任何一种方法都将降低外部搜索的效率。

搜索外部信息的好方法至少有 5 种：领先用户调查、专家咨询、专利检索、文献检索和设定相关产品为基准。

7.3.1　领先用户调查

在确定客户需求时，该开发团队或许已经找到了领先用户。领先用户（lead user）是那些比主流用户提前数月或数年就使用新产品的用户，他们往往通过对新产品进行创新来满足实际需求（Hippel，1988）。这通常导致领先用户能找到解决方案来更好地满足自己的需求。这种情况在高科技产品的用户群中更为常见，例如医药和科学领域。开发团队可以在新产品的市场中找到领先用户，也可以在具有新产品某些子功能的其他产品市场中找到领先用户。

在手提式钉枪这个案例中，该开发团队通过向美国 PBS 电视连续剧 *This Old House* 中的建筑商进行咨询来获得新的产品概念。使用很多厂商产品的领先用户能够发现现有工具的缺点。在该案例中，这些建筑商并没为手提式钉枪的开发提供很多新的产品概念。

7.3.2 专家咨询

具有一个或多个子问题所需知识的专家不仅可以直接提供解决方案，也可以帮助开发团队转向更有效的思路，重新寻找解决方案。专家包括生产相关产品的企业专业人员、专业顾问、大学教授和供应商的技术代表。我们可以打电话咨询这些人，也可以通过查阅文献找到作者。虽然寻找专家的过程很辛苦，但比重新创造新的方案要节省时间。

大多数专家都愿意在电话上或者线下面谈一小时，并且不收费。一般来说，顾问不会对最初的会面或电话收费，如果继续进行咨询，他们才会要求收费。对供应商来说，如果预计开发的新产品会采用他们的产品，通常会愿意提供几天的无偿咨询。显然，直接竞争对手的专家往往不愿意提供其产品设计的专利信息。咨询专家的方法里有条捷径就是利用你所咨询的专家推荐的其他专家信息。最好的信息往往来自"第二手"咨询专家。

该钉枪开发团队咨询了几十名专家，其中包括一名火箭推进专家、麻省理工学院电动汽车的研究人员以及来自生产气体弹簧企业的工程师。这家生产气体弹簧的企业曾经自费让自己的工程师两次参观钉枪开发团队。大多数时候，钉枪开发团队是通过电话来咨询企业工程师的。

7.3.3 专利检索

专利是一种丰富而容易获得的技术信息来源，其中包含详细的图纸和对许多产品工作原理的解释。专利检索的主要缺点是，在近几年的专利中发现的概念是受保护的（一般从专利申请之日起 20 年），所以使用专利的概念需要付费。然而，弄清哪些概念已经在专利中被保护也是有好处的，可以避免侵权。没有在本国申请专利的国外专利以及到期的专利可以在不支付专利费的情况下使用。关于专利权和如何理解专利权要求的解释，请参见第 16 章。

浏览专利的正式索引方案对于初学者来说很难。不过，一些在线搜索引擎允许用户查找专利和专利申请。通过检索关键词可以有效搜索全文数据。关键词搜索很方便，而且可以找到生产某种特定的产品的相关专利。通过支付少量费用，可以从美国专利局、商标局和供产商处获得插图等详细专利资料（www.pdd-resources.net 有目前专利数据库的清单和专利文件的供应商清单）。

　　在钉枪领域中搜索美国专利，可以发现一些有趣的概念。其中一项专利描述了由电机驱动的双飞轮的钉枪，图表 7-5 就是这个专利的插图。该专利在一个飞轮上积累转动动能，通过摩擦离合器在瞬间一次性转化为平移动能，再通过一个传动装置把平移动能传送到钉子上。

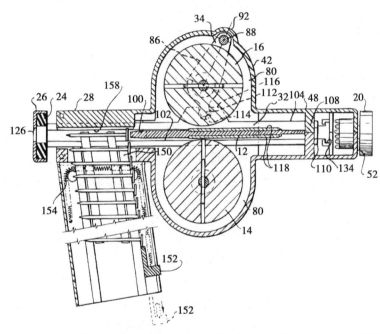

图表 7-5　由电机驱动的双飞轮的钉枪专利（来源：美国专利 4, 042, 036），相关的文字
　　　　　描述多达 9 页

7.3.4　文献检索

　　公开文献包括期刊、会议资料、杂志、政府报告；市场、消费者与产品的信息；新产品的公告。因此，文献检索是现有解决方案的最好途径之一。

　　在线搜索往往是从公开文献中搜集资料的最有效的方式。虽然在线搜索结果的质量难以评估，但是在线搜索往往是搜索的第一步。进行数据库搜索的两个主要困难是确定关键词和限制搜索范围。在需要使用更多关键词来实现完全覆盖与将匹配数量限制在可管理的数量之间要进行权衡。

技术资料手册也是外部搜索中非常有参考价值的公开资料。例如 *Marks' Standard Handbook of mechanical Engineering*、*Perry's Chemical Engineers' Handbook* 和 *Mechanisms and Mechanical Devices Sourcebook* 等工程参考书。

该钉枪开发团队发现了一些与子问题相关的文章，包括描述飞轮与电池的储能技术的文章。他们还在一本手册中找到了一种影响工具的机制，这种机制提供了非常有用的能量转化概念。

7.3.5　设定相关产品为基准

在概念生成中，基准设定是指研究与所开发产品的功能相似的现有产品，或者与产品开发的关键子问题相似的现有产品。基准可以揭示能用于解决特定问题的现有概念，以及竞争的优势与劣势等信息。

在这一步中，开发团队可能已经熟悉了竞争对手的相关产品。一般很难在其他市场中找到功能相关的产品。*Thomas Register* 是提供这方面信息的最有用来源之一，它提供了按照产品类型分类的工业制造商的目录。通常，使用 *Thomas Register* 时遇到的最大障碍是如何寻找相关产品的名称以及所属的分类。*Thomas Register* 还可以在线访问。

对于钉枪来说，密切相关的产品包括把钉子钉入水泥板的单杆火药驱动钉枪、电磁驱动钉枪、工业生产使用的气动钉枪和手持多头气动钉枪。与"能量存储和转化功能"相关的产品包括安全气囊和以叠氮化钠推进剂作为能量的产品、滑雪运动中的护手保温器、由二氧化碳驱动的空气步枪、便携式计算机及电池。钉枪开发团队获得了大部分上述产品并对其进行拆解，以便发现可以用于开发新钉枪的一般概念和更为详尽的其他资料（包括具体部件的供应商名称）。

外部搜索是收集解决方案的重要的方法。外部搜索的技能是个人和组织的宝贵资产，可以通过仔细观察并建立技术数据库，以及通过拓展专家网络来培养外部搜索的技能。即使通过个人知识和人脉的帮助，外部搜索仍然是种"探究性的工作"。只有在搜索中能坚持下去并有相关资源的人可以有效地完成外部搜索。

7.4　步骤 3：内部搜索

内部搜索是指利用个人和团队的知识和创造力来产生解决方案。通常可采用头脑风暴法（brainstorming），该方法主要基于 20 世纪 40 年代 Osborn 所开发的创新方法。头脑风暴是一种内部搜索方法，在该阶段出现的所有想法产生于团队已有的知识。这个活动可能是新产品开发过程中最具有开放性和创造性的过程，它相当于从个人知识中收集潜在的有用信息，进而用于解决现有的问题。内部搜索可以由个人单独进行，也可以由团队一起进行。

以下五条准则有助于提高个人和团队内部搜索的效率：

- **延缓决策**。在日常生活中，成功往往取决于快速选择并立即采取行动的能力。例如，如果花费很长时间来决定今天穿什么衣服或吃什么早餐等日常生活，人们的生活会一团糟。这是因为我们日常生活中的大多数决策时间只有几分钟或几小时，所以我们习惯快速做出决策并立即采取行动。但是产品研发中的概念生成过程与我们的日常生活过程截然不同，所做的产品概念决策的影响会持续数年。所以，产品概念能否成功的关键是在评价大量的产品概念时推迟几天或几周再进行决策。推迟决策的规则就是在概念生成过程中不要批评任何概念。比较好的做法是，个人在寻找概念中的不足之处时，提出建设性建议或者对概念进行修正，不要主观臆断。
- **产生大量想法**。大多数专家都认为，团队产生的想法越多，找到的解决方案就会越多。但一味追求想法数量会降低独特想法的质量，所以要鼓励人们分享其他人可能认为不值一提的想法。另外，一个想法往往会激发其他想法，因此想法越多，能激发的想法就越多。
- **鼓励那些看起来不可能的想法**。有些想法最初并不可行，但是团队成员可以通过改进、调试（debugged）或修正（repaired）使其得到改进。不可行的想法冲击并拓展了思考的边界，有助于团队成员尽可能在界限内想出可行的办法。所以，不可行的想法也是很宝贵的，应该对团队成员提出不可行的想法进行鼓励。
- **大量采用草图**。实物的空间推理具有一定的挑战性，文字和口头语言难以描述物体。无论是单独工作还是团队工作，充分运用图形有利于描述物体。这里，草图的质量不是特别重要，重要的是概念的表达（Yang 和 Cham，2007）。此外，在概念草图中应添加关键维度，这会带来概念开发的成功（Yang，2009）。
- **建立草图框架模型**。简单的物理模型可以使用泡沫、黏土、纸板、3D 打印等工具快速创建。三维框架模型非常有助于深入了解形式、用户界面和空间关系的问题。一项关于设计表现的保真度（即真实性）的研究发现，低保真度模型的创建速度更快，设计也更新颖，更美观（Häggman 等人，2015）。进一步研究发现，并行开发多个可选草图框架模型，而不是一次开发一个模型，会产生更好的概念开发效果（Neeley 等人，2013）。

7.4.1 举行个人会议和团队会议

关于个人和团队解决问题的研究表明，相对于在同一时间一起工作的情况来说，团队成员单独工作一段时间后会产生更多更好的概念（McGrath，1984）。很多公司的实际做法与该研究相反，他们通过召开团队会议来生成概念。我们的观察证实了 McGrath 的研究，我们认为团队成员在概念生成过程中应该独自工作一定时间。这是因为团队中的每个人可能擅长不同层面的创新，一些成员可能更流畅（沿一条直线有很多想法），一些成员更灵活（有许多不同类型的想法），一些成员更新颖（提供较少但不同高度的想法）。当然，我们认可团队会议对建立共识、沟通信息和提炼概念等方面起到了关键作用。在理想情况下，团队中的每个人应该独立工作一段时间，然后团队成员一起对个人提出的概念进行讨论和完善。

当然，很多公司采用团队会议来生成概念的做法是因为团队会议可以保证团队中的每个人都投入这项工作中。尤其是在工作强度大，压力大的情况下，如果不采取团队会议，人们一般不会主动花数小时的时间用于专门生成新的概念，期间的电话、拜访、紧急情况都会影响注意力。在某些情况下，进行团队会议可能是保证团队成员专注于概念生成的唯一方式。

该钉枪开发团队在进行内部搜索时，既有个人努力又有团队会议。例如，在某一周内，每个团队成员被分配 1～2 个子问题，并开发出至少 10 种解决方法的概念。这种做法可以把概念生成的工作分配到所有团队成员中。接下来，团队开会讨论，并对个人提出的概念进行延伸和拓展，对可行的概念进行进一步调查研究。

7.4.2 生成解决方案概念的线索

有经验的个人和团队通常很快就会产生一些好的概念。这些人往往已经发展出一套技巧来激发思想，而且这些技巧已经融入他们解决问题的过程中。没有经验的开发人员可以借助一些方法来启发新思维及想法之间的关系。VanGundy（1988）、von Oech（1998），以及 McKim（1980）提出了几十条有用的建议，一些有用的方法如下：

- **进行类比**。经验丰富的设计师总是会问自己：有什么其他工具可以解决相关问题？该问题在自然界和生物界是否有类比？问题是否比自己考虑的范围更大或更小？在其他不相关领域中是否有些工具有所需的功能？该钉枪开发团队提出了上述问题，发现建筑工程中的打桩机在某些方面与钉枪相似。根据这一思路，他们开发出了多重敲击工具的概念。
- **积极设想**。一开始就提出"我想我们可以……"或者"如果……，会发生什么"等设想，有助于个人或团队考虑新的可能性，也可以反映问题的边界。例如，该钉枪开发团队中的一位成员对驱动钉枪的导轨枪（一种使钉子加速的电磁装置）的长度提出"希望该工具具有 1m 长"这样的设想。这就激发了一种想法，即长的钉枪使得人们可以站着钉钉子。

- **替换想法**。这种方法有助于修改或重新安排不同的解决方案以创建新的解决方案。有几种方法有助于这种类型的思考，例如，从 Osborn 的工作中衍生出来的 SCAMPER 方法，它采用产生刺激的七种方式，分别是替代、合并、适应、修改/放大/缩小、移作他用、消除、撤销/重新安排。

- **使用相关刺激**。当提出新的刺激因素时，人们往往有新的想法。相关刺激是指在待解决问题的范围内产生的刺激。例如，使用相关刺激的一种方法是，团队会议中每个成员列出自己单独工作时想到的问题的清单，并传给旁边的成员。通过思考别人的想法，人们往往会产生新的想法。其他相关刺激包括客户需求、产品使用环境的照片等。

- **使用无关刺激**。随机或无关刺激偶尔也有助于产生新的想法。例如，集思广益法（synectics method），它是指在图片中随机选择物体，然后考虑该物体与待解决问题可能存在的联系。人们可以到大街上用数码照相机随机拍摄图片，用于以后刺激新的想法（这也可以作为团队辛苦工作后的一种调节）。

- **量化目标**。产生新的想法很难。在会议即将结束时，量化目标有利于推动个人或团队开展工作。该钉枪开发团队经常把概念生成的个人任务量化为生成 10～20 个概念。

- **使用画廊法**。画廊法（gallery method）是一种同时展示大量想法并进行讨论的方法。在会议室的墙上贴上纸，每张纸只写一个概念。团队成员绕着会议室阅读每一个概念，该概念的提出者可以提供解释，然后团队提出改进概念的建议或生成相关概念的建议。这种方法有助于把个人努力与团队努力结合起来。

20 世纪 90 年代，欧洲与美国开始采用一种俄罗斯人解决问题的方法——萃智，又称 TRIZ 理论（发明问题解决理论的俄语缩写）。该方法主要用于确定解决技术问题的工作原理。 TRIZ 的关键思路是找出隐含在问题中的矛盾。例如，钉枪问题中存在的矛盾可能是功率提高（优点）往往会导致重量增加（缺点）。TRIZ 中有种方法是采用 39×39 矩阵，对矩阵中的每个元素提出解决相应冲突的 4 个工作原理。总共有 40 个基本原理，例如，定期运动（periodic action）原则，即用定期行动（比如脉冲）代替连续行动。通过运用 TRIZ 理论，该钉枪开发团队找到反复敲打钉子以避免重量增加的概念。即使不采用整个 TRIZ 方法，在设计问题中找出矛盾并继而思考如何解决矛盾的思路有助于解决概念生成中的问题。

图表 7-6 显示了该钉枪开发团队在"储存或接受外部能量"和"用平移动能来钉钉子"这两个子问题中找到的解决方案。

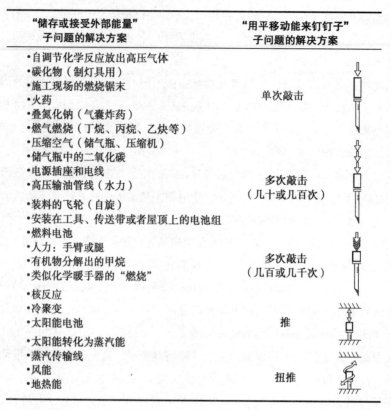

"储存或接受外部能量" 子问题的解决方案	"用平移动能来钉钉子" 子问题的解决方案
·自调节化学反应放出高压气体 ·碳化物（制灯具用） ·施工现场的燃烧锯末 ·火药 ·叠氮化钠（气囊炸药） ·燃气燃烧（丁烷、丙烷、乙炔等） ·压缩空气（储气瓶、压缩机） ·储气瓶中的二氧化碳	单次敲击
·电源插座和电线 ·高压输油管线（水力）	多次敲击 （几十或几百次）
·装料的飞轮（自旋） ·安装在工具、传送带或者屋顶上的电池组 ·燃料电池 ·人力：手臂或腿 ·有机物分解出的甲烷 ·类似化学暖手器的"燃烧"	多次敲击 （几百或几千次）
·核反应 ·冷聚变 ·太阳能电池	推
·太阳能转化为蒸汽能 ·蒸汽传输线 ·风能 ·地热能	扭推

图表7-6 针对"储存或接受外部能量"和"用平移动能来钉钉子"这两个子问题的解决方案

7.5 步骤4：系统探索

通过外部搜索和内部搜索，团队将收集到解决子问题的几十或几百个概念片段。系统探索旨在通过组织与综合这些解决方案来寻找最终解决方案。该钉枪开发团队着眼于"能量的存储、转化与传递"等子问题，每个子问题都产生了几十个概念片段。组织与综合这些解决方案的一种方法是考虑每个子问题中各种概念的所有可能组合。然而，算数运算表明这一做法并不具有可行性。假设团队关注 3 个子问题，每个子问题平均有 15 个概念，那么团队将要考虑3375（15×15×15）个组合。即使有团队愿意做，这项任务也相当艰巨。此外，团队将很快发现很多组合不合理。有两种有效的工具可以管理这种复杂性并组织团队的思路：概念分类树和概念组合表。分类树有助于将可能的解决方案分解成独立的类别。组合表指导如何选择概念组合。

7.5.1　概念分类树

概念分类树用于把可能的解决方法组成的整个空间划分成若干类别，以便比较与修正。例如，图表 7-7 是钉枪能量的概念分类树，该概念分类树的不同分支对应不同能源。

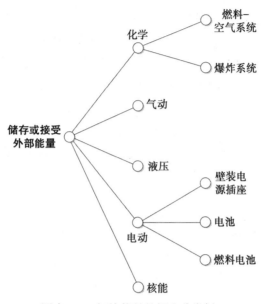

图表 7-7　钉枪能量的概念分类树

分类树提供了至少 4 个优点：

- **删除不可行的分支**。如果团队通过概念分类树找出了不可行的解决方案，那么就要删掉该解决方案的分支，以便团队集中于可行解决方案的分支。要进行一些评价和判断来仔细删除分支。在实际中，产品开发的资源有限，只有把有限的资源集中于最可行的方向，才能获得成功。该钉枪开发团队删除了核能源。虽然团队找出了一些有意思的核装置（如用于驱动人工心脏的核装置），团队认为这些装置至少在十年内不具有经济实用性，而且装置改进随时会阻碍产品研发。
- **确定解决问题的独立方案**。概念分类树的每个分支都表示解决整个问题的不同方案。有些方案几乎完全独立，互不干预。这时，团队可以清楚地分配各成员的任务。尤其是当两种方案都可行时，这种分配可以减少概念生成活动的复杂性，也有助于两种待选方案之间进行良性竞争。该钉枪开发团队发现，化学爆炸分支和电动分支这两种待选方案都可行。他们把这两种方案分配给两个不同的子团队独立工作。
- **暴露一些不恰当的关注重点**。创建好概念分类树之后，团队可以迅速判断出分配到各分支的精力是否合适。该钉枪开发团队发现，他们在液压能源与转化技术方面分配的精力太少。意识到这一点后，他们用了几天的时间来重点解决液压能源与转化技术方面的问题。

- **细化某一特定分支的问题分解**。有时需要针对某一特定的分支进一步分解问题。下面我们以概念分类树中的电能分支为例来进行阐述。该钉枪开发团队调查发现，钉枪工作过程中几毫秒内传递的瞬时功率高达 10 000W，远远超过了壁装电源插座、电池和燃料电池在常规情况（常规的数量、成本和质量）下所能提供的能量。所以必须在一个足够长的工作周期里（如 100ms）积累能量，然后在瞬间释放钉入钉子所需的瞬时功率。如图表 7-8 所示，根据这一分析，该钉枪开发团队在功能图中增加了一个子功能——积累平移功能。考虑到电容器积累能量的能力，他们把这一子功能加在"电能转化成机械能"这一子功能之后。当团队对解决方案提出更多假设并收集了更多信息时，往往需要对功能图进行细化。

图表 7-8   一个新的问题分解：依据机械领域的电能转化和能量积累

图表 7-7 所示的概念分类树表示了能源这一子问题的不同解决方案。还可以采用其他类型的分类树。团队可以对能量传递这一子问题的不同解决方案进行分类，得出一个分类树，每个分支表示单次敲击、多次敲击。任一子问题的解决方案都可以构造出不同的分类树，不过按照某些分类方法可以更有效地构造分类树。一般来说，如果某个子问题的解决方案强烈制约了其他子问题的解决方案，就应该对这个子问题构建分类树。例如能源的选择（电动、核能、气动等）制约了是采用电机还是活塞式气缸把能量转化成平移动能。相反能量传递机制（单次敲击、多次敲击等）对其他子问题的解决方案制约并不大。通过考虑哪个子问题强烈制约了其他子问题的解决方案，可以找到清晰的思路来构建分类树。

7.5.2   概念组合表

概念组合表有助于系统地考虑解决方案的组合。图表 7-9 表示该钉枪开发团队分析分类树电动分支的解决方案的组合。组合表中的每列对应图表 7-8 中的子问题，每列中的每个条目对应通过内 / 外部搜索找出的子问题的解决方案。例如，第一列表示"将能量转化为平移动能"这个子问题，该列中的条目有旋转电机传动、直线电机、电磁螺线管和导轨枪。

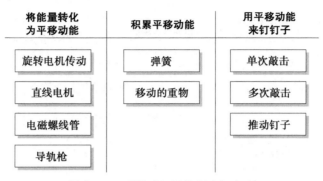

图表 7-9   手提式钉枪的概念组合表

各列的条目逐一组合后可以形成整个问题的解决方案。例如，钉枪案例有 24（4×2×3）种可能的组合。但是这些组合需要进一步开发和完善后才能解决整个问题。有些组合难以进行开发，有些组合通过开发后可以产生多个解决方案。即便如此，开发组合的过程会刺激团队的创造性思维。概念组合表不仅仅是为了组合出一个完整的解决方案，有时只是强迫团队进行组合，从而刺激创造性思维。

图表 7-10 表示的是组合 "电磁螺线管" "弹簧" "多次敲击" 这三个条目后形成的概念示意图。图表 7-11 表示的是组合 "旋转电机传动" "弹簧" "单次敲击" 这三个条目后形成的概念示意图。图表 7-12 表示的是组合 "旋转电机传动" "弹簧" "多次敲击" 这三个条目后形成的概念示意图。图表 7-13 表示的是组合 "直线电机" "移动的重物" "单次敲击" 这三个条目后形成的概念示意图。

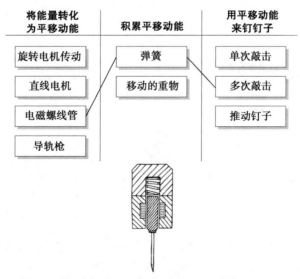

图表 7-10   钉枪研发的一种解决方案。电磁螺线管压缩弹簧，然后反复地释放它，以便
         对钉子产生多次的敲击

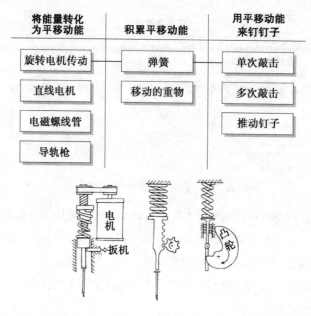

图表 7-11　组合"旋转电机传动""弹簧""单次敲击"后形成的多种解决方案。电机压缩
　　　　　弹簧,积累能量,然后在敲击钉子的过程中释放能量

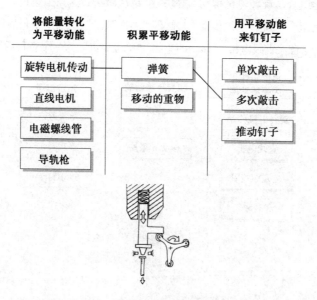

图表 7-12　组合"旋转电机传动""弹簧""多次敲击"后形成的多种解决方案。旋转电机
　　　　　不断压缩和释放弹簧,不断储存和传递能量,多次敲击钉子

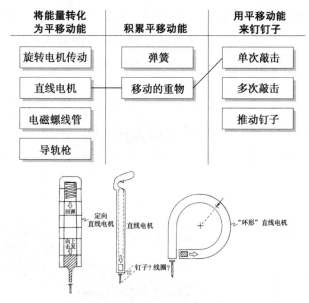

图表7-13　组合"直线电机""移动的重物""单次敲击"这三个条目后形成的多种解决方
案。直线电机不断加快重锤的速度，积累动能，最后一次性释放能量敲击钉子

有两种方法可以简化组合概念的过程。第一，如果一个条目不可行，那么包含该条目的组合就可以被淘汰，这可以减少团队所要考虑的组合数量。例如，该钉枪开发团队如果确定导轨枪的方法在任何情况下都不可行，那么团队所要考虑的组合数量就从24个减少到18个。

第二，关注概念组合表中的耦合子问题。耦合子问题是指一个子问题的解决方案必须与另一个子问题的解决方案相互匹配且同时采用。例如，具体电源的选择（比如在电池和壁装电源插座之间选择）和能量转化方式的选择（比如电机和螺线管之间的选择）严格来说就是相互关联的耦合子问题。概念组合表就不需要专门注明不同类型的电源，减少了团队所要考虑的组合数量。如果组合表所列的竖栏超过4个，组合表就比较复杂，实际中很少采用。

7.5.3　管理探索过程

团队应该灵活使用分类树和组合表这两个工具，从而对团队思维进行组织，激发团队的创造力。团队产生的分类树和组织表往往不止一个，通常会创建多个不同的分类树和概念组合表以供选择。更典型的情况是，团队将创建几种可选的分类树和几个概念组合表。在这个探索过程中，团队往往会对原问题进行精炼，也会继续进行内部搜索或外部搜索。这一探索过程通常用于进一步刺激创造性思维，而不是概念生成的最后阶段。

现在回到团队在概念生成一开始就关注的关键子问题。当团队明确关键子问题的解决方案后，整个问题的解决方案也缩小到一些化学概念和电的概念，根据确定用户界面、工业设计和配置问题来选择上述概念。图表 7-14 表示其中的一种概念结果。

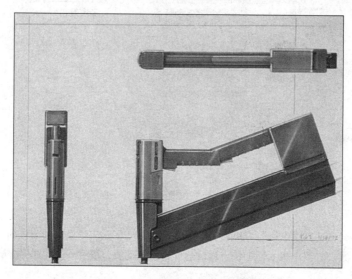

（由 Product Genesis 提供）

图表 7-14　完善后的解决方案概念

7.6　步骤 5：对结果和过程进行反思

为了描述方便，我们把对过程和结果进行反思这一步放在五步法的最后一步，但事实上对过程和结果的反思应该贯穿整个概念生成的过程。要审视的方面如下：

- 团队是否确保已经充分探讨了所有的解决方案？
- 是否还有其他的功能表？
- 是否还有其他的方法可以解决问题？
- 外部搜索是否进行得很彻底？
- 在概念开发过程中是否采纳并整合了每个人的想法？

该钉枪开发团队讨论了他们是否过于关注钉枪的能量储存和转化问题，是否忽视了用户界面和整体配置。通过讨论，他们决定依然把能源问题作为核心问题，认为以前的做法是合适的。他们还讨论了是否考虑太多的分类树的分支。最初考虑了电动、化学和气动概念，最后确定要采用电动概念。采用炸药等化学方法存在一些明显的安全问题，而且客户一般对化学方法的感知度低。虽然化学方法有一些优点，但团队还是决定在初始阶段就淘汰这一方法，以便把更多的时间用于深入分析其他更为可行的方法。

该钉枪开发团队对一些可行的概念进行了深入细致的分析，建立了两种不同的钉枪工作原理：原理 1，用直线电机压缩弹簧，积累能量并一次性释放，敲击钉子一次；原理 2，用旋转速度为 10Hz 的电机反复敲击钉子，直到钉子完全钉入。最后该钉枪开发团队发现按照原理 2 来设计钉枪在技术上最可行，并设计了最终产品（见图表 7-1）。

7.7 小结

产品概念是对产品的技术、工作原理和形式的近似描述。产品概念的质量在很大程度上决定了该产品满足客户需求并成功实现商业化的程度。

- 概念生成从确定客户需求、建立目标规格开始，最后形成一系列产品概念以供开发团队做出最后选择。

- 通常，有效的开发团队会产生数以百计的产品概念，其中有 5～20 个产品概念需要在概念选择时仔细斟酌。

- 本章介绍的概念生成方法分为五个步骤：

1. **厘清问题**。理解问题并将其分解成若干个更简单的子问题。

2. **外部搜索**。领先用户访谈、专家咨询、专利检索、文献检索和设定相关产品为基准收集信息。

3. **内部搜索**。利用个人、团队方法来检索和修正团队知识。

4. **系统探索**。利用分类树和组合表，组织团队的思维，并综合解决方案的片段。

5. **对结果和过程进行反思**。确定后面的迭代或将来的项目中可以改进的地方。

- 概念生成是一个内生的创造性过程，结构化方法有助于探索设计的所有可能性，避免遗漏某类解决方法，为经验不足的团队成员提供解决设计问题的指导，所以，结构化方法是非常有用的。

- 虽然本章用顺序的方法描述概念生成过程，但实际上每一步都贯穿概念生成的整个过程，所以开发团队应该不时地回到开发过程的每一个步骤来完善概念生成。在研制一种全新的产品时，开发团队就要经常进行迭代。

- 开发团队对概念生成的专业人士往往需求非常大。与主流观点相反，我们认为概念生成是一种可以学习并提高的技能。

参考文献

许多现有的资源可通过访问 www.pdd-resources.net 获得。

Pahl、Beitz、Hubka 和 Eder 在欧洲推行结构设计方法。我们采用了他们关于功能分解和系统概念生成的许多想法。

Hubka, Vladimir, and W.Ernst Eder, *Theory of Technical Systems: A Total Concept Theory for Engineering Design*, Springer-Verlag, New York, 1988.

Pahl, Gerhard, Wolfgang Beitz, Jörg Feldhusen, and Karl-Heinrich Grote, *Engineering Design*, third edition, K. Wallace and L. Blessing, translators, Springer-Verlag, New York, 2007.

创新行为的研究表明，人们更相信他们解决问题的创造性能力实际上会产生更多的创新解决方案。

Tierney, Pamela, and Steven M. Farmer, "Creative Self-Efficacy: Its Potential Antecedents and Relationship to Creative Performance," *Academy of Management Journal*, Vol. 45, No. 6, 2002, pp. 1137-1148.

Paulus 对团体和个人在产生新想法的表现进行了比较研究。

Paulus, P., "Groups, Teams, and Creativity: The Creative Potential of Idea Generating Groups," Applied Psychology, Vol.49, No. 2, 2000, pp. 237-262.

Osborn 在 20 世纪中期首次提出了头脑风暴的原则，从那时起，衍生出许多创新方法。

Osborn, Alex. F. *Applied Imagination: Principles and Procedures of Creative Thinking.* Scribner, New York, 1953.

许多作者提出了各种各样的构思和解决问题的方法，其中许多方法直接适用于产品概念生成。

Terwiesch, Christian, and Karl T. Ulrich, *Innovation Tournaments: Creating and Selecting Exceptional Opportunities*, Harvard Business Press, Boston, May 2009.

Treffinger, Donald J, Scott G. Isaksen, and K.Brian Stead-Dorval, *Creative Problem Solving: An Introduction*, Prufrock Press, Waco TX, 2005.

VanGundy, Arthur B., Jr., *Techniques of Structured Problem Solving*, second edition, Van Nostrand Reinhold, New York, 1988.

McKim 和 von Oech 分析了现有的培养个人及团体创新思维的技能。

McKim, Robert H, *Experiences in Visual Thinking*, second edition, Brooks/Cole Publishing, Monterey, CA, 1980.

von Oech, Roger, *A Whack on the Side of the Head: How You Can Be More Creative*, revised edition, Warner Books, New York, 1998.

Von Hippel 发表了关于新产品概念来源的实证研究报告。他的核心观点是引导市场上的创新者。

von Hippel, Eric, *The Sources of Innovation*, Oxford University Press, New York,1988.

Yang 和她的研究团队进行了一系列实验，以探索概念开发中使用的图形建模的时间、质量和类型。

Häggman, A.,G. Tsai, C. Elsen, T. Honda and M. C. Yang. "Connections Between the Design Tool, Design Attributes, and User Preferences in Early Stage Design," *Journal of Mechanical Design*, Vol.137, No.7, 2015, 071408-071408.

Neeley, W. Lawrence, Kirsten Lim, April Zhu, and Maria C. Yang, "Building Fast to Think Faster: Exploiting Rapid Prototyping to Accelerate Ideation During Early Stage Design," ASME International Design Engineering Technical Conferences, August 2013.

Yang, Maria C., "Observations on Concept Generation and Sketching in Engineering Design." *Research in Engineering Design*, Vol.20, No.1, 2009, pp.1-11.

Yang, Maria C, and Jorge G, Cham, "An Analysis of Sketching Skill and its Role in Early Stage Engineering Design," *Journal of Mechanical Design*, Vol, 129, No.5, 2007, pp. 476-482.

Goldenberg 和 Mazursky 做了一套有趣的"模板"标准来确定新产品概念。

Goldenberg, Jacob, and David Mazursky, *Creativity in Product Innovation*, Cambridge University Press, Cambridge, 2002.

本章提到的一些创造性问题解决的具体方法（SCAMPER 头脑风暴、集思广益和 TRIZ 创新思维）在下面的文献中进行了解释。

Eberle, Bob, *SCAMPER: Games for Imagination Development*, Prufrock Press, Waco TX,1996.

Gordon, William J.J., *Synectics: The Development of Creative Capacity*, Harper, New York, 1961.

Altshuller, Genrich, *40 Principles: TRIZ Keys to Technical Innovation*, Technical Innovation

Center, Worcester, MA, 1998.

Teminko, John, Alla Zusman, and Boris Zlotin, *Systematic Innovation: An Introduction to TRIZ*, St. Lucie Press, Boca Raton, FL, 1998.

通过工程手册可以方便地查到标准技术的解决方案。这里介绍三本不错的工程手册。

Avallone, Eugene A., Theodore Baumeister III, and Ali Sadegh（eds.）, *Marks' Standard Handbook of Mechanical Engineering*, eleventh edition, McGraw-Hill, New York, 2006.

Green, Don W., and Robert H. Perry (eds.), *Perry's Chemical Engineers' Handbook*, eighth edition, McGraw-Hill, New York, 2003.

Sclater, Neil, *Mechanisms and Mechanical Devices Sourcebook*, fifth edition, McGraw-Hill, New York, 2011.

练习

1. 在一个新芭比娃娃的设计中进行功能分解，根据用户互动来分解问题。

2. 为切割阀芯尼龙绳时"防止绳头磨损"这一子问题生成 20 个概念。

3. 对"塑料制品使用永久序号"这一问题提出外部搜索方案。

思考题

1. 计算机对概念生成过程会有哪些帮助？你能想到哪些计算机软件对概念生成过程非常有用？

2. 让实际用户也参与概念生成过程，有什么优势和劣势？

3. 在概念生成初期，哪些类型的产品应该关注用户界面与产品形式而不用关注核心技术？请举出具体的例子。

4. 请运用五步法来解决一个日常问题，例如，选择野餐的食物。

5. 如何处理草坪上的落叶问题会生成新概念。塑料袋制造商、草坪设备制造商和维护世界范围的高尔夫球场的公司它们三者在假设与问题分解上有什么不同？不同的公司情况是否应该采取不同的概念生成方式？

第 8 章

概念选择

（由 Novo Nordisk A/S 提供）

图表 8-1　市面上现有的一种注射器

某医疗用品公司聘请一家设计公司专门开发一种注射器，且该设计公司生产的注射器不仅要为病人准确控制试剂量，还要能够重复使用。图表 8-1 表示其竞争对手生产的同类产品。该医疗用品公司指出，目前，产品开发面临的两个需要特别关注的问题是成本（现有产品材质为不锈钢）和注射剂量的精准性。该公司还要求产品针对老年人的身体能力定制，老年人是目标市场的重要部分。

开发团队建立了选择产品概念的 7 个基本指标，来描述现有客户和潜在客户的需求：

- 易于操作。
- 使用方便。
- 计量设定的可读性。
- 计量注射的准确性。
- 耐久性。
- 易于制造。
- 便携性。

图表 8-2 表述了该团队正在考虑的概念略图。这些概念看似满足关键客户需求，但是开发团队仍然面临一个问题——哪种才是进一步设计、生产的最优概念。多中选优的过程会产生如下问题：

- 设计概念都很抽象，如何选择最好的概念？
- 如何让团队所有的成员都接受最终的决定？
- 如果选中的概念设计很好但是可行性不强怎么办？
- 怎样记录概念制作过程？

本章我们将以注射器为例，提出概念选择理论来解决这些问题和其他问题。

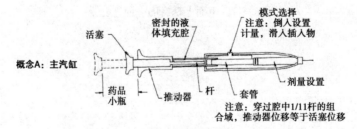

图表 8-2　七种注射器概念。开发团队绘制了七个草图来描绘待考虑的基本概念

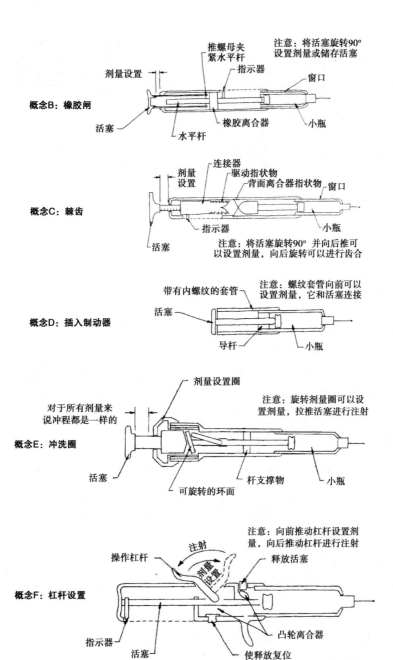

图表 8-2 （续）

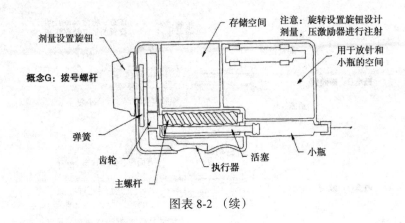

图表 8-2 （续）

8.1 概念选择是产品开发过程的重要部分

在产品开发的早期阶段，开发团队确定了一组客户需求，并使用大量的方法来产生实现特定需求的概念（详见第 5 章和第 7 章）。概念选择（concept selection）通过比较各概念间的相对优劣，选择一个或几个概念以便执行接下来的调查、测试以及开发，从而使概念更好地满足客户需求和其他指标。图表 8-3 表示的是产品开发过程中，概念选择与其他阶段之间的关系。虽然本章关注的是在开发过程开始时对整体产品概念的选择，但是在后续将要论述的开发团队如何选择下一级的概念、组件和生产方式时，也会用到本章的概念。

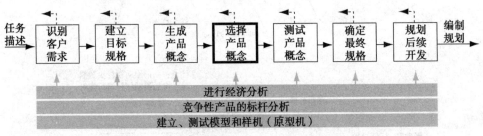

图表 8-3 概念选择是整个概念开发阶段的一部分

尽管开发过程的许多阶段都需要依靠开发人员的创造力和思维的多样性，但概念选择只需要对可供选择的概念进行筛选。概念选择是一个收敛的过程，但并不一定能够很快就选择出一个最优概念，因此必须迭代进行。初始阶段，我们将从一系列初始概念中筛选出部分概念，然后对其进行整合和改进，以临时扩展所考虑的概念集。通过数次迭代，就能确定一个最优概念。图表 8-4 表示的是概念选择过程中的连续筛选和临时扩展过程。

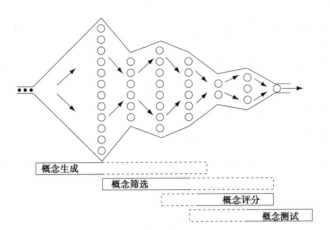

图表 8-4   概念选择是一个与概念生成以及概念测试有着紧密联系的迭代过程。概念筛选
　　　　　与评分有助于团队提炼和改进概念，从而选择出一个或多个更好的概念来进行
　　　　　接下来的概念测试，以及更进一步的开发行为

8.2　概念选择方法

无论概念选择过程是否清晰，所有的团队都会使用特定的方法来选择概念（即使开始时只有一个概念，也会用到相应的方法——选择他们最初设想的概念）。依据这些方法的不同效果，它们可分为：

- **外部决策**（external decision）。把概念交给客户或者其他外界实体来选择。
- **产品冠军**（product champion）。开发团队中最有影响力的成员通过个人的偏好来选择概念。
- **直觉**（intuition）。没有明确的外部的标准和权衡时，通过对概念的主观感受选择方案。
- **多数表决**（multivoting）。团队成员进行投票，选择票数最多的概念。
- **在线调查 / 众包**（online survey/crowdsourcing）。使用在线调查工具，通过在线投票的方式选择支持率最高的概念为最优概念。
- **优劣性**（pros and cons）。将每个概念的优点和缺点列成表，然后通过成员的意见来选择。
- **原型化和测试**（prototype and test）。建立并测试每个概念的原型，根据测试结果进行选择。
- **决策准则**（decision matrices）。用事先制定的衡量指标来评估每个概念的等级，从而做出选择，这些标准可能会加权。

本章所用的概念选择方法是在决策矩阵的基础上建立的，可以根据一组选择标准对每种方案进行评价。

8.3 结构化方法的优点

产品开发过程中的所有前期活动都对最终产品有巨大的影响。产品概念会对市场产生关键性作用，但很多生产者和开发者更多地关注概念选择对产品制造成本产生的重大影响。一个结构化的概念选择过程将会对保持整个开发过程中概念的客观性，指导产品开发团队顺利完成选择过程提供巨大的帮助。更明确地说，结构化的概念选择方法将提供以下几个潜在的优点：

- **以客户为中心的产品**（customer-focused product）。因为概念是通过依赖于客户的指标来衡量的，选择的方案应该尽可能地以客户为中心。
- **具有竞争力的设计**（competitive design）。在设计的概念符合现有设计要求的前提下，设计者应使设计在关键的参数上赶上甚至超过它的竞争对手。
- **更好的产品 – 工艺协调性**（better product-process coordination）。产品符合生产指标的外部指标将提高产品的可制造性，使产品与企业的生产能力相匹配。
- **缩短产品投放时间**（reduced time to product introduction）。结构化的方法将成为设计工程师、制造工程师、工程设计者、市场营销人员和项目经理的共同语言，减少歧义，加快交流，减少错误。
- **有效的集体决策**（effective group decision making）。在开发团队内部，组织的理念、指导方针、成员参与的积极性，以及团队成员的经验都将会限制概念选择过程。结构化的方法可以使决策过程是基于客观标准的，从而降低武断或者个人因素对产品概念的影响。
- **记录决策过程**（documentation of the decision process）。结构化的方法使得团队能够就概念选择过程形成一个易于理解的说明文件。这个记录对于吸收新的成员、迅速估计客户需求或者可行概念的改变都是有用的。

8.4 方法概述

我们将介绍一种两阶段的概念选择方法，第 1 阶段叫作概念筛选（concept screening），第 2 阶段叫作概念评分（concept scoring）（其实对于一些简单的决策来说，只需要第 1 阶段就足够了）。每一阶段都建立在决策矩阵的基础上，该决策矩阵可以用来评估等级、等级排序以及选择最佳概念。虽然这种方法是结构化的，但我们仍然强调团队洞察力在改进和整合概念过程中的作用。

概念选择的两个阶段经常作为一种处理评价产品概念复杂性的方法。图表 8-4 表示的是两个阶段的应用。概念筛选通过迅速、近似的评价来选择一部分可行的概念选项。概念评分是对这些相互联系的方案进行更详细的分析以便选择最合适的概念。

在概念筛选阶段，最初较为粗略的概念通过筛选矩阵（screening matrix）与参考概念进行评价、比较。此阶段中，很难获得详细的定量比较数据，而且可能产生误导，因此，应使用一个粗略的比较评价系统。当一些备选概念被排除后，开发团队可以继续进行概念评分，通过评分矩阵（scoring matrix）对剩余的概念进行更详细的分析和更准确的定量评估。在整个筛选、评分的过程中，可能会发生几次迭代，并且通过整合某些概念的特征进而提出另外一些新的概念。图表 8-5 和图表 8-7 分别表示从注射器案例中得到的筛选矩阵和评分矩阵。

概念筛选和概念评分这两个阶段都包含如下 6 个步骤来指导团队顺利完成概念选择过程：

- 准备选择矩阵。
- 评估概念等级。
- 对概念等级进行排序。
- 对概念进行整合和改进。
- 选择一个或多个概念。
- 对结果和过程进行反思。

虽然我们介绍了一种定义明确的方法，但是建立概念并做出决策的不是方法，而是团队。从理论上来说，团队由公司不同部门的成员所组成，每个成员对问题都有独特的见解，从而增强了对问题的认识，进而促进了成功的、以客户为导向的开发。概念选择理论在团队成员中使用了大家都认可的概念——矩阵——来形象地指导工作，矩阵关注的是客户需求和其他决定性指标，以及可供评价、改进和选择的产品概念。

8.5　概念筛选

概念筛选建立在 Stuart Pugh 在 20 世纪 80 年代提出的方法基础之上，这种方法通常被称为 Pugh 概念筛选（Pugh，1990），其目的是迅速减少概念的数量和改进概念的质量。图表 8-5 表示的是这一步中所用到的筛选矩阵。

8.5.1　步骤 1：准备选择矩阵

为了准备选择矩阵，项目开发团队将针对手头上的一些问题，选择最合适的解决方法。个人或者拥有指标列表单的团队可能会使用类似图表 8-5 或者附录 A 的表格来完成选择过程。对于一个规模庞大的团队则需要一块黑板或活动挂图来帮助团队讨论。

选择标准	概念						
	A 主汽缸	B 橡胶闸	C 棘齿	D (参考) 插入制动器	E 冲洗圈	F 杠杆设置	G 拨号螺杆
易于操作	0	0	−	0	0	−	−
使用方便	0	−	−	0	0	+	0
计量设定的可读性	0	0	+	0	+	0	+
计量注射的准确性	0	0	0	0	0	0	0
耐久性	0	0	0	0	0	0	0
易于制造	+	−	−	0	0	0	0
便携性	+	+	0	0	+	0	0
+ 号的个数	2	1	1	0	2	2	1
0 的个数	5	4	3	7	4	3	5
− 号的个数	0	2	3	0	1	2	1
净得分	2	−1	−2	0	1	0	0
等级排序	1	6	7	3	2	3	3
继续吗?	要	不要	不要	组合	要	组合	修正

图表 8-5　概念筛选矩阵以注射器这个案例为例，团队将待选的概念与参考的概念相比较，使用一些简单的符号（"+"表示"优于"，"0"表示"相同"，"−"表示"次于"）来挑选出将来可能会用到的概念。注意 3 个等级为"3"的概念都获得了同样的净分值

　　然后，把输入（概念和标准）填入矩阵中。尽管矩阵可能由不同的人员编制，但是应该尽可能使概念在细节上处于相同的等级，以保证有意义的比较和无偏见的选择。概念最好能够同时通过手写和图表来描绘，一份简单的概念略图将会促进对概念主要特征的理解。

　　如果团队考虑的概念超过 12 个，可以采用多数表决（multivote）技术从待评价的概念中进行选择。采用多数表决技术，团队成员同时对 3～5 种方案通过在纸上打"点"的方式来选出他们比较中意概念，得到点数最多的概念将被选中，进而进行概念筛选。如果待选概念的数目过多，也可用到筛选矩阵。由于转换矩阵行列的便捷性，使用电子表格将会更加方便（这个时候，概念位于左边第一列，指标位于顶部）。

　　如图表 8-5 所示，选择指标位于筛选矩阵的第一列。这些指标是基于团队识别的客户需求以及企业本身的要求（如较低的制造成本和较低的产品风险责任）选择使用的。这一步所使用的指标都具有高度抽象性，能够区分概念，而且包含了 5～10 个方面的代表性特征。所选指标应该体现出不同概念之间的差异。然而，由于每种指标在概念筛选方法中所占的分量均一致，团队在制作筛选矩阵时应该谨慎，以免列出相似却不重要的指标，导致比较重要的指标

不能清晰反映在结果中。

经过慎重考虑，团队会选择一个概念作为基准或参考概念（reference concept），通过这个概念，其他的概念就能够划分等级了。参考概念通常是工业标准或者团队成员都熟悉且简单易懂的概念。参考概念可能是商业可行性产品、团队开发的上代产品中最高等级的产品、现在考虑的概念中的任意一种或者能够代表不同产品最好特征的次级系统的组合。

8.5.2　步骤 2：评估概念等级

在矩阵中用"优于""相似"或者"次于"这些比较得分来表述各个概念与参考概念的比较结果，符合特定标准的情况。我们建议最好对所有概念的同一指标都打完分之后再转换到下一指标。但对于数目众多的概念来说，使用相反的方式（给一个概念的所有指标都打好分后切换到下一个概念）更加迅捷。

有些人觉得很难对性质较为粗糙的概念打出相对得分。但是，在设计阶段的这一步，每一个概念只是最终产品的一个粗略的构思，太过细致的分析大部分都是无用的。事实上，如果考虑到概念描绘的误差，除非始终使用参考概念作为比较的基础，否则很难对各概念进行比较。

只要情况允许，就应该用客观性的矩阵作为评价等级的基准。例如，组织成本的大体估计值取决于设计的部件数；同样的，使用的便捷性大致取决于使用该器械必需的操作步骤数。矩阵就能够减少此类评估过程中的主观评价。某些适用于概念选择过程的客观矩阵，很可能是在建立产品目标规格的过程中产生的（参见第 6 章）。如果没有客观矩阵，可以使用不记名投票或者其他方法，此时，评估是建立在团队共识上的。在这一点上，团队希望能够找到哪种选择指标需要更深的调查和分析。

8.5.3　步骤 3：对概念等级进行排序

对所有的概念评估等级之后，团队将汇总"优于""相似"和"次于"的个数，并把每种类别的总数记录到矩阵的最后一行。以图表 8-5 的数据为例，概念 A 被评估有 2 个指标优于参考方案，有 5 个指标与参考方案相似，没有指标次于参考概念。然后，从"优于"的数目中减去"次于"的数目，就计算出所得的净得分。

算出总分后，团队即可对概念等级进行排序。总体来说，级别高的概念拥有较多的正分和较少的负分。此时，团队就可以识别出 1～2 个能够将概念区别开的指标。

8.5.4　步骤 4：对概念进行整合和改进

完成了对概念进行评级和排序，团队应该检验结果是否有意义，然后考虑是否有方法能够对这些概念进行整合和改进。需要考虑的问题有两个：

- 有没有一个概念，总体上很好，却因为一个不好的特征而导致降级？一个较小的修正是否能够改进整体概念而又不与其他的概念雷同？

- 是否有这样两种概念，它们合并后能够保持"优于"的数量，却减少"次于"的数量？

项目开发团队应该将整合和改进后的概念加入矩阵中对它们进行评估，并与其他原始概念一起评级。在这个例子中，团队注意到概念 D 与概念 F 能够整合成一个"次于"数目较少的新概念 DF，以便在下一轮中进行考虑，同时，也考虑将概念 G 进行修改。团队觉得此概念的产品体积过大，所以在保留注射技术的同时将多余的存储空间压缩。图表 8-6 展示了修正过的概念。

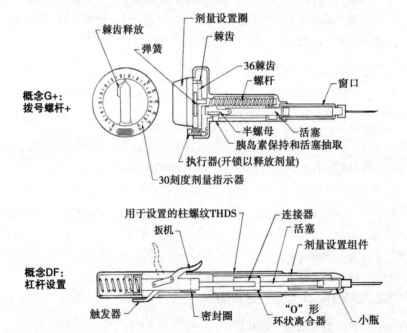

图表 8-6　新的和修正后的注射器概念。在选择过程中，团队对概念 G 进行了修改，并通过对概念 D 和概念 F 整合，形成了一个新的概念 DF

8.5.5　步骤 5：选择一个或多个概念

当团队成员对每个概念及其相对性质充分理解时，将决定选择哪些概念进行更深层次的分析。基于前面的步骤，团队可能已经对最合适的概念有了清晰的认识。选择进行更深层次研究的概念数目将会受到团队资源（如人员、经费、时间）的限制。在选择最终概念之前，团队还必须厘清，哪些问题是必须研究调查的。在我们的例子中，团队选择对概念 A、概念 E、修改过的概念 G+ 和新概念 DF 做进一步分析。

同时，团队必须决定是否进行新一轮的概念筛选或者概念评分。如果筛选矩阵不能提供下一步评价和选择所需的充足理由，那么就要使用含有确定比重的选择指标、拥有更多细节评估计划的概念评分步骤。

8.5.6　步骤 6：对结果和过程进行反思

最终结果须使团队的所有成员都满意。如果有一个成员不同意团队的决定，就说明有可能在筛选矩阵中遗漏了一个或几个重要的指标，或者某个特定的评估过程是错误的 / 不清晰的。考虑结果是否满足每个成员的意愿，将会减少错误发生的可能性，增加整个团队开展后续工作的凝聚力。

8.6　概念评分

为了更好地区分不同的概念，会采用概念评分的方法。在这一步中，团队将会权衡每一个选择指标的相对重要性，集中精力对各个指标进行更细致的比较，其中，概念的得分取决于评估等级的加权和。图表 8-7 显示这一步中用到的评分矩阵。在此，我们将重点介绍概念评分与概念筛选的不同处。

		概念						
		A（参考）主气缸		DF 杠杆设置		E 冲洗圈		G+ 拨号螺杆 +
选择标准	权重	评估等级	加权得分	评估等级	加权得分	评估等级	加权得分	评估等级	加权得分
易于操作	5%	3	0.15	3	0.15	4	0.2	4	0.2
使用方便	15%	3	0.45	4	0.6	4	0.6	3	0.45
计量设定的可读性	10%	2	0.2	3	0.3	5	0.5	5	0.5
计量注射的准确性	25%	3	0.75	3	0.75	2	0.5	3	0.75
耐久性	15%	2	0.3	5	0.75	4	0.6	3	0.45
易于制造	20%	3	0.6	3	0.6	2	0.4	2	0.4
便携性	10%	3	0.3	3	0.3	3	0.3	3	0.3
	总得分	2.75		3.45		3.10		3.05	
	排序	4		1		2		3	
	继续吗？	不		开发		不		不	

图表 8-7　概念评分矩阵。该方法使用各等级的加权和来确定概念的级别排序。此矩阵使用概念 A 作为总体的参考概念，其他的参考点在表中用黑体标出

8.6.1 步骤 1：准备选择矩阵

在筛选阶段，团队需要编制矩阵并识别参考概念。在大多数情况下，最好使用电子表格来辅助评级和进行灵敏性分析。在矩阵的第一行输入概念，通过概念筛选，此时的概念在某种程度上已经比较精确了，所以可以在矩阵中表示更多的细节性问题。团队可能会增加选择指标的细节性问题，使之与更详细的概念相匹配。使用等级关系是阐述这些指标的一种有效方式。在注射器案例中，假设团队认为"使用方便"这个指标的细节不足以区分剩下的概念，则可以将"使用方便"分解为"易于注射""易于清洁"和"易于装填"等（如图表 8-8 所示）。指标的精细程度取决于团队的需要，可能有些指标没有必要扩展。如果团队编制了客户需求的评级列表，更详细的选择指标就需要参考二级或三级客户需求（有关初级、二级、三级需求，请参考第 5 章；有关分级指标选择，请参考本章的附录 A、附录 B）。

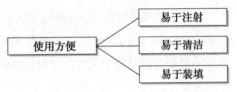

图表 8-8　选择标准的层级分解。与更详细的概念相联系，团队可以将选择标准分得更细，以便进行有意义的比较

在输入所有的指标后，团队应将指标的权重也输入矩阵。如图表 8-7 所示，团队可以使用几种不同的方法，如从 1～5 分配各个指标的重要程度，或者按百分比进行分配。可以使用市场技术从客户数据中获得经验型的权重（Urban 和 Hauser，1993）。为了选择方案，权重通常由团队一致认可的方式主观确定。

8.6.2 步骤 2：评估概念等级

与筛选过程一样，总体来说，团队在某一时间内，专注讨论其中一个指标是最为容易的。为了更好地区分可选概念，需使用一种更为精细的从 1～5 的标度：

相对性能	等级
比参考概念差很多	1
比参考概念稍差	2
与参考概念差不多	3
比参考概念差稍好	4
比参考概念好很多	5

当然也可以使用其他的标度，如从 1～9，但是越精密的标度需要耗费的时间和精力也就越多。

一个单一的参考概念可以用于比较评级，例如在筛选阶段，但是参考概念并不总适用。除非参考概念对于每个指标来说都刚好处在平均水平，否则使用同样的参考概念对每个指标进行衡量，将会导致某些指标出现"标度压缩"。例如，如果参考概念恰好是制造过程中最简单的方案，那么其他的概念都只能用 1、2 或 3（"差很多""稍差"或"差不多"）来评价"易于制造"这个指标，这就使得评估标度从 5 个级别降为 3 个级别。

为了避免标度压缩，建议对不同的选择指标使用不同的参考点。参考点可能来自待选概念，也可能来自基准分析，还可能来自产品技术规格的目标值，或其他方式。每个指标的参考点都必须易于了解才能促成一对一的比较。使用多个参考点的同时还需要指派一个概念作为综合的参考概念，以保证所选概念能够与之进行比较。在这样的情况下，综合参考概念就不需要简单的赋予中间得分了。

图表 8-7 表示注射器案例的评分矩阵。团队认为标准的圆柱体概念不适合作为其中两个指标的参考点，于是选择了其他的概念作为这两个指标的参考点。

本章的附录 B 是团队不使用清晰的参考点时，对每个指标评估概念等级时绘制得更为详细的评分矩阵。这些评估是为了讨论各个概念对于指标的值而完成的，使用的是 9 分制标度。

8.6.3　步骤 3：对概念等级进行排序

输入每个概念的评分后，将原始得分与指标的权重相乘后计算出加权得分。加权得分的总和即为每个概念的总分：

$$S_j = \sum_{i=1}^{n} r_{ij} w_i$$

其中，r_{ij} 表示概念 j 在第 i 个标准上的原始评分。

w_i 表示第 i 个标准的权重。

n 表示标准的个数。

S_j 表示概念 j 的总分。

最后依据每个概念的总分进行排列，结果如图表 8-7 所示。

8.6.4　步骤 4：对概念进行整合和改进

与筛选阶段一样，团队也要通过改变和整合来改进概念。虽然正式的概念产生过程在概念选择过程开始前就完成了，但是最重要的富有创造性的改进却发生在概念选择阶段，因为此时，团队才真正认识到产品概念特定性质的固有优点和缺点。

8.6.5　步骤 5：选择一个或多个概念

最终的概念选择并不是简单地选择初次检验处于最高级别的概念，而应该通过灵敏度分析考察初始的评价结果。通过电子表格，团队能够轻易实现权重变换和级别评估，从而确定影响评估等级的因素。

通过调查等级对特定评级变化的灵敏度，团队能够确认是否存在对结果有种重大影响的不确定性因素。在某些情况下，团队可能会选择一个得分较低但不确定性较低的概念，而不是选择一个得分较高，但是可能难以运行或者实际情况比假设情况要差的概念。

基于选择矩阵，团队可能会决定选择最高级别的两个或多个概念。这些概念通过进一步开发，原型化，然后测试，从而得到客户的反馈（关于如何估计客户对产品概念的反应，请参见第 9 章。）

团队也可以为拥有不同消费者偏好的市场分区使用不同的权重制作两个或多个评分矩阵，从而得出概念评级。很有可能有某个概念在几个分区中都占有优势。团队也应该仔细考虑概念得分中的差异显著性。在评分系统分辨率给定的情况下，小差异一般不太显著。

在注射器案例中，团队认为概念 DF 是最合适的，并且最有可能生产出最成功的产品。

8.6.6　步骤 6：对结果和过程进行反思

最后一步，团队对选择的概念和整个概念选择过程进行反思。从某些方面来说，这被称为方案开发过程的"极限点"，因此团队里的每个成员都应该确信所有相关的问题都经过了讨论，选择的概念能够最大限度地满足消费者，并取得经济上的成功。

在完成了概念选择的所有步骤之后，团队须重新核对一下在考虑过程中被排除的概念。如果团队成员一致认为淘汰的某个概念优于保留的概念，就应该找出矛盾产生的原因。考虑是否可能遗漏了某个重要的指标、权重不适当或使用不当。

对企业来说，反思过程本身对改进接下来的概念选择行为十分有益：

- （如果存在的话）概念选择以何种方式促使团队做出决定？
- 怎样改进方法才能促进团队的执行能力？

通过上述两个问题，可以使团队将精力集中到依据企业需要以及能力等相关方面来评判方法的优点和缺点。

8.7　附加说明

对于十分熟悉概念选择方法的使用者来说，可能会发现以下问题：

- **概念质量的分解**（decomposition of concept quality）。概念选择方法的理论基础是选择指标（以及隐含的客户需求）要能够独立的评价，而概念的质量正是与每个指标相关的概念质量的总和。有些产品概念的质量可能无法简单分解成一系列独立的指标，或者该概念与不同指标关联的程度难以与概念的综合质量联系起来。举例来说，网球拍设计的整体要求取决于一些非常复杂的方面，如质量、旋转的灵活性、振动的传递性以及能量的吸收。如果只简单的基于与每个指标相关联的程度来选择概念，很可能无法获得这些指标之间的复杂联系。Keeney 和 Raiffa（1993）讨论了包括选择指标的非线性关系在内的多属性概念决策问题。

- **主观指标**（subjective criteria）。有些选择指标（尤其是与美学相关的指标）具有高度的主观性。对于仅与主观指标关联的选择，必须慎重。通常来说，开发团队的集体判断并不是评价主观指标的最好方法。更好的方法是缩小选择范围，选出 3～4 个概念（可能的话使用模型来模拟概念），然后去征求产品目标市场有代表性客户的意见（参考第 9 章）。

- **促进概念的改进**（to facilitate improvement of concepts）。在讨论了每个概念并评定了等级之后，团队应该将概念显著（积极的或消极的）的属性，直接记在选择矩阵的空格中，以便于识别出那些能够应用于其他概念的特征，以及改进概念过程中有待解决的问题。这样的记录在步骤 4 中做出选择前的团队整合、加工和改进方案中尤其有益。

- **何处考虑成本**（where to include cost）。大部分选择指标是基于客户需求的，但是，"易于制造"和"生产成本"不是客户的需求。客户关心生产成本的唯一原因是生产成本会影响销售价格。但是，成本却是概念选择的一个极其重要的因素，因为它是决定产品经济可行性的重要因素之一。因此，尽管生产成本以及易于制造并不是真正的客户需求，建议在评价概念时仍增加这些因素。同样，除了客户需求，其他股东对产品的经济可行性的需求也很重要。

- **选择集成概念的元素**（selecting element of aggregate concept）。有些产品方案是简单概念的集成。如果所有拟考虑的概念都包含一系列较为简单的元素，则在评价相对复杂的概念层面之前，可以先单独考虑这些简单的元素。这样的分解可以部分依据生成概念时所采用的结构。举例来说，如果在我们的案例中，所有的注射器都能够使用不同类型的针，那么在考虑整个注射器概念选择之前，可以单独对针进行选择。

- **将概念选择应用于整个研发过程**（applying concept selection throughout the development process）。虽然在本章中，我们集中讨论了基本的产品概念选择方法的应用，但是在设计和开发的很多细节层面需要一遍遍地进行概念选择。例如，在注射器案例中，开发过程的最初阶段需要应用概念选择来决定生产的是专用注射器还是普通注射器。一旦确定这个最基本的步骤后，如本章所述，需要应用概念选择来选出一个最基本的产品概念。最后，在设计的细节层面上（如颜色和材料的选择），更需要应用概念选择来进行决策。

8.8　小结

概念选择根据客户需求以及其他指标来评价概念，比较各个概念之间的相对优点和缺点，从而为进一步研究开发选择出一个或几个概念的过程。

- 所有的团队都会使用一些显式或隐式的方法来选择概念。选择概念时用到的决策技术包括直觉方法和结构化方法。
- 结构化的概念选择能够促进设计的成功。我们介绍了一个两阶段流程：概念筛选和概念评分。
- 概念筛选是通过参考概念来比较各概念与选择指标的符合情况，而概念评分对于不同的指标可以使用不同的参考点。
- 概念筛选中用来缩减待选概念数量的比较系统是粗糙的。
- 概念评分采用加权选择指标和更详细的评分尺度。如果概念筛选时已经选择了一个合适的概念，那么就可以跳过概念评分这一步。
- 概念筛选和概念评分都使用矩阵作为基础，且都包括以下 6 个步骤：
  1. 准备选择矩阵。
  2. 评估概念等级。
  3. 对概念等级进行排序。
  4. 对概念进行整合和改进。
  5. 选择一个或多个概念。
  6. 对结果和过程进行反思。
- 不仅在概念开发过程中会用到概念选择，在随后的设计和开发过程中也会用到。
- 整个概念选择过程是一种群体过程，促进了最优概念的选择，同时有助于团队达成共识，而且此过程中，还对决策的制定过程进行了记录。

参考文献

许多现有的资源可通过访问 www.pdd-resources.net 获得。

概念选择是一个决策过程。Souder 还概述了其他的决策技术。

Souder，William E.，*Management Decision Methods for Managers of Engineering and Reaearch*，Van Nostrand Reinhold，New York，1980.

对于多属性决策的详细阐述，参见 Keeney 和 Raiffa 的研究，其中包含了一组折中且有趣的案例。

Keeney，Ralph L.，and Howard Raiffa，*Decisions with Multiple Objectives: Preferences and Value Trade-Offs*，Cambridge University Press，New York，1993.

Pahl 和 Beitz 在关于工程设计的著作中讲述了一系列系统的方法。其中阐述的两种概念选择方法与概念评分非常类似。

Pahl，Gerhard, Wolfgang Beitz, Jörg Feldhusen, and Karl-Heinrich Grote, *Engineering Design: A Systematic Approach*, third edition, K. Wallace and L. Blessing, translators，Springer-Verlag，New York，2007.

对选择指标分配权重的方法由来已久，早期就有很多应用加权矩阵的文献。

Alger, J. R., and C. V. Hays, *Creative Synthesis in Design*, Prentice Hall, Englewood Cliffs, NJ, 1964.

概念评分的方法是以 Stuart Pugh 提出的概念选择过程为基础的。Pugh 不赞同过于定量的方法（如本章所讲述的概念评分方法），他认为数字往往会误导研究者，而且会降低开发更好概念时所需的创造力。

Pugh, Stuart, *Total Design*，Addison-Wesley，Reading，MA，1990。

概念评分与一种通常被称为 Kepner-Tregoe 的方法很相似。在 Kepner 和 Tregoe 的著作中，对于这种方法以及其他一些用于识别、解决问题的技术都有介绍。

Kepner, Charles H., and Benjamin B. Tregoe, *The Rational Manager*, McGraw-Hill, New York, 1965.

对于如何确定产品不同属性间的相对重要性，Urban 和 Hauser 描述了相关的技术。

Urban, Glen L., and John R. Hauser, *Design and Marketing of New Products*, second edition, Prentice Hall, Englewood Cliffs, NJ, 1993.

Otto 和 Wood 介绍了一种方法来概括评分过程中给概念划分等级界限的过程。将这些界限组合起来，可以得到选择最高得分概念时的误差估计，也可以用来计算结果的置信区间。

Otto, Kevin N., and Kristin L. Wood, "Estimating Errors in Concept Selection," *ASME Design Engineering Technical Conferences*, Vol.DE-83, 1995, pp.397-412。

练习

1. 概念选择方法是怎样评价现有产品的？应用这种评价方法来评价你能想到的 5 种摩托车。

2. 对于笔记本计算机中使用的电池技术，请建立一组选择指标。

3. 请用概念筛选来对下图中的 4 个铅笔盒概念进行选择，假设铅笔盒是产品开发团队中的一个成员需要使用的，且这个成员经常出差。

拉链袋式　　顶盖旋拧式　　蚌壳式　　滑动式

4. 使用概念评分来重复练习 3。

思考题

1. 如何使用概念选择的方法来决定是提供一种产品给商场还是提供几个不同的产品选项？

2. 如何使用概念选择方法来决定哪些产品属性需要标准化，而哪些属性需要可选或者添加哪些属性？

3. 你能否设想出一种计算机交流工具，能够允许一个很大的团队（20 个成员或者更多）参与到概念选择过程中来？如何使用这个工具？

4. 如果一个开发团队使用概念选择方法选择出了一个概念，但这个概念最终未能取得商业上的成功，那么会是什么原因导致的这种情形？

附录 A：概念筛选矩阵的示例

如下矩阵是开发团队在开发一种将重量加到杠铃上的轴环时创建并使用的。

概　念

选择标准	hand-cuff	Master 锁	Velcro 带	橡胶带	鳄口式夹	4 组件弹簧锁（REF）	扭转的弹簧	螺杆类型	翼部螺母	衣服别针	软管夹子	c-夹子	弹簧装配杆	磁片	螺纹杆
性能															
重量轻	+	0	+	+	+	0	+	-	-	+	0	0	+	+	0
适合不同的横杆	+	0	+	+	+	0	0	0	0	+	0	+	0	-	0
侧面保护重量	0	0	-	-	0	0	0	-	+	-	0	0	-	0	+
方便															
从底部/侧面固定	0	0	0	0	0	0	-	-	-	0	-	0	+	+	-
不滚动	0	0	0	0	-	0	0	0	0	0	0	0	0	0	0
不去掉轴环的条件下改变重量	0	0	0	0	0	0	0	0	0	0	0	0	+	+	0
改变重量时放置方便	0	0	+	+	+	0	-	-	-	0	0	0	+	+	-
人机工程学															
把握/释放（1 种运动）	+	0	-	-	0	0	-	-	-	0	-	-	+	-	-
把握/释放力小	0	0	0	0	0	0	-	-	-	0	0	0	0	-	-
左/右手	0	0	0	0	0	0	0	0	0	0	0	-	0	0	0
湿时使用不滑	0	0	+	+	0	0	0	0	0	0	0	0	+	+	-
可以一只手使用	+	0	0	0	+	0	0	0	0	0	0	0	+	+	0
耐久性															
使用寿命	-	-	-	-	0	0	0	0	-	0	+	+	+	-	+
其他															
原材料成本	0	0	+	+	0	0	0	0	-	+	0	0	+	-	-

（续）

选择标准	概念														
	hand-cuff	Master 锁	Velcro 带	橡胶带	鳄口式夹	4 组件弹簧锁（REF）	扭转的弹簧	螺杆类型	翼部螺母	衣服别针	软管夹子	c-夹子	弹簧装配杆	磁片	螺纹杆
可制造性	0	-	+	+	0	0	0	+	-	+	+	0	-	-	-
使用现有的重量杆	0	0	0	0	0	0	0	0	0	0	0	0	-	0	-
+号的个数	4	0	6	6	4	0	1	2	1	4	2	2	8	6	2
0 的个数	11	14	7	7	11	16	11	8	8	11	10	12	3	4	7
一号的个数	1	2	3	3	1	0	4	6	7	1	4	2	5	6	7
总得分	3	-2	3	3	3	0	-3	-4	-6	3	-2	0	3	0	-5
等级排序	1	10	1	1	1	7	12	13	15	1	10	7	5	7	15

附录 B：概念评分矩阵的示例

如下矩阵是开发团队在为船上使用的密封饮料盒选择一个新概念时生成的。注意，在本案例中，开发团队没有选择将一个单个的概念作为所有选择标准的参考概念。

选择标准	权重	概念 A		概念 C		概念 F		概念 I		概念 J		概念 K		概念 O	
		等级	权重得分	等级	权重得分	等级	权重得分	等级	权重得分	等级	权重得分	等级	权重得分	等级	权重得分
灵活使用	20														
适用于不同的地方	15	7	105	7	105	8	120	6	90	6	90	5	75	7	105
装有不同的饮料	5	5	25	5	25	3	15	4	20	5	25	3	15	3	15
保持饮用条件	15														
保持饮料温度	13	5	65	5	65	5	65	1	13	5	65	5	65	5	65
防止水进入	2	5	10	7	14	5	10	5	10	5	10	5	10	5	10
航行过程中不受损害	5														

评价标准	权重	概念1 评分	概念1 加权	概念2 评分	概念2 加权	概念3 评分	概念3 加权	概念4 评分	概念4 加权	概念5 评分	概念5 加权	概念6 评分	概念6 加权	概念7 评分	概念7 加权
掉下来不被摔破	1	6	6	6	6	9	9	7	7	5	5	9	9	6	6
不会被海水腐蚀	2	7	14	7	14	8	16	8	16	5	10	9	18	7	14
掉到水里能浮起来	2	5	10	6	12	8	16	4	8	5	10	8	16	7	14
保持饮料箱稳定	20														
防止溢出	7	3	21	4	28	3	21	5	35	5	35	3	21	3	21
防止有海浪时跳动	6	7	42	8	48	7	42	5	30	5	30	7	42	7	42
在倾斜/滚动时不滑动	7	5	35	5	35	5	35	5	35	5	35	5	35	5	35
需要很少的维护	5														
不用时易于储存	1	7	7	6	6	8	8	9	9	4	4	8	8	7	7
易于保持表面清洁	2	6	12	6	12	3	6	4	8	5	10	5	10	6	12
允许液体从底部流出	2	5	10	5	10	5	10	5	10	5	10	5	10	5	10
易于使用	15														
可以一只手使用	5	7	35	7	35	7	35	6	30	5	25	7	35	7	35
握起来容易/舒服	5	8	40	8	40	6	30	5	25	5	25	6	30	8	40
易于交换饮料箱	2	5	10	5	10	5	10	8	16	5	10	5	10	5	10
可靠地工作	3	3	9	3	9	3	9	3	9	4	12	4	12	3	9
不影响环境	10														
不破坏船的表面	5	8	40	8	40	8	40	8	40	8	40	6	30	8	40
看起来舒服	5	7	35	8	40	3	15	4	20	5	25	5	25	8	40
制造方便	10														
原材料成本低	4	5	20	4	16	7	28	8	32	4	16	8	32	6	24
组件简单	3	4	12	3	9	7	21	4	12	3	9	8	24	5	15
安装步骤简单	3	5	15	5	15	8	24	3	9	3	9	8	24	6	18
总得分			578		594		585		484		510		556		587
等级排序			4		1		3		7		6		5		2

第 9 章

概念测试

（由 emPower 提供）

图表 9-1　emPower 公司电动滑板车产品概念的模型

emPower 是一家初创公司，该公司为进军个人交通工具市场开发了一种新的产品概念。图表 9-1 显示了该产品的一种模型，它的概念是生产一种能够折叠且方便携带的电力驱动三轮滑板车。该公司希望通过调查客户对该概念的反应，决定是否继续该概念的研发以及判断它是否符合公司的财务状况。

在本章，我们首先把注意力放在概念开发阶段所做的测试上。开发团队在执行一个概念测试时，需要从目标市场的潜在客户那里获得对产品概念描述的反应。这种类型的测试可以用来从两个或多个概念中选择最适合开展下一步工作的概念，同时也可以从客户那里获取改进概念以及估计产品销售潜力的信息。概念测试有时被称为共鸣测试（resonance testing），因为它是一种了解产品概念是否与客户"产生共鸣"的方法。值得注意的是，应该持续展开对于潜在客户所进行的其他不同类型的测试，而不是仅仅在概念开发阶段执行。举例来说，有些测试通常只需要口头描述，可以用来确定初始的产品机会，而初始的产品机会正是形成项目任务书的基础。在产品研发基本结束之后、企业开始执行全部生产能力之前，还可以使用一些测试来进行需求改进。

图表 9-2 表示的是概念测试与概念开发过程中其他环节的关系。由于概念测试与概念选择（见第 8 章）两个环节密切相关，它们都缩小了可考虑概念集的数目，但是概念测试与概念选择的不同之处在于概念测试是建立在直接从潜在客户那里获取的数据上的，较少依赖于开发团队自身的判断。但由于小组不能直接从潜在客户那里对过多的概念进行测试，所以概念测试一般都在概念选择之后进行。因此，小组首先必须要将待考虑的概念进行缩减。由于概念测试经常需要用到一些产品概念的描述，通常是一个原型，所以概念测试和原型化（见第 14章）也有很紧密的联系。概念测试得到的结果之一是对公司可以卖出多少单位产品的一个估计值，而这个预测是产品经济分析（见第 18 章）的关键信息之一。

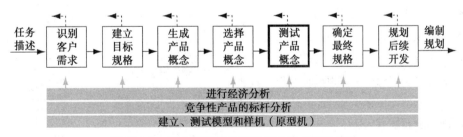

图表 9-2　概念测试与其他研发活动之间的关系

如果某些类别产品的概念测试所需要的时间相对于产品生命周期来说太长，或者测试的成本相对于实际制造产品的成本来说太高，那么团队可能会选择不进行任何概念测试。例如，有些从业者指出，在互联网软件行业，仅发行产品并在后续的产品更新换代中不断使其完善，比在完全开发前对其概念进行认真的测试来说，是个更好的战略。但是这只对某些产品合适，对于某些产品的研发（如新型商用飞机），这个战略将会变得非常愚蠢，因为这些产品的研发成本和所需要的时间非常的庞大，如果研发失败，后果将是灾难性的。大部分类别的产品介于这两个极端之间，在大多数情况下，某些类型的概念测试还是非常有用的。

本章将介绍一种 7 步法来测试产品的概念：

1. 确定概念测试的目的。
2. 选择调查的人群。
3. 选择调查的方式。
4. 沟通概念。
5. 衡量客户反应。
6. 解释结果。
7. 对结果和过程进行反思。

我们通过滑板车案例介绍这种方法。

9.1　步骤 1：确定概念测试的目的

作为概念测试的第一步，我们建议团队清晰地将希望通过测试回答的问题写下来。概念测试本质上来说是一种实验活动，而对于所有的实验，弄明白实验的目的对于设计有效的实验方法来说都是极为必要的。这一步与原型化中的"确定目标"（参考第 14 章）极为相似。概念测试过程最初提出的典型问题通常包括：

- 客户是否喜欢我们开发的概念？
- 这些概念是否满足了客户需求？
- 哪个备选概念是可以采用的？
- 怎样改进概念以更好地满足客户的需求？
- 大概能够卖掉多少套产品？
- 研发是否需要继续下去？

9.2　步骤 2：选择调查的人群

概念测试首先要做出的一个假设是：被调查的潜在客户群体要能够反映目标市场对产品的

需求。如果调查的人群对产品的热情高于或低于终端客户，那么基于概念测试得出的结论就会有偏差。所以，团队在选择调查人群时应该选择一个在尽可能多的方面反映市场的调查人群。在实际调查中，最开始的几个问题通常被叫作筛选问题（screener question），一般用来检验被询问者是否符合产品目标市场的定义。

通常一个产品会拥有多个细分市场。在这种情况下，一个准确的概念测试要求每个细分市场的潜在客户都被调查到。调查每个可能的细分市场花费的时间和成本十分昂贵，在这种情况下，团队可能会有选择性地只去调查最大的细分市场的潜在客户。然而，如果只有一个市场被调查，那么得出的关于整个市场反应的结论很有可能有偏差。

在滑板车案例中有两个基本的细分市场：大学生和城市通勤者。团队决定从每个细分市场中都选出一个调查人群。同时团队还确定了几个更小的二级细分市场，包括工人和机场雇员。

调查的样本应该足够大，这样团队才能对结果拥有足够高的信心，从而能够指导决策的制定。概念测试的样本规模有时小到只有 10 个（如对一个新的、使用高度特殊程序的外科设备所收集的定性反馈），有时大到 1000 个（如对一个拥有 1000 万个家庭的细分市场进行关于一种新厨房用品潜在需求的定量估计）。虽然没有决定样本规模的简单公式，但是存在一些影响样本规模的因素，如图表 9-3 所示。

样本规模较小时适宜的因素	样本规模较大时适宜的因素
• 在概念研发较早阶段进行测试 • 测试主要是为了收集定性信息 • 对潜在客户的调查相对来说时间较长、费用较多 • 研究和开发产品所需要的投资相对较少 • 预期产品会占据目标市场的份额比起调查结果来说不确定性大（也就是说，许多有消费倾向的客户只有在大样本中才能找到）	• 在概念研发较晚阶段进行测试 • 测试主要是为了定量估计需求 • 对潜在客户的调查相对来说时间更快、花费较少 • 研究和开发产品所需要的投资相对较多 • 预期产品占据目标市场的份额比起调查结果来说不确定性要小（也就是说，需要调查较多的样本人群才能有效地估计产品所占的部分）

图表 9-3　导致调查样本规模相对较大或较小的因素

依据想要从概念测试中得到什么数据，团队会对不同的目标进行多次调查。每次调查都可能会有不同的采样人群和不同的样本规模。emPower 小组就进行了两次不同的概念测试：在早期的概念测试中，小组仅选择了大概十几个潜在客户作为样本以获得基本概念吸引力的反馈。随后，小组对 1000 个客户进行了消费倾向（purchase-intent）的调查，以获得需求预测从而进行财务决策。由于第二个目标的重要性，小组认为在如此大的样本量上花费相应的时间和金钱是合理的。

9.3　步骤 3：选择调查的方式

下面是在概念测试中普遍使用的一些模式：

- **面对面交互**。在这种模式中，调查者与被调查者直接进行面对面的交流。这种模式可以采取拦截（如在商业街、公园或者市区街道上拦住行人）、电话预约、在贸易展台上调查潜在客户，或者焦点小组（如预先安排一个 6～12 人的小组讨论）的方式进行。
- **电话**。电话调查对于较为特殊的人群（如儿科医生）一般得先预约，或者对目标客户采取电话推销的方式。
- **发信件**。在信件调查方式中，概念测试材料是通过邮寄的方式到达被调查者手中的，同时请求被调查者能够给予一个完整的答复。信件调查比起其他方法来说相对有点慢，而且回复率较低。通常可以使用现金或者礼物之类的物品来激励客户，以求获得较高的回复率。
- **电子邮件**。电子邮件调查和信件调查很相似，但是相对于信件来说，被调查者更愿意回复电子邮件。但是由于垃圾邮件的扩散，电子邮件的回复率可能会降低。许多电子邮件使用者对言辞不恳切的商业邮件的反应极其冷淡。所以，我们建议只有在被调查者认为他们的参与可能获得收益或者小组已经与目标人群之间建立了某种积极的关系时才使用电子邮件调查。
- **互联网**。通过互联网，团队可以建立一个虚拟的概念测试网站，在该网站上被调查者可以在了解概念的同时提供回复。通常可以使用电子邮件或社交媒体消息来吸引人们访问该测试网站。

任何一种模式都存在样本偏差的风险。例如，使用电子邮件模式会使样本更偏向那些网络技术熟练的人群。对于某些产品来说，这种技术复杂性是目标市场特征的一部分（例如，互联网软件产品的目标市场更可能适合使用电子邮件模式）。相反，台式计算机定位没有个人计算机的人群，对于这种产品的概念测试来说，使用互联网调查将会是一种极其失败的模式。

自由回答式的交流模式对于概念研发早期阶段的探究性测试是极其有用的。我们建议团队提出多个概念选项，或者征求改进概念想法时采用面对面交互的方式。在这些情况下，产品开发者能够更好地从调查中获益，因为他们能够直接获得客户关于产品细节问题的反应。随着概念测试的目的变得更加明确，像邮件和电话这样更加结构化的模式变得更合适。如果问题变得极其明确，小组可以雇佣一个市场研究公司来进行概念测试。如果收集的数据主要用来对需求进行预测，一般会通过第三方采用面对面交互模式收集数据。这样有助于避免"同情心偏好"——被调查者为了取悦于焦急的产品开发者而表示他们喜欢这个概念。

9.4　步骤 4：沟通概念

概念的沟通方式与调查模式的选择密切相关。研究发现，对于更加真实的概念表达方式（例如，渲染图）而不是格式化或粗略的框图，被调查者的反应会更加友好（Macomber 和 Yang，2011）。然而，最重要的是，可选择的概念应该用一种一致的方式来呈现（即使用同样的媒介或同样的详细程度），以便被调查者能够公平地比较这些概念。概念可以通过下列方式进行传达（以描述程度的详略排序）：

- **文字描述**（verbal description）。文字描述一般通过一小段话或者要点的集合来简略地描述产品概念。这样的描述可以通过被调查者自己阅读或者由执行调查的员工大声朗读的方式交流。例如，滑板车概念可以表述如下：

> 这是一款轻型的电动滑板车，折叠很方便，你可以将它携带到建筑物里面或者公共交通工具上面。滑板车大概重 25lb⊖，速度可以达到每小时 15mile⊖ 并且充满电后可以持续行驶 12mile，在标准电源上充满电只需 2h。这款滑板车使用起来很容易，它的控制工具非常简单——只有一个加速按钮和一个刹车。

- **草图**（sketch）。草图（框架图）一般是简单的线条图，可以从某些方面将产品展示出来，同时也可以在图中对关键的地方进行标注。图表 9-4 表示的是滑板车概念的一个草图。
- **照片和实物图**（photo and rendering）。当产品概念存在外观模型时，可以使用照片来传达概念。实物图接近用来描述概念的实景照片。实物图可以用笔和标记笔制作出来，也可以借助计算机设计工具创建。图表 9-5 表示的就是借助计算机设计软件制作出来的滑板车的实物图。
- **故事板**（storyboard）。故事板是按照顺序将使用产品时涉及的一系列动作临时排列起来的图画。例如，滑板车的一个好处就是能够方便地储藏和携带，图表 9-6 描绘的故事板展示的是一系列场景。

⊖　1lb=0.454kg。——编辑注
⊜　1mile=1.6093km。——编辑注

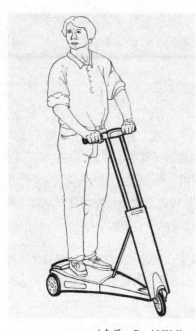

（来源：David Wallace）

图表 9-4　滑板车概念草图

（由 emPower 公司提供）

图表 9-5　通过计算机辅助设计软件描绘的滑板车实物

（由 emPower 公司提供）

图表 9-6　故事板描绘了储藏、携带以及使用的场景

- **视频**（video）。视频比起故事板来说更加生动。通过视频，能够清楚地表达产品的形式以及产品的使用方式。滑板车开发团队在购买意向调查中就使用了一段视频。这段视频表现了学生和通勤者驾驶产品原型行驶的情况以及如何折叠产品的画面。

- **仿真**（simulation）。仿真一般通过计算机软件来模拟产品的功能或特性。仿真可能不是展示滑板车的主要特性的最理想方式，但是在某些情况下也是非常有用的。例如，当测试电子设备的控制时，可以在计算机屏幕上制造该设备的视觉图像，使用者可以通过触摸屏或鼠标来控制模拟设备，同时还能够观察到模拟的展示和声音。

- **交互式多媒体**（interactive multimedia）。交互式多媒体结合了视频的视觉优势以及仿真的交互性。通过使用多媒体，你可以展示产品的视频以及静态图像。在此过程中，被调查者可以得到口头或者图表类的信息，还可以收听音频信息。交互式让被调查者可以从产品的众多有用信息中进行选择，在某些情况下还可以体验仿真产品的控制和展示。但是不幸的是，多媒体系统的开发至今仍非常昂贵，所以它只在大型的产品研发中使用。

- **实物模型**（physical appearance model）。实物模型也叫作外形类似模型，它可以生动地展示产品的形状和外观。它们通常用木头或者泡沫塑料制作，并且通过喷绘使它极像实际产品。在某些情况下，模型还具有有限的功能。滑板车开发团队制作了很多外形类似的模型，其中有一个模型是拼接起来的，这样就可以展示折叠功能。图表9-7是这个模型的照片。

- **工作原型**（working prototype）。如果可能的话，在概念测试过程中可以使用工作原型或者功能类似模型。但是，使用工作原型仍然是具有风险的。最主要的风险是被调查者可能将模型与最终产品混淆。在有些情况下，模型的功能可能比最终产品的功能更好（可能是模型使用了更为昂贵的发动机、电池之类的组件）。在大多数情况下，模型比最终产品的功能要差，而且在视觉效果上也逊色不少。有时可以将功能类似模型与外形类似模型分开使用，一种用来描绘产品外形，另一种则用来描绘产品是如何工作的。图表9-8是在某些早期的概念测试过程中使用的滑板车工作原型。

9.4.1　调查模式与概念表达的方式要匹配

调查模式的选择与产品概念表达的方式密切相关。例如，显然团队不能在电话调查时使用工作原型来向客户介绍滑板车。图表9-9列出了每种调查模式所使用的概念表达的方式。

（由 emPower 公司提供）

图表 9-7   滑板车概念的实物模型

（由 emPower 公司提供）

图表 9-8   滑板车概念的工作原型

	电话	电子邮件	发信件	互联网	面对面交互
文字描述	●	●	●	●	●
草图		●	●	●	●
照片和实物图		●	●	●	●
故事板	●		●		●
视频				●	●
仿真				●	●
交互式多媒体				●	●
实物模型					●
工作原型					●

图表 9-9   不同调查模式与不同概念表达方式的匹配性

9.4.2   概念表达中的问题

在表达产品概念时，小组必须决定怎样宣传产品和它的优点。滑板车可以描绘成"电动个人设备"，也可以描绘成"避开交通阻塞的一款新型电动滑板车"。我们的观点是，概念的描述应该要能够最确切地反映客户在做出消费决定时最可能考虑的信息。当宣传的信息过多时，可能会被认为具有典型的广告性质，甚至可能会被认为是提供了额外的粉饰，就跟许多杂志文章或者评论的做法相似。

产品价格是否应该成为概念描述的一部分？对于这个问题，研究者和业内人士仍在争论之中。产品的价格对客户的反应来说是一个极有力的杠杆，价格信息将会极大地影响着概念测试的结果。我们建议除非产品的价格预期出奇的高或者出奇的低，否则在产品概念描述时不要描述价格。举例来说，如果一个概念的主要优点是能够在一个很低的价格下拥有基本的功能，那么在这种情况下，在概念描述时就得将价格因素加进去。相反的，如果一个产品具有极其高效的功能或者独有的特性，但相应的，价格也很高，那么在这种情况下，概念描述时价格因素也得加进去。当产品的价格和现有产品的价格很相似或者是客户能够预期到的，那么在这种情况下，就可以把价格因素从概念描述中剔除。我们建议可以直接询问被调查者的预期价格。如果客户的预期价格与团队的预算价格相差甚远，那么团队就需要考虑对概念进行调整或者将价格作为产品的属性重新进行概念测试。由于滑板车是一种新型产品，客户对这类产品没有形成明确的价格预期，emPower 公司选择将价格作为概念描述的一部分。

除了单独展示一个概念外，团队也可能会要求客户从多个概念中进行选择。当团队需要从多个可选概念中做出决定时，这种方式是极为有效的。这种方法的另一种形式就是将新的产品概念与现有市面上最成功产品的描述和照片都向客户展示。这种方法的好处就是能够直接让客户通过与竞争对手产品的对比来评价产品概念的性质。假如产品将来有同样的分布与宣传，那么这种方法也能帮助团队评估潜在的市场份额。在与产品概念类似的现有产品非常少时，使用被迫选择这种调查技术是极为有效的。

9.5 步骤 5：衡量客户反应

大部分概念测试都是先传达产品概念然后衡量客户的反应。在早期的概念研发阶段所做的概念测试中，通常通过要求被调查者从两个或多个可选概念中进行选择来衡量客户的反应。附加的问题常常集中在被调查者所做反应的原因以及如何改进产品概念。概念测试通常也需要尝试衡量客户的消费倾向（purchase intent）。衡量消费倾向最常使用的 5 个反应类型包括：

- 肯定要买。
- 可能会买。
- 买或不买都有可能。

- 可能不会买。
- 肯定不会买。

同时也可以使用其他的选项来衡量，例如可以使用 7 个或更多的反应类型或者要求被调查者指出消费倾向的百分比。

图表 9-10 是滑板车案例中使用的一个调查问卷样本。在选择了在面对面模式中使用小册子以及工作原型来交流产品概念的前提下，这个问卷是作为访谈指导的。

概念测试调查——电力驱动个人交通设备

我正在为一款新型的交通产品收集信息，希望你能够和我分享你的看法。

你是在校大学生吗？＿＿＿＿＿＿＿＿＿＿

（如果不是的话，感谢被调查者并结束测试。）

你住在学校周围的 1～3mile 以内吗？＿＿＿＿＿＿＿＿＿＿

你每天在教室和其他地方间是否需要行驶 1～3mile 的距离？＿＿＿＿＿＿＿＿＿＿

（如果对这两个问题的回答为"不是"的话，感谢被调查者并结束测试。）

你平常是怎样从家到学校的？＿＿＿＿＿＿＿＿＿＿

你平常是怎样在学校周围走动的？＿＿＿＿＿＿＿＿＿＿

这是这款产品的小册子。（给小册子）

这是一款轻型的滑板车，折叠很方便，你可以将它携带到建筑物里面或者公共交通工具上。滑板车大概重 25lb，速度可以达到每小时 15mile 并且充满电后可以持续行驶 12mile，在标准电源上充满电只需 2h。这款滑板车驾驶起来很容易，它的控制工具非常简单——只有一个加速按钮和一个刹车。

如果这样一款能够在校园及其周围使用的产品的价格是 689 美元，你在接下来的一年里购买该款产品的可能性有多大？

❑	❑	❑	❑	❑
肯定不会购买	可能不会购买	买或者不买都有可能	可能会购买	肯定会购买

你是否想亲自感受一下驾驶这款产品的感觉？

（提供产品使用说明和头盔）

基于你的体验，你在接下来的一年里购买该款产品的可能性有多大？

❑	❑	❑	❑	❑
肯定不会购买	可能不会购买	买或者不买都有可能	可能会购买	肯定会购买

如何改进产品？

（询问些开放性的问题来获得对概念的反馈）

图表 9-10   电动滑板车概念测试的样本调查问卷（有删减）

9.6   步骤 6：解释结果

如果开发团队只是想要比较两个或者几个概念，那么对结果的解释就很简单了。在小组确定被调查者理解待选概念间的区别的前提下，如果测试结果显示某个概念比其他概念好很多，那么小组就可以直接选择这个客户更中意的概念。如果测试结果不是那么明确，那么小组在选择概念时就应该考虑成本与其他因素，或者直接向市场推出产品的多个版本。但是请注意，只有满足下列情况时这种方法才适用：各概念之间的制造成本差别很大，且没有与被调查者交流价格信息。否则，被调查者往往倾向于较贵的方案。

在许多情况下，团队还需要估计产品投入市场后一段时间（通常是 1 年）内的需求。我们将会介绍一种模型来评估产品的持久购买力。我们所说的持久性（durable）是指产品能够维持销售几年，其中不考虑复购率。这个与剃须刀片、牙膏、冷冻食品等包装消费品不同，这些包装消费品必须得考虑试验阶段以及之后的复购率。

在介绍这种模型之前，我们想请各位注意，新产品的预测规模有着巨大的不确定性，而且经常会得出错误的结论。但是尽管如此，预测的数据与实际需求仍然有很大的关联性，而且经常能为小组提供极为有用的信息。

我们假设 Q 是在某一时期内预期能够销售的产品数量，那么

$$Q = N \times A \times P$$

N 是在这一段时间内会发生购买行为的潜在客户数目。对于现在拥有较稳定市场的产品（如自行车），N 表示的是基于市场现有相似产品而预期的在这一段时间内购买的数目。

A 表示的是了解（aware）且可获得的（available）该产品潜在客户在 N 中所占的百分数（有时假定了解程度与可获得程度是两个不同的要素，将它们相乘得到 A）。

P 表示的是当产品对客户有用且客户也了解这个产品时，客户购买该产品的概率。P 是这样评估出来的：

$$P = C_{\text{definitely}} \times F_{\text{definitely}} + C_{\text{probably}} \times F_{\text{probably}}$$

$F_{\text{definitely}}$ 表示的是在概念测试调查中表示肯定会购买（definitely purchase）（通常叫作最高分）的被调查者所占的分数。

F_{probably} 表示的是在概念测试调查中表示可能会购买（probably purchase）（通常叫作第二高分）的被调查者所占的分数。

$C_{\text{definitely}}$ 和 C_{probably} 表示的是公司基于以前类似产品的销售经验而得出的校准常数。$C_{\text{definitely}}$ 和 C_{probably} 数值的范围通常是 $0.10 < C_{\text{definitely}} < 0.50$，$0 < C_{\text{probably}} < 0.25$。以前有些小组使用

$C_{\text{definitely}} = 0.4$ 以及 $C_{\text{probably}} = 0.2$。这个值反映的是被调查者在调查时习惯性的过高估计他们实际购买产品概率的倾向。

还可以采用另一个函数估计 P，在这个函数里不仅包含最高两个反应级别的被调查者，而且还包含其他所有反应级别的被调查者所占的分数。

对于那些全新类别的产品（如便携式滑板车），对这些变量的含义有点不同。在这种情况下，N 表示的是新产品目标市场客户的数目，P 表示的是在给定时间内（通常是 1 年）目标市场内客户购买该产品的概率。在图表 9-10 调查的问题中已经反映了对时间的描述，如表中注释要求被调查者指出他们在"下一年"中购买该产品的可能性。

为了说明这个模型，我们以滑板车概念中的两个不同的细分市场以及可能的产品定位为例来进行计算。

销售给大工厂作为个人交通工具的滑板车。这个类别的产品已经存在。假设在该市场上滑板车每年能够销售 150 000 辆（$N = 150\,000$）。假设公司通过一个零售商来销售产品，该零售商对于该产品的市场份额为 25%（$A = 25\%$）。又假设经理通过对购买该交通工具进行合理的概念测试，得到的结果显示的是持"肯定购买"意愿的被调查者所占的比例是 0.30，持"可能会购买"意愿的被调查者所占的比例是 0.20。如果我们使用 $C_{\text{definitely}}$ 的值是 0.4，C_{probably} 的值是 0.2，那么

$$P = 0.4 \times 0.30 + 0.2 \times 0.20 = 0.16$$

因此

$$Q = 150\,000 \times 0.25 \times 0.16 = 6\,000（辆／年）$$

销售给大学生的滑板车。这是一个新的分类，所以估计起来相对困难很多。首先，N 值应该是多少？严格地说（到目前为止），在大学生中很少有使用电动滑板车的。但是，我们可以通过一些其他方式来定义 N。例如，有多少学生因为 2mile 以内的基本交通问题而需要购买自行车或电动滑板车？这个数目大概是每年 100 万。或者，有多少学生必须往返学校与家之间或者教室与其他学校活动之间，行驶的距离大概是 1～3mile？这个数目大概是 200 万。假设我们从第二个群体中挑选样本进行测试，得到的结果表示"肯定会购买"的人所占的百分比是 10%，"可能会购买"的人所占的百分比是 5%（注意，这些数目代表的是被调查者表示在一年内会购买的人数百分比）。进一步假设该公司决定在美国 100 所最大的大学里通过各学院的自行车商店以及在校园报纸上做广告来销售滑板车。通过这样的方式，公司预期目标市场内

30% 的学生能够了解产品，并且有便捷的渠道购买。如果我们使用 $C_{\text{definitely}} = 0.4$ 以及 $C_{\text{probably}} = 0.2$，那么

$$P = 0.4 \times 0.10 + 0.2 \times 0.05 = 0.05$$

因此在第 1 年

$$Q = 2\,000\,000 \times 0.30 \times 0.05 = 30\,000\ （辆）$$

基于概念测试的预期需要进行慎重的思考。有些企业，依据以往类似产品的经验，可以使预测达到所要求的精度。虽然预测确实倾向于与实际销售相关联，但是大部分的个人预测与实际情况相比呈现出较大的偏差。在调查中导致预期销售与实际销售情况不相符的因素包括：

- **口述和社交媒体的重要性**。如果一种产品的好处不能立即显现出来，那么，现有客户的激情会成为引发需求的一个重要因素。通常，这个因素在概念测试中不易被捕获。
- **概念描述的逼真度**。如果在实际的产品与概念测试中对产品的描述有着很大的差别，那么产品实际的销售量与预期的也会有很大的不同。
- **定价**。如果产品的实际价格与调查中显示的价格或者与被调查者预期的价格有着很大的差别，那么对销售量的预期就很可能不准确。
- **促销水平**。对大部分产品来说，广告和其他途径的促销能够增加需求。但是，通过"了解程度 / 有用性"条件或者通过展示概念所需材料制作的预期模型，促销的影响只占了一小部分。

9.7 步骤 7：对结果和过程进行反思

概念测试最大的好处就是能够从真正的潜在客户那里获得反馈。通过与被调查者关于概念所做的开放式讨论得出的定性认识是概念测试（尤其是在早期的研发阶段）最重要的成果。小组应当对证据以及预期的数据结果进行思考。

小组最好从预测模型中三个关键变量的影响来进行思考：市场的总体规模、产品的有用性以及知名度、购买产品的客户所占的百分比。考虑产品的可替代市场有时可以增加第 1 个因素，宣传以及促销计划能够增加第 2 个因素，对产品的设计进行修改（或者广告）来提高产品的吸引力能够增加第 3 个因素。对这些因素的敏感性分析（sensitivity analysis）不仅可以获得更为有用的认识，而且有助于制定决策。例如，小组能够保证与一个零售商的合作关系使得 *A*

增加 20%，这会对销售量产生什么影响？

在反思概念测试的结果时，小组需要询问两个诊断性的问题。首先，概念的交流方式是否能够确保客户的回答反映出真实的趋势？举例来说，如果某个概念最大的优点就是它的外观优美，那么概念交流的方式是否能够确保被调查者能很清楚地了解到这一点？其次，结果的预期是否与相近产品的现有销售量相符？举例来说，如果汽油驱动的 GoPed 滑板车（一种竞争产品）每年能向学生销售 1000 辆，那么为什么 emPower 公司会认为它的产品的销量能达到这个产品的 30 倍？

最后，一种新产品的经验对于将来相似产品可能是很有用的。如果小组对概念测试的结果做出记录的同时能够将这些结果与随后产品开发过程中的观察进行对比校正，那么将是非常有益的。

9.8　小结

概念测试要求目标市场的潜在客户对产品概念的描述做出直接反应。概念测试与概念选择的不同点在于，概念测试基于直接从潜在客户那里获得的数据，并且对开发团队主观判断的依赖程度较小。

- 概念测试能够确认产品概念是否满足客户多方面的需求，能够估计产品的销售潜力，还能为进一步完善概念获得必要的客户信息。
- 概念测试对于开发过程中的几个关键点是非常适用的：初始识别产品机会时、两个或多个概念中选择最合适的概念以便继续开发时、评估产品概念的销售潜力时，以及决定是否继续研发或者决定产品的商业价值时。
- 我们介绍了一种 7 步法来测试产品概念：
  1. 确定概念测试的目的。
  2. 选择调查的人群。
  3. 选择调查的方式。
  4. 沟通概念。
  5. 衡量客户反应。
  6. 解释结果。
  7. 对结果和过程进行反思。

参考文献

许多现有的资源可通过访问 www.pdd-resources.net 获得。

Crawford 和 Di Benedetto 测试了目前市面上销售的一些产品的预测模型。

Crawford, C. Merle, and C. Anthony Di Benedetto, *New Products Management*, eleventh edition, McGraw-Hill, New York, 2015.

Jamieson 和 Bass 描述了解释销售趋势数据的一些方法，同时还讨论了一些因素以解释倾向与行为间的固定联系。

Jamieson, Linda F., and Frank M. Bass, "Adjusting Stated Intention Measures to Predict Trial Purchase of New Products: A Comparison of Models and Methods," *Journal of Marketing Research*, Vol. 26, August 1989, pp. 336-345.

在预测新类别产品的发展趋势时，Mahajan 等人讨论了一些可能有用的模型——扩散模型。

Mahajan, Vijay, Eitan Muller, and Frank M. Bass, "Diffusion of New Products: Empirical Generalizations and Managerial Uses," *Marketing Science*, Vol. 14, No. 3, Part 2 of 2, 1995, pp. G79-G88.

Vriens 与其同事的一项研究说明了口头描述和图片描述导致概念测试结果的不同。

Vriens, Marco, Gerard H. Loosschilder, Edward Rosbergen, and Dick R. Wittink, "Verbal versus Realistic Pictorial Representations in Conjoint Analysis with Design Attributes," *Journal of Product Innovation Management*, Vol. 15, No. 5, 1998, pp. 455-467.

Macomber 和 Yang 比较了向客户表达概念的不同形式，发现被调查人更喜欢详细的表现方法，因此草图风格会影响概念测试的结果。

Macomber, Bryan, and Maria C. Yang, "The Role of Sketch Finish and Style in User Responses to Early Stage Design Concepts," ASME International Design Engineering Technical Conference, August 2011.

Dahan 和 Srinivasan 认为使用网络测试与使用物理模型进行测试得到的结果很相似。

Dahan, Ely, and V. Srinivasan, "The Predictive Power of Internet-Based Product Concept Testing Using Visual Depiction and Animation," *Journal of Product Innovation Management*, Vol. 17, No. 2, March 2000, pp. 99-109.

练习

1. 你能使用哪些不同的方式来与一个新用户就一款汽车音响系统进行交流？每种方式的优势与劣势是什么？

2. 粗略估计下面产品的 N，列出你的假设条件。

   - 空中旅客的睡眠枕头。
   - 家用电子气候监控站（用来监测温度、气压、湿度等）。

思考题

1. 为什么你会认为被调查者一般会高估他们购买产品的可能性？

2. 什么时候使用工作原型来与潜在客户交流概念是不好的？在什么情况使用某种其他形式会更好一些？

附录：估计市场规模

通常，可以与相似产品进行比较，或者与已知的统计人口规模进行比较，来得到市场规模的粗略估计。图表 9-11 和图表 9-12 包含了一些有用的数据。

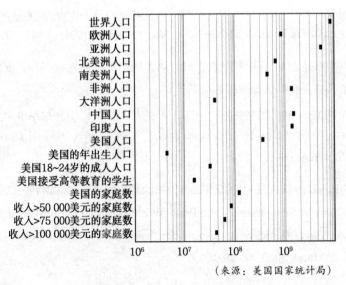

（来源：美国国家统计局）

图表 9-11　2011 年人口统计数据

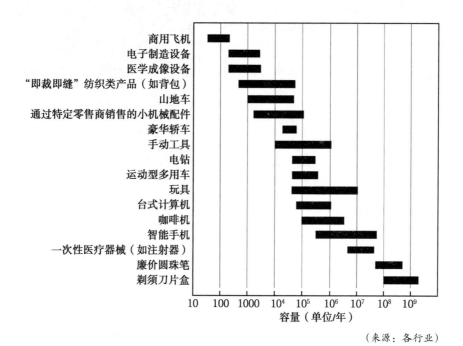

（来源：各行业）

图表 9-12　多种产品的近似年销售量。这些数据表示的是单个制造商生产的典型产品的销量

第 10 章

产品架构

（由惠普公司提供）

图表 10-1　源自同一产品平台的 3 种惠普打印机：办公型、图像处理型以及附带扫描功能的型号

　　惠普公司家用打印机部门的一个产品开发团队正在考虑如何应对增加产品种类的同时减少制造成本的压力，图表 10-1 显示了这个部门的打印机产品。喷墨打印已经成为个人和小型办公彩色打印的主流技术，一台价值不到 200 美元的打印机就可以达到优秀的黑白打印和近乎照片的彩色打印质量。由彩色喷墨打印机市场的增长所驱动，三个主要竞争厂商每年的销量总共有几百万台。但是，随着市场的成熟，商家想要取得成功，就需要使打印机满足各种细分市场的细微要求，并持续降低这些产品的制造成本。

　　开发人员在思考他们下一步工作时，提出了这样一些问题：

- 产品架构对他们提供多样化产品的能力有怎样的影响？
- 不同的产品架构对成本来说意味着什么？
- 产品架构对他们在 12 个月内完成设计的能力有怎样的影响？
- 产品架构对他们管理开发过程的能力有怎样的影响？

　　产品架构（product architecture）是一种分配形式（assignment），它把产品的各功能元素分配给产品的实体构建模块（block）。本章主要讨论如何建立产品架构。建立产品架构的目的是定义产品的基本实体构建模块，包括它们的功能以及它们与设备其余部分的接口。架构方面的决策应该便于把各零部件的设计和测试分配给团队、个人和 / 或供应商来完成，这样就可以使产品不同部分的开发工作能同时进行。

　　在本章接下来的两节中，我们将通过惠普打印机和其他几个产品的实例来定义产品架构，并阐明产品架构设计的重要意义。然后我们将提出一套建立产品架构的方法，并以打印机为例来说明（注意，打印机实例中隐含了某些细节以保护惠普公司专有的产品信息）。介绍了这种方法之后，我们将讨论产品架构、产品多样性和供应链绩效之间的关系，此外我们也提供平台规划（一种与产品架构密切相关的活动）指南。

10.1　什么是产品架构？

　　一个产品可以从功能和实体两方面考虑。产品的功能单元（functional element）是指那些对产品的整体性能有贡献的、独立的运转（operation）和传输（transformation）能力。对打印机来说，"存储纸张"和"与计算机交流"就是其中两个功能单元。各功能单元在确定以某种技术和实体原件来实现之前，往往以示意图的形式加以描述。

　　产品的实体单元（physical element）是最终完成产品功能的零件、部件和子装配件。实体单元随着产品开发的进展而逐渐明确，有的实体单元在产品概念阶段就可以确定下来，而另一些则在详细设计阶段才能确定。以 DeskJet 打印机为例，该产品概念涉及热油墨传递装置，由一个打印墨盒实现。这一实体单元与产品概念紧密联系在一起，并且是开发项目的一个基本设想。

一个产品的实体单元常被组合成几个主要的部分，我们称之为组件（chunk），每一个组件由若干完成产品相应功能的零件组成。*产品架构*（product architecture）就是以实体组件来实现产品的各功能单元并使各组件相互作用的配置方案。

产品架构最重要的特征是它的模块化程度。图表 10-2 所示的是自行车刹车与变速手柄的两个不同的设计方案。在传统的设计中（见图表 10-2a），变速手柄和刹车柄是两个独立的组件，并安装在自行车的不同部位。这个设计体现了一种模块化的构造。在图表 10-2b 所示的新型设计中，变速手柄与刹车柄被设计在同一组件中，从而体现了一种集成化的构造——这是受到气动原理和人体工程学原理的启发而做出的改进。

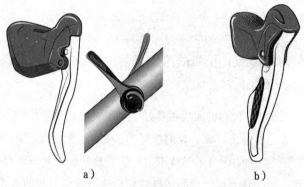

a)   b)

图表 10-2　自行车刹车和变速手柄的两个设计方案。图 a 体现了一种模块化的架构，
　　　　　图 b 是更加集成化的架构

模块化架构（modular architecture）有以下两个特点：

- 各个组件分别实现一个或多个功能。
- 组件之间的相互关系是明确的，并且这种相互关系往往是实现一个产品功能的基础。

模块化架构的极致是每个功能单元恰好被一个组件完成，并且组件之间有定义良好的交互。这种架构允许在不改变其他组件的情况下，只改变单一组件而不影响产品的功能。各组件还可以相互独立地设计。

与模块化架构相对的是集成化架构（integral architecture），集成化架构一般具有下列特征：

- 产品的每个功能单元都由多个组件来实现。

- 每个组件参与多个功能单元的实现。

- 组件之间的相互关系并不明确，这种相互关系对产品的基本功能来说不一定重要。

具有集成化架构的产品在设计思路上往往力求具备最完善的性能，产品各功能单元的实现可以由多个组件共同完成。组件之间的界限很难划分，甚至不存在。为了优化产品某方面的性能，许多功能单元被合并为若干个实体原件。但是正因为如此，任何一个零部件的修改都要求对产品进行重新设计。

模块化只是产品架构的相对特征。很少有产品是完全模块化或集成化的。但正如图表 10-2 所示的两个方案那样，通过相互比较，就可以看出不同产品架构之间模块化程度的高低。

10.1.1　模块化架构的类型

模块化架构有三种类型：槽型、总线型和组合型（Ulrich, 1995）。每种类型都体现一种功能单元和组件与特定的接口之间的一对一映射，这些类型的不同之处在于组件间接口的组织形式。图表 10-3 显示了这些架构类型之间的概念差别。

- **槽型模块化架构**（slot-modular architecture）。槽型模块化架构中组件间的每个接口都与其他接口类型不同，因此产品中的不同组件不能互换。汽车收音机就是槽型模块化架构中一个组件的例子，收音机只实现一个功能，但是它的接口与汽车中的任何一个其他组成部分都不同（例如，收音机和速度计与仪表盘的接口类型是不同的）。

- **总线型模块化架构**（bus-modular architecture）。在总线型模块化架构中有一个通用的总线，其他组件通过相同类型的接口连接到这个总线上。总线型模块化架构组件的常见实例是个人计算机的扩展卡。非电子类产品也可以按照总线型模块化架构来制造，轨道照明、带轨道的货架系统和汽车的可调式顶架都体现了总线型模块化架构。

- **组合型模块化架构**（sectional-modular architecture）。在组合型模块化架构中，所有的接口都是同种类型的，但是没有一个所有组件都与之相连的元件。组装是通过将组件以同样的接口互相连接而成的。许多管道系统都是组合型模块化架构，还有分体沙发、办公室隔板和一些计算机系统也属于这种类型。

槽型模块化架构是最常用的模块化架构，因为对于大多数产品来说，每个组件都需要一个不同的接口，以适应该组件与产品其余部分间的交互。总线型模块化架构和组合型模块化架构适用于整个产品的配置变化较多但其组件可以以标准的方式与产品其余部分连接的情形。当所有组件都使用同种类型的电源、流体连接、结构附着或信号交换时就会出现这种情况。

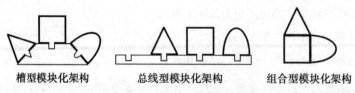

槽型模块化架构   总线型模块化架构   组合型模块化架构

图表 10-3   三种类型的模块化架构

10.1.2   何时确定产品架构？

在概念开发阶段，产品架构就开始出现，但这时的产品架构是不正式的——表现为草图、功能图和概念开发阶段的早期原型。通常，基础产品技术的成熟度决定了产品架构是在概念开发阶段还是系统设计阶段被完全确定。当新产品是对已有产品概念进行改进时，产品架构是在产品概念开发阶段确定的，其原因是：第一，产品的基础技术和工作原理已经被预先确定，因此，概念开发工作主要集中于以更好的方式来实现既定的产品概念；第二，当一个产品种类成熟后，供应链（即生产和销售）的考虑和产品多样性的问题开始变得越来越显著。产品架构是影响企业有效提供多样化产品能力的最重要开发决策之一，产品架构因此成为产品概念的中心元素。然而，当新产品是同类产品中的第一个时，概念开发主要集中在产品所依据的基本工作原理和技术，在这种情况下，产品架构通常是系统设计阶段的首要任务。

10.2   产品架构的内涵

如何把产品分解为若干组件以及产品架构模块化程度的决策与许多重大问题相关，如产品改进、产品多样性、零部件标准化、产品性能、可制造性和产品开发管理等。因此，产品架构关系到企业的市场营销战略、生产能力以及产品开发管理的决策。

10.2.1   产品改进

组件是构成产品的实体模块，而产品架构决定了这些模块与产品功能的关系。因此，产品架构也决定着怎样对产品进行改进。模块化架构允许在不影响其他组件的情况下，只对产品中若干独立的功能单元进行修改。而要对集成化架构中的组件进行修改，则可能会影响许多功能单元，需要对有关的组件同时进行修改。

促使企业进行产品改进的原因包括：

- **升级**（upgrade）。随着技术能力和用户需求的发展，产品必须不断升级以适应这种发展。例如更新打印机的主板，或者在制冷系统中更换一个更强劲的制冷泵。

- **附加组件**（add-ons）。许多产品是制造商作为基本功能体出售的，在此基础上客户再根据自己的需要添加一些可能由别的制造商生产的原件，这种类型的产品改进在个人计算机产业中很常见（例如，客户可以在一台普通的计算机上添加更大容量的存储装置）。

- **适应性**（adaptation）。一些寿命期较长的产品可能应用在多种不同环境中，这就需要产品具有一定的适应性。例如，有些机床需要在110～220V电压下正常工作，有些发动机要能够同时适用汽油和丙烷作为燃料。

- **磨损**（wear）。产品的部分元件在使用过程中可能会磨损，为延长整个机器的寿命，像剃须刀的刀片、汽车的轮胎、大多数转动轴承以及许多机器的电机等都需要经常更换。

- **易耗品**（consumption）。一些产品在运行的过程中需要经常更换易耗材料。例如，复印机和打印机的墨盒、照相机的胶卷、胶棒里的胶水、喷灯里的燃气、手表里的电池等，这些易耗品都是需要经常更换的。

- **使用的灵活性**（flexibility in use）。一些产品可以由客户配置以满足客户的不同需求。例如，许多35mm的照相机能与不同的镜头和闪光灯配合使用，有的帆船能够挂几种不同的帆，有的鱼竿应与几种绕线卷筒配合使用。

- **再利用**（reuse）。在开发后续产品时，企业往往希望能保留那些仍可利用的功能单元或部分。例如，电子仪器的制造商往往希望通过仪器内部零部件的变更改变用户界面，通过改变外形来更新产品线。

在以上这些例子中，模块化架构可以使制造商在获得功能改进时，只对产品做最小的实体改动。

10.2.2 产品多样性

多样性（variety）是指企业在特定的时期内为适应市场的需求而生产的产品范围。模块化架构的产品可以在不增加制造和供应链系统复杂性的条件下，实现产品的多样性。例如，Swatch公司可以生产数百种不同的手表，但这种多样性却是以相当低的成本通过装配各种标准组件的组合而实现的（如图表10-4所示）。很多种不同的表针、表盘、表带与选择范围相对较小的内部传动装置和表壳的不同搭配，创造了无穷无尽的产品组合。

10.2.3 零部件标准化

零部件标准化是指在多种产品中应用同样的零件或组件。如果一个组件可以实现一个或几个有广泛用途的功能单元，那么这个组件就可以被标准化，从而应用在几种不同的产品上。这种标准化使得企业能够大批量地进行该组件的生产，从而降低成本，提高质量。例如，图表 10-4 所示的 Swatch 公司的各种手表的机芯都是相同的，可以实现标准化。当几个制造商的产品都需要用到同一供应商生产的零件或组件时，也有必要对该零件或组件实施标准化。例如，图表 10-4 所示手表的电池就是由一个供应商提供的，它们被许多厂家的产品线所采用。

（由 Stuart Cohen 提供）

图表 10-4　Swatch 公司采用模块化架构形成了产品的多样性

10.2.4　产品性能

我们把产品性能（product performance）定义为产品实现期望功能的程度。典型的产品性能指标包括速度、效率、寿命、精度及噪音等。集成化的产品架构有助于整体性能指标和那些取决于产品的尺寸、形状或质量的指标的优化。这些指标包括加速度、能耗、空气动力阻力、噪音及美观性。以摩托车为例，在传统的摩托车架构中，结构支撑功能由一个框架组件完成，而动力转换功能则由传动装置完成。图表 10-5 是宝马（BMW）公司 S1000RR 型摩托车的照片，在这种摩托车的架构中，结构支撑功能和动力转换功能均由传动组件完成。这种集成化的架构使得设计人员可以通过开发传动装置的附属结构，以避免采用单独车架时所带来额外的尺寸和体积的增加。这种由同一实体单元同时实现多种功能的方式被称为功能共享（function sharing）。集成化的架构还可以通过功能共享（如上面摩托车的例子）来减少冗余部分，并通过零部件之间的几何嵌套使产品占用空间最小化。这种功能共享和嵌套还可以节省材料，潜在地降低产品的制造成本。

图表 10-5   宝马（BMW）S1000RR 型摩托车。这种摩托车传动装置的设计体现了功能共享或集成化架构的思想

10.2.5   可制造性

除了上面提到的产品多样性和零部件标准化对成本的影响外，产品架构也会对开发人员能否设计出制造成本尽可能低的组件产生影响。面向制造的设计（DFM）策略中一个很重要的原则就是通过零件的集成使产品中零部件的数量最小化。然而，为了保持一个既定的架构，实体单元的集成只能局限在每个组件之中。组件之间的零件集成即使可能，也非常困难，并且会使产品的架构发生较大的改变。由于产品架构在这方面限制了后续的详细设计决策，因此开发团队必须考虑这种架构对可制造性的影响。正因如此，在进行组件规划的系统设计阶段，DFM 就开始被考虑了（关于 DFM 的实施细节，详见第 13 章）。

10.2.6   产品开发管理

每个组件的详细设计一般都分配给企业内部的设计小组或其他供应商来完成。之所以把这种设计交给个人或小组来完成，是因为这种设计要求对组件内部零件之间的相互作用、几何关系和其他方面提出具体的解决方案。对于模块化架构，组件的设计人员只需关注该组件与其他组件之间已知的、相对有限的、功能方面的联系。如果加入产品的一个功能单元由两个组件来完成（这是在集成化架构中经常出现的），那么在进行组件的详细设计时，就需要两个组件的设计人员密切合作。这种合作比起模块化架构中由两组人员分别设计两个不同的组件时所进行的合作更加复杂、更富有挑战性。基于这个原因，当一个开发小组需要依靠外部供应商或其他成员比较分散的小组时，一般选择模块化的产品架构，这样开发任务就可以根据组件的边界来分配。另一种选择是把几个功能单元都集中到一个组件中，这样，设计该组件的小组的工作就会涉及范围更广的内部协作。

模块化架构和集成化架构还要求采用不同的项目管理方式。模块化架构设计管理的方法要求在系统设计阶段进行仔细规划，而详细设计阶段主要保证各组件的设计符合相应的性能、成本和时间进度方面的要求。而集成化架构设计的管理方法在系统设计时不要求过于细致的规划，但在详细设计时，则需要更多的整合、解决冲突和协作工作。

10.3   建立产品架构

因为产品架构对于后续的产品开发工作以及产品的制造和销售都有着深远的影响，所以它要在跨职能的工作中加以确定。这一工作最终要确定产品的几何结构、主要组件的描述以及组件之间重要相互关系的说明。我们推荐在确定产品架构时采用一个四个步骤的方法来构建决策过程，下面以 DeskJet 打印机为例来说明，这四个步骤为：

1. 创建产品示意图。
2. 对示意图中的部分（元素）进行聚类。
3. 设计简略的几何结构。
4. 确定基本的和附属的相互作用关系。

10.3.1   步骤 1：创建产品示意图

示意图（schematic）反映了开发人员对产品组成部分的认识。DeskJet 打印机的示意图如图表 10-6 所示，在产品概念设计的后期，示意图中的某些部分是实体概念（如进 / 出纸通道），有些部分是与关键元件相对应的（如开发人员准备采用的墨盒）。而另一些部分仅仅在功能上进行描述，即那些还没有形成实体概念和具体元件的功能单元，例如，"显示状态"是打印机所需要的功能单元，但特定的显示方法还没有确定。那些已经形成了实体概念或者具体元件的部分通常是开发人员所构想的产品概念中的关键，而没有形成实体概念的部分一般是产品较次要的功能单元。

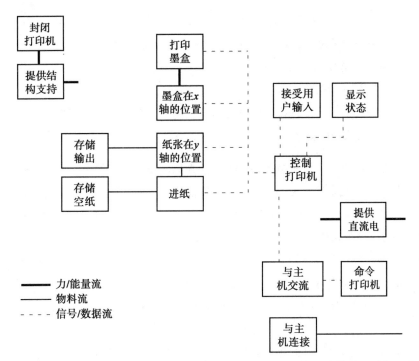

图表 10-6 DeskJet 打印机方案示意图。注意，图表中显示的是功能单元（如"存储输
出"）和实体元件（如"打印墨盒"）。为清晰起见，并非所有单元间的连接都
在图表中表示出来

示意图是开发人员对产品概念的最好诠释，但它不必包含所有可以想到的细节，例如"感
知出纸状况"或"屏蔽收音机发射频率"等。这些以及其他更具体的功能单元将在下一步予以
考虑。根据经验，为了便于确立产品的架构，示意图最好以少于 30 个部分来表示。如果产品
很复杂，涉及数百个功能单元，那么最好省略一些次要的部分，并把一些功能加以归并，等
到以后再予以差异化（参考 10.6.1 节）。

这种示意图并不是唯一的。绘制示意图时所做的选择（如功能单元的选择和配置）部分地
确定了产品的架构。例如，功能单元"控制打印机"在图表 10-6 中以一个独立的集中单元来
表示，另一种方案是把系统中每个单元的控制部分分开放置。因为在示意图中留有许多调整
的余地，开发人员应该设计若干种方案，并选取其一，以便确立最好的产品架构。

10.3.2 步骤 2：对示意图中的部分（元素）进行聚类

步骤 2 的任务是把示意图中的每个部分都划分到相应的组件中。图表 10-7 所示的是一种

划分方案，其中采用了 9 个组件。这是 DeskJet 打印机开发人员采取的方案，还有一些其他的聚类方案。在最极端的情况下，示意图中每个元素构成一个组件，形成 15 个组件。另一个极端是在一个大组件上集成产品的所有元素。事实上，考虑所有可能的聚类方案，可以形成数千种选择。为了控制这些选择的复杂性，可以假定每个元素都形成一个独立的组件，然后在有利的情况下不断合并。为了确定哪些合并是有利的，需要考虑以下因素，这些因素反映了前文所讨论的产品架构的内涵：

- **几何集成与精确性**。把示意图中的几个元素集成到一个组件中，可以使设计人员更好地控制这几个元素的实体关系。这样，就能使处于同一组件中需要精确定位或紧密集成的元素得到最好的设计。对于 DeskJet 打印机来说，这意味着将与墨盒在 x 轴的定位和纸张在 y 轴的定位有关的元素划分到一个组件中去。

- **功能共享**。当一个单独的实体组件可以实现产品的若干功能元素时，这些功能元素最好集成在一起。宝马公司摩托车的传动装置就是一个功能共享的例子（见图表 10-5）。对于 DeskJet 打印机来说，开发人员认为状态显示和用户控制可以集成在同一个组件中，所以决定把这两个功能集成到一起。

- **供应商能力**。一个可靠的供应商可能具有与产品开发密切相关的某种能力。为了很好地利用这种能力，开发人员会把那些供应商有制造经验的元素集成到同一个组件中，并交给供应商生产。在 DeskJet 打印机的设计中，内部团队完成了大多数的工程设计工作，因此这不是主要考虑的问题。

- **设计或生产技术的相似性**。当两个或更多的功能单元可能用同样的设计或生产技术完成时，将这些元素集成到同一组件中将会使设计或生产更加经济。例如，一个普遍的策略是将所有涉及电子装置的功能集成到同一个组件中，将可以用一个电路板实现所有这些功能。

- **集中修改**。当开发人员预计某些元素可能要进行大量修改时，就有必要把该元素独立为一个模块化的组件，这样对该组件的修改就不会影响到其他的组件。惠普公司的设计人员预计在产品生命周期中对其外观进行修改，所以选择将外壳元素单独设计为一个组件。

- **适合多样化**。示意图中各元素的聚类应该有利于企业按照客户的具体要求对产品进行改动。打印机将在世界上有不同电力标准的各个地区销售。所以，开发团队为与提供直流电有关的元素建立了单独的组件。

- **标准化**。如果一组元素在其他的产品中也可以使用，那么应该把它们集成到一个组件中。这样可以提高组件中各实体元素的生产质量。惠普公司内部标准化的主要目的是使用现有的打印墨盒，因此将这一元素保留为一个单独的组件。

- **关联的便利性**。有些相互作用可以在长距离内方便地传递。例如，电子信号比机械运动易于传输。所以，相互之间具有电子联系的元素很容易彼此分离。对于流体联系的元素也是如此，只是程度小一些。这种流体和电子联系的性质使惠普公司的开发人员可以把控制交流功能集成到一个组件中。相反，与纸张处理有关的元素则在几何上受到必要的机械作用的很多限制。

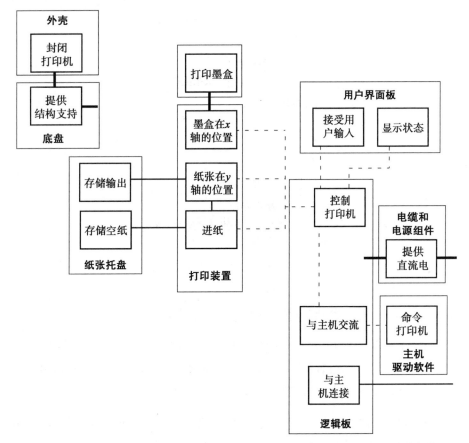

图表 10-7　将部分（元素）聚类为组件（9 个组件组成了 DeskJet 打印机的架构）

10.3.3　步骤 3：设计简略的几何结构

几何结构可以采用草图、计算机模型或物理模型（例如纸板或泡沫制成的模型）在二维平面或者三维空间中进行设计。图表 10-8 显示了 DeskJet 打印机的几何结构，其中标明了各主要组件的位置。设计几何结构时，设计人员要考虑组件之间的几何关系是否可以实现，并确定组件间的基本空间关系。通过考虑打印机的一个横截面，设计人员认识到在纸张托盘可以存储的纸张数和机器的高度之间存在一个基本的权衡。与前两个步骤一样，在这个步骤中，开发人员也会设计几个备选方案，比较后从中选取一个最好的方案。选择的标准与步骤2的元素聚类问题密切相关。有时候，开发人员会发现步骤2中的聚类在几何上是不可行的，这就需要把一些元素重新安排到其他组件当中。当产品的美学和人机界面问题非常重要并且与各组件的几何安排密切相关时，简略的几何结构设计就应该在工业设计师的协助下进行。

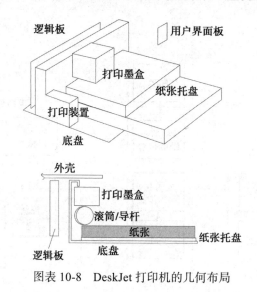

图表10-8　DeskJet打印机的几何布局

10.3.4　步骤4：确定基本的和附属的相互作用关系

各个组件可能是由不同的个人或团队设计的。组件之间存在着确定或不确定的相互作用关系，所以各个团队要协调他们的设计，交流各自的信息。为了更好地管理这种协作过程，开发人员应该在系统设计阶段明确组件之间已知的相互作用关系。

组件之间的联系有两种类型。首先是基本的相互作用关系（fundamental interaction），它与示意图中连接各组件的那些线条相对应。例如，一张纸从纸张托盘移动到打印装置中，因为基本的相互作用关系是系统运行的基础，所以，在最早设计示意图时就应该计划好，并且很好地加以理解。其次是附属的相互作用关系（incidental interaction），它是功能单元特定的实体实现或组件之间具体的几何排列产生的相互作用。例如，纸张托盘中的传动器所引起的振动会干扰打印墨盒在 x 轴的精确位置。

当示意图的各元素被划分成各个组件之后，基本的相互作用关系就已经清晰地表达出来了，而附属的相互作用关系必须以其他方式加以描述。如果只含有较少数量的关联组件（少于 10 个），那么关联图（interaction graph）可以方便地表达它们之间附属的相互作用关系（见图表 10-9）。对于较大的系统，这种关联图会变得混乱，这时可以采用关联矩阵（interaction matrix）来表示基本的和附属的相互作用关系。关联矩阵也可以根据功能元素之间的相互关系的数量把各功能元素划分为组件。关于这种矩阵的实例，请参考 Eppinger（1997）。

图表 10-9 表明了振动和热形变是产生热量和进行定位操作的组件之间附属的相互作用关系。这些关系会给系统的开发带来挑战，要求开发人员必须加强内部协作。

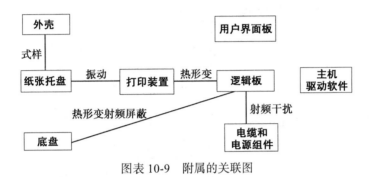

图表 10-9　附属的关联图

我们可以根据组件之间交互的映射来指导和管理后续的开发设计工作。有重要交互的组件应交给那些彼此交流和协作紧密的开发小组来设计。相反，与其他组件交互很少的组件可以交给相对独立的小组来设计。Eppinger（1997）提出了一种基于矩阵的、度量大项目对系统协作需求的方法。

通过认真的前期协作，也有可能使两个关联组件的后续开发完全独立。尤其是当两个组件可以通过某个特定的接口发生联系时，这一点很容易实现。基本的相互作用关系的接口比较容易设计，而附属的相互作用关系的接口设计起来比较困难。

随着产品系统设计和详细设计的进行，开发人员对组件之间附属的相互作用关系（有时也包括基本的相互作用关系）的认识会不断深化，示意图、关联图或关联矩阵可以反映出这种认识的深化。子系统、模块和部件之间的交互网络有时被称为系统架构。

10.4　延迟差异化

当一个公司提供几种不同的产品时，产品架构是供应链（supply chain）绩效的一个关键决定因素。供应链是连接原材料和各部件以制成用户手中产品的一系列生产和销售活动。

假设有三种不同的打印机，每种要适应三个不同地域的不同电力标准，考虑在供应链中的哪一点产品将被唯一地确定为三种不同产品中的一种。假设供应链由三种基本活动组成：装配、运输和包装。图表 10-10 显示了产品在供应链中移动时不同种类产品的数量变化情况。在场景 A 中，组装阶段确定了三种不同的打印机，然后运输、包装。在场景 B 中，组装活动被分为两个阶段，产品的大部分是在第一个阶段被组装的，然后运输，组装完成，最后包装。在场景 B 中，与电源转换相关的部件是在运输后组装的，因此产品直到接近供应链的末端时才出现差异化。

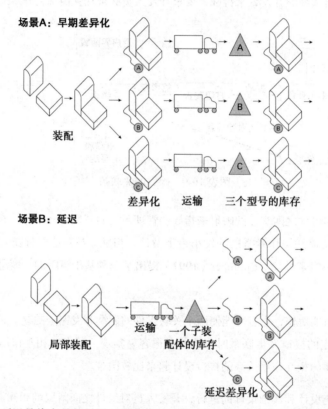

图表 10-10   延迟是将产品的延迟差异化推迟到供应链的末端。在场景 A 中，3 种不同的产品是在组装中和运输之前被确定的。在场景 B 中，3 种不同产品是直到运输之后才被确定的

将产品的差异化推迟到供应链的末端称为延迟差异化（delayed differentiation），或简称为延迟（postponement），并通过降低库存大量减少供应链的运营成本。对大多数产品（尤其是创新产品）来说，对产品每个版本的需求是不确定的，也就是说，有一部分需求随着时间随机变化，在这种需求不确定情况下提高产品的可获得性（availability），要求在供应链末端的某处保

持库存。(要理解为什么是这样的，想象一下麦当劳公司如果只是在订单下达之后才开始将马铃薯削皮、切片和煎炸的话，如何对薯条每时每刻的需求波动做出反应。实际上，它保持一定量做好的炸薯条库存，可以迅速地包装并出售。)对打印机来说，在生产和销售地之间用船进行运输需要几周的时间，为了积极响应需求的波动，必须在运输之后保持一定的库存。既定产品可获得性的目标水平所要求的库存数量是需求变化程度的函数。

延迟差异化可以大量减少库存的成本，因为对于产品基本元素(例如框架)需求的随机性比对不同产品的差异化部件的需求要小。这是由于在大多数情况下对于产品的不同版本的需求是不相关的，因此，当某种版本产品的需求很大时，可能该产品其他版本的需求会很小。

延迟差异化有两个必要的设计原则：

- **产品中的差异化元素必须集中到一个或少数几个组件中**。为了通过一个或少数几个简单的步骤将产品差异化，产品的差异化属性必须被产品的一个或少数几个部件所确定。考虑不同地区对打印机电源要求不同的情况，如果适合美国 120V 电源标准的产品与适合欧洲 220V 电源标准的产品之间的差别与分布在整个产品中的几个组件都有关系(如电线、电源开关、变压器、整流器等，都在不同的组件中)，那么将无法在不延迟这些组件组装的情况下延迟产品的差异化(见图表 10-11a)。如果这两种型号的唯一区别在于一个包含电线和电源"盒"的组件，那么这两种产品之间的区别只需要一个不同的组件和一个组装步骤(见图表 10-11b)。

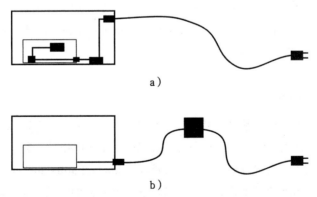

a)

b)

图表 10-11　为了能够实现延迟，产品的差异化属性必须集中在一个或少数几个组件中。
　　　　　　a)提供电源是通过电线、密封盖、底盘和逻辑板来完成的。b)提供电源由
　　　　　　电线和一个电源"盒"完成

- **在设计产品和生产流程时必须考虑差异化组件能够在供应链的末端加入产品中**。即使

产品的差异化属性只与一个组件有关，延迟也可能无法实现。这是因为组装过程或产品设计的限制要求这一组件必须在供应链的早期阶段被组装。例如，人们可以设想打印机的客户包装（例如，印刷纸箱）是一个主要的差异化组件，这是因为不同的市场有不同的语言要求。如果将产品从工厂运输到销售中心要求将打印机装到纸箱中，那么将无法延迟产品在包装类型上的差异化。为了避免这一问题，惠普公司设计了一种巧妙的包装方案，即在一个大的集运架的每一层中用模型托盘定位几十个打印机，这样就可以用塑料薄膜将集运架包装起来并直接装入集装箱中。这种方法使得纸箱的差异化可以在打印机运输到销售中心并安装合适的电源装置后进行。

10.5 平台规划

惠普公司为不同需求的客户提供多种 DeskJet 产品。为描述这些需求，将客户分为三种类型：家庭、学生和小型办公 / 家庭办公（Small-Office/Home-Office，SOHO）。为服务这三种客户，惠普公司可以开发三种完全不同的产品，也可以对这三种客户只提供一种产品，还可以通过打印机中一部分组件的不同对产品进行差异化（见第 4 章中的相关论述）。

产品架构的一个理想特性是使公司能够提供两种或多种高度差异化但又共享大部分组件的产品，被这些产品共享的（包括组件设计）所有资产，称为产品平台（platform）。产品平台规划涉及差异性和共性之间的基本权衡。一方面，提供一个产品的几个明显不同的版本（类型）可以带来市场效益。另一方面，最大化这些不同产品共享通用组件的程度，可以带来设计和制造效益。两种简单的信息系统使团队可以进行这一权衡：差异性设计（differentitation plan）和共性设计（commonality plan）。

10.5.1 差异性设计

差异性设计清楚地表明了从客户和市场的角度出发，不同类型产品之间的不同之处。图表 10-12 是一个差异性设计的例子。这一设计方案由一个矩阵组成，行代表打印机的差异化属性，列代表产品的不同版本或型号。差异化属性（differentiating attribute）是指那些对于客户和产品之间的差异都很重要的产品属性，这些属性在不同的产品中是不同的。差异化属性通常在产品规格中加以说明（见第 6 章中相关介绍）。团队使用差异性设计来确定不同产品的差异，在没有限制的情况下，差异性设计将与每个不同产品的目标市场中客户的偏好相一致。遗憾的是，这种设计通常意味着产品十分昂贵。

差异化属性	家庭	学生	SOHO（小型办公／家庭办公）
黑白打印质量	"近乎激光"质量 300dpi	"激光"质量 600dpi	"激光"质量 600dpi
彩色打印质量	"近乎图像"质量	与 DJ600 相同	与 DJ600 相同
打印速度	6 页 /min	8 页 /min	10 页 /min
占地面积	360mm 长 ×400mm 宽	340mm 长 ×360mm 宽	400mm 长 ×450mm 宽
纸张存储量	100 页	100 页	150 页
类型	普通用户	年轻用户	商用
与计算机的连接	USB 和并行接口	USB	USB
操作系统兼容性	Macintosh 和 Windows	Macintosh 和 Windows	Windows

图表 10-12　三种打印机的差异性设计实例

10.5.2　共性设计

共性设计清楚地表明了不同产品在实体上的相同之处。图表 10-13 是一个打印机共性设计的例子。这一设计方案由一个矩阵组成，行代表产品的组件，第 3～5 列分别代表三种不同类型的产品，第 2 列表示这一设计中每种类型组件的数量，团队在剩余列的每个位置中填入用来组成产品的每种不同组件的标志。在没有限制的情况下，大多数制造工程师都会选择在不同类型的产品中使用同种组件。然而，这种策略将使产品之间没有差异化。

组件	类型的数量	家庭	学生	SOHO
打印墨盒	2	"Magnet"墨盒	"Picasso"墨盒	"Picasso"墨盒
打印装置	2	"Aurora"系列	窄 "Aurora"系列	"Aurora"系列
纸张托盘	2	先进先出	先进先出	高度先进先出
逻辑板	2	"Next gen"板 有并行接口	"Next gen"板	"Next gen"板
外壳	3	家用型	年轻型	柔和办公型
驱动软件	5	A-PC 版本 A-Mac 版本	B-PC 版本 B-Mac 版本	C 版本

图表 10-13　三种打印机的共性设计实例

10.5.3　差异性和共性之间的权衡

平台规划面临的挑战是解决差异化产品的期望和产品共享更多组件的期望之间的矛盾。在差异性设计和共性设计之间需要权衡。例如，学生型打印机有占地面积小的优点，这对空间意识很强的大学生来说可能很重要。然而，这一差异化属性意味着学生打印机需要一种不同的打印装置组件，这有可能增加打印机设计和生产的投资。这种使产品适合目标市场期望和使投资最小期望之间的矛盾在团队试图使差异性设计和共性设计一致时十分突出。我们为解决这一矛盾提供以下几条原则：

- **平台规划的决策应该基于对成本和收入的定量估计**。估计市场份额 1% 的增长将带来的利润收益是一个有用的基准，以此可以用来衡量增加一个组件的额外版本（类型）所带来潜在的制造成本和供应链成本的增加。在估计供应链成本时，团队必须考虑差异性设计中的差异化可以被延迟的程度，或这种差异化是否必须在供应链的早期阶段进行。
- **迭代是有益的**。根据我们的经验，团队在基于大致的信息进行多次迭代后做出的决定比在细节上耗费精力而进行较少迭代更好。
- **产品架构决定了差异性和共性之间权衡的本质**。差异性和共性之间权衡的本质是不固定的。通常，模块化架构比集成化架构有更高的共享组件比例，这意味着当面临差异性和共性之间很难解决的冲突时，团队应该考虑备选的架构方案，这些方案可能会同时增强差异性和共性。

在打印机的例子中，差异性和共性之间的矛盾可以通过妥协来解决。稍微窄一些的学生型打印机的收益不可能超过制造完全不同的更窄一些的打印机的成本。打印机涉及大量的工艺投资，制造不同的打印装置的成本可能很高。而且，由于打印装置是在供应链的早期阶段制造的，如果需要不同的打印装置，延迟差异化将无法实现。出于这些原因，团队可能选择使用一个通用的打印装置，而放弃占地面积更小的学生型打印机可能带来的收益。

10.6 系统设计的相关问题

建立产品架构的四步法可以指导早期的系统设计工作，但许多细节的工作还有待解决。下面，我们讨论一些后续系统设计的有关事项及其对产品架构的影响。

10.6.1 确立子系统

图表 10-6 只反映了产品的关键元素，还有许多功能单元没有表示出来，并且其中的某些功能单元只能随着系统设计的进行才可以详细说明。这些额外的功能单元组成了产品的子系统（secondary system），其中包括安全系统、动力系统、状态监控、结构支撑和外壳等，其中一些系统（如安全系统）将跨越几个组件。幸运的是，子系统通常采用电缆和管道等弹性连接，可以在产品主要结构设计确定之后再考虑。跨组件的子系统会带来一些特殊的问题：假如

该子系统由位于几个组件中的零件组成，那么是否应该把该子系统的设计交给一个单独的开发小组或个人来完成呢？或者，是否该由承担设计各组件的开发小组或个人通过内部协作来完成子系统的设计呢？实际上，被采用较多的是前者，即由专门的人员来设计子系统。

10.6.2 确立组件架构

某些复杂产品组件本身就是一个非常复杂的系统。例如，DeskJet打印机的每个组件都涉及数十个零部件。每个组件都可以有它自己的架构——划分为更小组件的方案。这一点本质上与整个产品架构的确立是一样的。组件的架构设计几乎和产品整体架构的设计具有同等重要的地位。例如，打印墨盒包括对四种颜色油墨中的每一种油墨进行储存和传送油墨的子功能，对于这一组件，有几种可能的结构方案，如对每种颜色的油墨使用单独可替换的墨盒。

10.6.3 确立详细的接口规格

随着系统设计的深入，由图表10-6中的线条所表示的组件间的基本相互关系会更加具体地体现为信号传输、物料流动和能量交换。随着不断的设计细化，应进一步澄清组件之间的接口规格。图表10-14概述了打印机的黑色墨盒和逻辑板之间可能的接口规格。这些接口表示了组件之间的"联系"，并经常在正式的规格说明文件中被详细描述。

线条	名称	属性
1	PWR-A	+12VDC，5mA
2	PWR-B	+5VDC，10mA
3	STAT	TTL
4	LVL	100KΩ~1MΩ
5	PRNT1	TTL
6	PRNT2	TTL
7	PRNT3	TTL
8	PRNT4	TTL
9	PRNT5	TTL
10	PRNT6	TTL
11	GND	

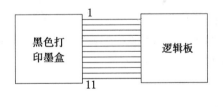

图表 10-14　黑色打印墨盒和逻辑板之间的接口规格

10.7　小结

产品架构是把产品的各个功能单元组合成实体组件的方案，产品架构在新产品概念开发和系统设计阶段就应确定下来。

- 产品架构的决策对产品开发具有深远的影响，会影响到产品改进、产品多样性、零部件标准化、产品性能、可制造性以及产品开发管理等问题。
- 产品架构的关键特征是它的模块化和集成化的程度。
- 在模块化的架构中，每个实体组件实现特定的功能单元，并和其他组件有明确的相互作用。
- 存在三种模块化架构：槽型模块架构、总线型模块架构和组合型模块架构。
- 在集成化的架构中，一个功能单元由多个组件来完成，所以组件之间的相互关系并不十分明确。
- 我们推荐采用一个四个步骤的方法来确立产品的架构：
  1. 创建产品示意图。
  2. 对示意图中的部分（元素）进行聚类。
  3. 设计简略的几何结构。
  4. 确定基本的和附属的相互作用关系。
- 四步法可在初步的架构设计中指导开发人员的工作，后续的系统设计和详细设计应进一步完善产品架构的各个细节。
- 产品架构使延迟（即延迟的产品差异化）成为可能，这将节约大量潜在成本。
- 架构选择与平台规划紧密相连，在考虑不同版本（类型）的产品适合不同的市场细分时，需要在差异性和共性之间进行权衡。
- 由于产品架构的深远影响，所以这方面的设计工作必须考虑市场因素、制造因素和后续的设计开发工作。

参考文献

许多现有的资源可通过访问 www.pdd-resources.net 获得。

产品架构的概念及其意义在下面这篇文献中给予了更加透彻的阐述。

Ulrich, Karl, "The Role of Product Architecture in Manufacturing Firm", *Research Policy*, Vol. 24, 1995, pp.419-440。

在系统工程文献中，建立产品架构所涉及的许多问题都是从稍微不同的角度来处理的。Crawley 等人考虑了系统架构中的许多技术问题。Hall 提供了一个概述以及许多相关参考资料。

Maier 和 Rechtin 讨论了复杂系统的架构。

Crawley, Edward, Bruce Cameron, and Daniel Selva, *Systems Architecture: Strategy and Development for Complex Systems*, Pearson, Harlow, UK, 2016.

Hall, Arthur D., III, *Metasystems Methodology: A New Synthesis and Unification*, Pergamon Press, Elmsford, NY, 1989.

Maier, Mark W., and Eberhardt Rechtin, *The Art of Systems Architecting*, third edition, CRC Press, Boca Raton, FL, 2009.

Pine 在大规模定制和有关多样性生产的文章中，论述了产品架构和产品多样性之间的关系。

Pine, B. Joseph, II, *Mass Customization: The New Frontier in Business Competition*, Harvard Business School Press, Boston, MA, 1992.

Alexander 和 Simon 都是最早讨论将系统分为关联最少的组件的研究者。

Alexander, Christopher, *Notes on the Synthesis of Form*, Harvard University Press, Cambridge, MA, 1964.

Simon, Herbert, "The Architecture of Complexity" in *The Sciences of the Artificial*, third edition, MIT Press, Cambridge, MA, 1996.（基于最早见于 1965 年的一篇文章。）

Eppinger 及其同事提出了一种基于矩阵的方法以帮助分析由组件之间相互关系和完成这些组件的开发团队情况所确定的产品架构。

Sosa, Manuel E., Steven D. Eppinger, and Craig M. Rowles, "Identifying Modular and Integrative Systems and Their Impact on Design Team Interactions," *Journal of Mechanical Design,* Vol. 125, June 2003, pp. 240-252.

有关延迟差异化和供应链绩效的更多讨论请参见 Swaminathan、Lee 及其同事的工作。

Swaminathan, Jayashankar M., and Hau L. Lee, "Design for Postponement," in S. C. Graves and A. G. de Kok（editors）, "Supply Chain Management: Design, Coordination and Operation," *Handbooks in Operations Research and Management Science*, Vol. 11, Elsevier, Amsterdam, 2003, pp. 199-226.

本章提出的平台规划方法来自 Robertson 和 Ulrich 更全面的讨论。

Robertson, David, and Karl Ulrich, "Planning for Product Platforms," *Sloan Management Review*, Vol. 39, No. 4, Summer 1998, pp. 19-31.

练习

1. 画出手表的结构示意图，图中仅用功能单元表示（不需要采用特定的实体元件及工作原理）。

2. 描述瑞士军刀的架构。这种架构有哪些利弊？

3. 拆一件小型电子产品，画出包含关键功能单元的示意图。识别 2 个或 3 个可能的组件聚类的方案。有什么依据可以表明开发团队选取了什么架构？

思考题

1. 像银行账户和保险方案这样的服务产品存在架构问题吗？

2. 在不采用模块化产品架构的情况下，企业可以实现产品的多样性吗？怎样实现？如果不能，为什么？

3. 有人认为相对于模块化程度较高的方案来说，图表 10-5 所示的摩托车架构可以减轻摩托车的重量。其他方面的利弊是什么？哪种方案可能降低制造成本？

4. 在一辆汽车的开发中，可能要做出成千上万个架构方面的决策。找出任意一个功能单元（比方说安全防护）与其他单元之间的基本相互作用关系和附属相互作用关系。你怎样根据这些关系来决定把该单元放到什么组件中？

5. 图表 10-6 的示意图中包含了 15 个功能单元和实体单元，找出每种划分组件的可能，并说明每种架构的优缺点。

第 11 章

工业设计

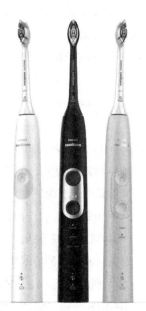

图表 11-1 飞利浦 2017 年推出的 Sonicare ProtectiveClean 电动牙刷已成为 Sonicare 产品系列中最受欢迎的产品之一

第一款 Sonicare 牙刷于 1992 年推出，并很快成为市场上最畅销的可充电电动牙刷之一。与手动牙刷不同，Sonicare 牙刷的刷头是由磁力驱动的，每分钟振动高达 31 000 次。Sonicare 牙刷与感应充电技术相结合，是口腔健康产品领域革命性的技术创新。

经过超过 25 年的改进和几代型号的更迭，Sonicare 牙刷系列已经扩展到数百个产品型号（Stock-Keeping Unit，SKU）。飞利浦 Sonicare 团队决定简化用户体验，并通过设计一个新的型号——飞利浦 Sonicare ProtectiveClean 电动牙刷——来简化产品系列（见图表 11-1）。该团队希望开发一款中低端产品，以取代数百个 SKU，同时开拓更广阔的市场。然而，他们面临的挑战是：如何在保持 Sonicare 品牌形象的同时，选择和设计新型号所需的功能。

目前，2017 年发布的 ProtectiveClean 型号已经成为最受欢迎的 Sonicare 电动刷柄之一。它的商业成功在一定程度上要归功于 Sonicare 团队在他们的新设计中考虑的几个因素。

- **技术上的兼容性**。与更高端的 Sonicare 型号类似，ProtectiveClean 电动牙刷需要与 Sonicare 点击式可更换刷头配合使用，刷头使用 RFID 追踪技术，可以根据实际使用情况通知用户何时更换刷头。飞利浦团队还观察到，一些家庭成员通过更换不同刷头使用同一刷柄，因此 RFID 功能需要追踪正在使用的刷头及其使用时长。

- **物理界面**。设计团队在设计手柄界面时，必须考虑到制造成本和可用性。单个按钮可以节省成本，但在一个按钮上组合太多的功能也会使人感到不便，而三个按钮可能不符合人机工程学。在与用户一起测试了物理原型后，团队最终决定在基础型号中采用单一模式和按钮，并计划在整个系列中增加第二个按钮。这也使飞利浦 Sonicare 电动牙刷各型号的按钮界面标准化，形成一致的用户界面，提高了品牌忠诚度和使用的便捷性。

- **维护**。作为一款健康卫生产品，ProtectiveClean 牙刷必须易于清洁和维护。以前的型号是带缝隙的旋紧式刷头，缝隙容易残留碎屑，难以清洁。而对于 ProtectiveClean 牙刷，团队努力保持表面简约，减少不必要的缝隙。

- **刷牙方式**。团队确保设计出一种普遍适用的产品，并能适应各种刷牙方式。例如，在世界大部分地区，用户拿着牙刷就像拿着手柄，然而在日本，一些用户拿牙刷的方式完全不同，像拿筷子一样。而握牙刷的不同方式决定了外壳的平衡、重量和形状。

- **合意性**。市场调查显示，许多飞利浦 Sonicare 牙刷是作为礼物送给家庭成员的。作为一个有价值的礼物，ProtectiveClean 牙刷需要精巧的外观和良好的体验感，同时具备足够的视觉多样性、精致度和吸引力，以适应不同用户的浴室风格。同时，需要为用户提供多种颜色的产品。飞利浦希望将产品定位为人们日常美容和清洁的一部分，而不是一个苦差事。

- **品牌一致性**。飞利浦 Sonicare 的外形和轮廓在美国是获得了高度认可的品牌标识。ProtectiveClean 牙刷沿用了这种视觉语言。在过去，许多型号之间的界面和功能是不一致的，这使得用户理解不同选项之间的差异并在其中进行选择变得困难。通过简化和标准化功能界面，用户将能够像购买 Sonicare 其他产品一样轻松地识别并购买 ProtectiveClean 牙刷。
- **人机工程学**。设计团队将 ProtectiveClean 牙刷做得比之前的型号更纤细，以便更容易接触到按钮。此外，它正面是平的，背面是圆的，不对称的外观可以引导用户舒适地握住刷柄和放置手指。同时，刷柄也被设计成可以水平放置在桌子上，以便单手涂抹牙膏和刷牙。

飞利浦 Sonicare 设计团队通过广泛的用户观察和测试进行设计。一个多学科、国际化的开发团队由设计师和工程师组成，包括工业、产品、图形、包装、通信、可用性和交互开发人员。飞利浦有意组建一个多元化的团队，以代表在将要售卖 ProtectiveClean 牙刷的全球不同地区生活和工作的人们。

在飞利浦 Sonicare 这样的多学科团队中，工业设计师主要负责与用户密切相关的各个方面的设计，包括产品的外观（产品看起来、听起来以及闻起来的感觉如何）和功能界面（产品怎样使用）。从历史上来说，对于许多美国制造企业，工业设计一直是被抛诸脑后的。在产品技术特征确定之后，管理人员才让工业设计师对产品进行造型或包装。一家公司往往只会根据其优越的技术来为产品打开市场，尽管客户在评价产品时肯定会用更全面的判断来评估，包括人机工程和产品风格等。

如今，商业上的成功仅仅依靠产品的核心技术是远远不够的。市场的全球化使产品的设计和制造必须面对更加广泛的客户，激烈的竞争使得任何一家公司都不可能仅仅通过技术来保持竞争优势。因此，像飞利浦这样的企业更加注重工业设计，通过工业设计，既可以满足客户的需求又可以提供与其他竞争对手不一样的产品。

本章主要向设计者和管理人员介绍什么是工业设计，阐述工业设计怎样和产品开发的其他活动进行配合。我们在本章中引用了 Sonicare ProtectiveClean 的例子来解释观点。具体来说，本章包含以下内容：

- 工业设计的发展历程及其准确定义。
- 在典型工业设计中投资的统计数据分析。
- 对某一重要产品工业设计重要性的评价方法。
- 在工业设计中的投资和收益。

- 工业设计怎么帮助企业树立形象。
- 开发产品时工业设计师需要遵循的特殊步骤。
- 如何根据产品类型来改变工业设计流程。
- 评价一个已成型产品工业设计质量的方法。

11.1　什么是工业设计？

工业设计（Industry Design, ID）是在工业革命中发展起来的一门学科，工业革命引入了新的材料和商品的大规模生产。随着制造工艺和材料的进步，曾经由个体制造的产品现在可以快速大规模生产（Kirkham 和 Weber，2013）。为了满足大量用户的需求，产品的设计需要考虑功能性、美观性、人机工程学、耐用性、可制造性、成本和可销售性。美国工业设计师协会（Industrial Designers Society of America，IDSA）将工业设计师的工作描述为不仅是产品的美学，还包括"它的功能、制造以及最终为用户提供的价值和体验"。

许多理论和运动影响并塑造了今天的工业设计。从最早的方法开始，工业设计就平衡了形式与功能、机器与人类经验之间的紧张关系。19 世纪末，建筑师 Louis Henry Sullivan 捕捉到了从装饰艺术到现代主义的转变，提出"形式服从功能"（Gorman，2003）。现代主义在产品设计中强调几何、精确、简单和经济，这一关键原则影响了新的设计语言。从现代主义发展而来的一个有影响力的学派是欧洲的包豪斯（Bauhaus）运动，其代表人物包括建筑师和设计师 Ludwig Mies van der Rohe 和 Marcel Breuer。包豪斯运动试图将艺术、工艺和技术统一起来，形成可以应用于任何产品的设计原则。

到了 20 世纪，技术的进步推动了工业设计的变革。交通运输方面的技术革新意味着人和机器可以以前所未有的速度移动。因此，工业设计师将流线型的科学原理融入他们的设计中，创造出符合空气动力学的曲线、槽线和翼尾，加快了速度技术的进步。新的制造材料（如注塑塑料和铝）使工业设计师不仅可以改进现有的功能，还可以改变产品的设计方式。

第二次世界大战后，工业设计发展到了超越美学和功能要求的阶段。工业设计师（如 Raymond Loewy 和 Henry Dreyfuss）主张设计是跨学科的，并与工程、销售和市场营销相协调。在 20 世纪 50 年代，Loewy 提出了 MAYA（Most Advanced Yet Acceptable）原则——"最先进但可接受"的阶段——其中详细说明了工业设计师需要了解消费者对新设计的兴趣和对陌生事物的抵触之间的平衡。现代设计将简单、清晰、和谐以及形式和功能的统一放在首位，并开始强调人类的需求。Dreyfuss 相信，"最有效的机器是围绕人建造的"（Gorman，2003），他对人与物体的比例和关系方面的研究开创了人机工程学和人因研究领域（Dreyfuss，1955）。德国建筑师和工业设计师 Dieter Rams 强调简单性作为设计的指导性策略，并提出了 10 条原则（Rams，1976）：

- **好的设计是创新的**。创新的可能性是无限的。科技的发展总是为创新设计提供新的机会。但创新设计总是与创新技术同步发展的，而创新设计本身绝不是目的。

- **好的设计使产品有用**。购买产品是为了使用。它必须满足一定的标准，不仅是功能，还包括满足心理和美学需要。好的设计强调产品的有用性，而忽略任何可能减损产品有用性的因素。

- **好的设计是美观的**。产品的美学质量与它的有用性是不可分割的。我们每天使用的产品影响着我们个人的幸福感。只有精心设计的物品才是美的。

- **好的设计使产品易于理解**。设计阐明了产品的结构，可以让产品说话。在最好的情况下，它是不言自明的。

- **好的设计是不张扬的**。实现目的的产品就像工具，它们既不是装饰品，也不是艺术品。因此，它们的设计应该是中性和克制的，为用户的自我表达留出空间。

- **好的设计是诚实的**。它并不会让产品变得更创新、更强大或更有价值。它不会试图用无法兑现的承诺来操纵消费者。

- **好的设计是持久的**。它避免了短暂的时尚，因此永远不会显得过时。与追求时尚的设计不同，好的设计即使在今天这个快节奏的社会也可以持续很多年。

- **好的设计是细致入微的**。任何事情都不能武断或听凭运气。设计过程中的细心和严谨体现了对消费者的尊重。

- **好的设计是环保的**。设计对保护环境做出了重要贡献。它在产品的整个生命周期中节约资源，最大限度地减少物理和视觉污染。

- **好的设计是尽可能少的设计**。更少，但更好，因为它专注于重要的方面，使产品没有不必要的负担。好的设计是回归纯粹，回归简单。

简洁性也是一种以用户为中心的设计原则（Norman，1988），它一直是设计消费类产品的关键策略，并且在本质上日益数字化的产品和用户界面（UI）的设计中具有持续价值。近年来，像苹果公司的 Jony Ive 这样的工业设计师设计了以用户体验为基础的产品生态系统，不仅包括物理设备，还包括数字体验。苹果公司通过采取由设计驱动而不是由工程或技术驱动的方法来创造产品，进一步影响了现代产品开发的设计方式。

11.2 对工业设计必要性的评估

为了评估工业设计对某一特定产品的重要性，我们首先来看一些关于投资方面的统计数据，然后定义依托于良好工业设计的产品维度。

11.2.1 工业设计所需费用

图表 11-2 显示了一些产品的工业设计投资的近似值。工业设计的投资总额及其在产品开发投资预算中所占的百分比因不同的工业产品和不同的客户需求而变化。这些统计数据可以让开发人员大致了解一个新产品的开发在工业设计方面需要多少投入。

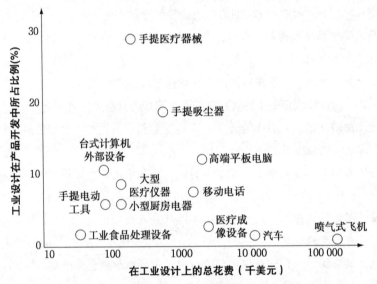

图表 11-2　某些消费品和工业品的工业设计投入

图表 11-2 表明，不同产品的工业设计支出变化范围是很大的。对于那些几乎与用户没有交互的工业设备来说，在工业设计方面的支出仅在数万美元。然而另一方面，像汽车这种与客户有密切交互关系的产品，开发往往需要数百万美元的工业设计投入。而仅作为整个开发预算一小部分的工业设计相对成本也有非常大的差别。对于技术复杂的产品（如一架新飞机），其工业设计投入与整个工程及其他方面的开发投入相比，并没有占有太大的比例。但这并不表明在该类产品的研发中工业设计不重要，而只能说明在其他功能方面的投入更高。当然，新型汽车开发的成功在很大程度上取决于美观的外形和高品质的用户界面，而这两个因素都是由工业设计来决定的。新型汽车研发在工业设计方面的支出大概要 10 000 000 美元，但相对于整个开发项目的预算来说这个数额并不大。

11.2.2　工业设计对产品有多重要？

市场上销售的绝大多数产品都可以通过良好的工业设计以某种方式得到改进，人们所使用、操作或所见到的所有产品在商业上的成功，都在很大程度上依赖于工业设计。

正是由于这样的观点，传统的评价工业设计重要性的方法着眼于以下两个维度：用户体验和美学。用户体验（user experience）包括产品如何全面满足用户的所有需求，包括情感和功能等，涉及可用性、用户界面、人为因素、人机工程学以及主观品质（即当用户打开它时，产品是否让用户感到高兴）。请注意，"用户界面"通常指人机交互，但也可以描述与物理产品的交互。这两个维度对产品越重要，产品的开发就越依赖于工业设计。因此，从这两个维度来考察一些问题，我们就能够定性地评价工业设计的重要性。

11.2.2.1　用户体验需求

- **便于使用有多重要？** 不管是对于经常使用的产品（如手机），还是对于不经常使用的产品（如灭火器）来说，方便使用都是非常重要的。如果产品具有多种功能，并且有多重操作模式，可能会让用户感到困惑，那么便于用户使用这一点就更为重要了。当便于使用是一个重要的标准时，工业设计师必须保证产品的特征能够有效地反映它们的功能。

- **便于维护有多重要？** 假如产品需要经常维护和修理，那么设计得使其便于维护就显得尤为重要。例如，用户希望能够很容易地清理打印机或复印机的卡纸。另外，产品的特征能够准确地向用户展示维护或修理的步骤也是很重要的。然而，在多数情况下，减少产品维护的必要性是最好的选择。

- **产品的功能中需要的交互作用有多复杂？** 通常，产品需要的功能越多，设计师就必须越仔细地考虑实现它们所需的交互。例如，门把手显然只需要一次简单的交互，而笔记本计算机就需要更多的交互，对此工业设计师必须深入了解。此外，每种交互可能需要不同的设计方法甚至更进一步的研究。

- **交互方式对用户来说有多熟悉？** 一个对既定设计进行渐进式改进的用户界面在设计上会相对简单，比如说下一代厨房电器的控制。而一个新型的用户界面可能需要大量的调研和可行性研究，例如苹果公司第一款 iPhone 上的多点触摸屏幕。

- **需要考虑哪些安全因素？** 所有的产品都要考虑安全性。对于某些产品来说，安全问题可能是开发人员面临的重大挑战。例如，在儿童玩具的设计中，安全因素的重要性肯定要比新的笔记本计算机更加突出。

11.2.2.2 美学需求

- **要求产品视觉差异化吗？** 具有稳定市场和成熟技术的产品高度依赖工业设计来创造美观的外形，从而产生视觉差异化。新产品同样要依靠工业设计来建立品牌认知。相反，像计算机硬盘驱动器这样因其自身技术的差别而不同的产品，则很少依赖工业设计。
- **产品的风格、形象和拥有者对它的感受有多重要？** 客户对产品的感受很大程度上取决于产品的外在形象。对客户有吸引力的产品往往有着引领潮流的形象，并使拥有它的人产生一种强烈的自豪感。可想而知，看起来粗糙、保守的产品是不太可能吸引客户的。当这些特征对于产品来说很重要的时候，工业设计就对产品开发的成功与否起到了决定性作用。
- **美观的产品设计能够对开发人员有激励作用吗？** 美观的产品设计往往会在设计师和制造人员之间产生一种强烈的"集体荣誉感"，而这种"集体荣誉感"有激励和凝聚每一个开发人员的力量。早期的工业设计概念让团队对期望通过努力所达到的最终产品结果有了具体的设想。

为了证明以上方法的有效性，我们以这些问题为标准来评价工业设计在 ProtectiveClean 牙刷开发中的重要性。图表 11-3 就是这种分析的结果。从该图表中，我们可以看出人机工程学与美学对于 ProtectiveClean 牙刷都是非常重要的。总之，工业设计确实在决定产品成功与否的关键因素中扮演着重要的角色。

11.3 工业设计的影响

11.2 节主要介绍了工业设计对满足客户需求的重要性，下面我们将探讨工业设计投资所产生的直接经济效果，以及工业设计对于企业形象所产生的影响。麦肯锡公司在对 300 家上市公司的研究中发现，公司的设计能力和它的经营业绩之间存在着密切的联系，在过去的五年中，设计能力排名前 25% 的公司，有明显高于其他公司的收益（32%）和总回报（56%）。这一情况在医疗领域、消费产品和金融服务领域都存在，这意味着无论公司的类型如何，好的设计都很重要（Sheppard 等人，2018）。

11.3.1 工业设计值得投资吗？

管理人员常常想知道，对于一个特定的产品或一般的商业运作，需要在工业设计方面投入多少精力。这个问题虽然难以准确地回答，但是我们还是可以从成本与收益的分析中得到一些结论。

需求	重要程度 低　中等　高	评级解释
用户体验		
便于使用	————————○— (高)	尽管 ProtectiveClean 牙刷采用了复杂的技术,但从儿童到老人,不同刷牙方式的使用者都能舒适地握住它,并能轻松地使用按钮,这一点至关重要
便于维护	——————○—— (中高)	卫生产品必须易于清洁和维护。ProtectiveClean 牙刷没有可能会藏污纳垢的缝隙和其他设计细节
用户交互复杂性	————○———— (中等)	用户的主要互动是刷牙,还有一些次要的互动
用户交互熟悉度	——○—————— (中低)	刷牙的过程对设计师来说是很好理解的。然而,ProtectiveClean 牙刷为基本型号加入了一个新的按钮来控制需要不同的用户交互的多种功能
安全性	—○——————— (低)	工业设计中,ProtectiveClean 牙刷需要考虑的安全问题很少。然而,必须通过工业设计把在潮湿浴室环境中使用电器的安全问题清楚地传达给用户
美学		
产品的差异化	————————○— (高)	电动牙刷是一个竞争激烈的市场。产品的外观是将其与其他产品区别开的关键
用户感受、形象和风格	———————○— (高)	ProtectiveClean 牙刷被设计成具有足够吸引力的高端产品,以适应各种浴室的需要。它的外观和用户感受必须是精致和吸引人的。同时,它必须保持飞利浦 Sonicare 的品牌形象
对团队的激励作用	——————○—— (中高)	来自全球的 ProtectiveClean 牙刷设计团队的统一目标是创造一个能够吸引不同国际用户的设计

图表 11-3　评估 ProtectiveClean 牙刷工业设计的重要性

工业设计的成本包括直接成本、制造成本和时间成本,具体描述如下:

- **直接成本是指工业设计服务方面的开销。**其数额取决于所雇佣的设计师的人数和类型、项目的持续时间、项目所需模型的数量,以及材料成本和各种相关的开支。2017 年,美国的工业设计咨询服务费是 100~400 美元 /h,其中由初级工业设计师来完成的咨询相对价格较低一些，而由高级设计师来完成的关于策略性的咨询则价格相对较高，另外还要加上建模和拍照等其他额外的费用。企业内部的工业设计服务的开销大体与此相当。

- **制造成本是具体实现工业设计所确定的产品细节的费用**。表面的抛光、外形加工、上色及其他的设计细节都会增加工装成本和 / 或生产成本。然而，我们注意到许多工业设计细节的实现在实际中并不需要成本，尤其是当工业设计是在产品开发流程早期就参与进来时（详见下文）。实际上，有些工业设计的实施可以减少制造成本，尤其是当工业设计师与制造工程师密切合作时。

- **时间成本是与延长交货时间相关的成本**。工业设计师总是试图从人机工程学和美观性两个方面来完善产品，这就需要经过多次的迭代和 / 或原型化设计，从而导致产品开发周期的延长，进而造成一定的经济损失。

工业设计带来的好处包括以附加的或者更好的特征来美化产品的外观、增加客户满意度、强化品牌形象和保持产品差异化。相对于那些没有经过工业设计的产品来说，这些优点使得经过工业设计的产品能够卖到更高的价格，并且使其占有更大的市场份额。

这些工业设计的成本和收益分析是麻省理工学院进行的一项研究的一部分，该研究评估了市场上一系列竞争产品（自动滴滤咖啡机）的细节设计决策对产品成功因素的影响。虽然很难做到准确的定量分析，但是研究人员还是发现产品的美学特性（由业界工业设计师评定）与零售价格之间存在显著相关性，而与制造成本之间并没有太大的相关关系。研究人员不能肯定这种现象是不是因为制造商自行定价造成的，也不能肯定是不是因为产品的美学特性使制造商将产品售价提高。然而研究表明，在产品的整个生命周期内，单位价格每提高 1 美元，则会带来数百万美元的利润。工业设计师对这种产品的设计服务收费在 75 000～250 000 美元之间，这表明，哪怕工业设计仅仅给客户带来 1 美元的感知利益，制造商的回报都相当可观（Pearson，1992）。

在英国开放大学（Open University）开展的另一项研究也表明，工业设计的投资的确能产生丰厚的回报。这项研究跟踪调查了中小型制造企业的 221 个产品开发项目的工程投资和工业设计投资所带来的商业影响。这项研究显示，与前期缺乏工业设计的产品相比，这 221 个开发项目中 90% 的工业设计投资得到了较好的回报，销售总额平均增长了 41%（Roy 和 Potter，1993）。最近的很多研究评估了在产品开发流程中工业设计的效果和工业设计总体结果的指标，研究发现工业设计的这些指标与公司财务绩效呈正相关（Gemser 和 Leenders，2001；Hertenstein 等人，2005）。

对于一个特定的项目决策来说，进行一个简单的计算和灵敏度分析有助于量化工业设计的经济回报。例如，假设工业设计的投资使得产品的单位售价提高了 10 美元，那么在现有的销售量下，可以获得多少净收益？同样的，假如工业设计的投资导致产品的需求量加大（假定每年增加一千个单位），在这样的价格之下净收益会是多少呢？然后我们可以把这样粗略估计出的净收益与工业设计的预计成本相比较。这种差额计算方法普遍应用于这类经济决策中，由此可以简单地估算出一个开发项目工业设计的预期回报（在第 18 章中详细介绍了这种分析方法）。

11.3.2　工业设计是如何树立企业形象的？

企业形象（corporation identity）源自"组织的视觉特征"，它是一个影响企业在市场中定位的因素（Olins，1989）。企业的形象取决于人们对它的看法，广告、商标、标牌、制服、建筑、包装和产品设计都对企业形象的树立发挥着不可或缺的作用。

在以产品为基础的企业中，工业设计在决定企业形象方面扮演着重要的角色。工业设计决定了产品的风格，这直接关系到公众对企业的看法。当一个企业的产品保持着一致的可识别化的外观时，就形成了一种视觉资产（visual equity）。一致的外观和感觉可能与产品的颜色、形状、风格，甚至与其特性有关。当企业有好的声望时，这种视觉资产是相当有价值的，它将与今后产品的质量形成密切的关系。有一些企业把工业设计有效地应用于生产线中，从而树立了视觉资产和企业形象，这些企业包括：

- **苹果公司**。最初的苹果计算机非常小巧，有笔直的外形，颜色为温暖的浅黄色。这样的设计给人一种温和、友好的感觉，从此苹果公司的产品一直都延用这种设计。而最近苹果的设计采用流畅的长方形机身、简洁的线条，以及便捷的用户控制。
- **OXO 公司**。Good Grips 系列家用产品最初是为力量 / 行动能力有限的人设计的，但现在已经普遍成为适合任何用户的更好产品。OXO 的许多产品的视觉价值来自它防滑的黑色橡胶手柄和圆形形状。
- **Braun 公司**。该公司的厨房用具和剃须刀都有着简单的线条和明亮的色彩，所以该公司的名字已经和简明、高品质联系在一起了。
- **Bang & Olufsen 公司**。该公司的高保真电子设备具有流畅的线条，在视觉上给人的印象极为深刻，从而展现一种技术创新的形象。
- **宝马公司**。宝马汽车以奢华的性能和人性化的造型设计而闻名，宝马汽车多年来造型一直保持着缓慢的发展，变化并不大，这也使得宝马的品牌更加容易识别，影响更加深远。

11.4　工业设计的流程

许多大公司都有自己的工业设计部门，小公司通常倾向于雇佣咨询公司的工业设计服务。不管是哪种情况，工业设计师都应该全面地参与跨职能的产品的开发工作。在产品开发人员中，工程师通常遵循既定的程序来创立和评价由技术特征决定的新产品概念。同样，大多数工业设计师也要按照规定的程序对产品的美学和人机工程进行设计。但是工业设计师的工作方法要因企业的情况和开发项目的特点而异，他们会有很多的构想，然后与工程师合作，通过一系列评估缩小这些选择范围。

具体来说，工业设计的过程主要包括以下几个阶段：

1. 调查客户需求。
2. 概念化（即确定构思）。
3. 初步细化。
4. 进一步细化及确定最终的概念。
5. 完成控制图纸或模型。
6. 与工程师、制造商以及外部供应商合作。

本节将按顺序讨论每个阶段，下一节将讨论各个阶段在整个产品开发流程中的时序问题。

11.4.1　调查客户需求

产品开发的各项工作都是由满足客户需求开始的，就像在第 5 章中所描述的一样。因为工业设计师擅长与用户交互有关的识别问题，所以在客户需求问题上工业设计是非常关键的。例如，在调查客户对一种新型医疗仪器的需求时，开发人员可能要实地考察手术室、访问医生，以及进行焦点小组讨论。涉及市场营销、工程以及工业设计的调查可以使团队对客户需求有一个共同的、全方位的理解，并且还可以深入理解用户和产品之间的交互作用。

11.4.2　概念化

一旦明确了客户的需求和有关的约束条件，工业设计师就可以协助开发团队形成产品概念。在概念生成阶段，工程师很自然地把注意力集中在寻找产品功能的技术解决方案上（可参考第 7 章）。而此时工业设计师的主要任务是确立产品的形式和用户界面。工业设计师要画出每个概念的草图。这些草图是表达设计思想和评估可行性的迅速而廉价的手段。图表 11-4 展示了 ProtectiveClean 牙刷的各种概念草图。

所提出的产品概念将和开发中的技术方案匹配结合，并且产品概念要按照客户需求、技术可行性、成本和制造方面的考虑来分类和评估（参见第 8 章）。

在许多公司中，工业设计师在概念开发阶段与工程师紧密合作。在最初的构思阶段，工业设计和工程设计都会考虑到产品设计的功能和风格需求。通过草图的共同设计和密切的协调，工业设计和工程设计可以更快、更有效地完成这些迭代。

11.4.3　初步细化

在初步改进阶段，工业设计师把最可行的概念做成模型。软模型（soft model）通常是用泡沫材料或泡沫板制成的，它们是评估产品概念的第二快捷方法（仅比草图慢一些）。

虽然这些模型看上去比较粗糙，但是它们是非常有价值的，因为它们使得开发人员可以在三维空间中表达和展现产品概念。工业设计师、工程师、营销人员以及潜在的用户通过触摸、感受和修改这些模型来对每个概念做出评估。通常情况下，工业设计师应该在时间和资金允许的范围内制作尽可能多的模型。难以形象化的概念相对于简单的概念来说可能需要更多的模型来表现。

©Koninklijke Philips NV

图表 11-4　飞利浦 Sonicare ProtectiveClean 牙刷的概念草图

11.4.4　进一步细化及确定最终的概念

在这个阶段，工业设计师常常需要把软模型或草图转化为硬模型和能反应更多信息的图纸，即效果图（rendering）。效果图可以展示产品的细节，并反映产品的使用情况。效果图以二维或三维形式绘制，传达了大量关于产品的信息。效果图通常可以用作色彩研究，或者检测客户对产品特征和功能的接受程度。图表 11-5 展示了在设计 ProtectiveClean

©Koninklijke Philips NV

图表 11-5　潜在的 ProtectiveClean 牙刷按钮布局三维 CAD 图

牙刷的过程中考虑到的其他按钮布局的三维 CAD 效果图。

确定产品概念的最后一个步骤是制作硬模型。这些模型感觉和外观上都比较真实，与最终设计非常接近，但是它们仍然是不具有功能性的。硬模型是用木头、高密度泡沫材料、塑料或者金属制成的，经过着色和纹理处理，并且具有一些功能特征，比如可以推动或者滑动的按钮。因为制作硬模型可能要花费数千美元，所以一个开发团队一般只会制作几个这样的硬模型。

对于很多类型的产品，硬模型制造具有预期的尺寸、密度、重量分布、表面光洁度和颜色。工业设计师和工程师可以使用硬模型来进一步完善最终概念和规格。此外，硬模型可以用于焦点小组中，以获得目标客户更多的反馈意见，也可以在商品展示中起到宣传和推广作用，还可向企业内部的高层管理者表达产品概念。

图表 11-6a 中的硬模型展示了飞利浦牙刷预生产部分的完成和制造质量，而图表 11-6b 中的图纸显示了工业设计师的改进反馈。图表 11-7 显示了如何在各种使用情境下对牙刷的硬模型进行评估，例如它放置在某一角度斜面上的平衡情况。

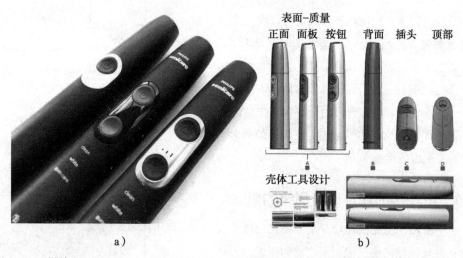

a)   b)

图表 11-6   Sonicare ProtectiveClean 牙刷预生产部分的完成和制造质量反馈

11.4.5   完成控制图纸或模型

绘制出最终产品概念的控制图纸或者控制模型，工业设计师就完成了他们的开发工作。控制图纸或者模型可以描述功能、特性、尺寸、颜色、表面处理和关键尺寸。虽然控制图纸并不是详细的零件图（也称为工程图），但它们也可以用来构造最终的设计模型和原型。一般来说，这些图纸或模型要交给工程团队，以便对零件进行详细设计。图表 11-8 展示了 ProtectiveClean 牙刷的硬模型，以及作为产品系列的颜色、材料和表面处理的参考的控制图纸。

©Koninklijke Philips NV

图表 11-7　用于平衡测试的 Sonicare ProtectiveClean 牙 刷 硬 模型

©Koninklijke Philips NV

图表 11-8　ProtectiveClean 牙刷的颜色、材料和表面处理的控制图纸和参考模型

11.4.6　与工程师、制造商以及外部供应商合作

在后续的产品开发过程中，工业设计师必须继续保持与工程和制造人员的密切合作。有些公司甚至雇佣那些提供全方位服务的工业设计咨询公司，它们提供的服务包括产品细节设计、原料、工具、零件和产品装配服务外部供应商的挑选和管理等。

11.5　工业设计流程的管理

在产品开发过程中的不同阶段几乎都要用到工业设计，具体时间的选择取决于所开发产品的特点。为了便于解释，我们把产品划分为技术驱动型产品和客户驱动型产品。

- **技术驱动型产品**（technology-driven product）。技术驱动型产品的主要特征是，其核心获利能力基于它的技术性能或者实现特定技术性能的能力。虽然这种产品也需要满足美学和人机工程的要求，但客户在购买这种产品时看重的往往还是它的技术性能。例如，计算机的硬盘驱动器就是高技术驱动型产品。因此，对于技术驱动型产品的开发工作来说，工程或技术的要求是最重要的，并主导着产品的开发工作。因此，工业设计的角色就仅限于对核心技术的包装，也就是需要设计产品外观以及保证产品能够向客户传达它的技术功能和用户交互模式。

- **客户驱动型产品**（user-driven product）。客户驱动型产品的核心获利能力来自用户界面的质量以及外观的美学吸引力。这种产品与用户有很强的交互作用。因此，用户界面必须安全、便于使用和便于维护。产品的外观是形成产品差异性以及给客户带来自豪感的主要因素。例如，办公椅就是高度客户驱动型产品，虽然这种产品在技术上可能很复杂，但是技术并不能使产品具有差异性，因此，对于开发人员来说，工业设计方面的考虑要比技术上的要求重要得多。虽然工程方面的作用对于决定这类产品的技术特征仍然是很重要的，但是既然这些技术已经成熟，开发人员的注意力就必须集中于客户的角度。

图表 11-9 将人们熟悉的一系列产品进行了分类。极少有产品属于这两种极端中的一种，而绝大多数产品都处于这两种极端之间的某个位置。例如，对于现代智能手机来说，引入最新的技术功能和将其整合到一个直观的用户界面中可能同样重要。这些分类可以是动态的，例如，当一个公司在新的核心技术基础上开发产品时，该公司往往关注的是将产品尽快推向市场。因为很少强调产品的外观或使用方式，所以，最初工业设计的作用很小。然而，随着竞争者进入市场，产品可能需要在用户或美学方面进行更多的竞争。产品的原始分类发生了变化，工业设计在该开发过程中承担了极其重要的角色。电动汽车就是一个例子，第一批电动汽车的核心优势在于技术，然而随着竞争进入这一市场，诸如特斯拉等电动汽车开始更多依赖工业设计来创造美学吸引力和增强实用性，为后续车型增加技术优势。

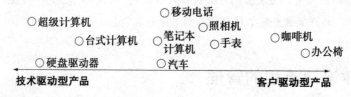

图表 11-9　按照技术驱动型和客户驱动型进行分类的一些普通产品

11.5.1　工业设计介入的时间

通常，对于技术驱动型产品来说，工业设计一般在开发过程的较晚阶段才参与进去；而对于客户驱动型产品来说，工业设计贯穿整个产品的开发过程中。图表 11-10 显示了工业设计在介入时间上的差异。注意，工业设计流程是产品开发流程的子流程，它和整个开发流程同步，并非独立进行。图中最上面的工业设计过程相对于整个产品的开发过程可能很快。在这种产品的开发过程中，工程师所面临的技术特性会使他们在后续的开发工作中比工业设计师需要付出更多的努力。

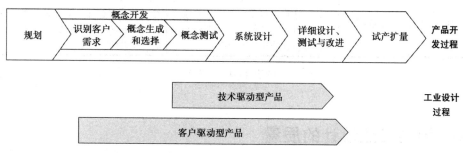

图表 11-10   在两种类型产品中工业设计的参与时间

图表 11-10 表明，对于技术驱动型产品，工业设计可能在产品开发流程中的较晚阶段才参与，这是因为这类产品的工业设计主要针对包装问题。对于客户驱动型产品来说，工业设计在开发流程中的参与更加全面，实际上，对于大多数客户驱动型产品来说，整个开发过程几乎都由工业设计来主导。

图表 11-11 描述了工业设计在产品开发流程中各个阶段的任务及其与其他开发活动的关系。不同类型的产品，工业设计参与的时间是不同的，并且主要职责也是不一样的。例如，开发一款新的智能手机通常需要同时考虑技术和用户界面。

产品开发活动	产品类型	
	技术驱动型	客户驱动型
识别客户需求	工业设计通常很少参与最初的技术开发，但以后会参与帮助确定客户需求	为了确认客户需求，工业设计要与市场营销紧密结合，工业设计师要深入了解目标客户，或者与客户进行一对一访谈和观察
概念生成和选择	工业设计与市场营销以及工程设计相结合，以确保开发过程中考虑到人为因素和用户界面问题。安全性和维护问题往往是非常重要的	工业设计根据前一阶段进展的情况，生成多个产品概念
概念测试	工业设计帮助工程师产生产品原型，把产品原型向消费者展示，以取得反馈意见	工业设计通过市场营销引导消费者参与对产品原型的测试

图表 11-11   工业设计在不同类型的产品开发中所起的作用

产品开发活动	产品类型	
	技术驱动型	客户驱动型
系统设计	工业设计几乎不参与	工业设计选择产品概念,并且对最有前景的方案进行完善
详细设计、测试与改进	一旦大部分工程细节确定下来之后,工业设计就负责对产品的包装进行设计。工业设计受到工程设计和营销设计的规范和约束	工业设计选取最终的产品概念,然后与工程设计、制造商以及市场营销方面的工作相结合,完成产品的开发设计

图表 11-11 (续)

11.6 评估工业设计的质量

评估一个已成型产品的工业设计质量是一项主观性很强的任务,不过我们可以通过考察受到工业设计影响的产品的各个方面来定性分析工业设计是否实现了预期的目标。下面从五个方面做出评价。我们从五个维度对产品进行评分,以发现具体的问题。图表 11-12 以 ProtectiveClean 牙刷为例展示这种方法。

评价角度	重要程度			相关解释
	低	中	高	
1. 可用性			○	ProtectiveClean 牙刷易于被不同的用户使用。儿童和成人都可以很容易地握住手柄并操作控制牙刷。由于它是在水边使用的,所以选择的材料和表面处理保证了大多数用户不会出现打滑现象
2. 感染力			○	ProtectiveClean 时尚、最新的外形和精致的颜色选择,通过将健康和卫生产品提升到个人选择和风格展示层面,建立与新老用户的情感联系
3. 维护与维修			○	ProtectiveClean 牙刷成功地解决了早期型号的刷头和手柄之间的污渍存积的问题
4. 资源的合理利用			○	最终的设计只包括那些能满足客户实际需求的功能。材料的选择是为了耐用和可制造性,并创造一个有吸引力的外观
5. 产品差异性			○	ProtectiveClean 牙刷的视觉语言和用户互动明显建立在 Sonicare 电动牙刷系列的传统之上,同时也创造了一个与以前型号相比与众不同的产品

图表 11-12 工业设计在 ProtectiveClean 牙刷开发项目中的作用评价

11.6.1　可用性

可用性主要评价产品使用的难易程度，与产品的外观、给人的感觉以及交互模式有关。

- 产品的特点是否有效地向客户传达了相应的操作方式？
- 产品使用起来是否方便？
- 所有的功能都安全吗？
- 所有潜在的客户以及产品的用途都考虑到了吗？

对于特定产品的具体问题举例如下：

- 对不同大小的手来说，握把是否舒适？
- 当用一只手握住产品时，是否可以很容易地接触到按钮？
- 用户是否容易确定如何打开和关闭产品？
- 使用屏幕界面完成任务是否容易？

11.6.2　感染力

感染力主要评价产品对客户的吸引力。有些感染力可以通过产品的外观、给人的感受、声音以及气味来实现。

- 这个产品能吸引人吗？它会使人感到兴奋吗？
- 这个产品能体现它自身的质量吗？
- 产品看上去给人一种怎样的印象？
- 这个产品能给拥有者带来自豪感吗？
- 产品能否在开发团队和销售员工之间引起自豪感？

对于特定产品的具体问题举例如下：

- 车门关闭的时候声音怎样？
- 手工工具摸上去是否坚固可靠？
- 电器放在厨房的柜台上好看吗？

11.6.3　维护与维修

维护与维修主要评价产品维护和维修的难易程度。产品的维护和维修应该与其他用户交互一起考虑。

- 产品的维护方法显而易见吗？操作起来是否容易？
- 产品的特征是否能够有效地向客户反映拆卸和装配程序？

对于特定产品的具体问题举例如下：

- 打印机卡纸的清除方法易懂吗？清除起来容易吗？
- 拆卸和清洗食品加工机的难度有多大？
- 更换遥控器的电池需要的时间久吗？

11.6.4　资源的合理利用

资源的合理利用主要评价在满足客户需求时所使用的资源的合理性。资源一般是指用在工业设计以及其他功能上的支出，这些因素很可能是决定制造成本的关键。一个设计不良的产品、一个具有不必要特征的产品，或由特殊材料制成的产品都会影响到工装、制造流程、装配流程等环节。这里要提出的问题是这类投资是否合理。

- 为了满足客户的需求，所耗费的资源合理吗？
- 材料的选择是否恰当（依据成本和质量）？
- 产品的工业设计是过度设计还是设计不足（产品是否有不必要或被忽略的功能）？
- 是否考虑了环境 / 生态因素？

11.6.5　产品差异性

产品差异性主要评价产品的独特性及其与企业形象的一致性。产品的差异性主要来自产品的外观。

- 客户能够根据产品的外观将其与其他的产品区分开吗？
- 客户在看到产品的广告之后能记住它吗？
- 在街头看到该产品时，客户能辨认出这个产品吗？
- 产品是否符合或者强化了企业的形象？

11.7　小结

本章我们主要讨论了工业设计的话题，阐述了工业设计对产品质量带来的好处，以及如何实施工业设计。

- 工业设计的主要任务是完成与客户相关的各个方面的设计，即美学性和人机工程。
- 大部分产品都会在某一方面得益于工业设计。产品被人们关注或者使用的次数越多，其成功越是依赖好的工业设计。
- 对于那些与客户有很强的交互作用并且具有较高美学要求的产品，工业设计往往会贯穿于产品开发的整个流程中，工业设计师在流程早期参与产品开发，可以保证产品所需要的美学特性和客户需求不会被技术人员忽略或者轻视。
- 当一个产品的成功与否主要取决于技术时，工业设计可以在较晚的时候参与到产品开发中。
- 产品开发中工业设计的积极参与有助于促进各方面开发人员的相互沟通与交流，这种沟通加深了彼此的合作，并且最终转化为高品质的产品。

参考文献

许多现有的资源可通过网站 www.pdd-resources.net 获得。

如果想要获取更多的关于工业设计的信息——它的历史、影响、未来以及实践等——可以参考以下书籍和文章。

Caplan, Ralph, *By Design: Why There Are No Locks on the Bathroom Doors in the Hotel Louis XIV, and Other Object Lessons*, second edition, Fairchild Books, New York, 2004.

Dreyfuss, Henry, "The Industrial Designer and the Businessman," *Harvard Business Review*, November 1950, pp. 77-85.

Dreyfuss, H., *Designing for People*, Simon and Schuster, New York, 1955.

Fiell, C., and P. Fiell, *Industrial Design A to Z*, second edition, Taschen America LLC, 2016.

Gorman, C., *The Industrial Design Reader*, Allworth Press, 2003.

Harkins, Jack, "The Role of Industrial Design in Developing Medical Devices," *Medical Device and Diagnostic Industry*, September 1992, pp. 51-54, 94-97.

Kirkham, P., and S. Weber, *History of Design: Decorative Arts and Material Culture, 1400–2000*, Yale University Press, 2013.

Lorenz, Christopher, *The Design Dimension: Product Strategy and the Challenge of Global Marketing*, Basil Blackwell, Oxford, UK, 1986.

Lucie-Smith, Edward, *A History of Industrial Design*, Van Nostrand Reinhold, New York, 1983.

Norman 讨论了一系列消费品中产品设计的好与坏的例子，并且提出了良好工业设计实践的原则和方针。在 *Emotional Design* 一书中，他阐述了人们如何与他们所购买和使用的产品建立联系并做出反应。

Norman, Donald A., *The Design of Everyday Things*, Doubleday, New York, 1990.

Norman, Donald A., *Emotional Design: Why We Love (or Hate) Everyday Things*, Basic Books, New York, 2004.

Norman, D. A., *The Psychology of Everyday Things*, Basic Books, New York, 1988.

Rams, D., *Design by Vitsoe (Speech)*, Jack Lenor Larsen New York Showroom, New York, 1976.

Boatwright 和 Cagan 认为很多成功的产品都设计得能够与客户通过强烈的感染力建立联系。

Boatwright, Peter, and Jonathan Cagan, *Built to Love: Creating Products That Captivate Customers*, Berrett-Koehler, San Francisco, 2010.

以下是评价工业设计对产品及其制造商的价值的相关研究，这方面研究并不多见。在 1994 年的期刊 *Design Management Journal* 和 2005 年的期刊 *Journal of Product Innovation Management* 中有较多关于此类研究的文章。

Design Management Journal, Vol. 5, No. 2, Spring 1994.

Gemser, Gerda, and Mark A. A. M. Leenders, "How Integrating Industrial Design in the Product Development Process Impacts on Company Performance," *Journal of Product Innovation Management,* Vol. 18, No. 1, January 2001, pp. 28-38.

Hertenstein, Julie H., Marjorie B. Platt, and Robert W. Veryzer, "The Impact of Industrial Design Effectiveness on Corporate Financial Performance," *Journal of Product Innovation Management*, Vol. 22, No. 1, January 2005, pp. 3–21.

Journal of Product Innovation Management, Vol. 22, No. 1, January 2005.

Pearson, Scott, "Using Product Archaeology to Understand the Dimensions of Design Decision Making," S. M. Thesis, MIT Sloan School of Management, May 1992.

Roy, Robin, and Stephen Potter, "The Commercial Impacts of Investment in Design," *Design Studies*, Vol. 14, No. 2, April 1993, pp. 171-193.

Sheppard, B., G. Kouyoumjian, H. Sarrazin, and F. Dore, "The Business Value of Design," *McKinsey Quarterly*, McKinsey & Company, 2018.

Olins 的文章阐述了一个企业如何通过产品设计及其与外界的交流来树立自身形象。

Olins, Wally, *Corporate Identity: Making Business Strategy Visible through Design*, Harvard Business School Press, Boston, 1989.

下面的书介绍了几个主要产品开发公司的工业设计案例及其对商业成功的影响。

Greene, J., *Design Is How It Works: How the Smartest Companies Turn Products into Icons*, Penguin, 2010.

Merchant, B., *The One Device: The Secret History of the iPhone*, Random House, 2017.

设计管理协会（Design Management Institute）编写了一些关于工业设计流程和围绕工业设计的产品开发的优秀案例。在杂志 *Innovation*（季刊），和 *I. D.*（双月刊）中也包含了很多工业设计案例研究、实例以及实践分析讨论等。

Design Management Institute, Boston, www.dmi.org.

I.D. Magazine, F + W Publications, Inc., New York.

Innovation, Industrial Designers Society of America, Dulles, VA.

虽然工业设计师最好通过私下推荐找到他们，但 IDSA 也提供了一份世界各地工业设计咨询机构的列表清单。

Industrial Designers Society of America, Dulles, VA, www.idsa.org.

练习

1. 走访一家具有地方特色的专卖店（例如厨具、工具、办公用品、礼品等商店），拍摄（或者购买）一系列竞争产品。根据上文 11.6 节中定义的五个工业设计质量要素来评估产品。你更倾向于购买哪种产品？你愿意为这种产品花更多的钱吗？

2. 画出一个普通产品的概念草图，分别尝试采用"从内到外"和"从外到内"的方式来设计产品的形式。对你来说哪种方式更为简单？可以选择订书机、压蒜器、闹钟、台灯或者电话等产品。

3. 列出几个你认为具有鲜明企业形象的公司名称，它们的产品在哪些方面对企业形象的树立起到了帮助？

思考题

1. 工业设计影响产品制造成本的因果关系是怎样的？在哪些情况下工业设计会增加或者降低制造成本？

2. 哪些类型的产品可能不会从产品开发流程中工业设计的参与而受益？

3. 视觉价值（visual equity）有时候是指企业产品独特的外观价值，这种价值是怎样获得的？它是在短期内即可获得，还是需要慢慢积累？

第 12 章

面向环境的设计

图表 12-1　Herman Miller 公司办公室座椅产品线的三种椅子，从左往右分别为 Aeron（1994），Mirra（2004）和 Setu（2009）

2009 年 6 月，一家名为 Herman Miller 的美国办公家具制造公司发布了 Setu 多功能座椅，Setu（以印地语"桥"命名）旨在建立简约、适应性强、舒适，同时环保的多功能座椅新标准。Setu 是在一个非常成功的办公座椅产品线上生产的产品，图表 12-1 所示的 Aeron 和 Mirra 也是在该产品线上生产的。

Herman Miller 公司与 Studio 7.5（一家德国设计公司）合作设计了 Setu 座椅。多功能座椅（如 Setu）适用于人们坐的时间相对较短的地方，如会议室、临时工作站及共享空间（这是相对于人们坐的时间较长的座椅而言的）。Studio 7.5 发现，人们在办公区内使用的几分钟到几小时不等的办公室座椅往往既不舒适，又不易调整，甚至大多数椅子是采用对环境有害的材料和工艺制造出来的。Studio 7.5 意识到市场对新的创新多功能椅的需求，即对一把结合了舒适、面向环境设计、有价格优势的座椅的需求。

（由 Herman Miller 公司提供）

Setu 座椅的核心是一个灵活的"脊柱"，它由两种聚丙烯材料模制而成，经设计几乎能让每个人感到舒适（如图表 12-2 所示）。当使用者坐下并倚靠的时候，"脊柱"弯曲，提供全倾斜范围的舒适和背部支撑力。由于没有任何倾斜机制，只有一种调节（高度）机制，与 Aeron 和 Mirra 功能椅相比，这款座椅的重量更轻、构造更简单、价格也更低。

图表 12-2　Setu 座椅的"脊柱"结合了两种聚丙烯材料，精巧的设计确保使用者在椅子上可以自由活动并得到有效支撑

Setu 座椅是 Herman Miller 公司致力于最小化其产品和运营对环境影响的产物，也为将环境因素纳入产品开发流程的想法提供了一个很好的例子。Setu 为材料回收而设计，使用环保的材料及可再生资源生产制造。以下因素解释了其环保性能的水平。

- **环保材料**。Setu 多功能座椅使用对环境安全和无毒的材料，如总质量的 41% 为铝、41% 为聚丙烯和 18% 为钢。
- **可回收成分**。Setu 座椅总质量的 44% 为可回收材料（包含 23% 的再生材料和 21% 的工业回收材料）。
- **可回收性**。Setu 达到使用寿命时，其总质量的 92% 是可回收的。钢和铝制组件是 100% 可回收的。聚丙烯组件由一个回收码进行识别，帮助其回到回收流中（当然，回收工业材料取决于这种回收流的可用性）。
- **清洁能源**。Setu 座椅是由 100% 利用绿色能源的生产线制造出来的（一半来自风力涡轮

机，一半来自垃圾填埋场废气发电）。

- **排放物**。在 Setu 的生产过程中，没有任何有害气体或污水排放。
- **可回收和可循环利用的包装**。Setu 组件由 Herman Miller 公司从附近的供应商群通过大托盘运输获得，这些托盘都可回收利用。废弃的包装材料（包括瓦楞纸板和聚丙烯塑料袋）都可以回收重复使用。

面向环境的设计（Design For Environment，DFE）是一种在产品开发流程中考虑环境因素的方法。本章展示了 DFE 方法，以 Herman Miller 公司 Setu 座椅为例，阐述了 DFE 流程的成功应用。

12.1　什么是面向环境的设计？

每一种产品都会对环境产生影响，DFE 为组织提供了一种最小化这些影响的方法，以创造一个更加可持续发展的社会。正如有效的面向制造的设计（Design For Manufacturing，DFM）实践所展示的：在降低成本的同时维持或改进产品质量（见第 13 章），DFE 的实践者同样发现，有效的 DFE 实践能在维持或改善产品质量和成本的同时，降低对环境的影响。

一个产品对环境的影响可能包括能源消耗、自然资源损耗、液体排放、废气排放以及固体废物的产生。这些影响分为能源和材料两大类，两者都代表了需要解决的关键环保问题。对大多数产品来说，解决能源问题意味着使用更少的能源和可再生能源来开发产品。解决材料问题并不是那么简单。因此，本章中的 DFE 主要关注选择合适的材料，并保证它们可以回收利用。

在产品开发流程的早期阶段，关于材料使用、能源效率和避免废物的慎重决策可以最小化甚至消除对环境的影响。然而，一旦确立了设计概念，对环保性能的改善往往会涉及许多耗时的设计迭代（design iteration）。因此，DFE 可能贯穿整个产品开发流程，并且需要跨学科方法（interdisciplinary approach）。在环保产品的开发过程中，需要工业设计、工程、采购和市场营销不同学科人员的共同协作。在许多案例中，产品开发专家和专业的 DFE 培训主导了项目中的 DFE 工作，但是，所有的产品开发团队成员都会从理解 DFE 的原则中获益。

12.1.1　两种生命周期

生命周期理论是 DFE 的基础，这有助于扩大制造商对产品生产和分销的关注，以形成一个将产品生命周期与自然生命周期联系起来的闭环系统，两者都在图表 12-3 中阐述。产品生命周期开始于从自然资源中提取和加工原材料，随后是产品的生产、分销和使用。最后，在产品的寿命终止时，有几种回收选项——组件再制造或重复使用、原材料回收，或在垃圾场中焚烧或填埋处理。自然生命周期表示有机材料在一个连续周期中的生长和降解。通过在工业产品中使用天然原材料，并将有机材料整合进入自然周期中，这两种生命周期如图表 12-3 所示相互交叉。

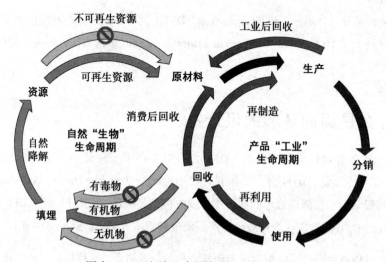

图表 12-3　自然生命周期和产品生命周期

尽管大多数产品的生命周期都超过几个月或几年，但自然生命周期跨越的时间范围更广。大多数有机材料（基于植物或动物）可以快速地降解，并转变为类似材料生长所需的营养物质。然而，另一些天然材料（如矿物质）需要更长的时间才能生成，因此被视为不可再生的自然资源。因此，将大多数基于矿物的工业材料填埋在垃圾场中，或许几千年都不能再产生类似的工业原料（而且往往还会产生某种非自然的有害物）。

产品生命周期的每个阶段都会消耗能源和其他自然资源，并产生排放物和废弃物，这些都会对环境产生影响。从生命周期的角度来看，为了达到自然可持续性的条件，产品中的原材料必须在一个可持续的、闭合的系统中实现平衡。这为达到可持续性的产品设计提出了 3 个挑战，这也体现在图表 12-3 的生命周期图中。

- 杜绝使用不可再生的自然资源（包括不可再生能源）。
- 避免处理无法快速降解的合成物和无机材料。
- 消除不属于自然生命周期的有毒废物的产生。

致力于 DFE 的组织打算随着时间的推移努力实现这些可持续性条件。通过仔细选择材料以及选择合适的回收方法，可以使应用在产品中的材料再整合到产品生命周期或自然生命周期中。DFE 有助于组织创造更好的产品。

12.1.2　环境影响

每个产品在其生命周期中都会对环境产生一些影响，制造业产生的一些环境影响如下（改编自文献（Lewis 和 Gertsakis，2001））：

- **全球变暖**。科学数据和模型显示，由于温室气体、微粒和水蒸气在上层大气中聚集，地球的温度正在逐渐升高。这一效应由于工业过程和产品排放的二氧化碳（CO_2）、甲烷（CH_4）、氯氟化碳合物（CHC）、炭黑颗粒和氮氧化物（NO_x）的增加而加剧。

- **能源枯竭**。用于生产的许多原材料，如铁矿石、天然气、石油和煤等，都是不可再生的，其供给是有限的。

- **固体废物**。产品在其生命周期中会产生许多固体废物。有些固体废物是可回收的，但大多数在焚烧炉或垃圾填埋场中处理。焚烧炉会产生空气污染和有毒灰烬（这些灰烬进入垃圾场）。垃圾填埋场也会导致有毒物质的聚集，产生甲烷（CH_4）气体，并释放地下水污染物。

- **水污染**。水污染最常见的来源是工业过程的排放，其中可能包含重金属、肥料、溶剂、油、合成物质、酸和固体悬浮物。水性污染物可能会影响地下水、饮用水和脆弱的生态系统。

- **空气污染**。空气污染的来源包括工厂、发电厂、焚烧炉、住宅和商业建筑，以及机动车辆的排放。典型的污染包括二氧化碳（CO_2）、氮氧化物（NO_x）、二氧化硫（SO_2）、臭氧（O_3）和挥发性有机化合物（VOC）。

- **土地退化**。土地退化涉及原材料生产和开采（如采矿、农业、林业等）对环境产生的负面影响。其影响包括土壤肥力降低、土壤侵蚀、土壤和水的盐碱化，以及森林采伐等。

- **生物多样性减少**。生物多样性涉及动植物的种类，因城市发展而进行的开荒、采矿和其他工业活动而受到影响。

- **臭氧损耗**。臭氧层保护地球免受太阳辐射的有害影响，由于与硝酸（由化石燃料的燃烧产生）和氯化物（如 CFC）的反应而损耗。

12.1.3　面向环境的设计的历史

DFE 的诞生可以追溯到 20 世纪 70 年代初。Papanek（1971）要求设计师对社会和环境负责，而不是只考虑商业利益。世界环境与发展委员会的《布伦特兰报告》（1987）首次将可持续发展（sustainable development）这一术语定义为"在满足现有需求的同时，不损害下一代满足其需求能力的发展"。

20 世纪 90 年代，出版了几本关于环保设计的有影响力的书籍。Burall（1991）提出，环保设计和商业成功之间不再有冲突。Fiksel（1996，2009 年修订）讨论了 DFE 如何将生命周期的理念整合到新的产品开发流程中。随着 DFE 流程的成熟，Brezet 和 van Hemel（1997）提供一个名为生态设计的实用指南。20 世纪 90 年代，代尔夫特理工大学、飞利浦电子和荷兰政府联合开发了一款生命周期分析软件工具，为评估产品对整个环境的影响提供了标准。

如今，可持续发展运动包含了更广泛的可持续产品设计概念（Bhamra 和 Lofthouse，2007），其中不仅包含了 DFE，还包含了产品的社会和道德影响。尽管作者使用了各种术语来描述环境友好型设计方法，但绿色设计（green design）、生态设计（ecodesign）、可持续设计（sustainable design）和 DFE 在今天或多或少是同义的。

12.1.4   Herman Miller 公司面向环境的设计之旅

许多制造公司开始采用 DFE 方法，但是，很少有公司能像 Herman Miller 公司一样，将其作为公司战略的核心。Herman Miller 公司在努力保持高产品质量标准的同时，不断将环保材料、制造流程和产品功能融入每一个新的产品设计中。

1999 年，Herman Miller 公司成立了一个面向环境的设计（DFE）团队。这个团队负责为 Herman Miller 公司新的和现有的产品开发环保设计标准。Mcdonough Braungart 设计化学公司（MBDC）是一家位于弗吉尼亚州的产品和工业过程设计公司，为 DFE 团队提供了帮助。Mcdonough 和 Braungart（2002）在《从摇篮到摇篮：再造产品制造方法》（*Cradle to Cradle: Remaking the Way We Make Things*）中阐明，传统的 DFE 方法——仅通过减少能源使用、废物产生或有毒材料的使用等渐进式改进而减少对环境的危害——远远不够，因为这样的产品对环境仍然是有害的。为了将危害较小的产品发展为真正环保的产品，Mcdonough 和 Braungart 介绍了一种关注产品设计三大关键领域的 DFE 方法：

- **材料化学**。哪些化学元素组成了指定的材料？它们对人类和环境安全吗？
- **拆解**。产品在寿命结束时可以被拆分，以便材料回收吗？
- **可回收性**。材料含有可回收成分吗？材料容易分离为不同的回收类别吗？在产品寿命结束时材料可以被回收吗？

为了实施 DFE，Herman Miller 公司成立了一个 DFE 专家团队，服务于每一个新产品开发团队。他们和 MBDC 一起创建了一个材料数据库和 DFE 评估工具，为指导产品开发流程中的设计决策提供依据。

12.2   面向环境的设计流程

开展 DFE 应贯穿整个产品开发流程，DFE 产品开发流程的步骤如图表 12-4 所示。尽管该步骤是线性展示的，但产品开发团队很有可能会将某些步骤重复几次，使 DFE 成为一个迭代的流程。下面几小节将描述 DFE 流程的各个步骤。

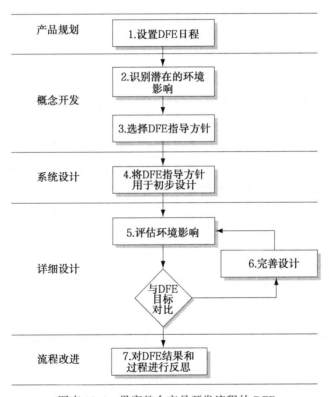

图表 12-4   贯穿整个产品开发流程的 DFE

12.3   步骤 1：设置 DFE 日程——驱动因素、目标和团队

DFE 流程早在产品规划阶段就开始了，并设定了 DFE 议程。这一步骤包含了 3 种活动：

识别 DFE 的内部和外部驱动因素、为产品设置 DFE 目标、组建 DFE 团队。通过设置 DFE 议程，组织可以确定一条清晰可行的环保产品设计路径。

12.3.1　识别 DFE 的内部和外部驱动因素

DFE 的规划阶段始于"为什么组织希望强调产品环保性能"的讨论。用文档记录 DFE 的内部驱动因素和外部驱动因素是有用的，这些清单可能会随着时间而变化，因为技术、法规、经验、股东和竞争的变化都会影响组织的能力和面临的挑战。

内部驱动因素构成了组织内部的 DFE 目标，典型的内部驱动因素包括（改编自文献（Brezet 和 van Hemel，1997））：

- **产品质量**。关注环保性能可以提高产品在功能、操作可靠性、耐久性和可修复性方面的质量。
- **公共形象**。对产品高水平环保质量的宣传有助于提升公司形象。
- **降低成本**。生产中使用更少的材料和能源可以大幅降低成本，减少产生废物和消除危险废物可以降低废物处理成本。
- **创新**。可持续发展思路可能会导致产品设计的巨变，并促进整个公司的创新。
- **操作安全性**。通过消除有毒材料，许多 DFE 改变能帮助改善员工的职业健康和安全。
- **员工激励**。如果员工能够帮助减少公司产品和操作对环境的影响，他们会因为贡献了新的创造性的方法而得到激励。
- **道德责任**。管理者和产品开发者对可持续发展的兴趣可能会因为保护了环境和自然的道德责任感而得到激励。
- **消费者行为**。有益环保产品的广泛供应会加速向清洁生活方式的转变和对绿色产品的需求。

典型的 DFE 外部驱动因素包括环保法规、客户偏好和竞争对手的产品（Brezet 和 van Hemel，1997），例如：

- **环境立法**。以产品为导向的环保政策正在迅速发展。公司不仅需要理解自己运行和销售产品各个领域的法规，还需要预测未来的法规。近年来立法的关注点已经从禁止采用某种材料，转变为更广泛的生产者责任，包括回收义务。
- **市场需求**。如今，公司在要求可持续产品的工业客户和最终用户不断增长的商业环境中运行。对产品、制造商或零售商的抵制、负面宣传、负面博文都会对销售产生较大影响。当然，相反的积极影响也会变得越来越有力。

- **竞争**。竞争对手采取的可持续发展活动也会增加压力，要求更多地强调 DFE。设置较高的环保标准可以创造先发优势。
- **贸易组织**。某些工业分支（如包装或汽车制造）鼓励公司通过分享技术和建立行为准则来采取环保行动。
- **供应商**。供应商通过引进更多的可持续材料和工艺来影响公司行为。公司可以选择、审核和确认其供应商的环保声明。
- **社会压力**。通过社会和社区接触，经理及雇员会被问及他们所在企业对环境所承担的责任。

Setu 座椅的关键 DFE 驱动因素是市场需求、创新，以及 Herman Miller 公司关于环保责任的承诺。根据这些驱动因素，Studio 7.5 和 Herman Miller 公司开发了 Setu 早期概念。

12.3.2　为产品设置 DFE 目标

产品规划阶段的一个重要活动是为每个产品开发项目设置环保目标。许多组织都建立了包含长期环保目标的战略。这些目标定义了组织如何与环保法规保持一致，以及组织如何降低其产品、服务和经营对环境的影响。

2005 年，Herman Miller 公司制定了到 2020 年的长期环保目标：

- 零填埋。
- 危险废物零生产。
- 有害气体零排放。
- 工艺用水零使用。
- 全部使用绿色电能。
- 全部建筑达到环保效率标准认证。
- 销售的全部产品都由 DFE 流程生产。

为了达到这一长期目标，在规划阶段，每一个产品都应设定具体的环保目标，这些具体的目标有助于实现组织的长期战略。图表 12-5 列出了 DFE 目标的例子，它们按照产品的生命周期排列。在了解哪一个生命周期阶段对环境影响最大的基础上，目标会相应变化。

Herman Miller 公司明白，其办公家具产品对环境的主要影响产生于原料、生产和回收阶段。对 Setu 座椅，Herman Miller 公司计划使用对环境影响较小的环保材料，而且要方便产品的拆卸并实现可回收。

生命周期阶段	DFE 目标示例
原料	• 减少原材料的使用 • 选择足够的、可再生的原材料 • 消除有毒材料 • 提高原材料提取流程的能源效率 • 减少废弃物和浪费 • 增加可重新获得和可回收材料的使用
生产	• 减少流程材料的使用 • 指定能完全重新获得和回收的工艺材料 • 消除有毒的工艺材料 • 选择能源效率高的工艺 • 减少生产废物和浪费
分销	• 安排最节能的运输 • 减少运输排放 • 消除有毒和危险的包装材料 • 取消包装或重复使用包装
使用	• 延长产品寿命 • 促进预定条件（intended condition）下的产品使用 • 使用清洁高效的服务操作 • 在使用期间消除排放、减少能耗
回收	• 促进将产品拆卸为可分离的材料 • 恢复和再制造组件 • 促进材料回收 • 减少焚烧炉和垃圾场的废物量

（来源：改编自 Giudice, F., G. La Rosa, and A. Risitano, *Product Design for the Environment: A Life Cycle Approach*, CRC Press Taylor& Francis Group, Boca Raton, FL, 2006。）

图表 12-5　DFE 目标示例，根据产品生命周期阶段排序

12.3.3　组建 DFE 团队

DFE 需要许多职能专家参与产品开发项目。典型的 DFE 团队（通常是整个项目团队的一个子团队）由 DFE 负责人、环境化学和材料专家、制造工程师，以及来自采购和供应商的代表组成。当然，DFE 团队的组成取决于特定项目的组织和需求，也可能会包含市场专家、外部顾问、供应商或其他专家。

Herman Miller 公司于 1999 年创建其 DFE 团队，与设计师和工程师一起审查每个产品开发项目的材料化学、拆卸、可回收性、进出包装、能源和使用，以及废物产生。DFE 团队尽早参与其中，以确保从一开始就将 DFE 因素纳入考虑范围。通过与每个开发团队密切合作，

DFE 团队为制定重大环保设计决策提供了工具和知识。

12.4　步骤 2：识别潜在的环境影响

在概念开发阶段，DFE 首先识别产品在其生命周期中的潜在环境影响。这使产品开发团队能够在概念阶段考虑环境影响，尽管这一阶段关于实际产品的具体数据（关于材料和能源使用、排放和废物产生）很少或几乎没有，也无法进行详细的环境影响评估。在产品再设计的案例中，相关数据可从已有产品的影响分析中获取（见 12.7 节）。

图表 12-6 所示的图表可以用来评估整个产品生命周期对环境的影响，该图改编自 LiDS Wheel（Brezet 和 van Hemel，1997）以及生态设计网（Bhamra 和 Lofthouse，2007）。为了绘制这张图，团队提出："在生命周期各个阶段重要的潜在环境影响来源是什么？"每个阶段的具体问题如图表 12-7 所示，这有助于进行量化分析。

团队列出了生命周期各个阶段的预期关键环境影响。图表 12-6 中每个方块的高度代表了团队对整个潜在环境影响程度的判断，因此这也是 DFE 的工作重点。对某些产品来说（如汽车、电子设备），最大的影响产生于使用阶段。对另一些产品来说（如服装、办公室家具），最大的影响产生于原料、生产和回收阶段。图表 12-6 展示了一个办公室家具生命周期的评估。这种理解指导了 Setu 座椅项目的 DFE 工作。

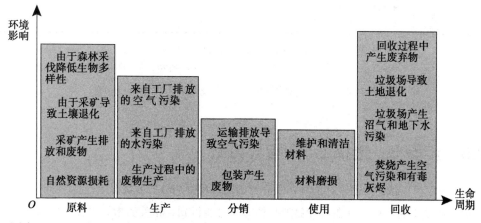

图表 12-6　量化的生命周期评估代表了团队对产品整个生命周期潜在环境影响类型量级的评估，本图描述了与办公室家具产品（如 Setu 座椅）关系最密切的影响类型

生命周期阶段	问题
原料	• 将使用多少、什么类型的可回收材料？ • 将使用多少、什么类型的不可回收材料？ • 将使用多少、什么类型的添加剂？ • 材料的环保特性是什么？ • 需要多少能源来提取这些材料？ • 要获取它们需要哪种运输方式？
生产	• 将使用多少、什么类型的生产流程？ • 需要多少、什么类型的辅助材料？ • 能源消耗将有多高？ • 将产生多少垃圾？ • 生产垃圾可以分离回收吗？
分销	• 将使用哪种运输包装、整批包装以及零售包装（体积、重量、材料、重复使用性）？ • 将使用哪种运输方式？
使用	• 需要多少、什么类型的能源？ • 需要多少、什么类型的消耗品？ • 技术寿命有多长？ • 需要多少维护和维修？ • 需要什么以及多少辅助材料和能源？ • 产品的审美寿命有多长？
回收	• 如何实现产品的重复使用？ • 组件和材料可重复使用吗？ • 可以使用普通工具快速拆卸产品吗？ • 什么材料是可回收的？ • 可回收材料可以被识别吗？ • 产品将如何处理？

（来源：改编自 Brezet, Han. And, Carolien van Hemel, *Ecodesign: A Promising Approach to Sustainable Production and Consumption*, TU Delft, Netherlands, 1997。）

图表 12-7   每个生命周期阶段对环境影响考虑的典型问题

12.5   步骤 3：选择 DFE 指导方针

指导方针可以帮助产品设计团队在没有详细的环境影响分析的情况下进行早期 DFE 决策，而详细的环境影响分析只有在设计更加具体时才可能得到。相关的指导方针可以部分基于生命周期影响的量化评价进行选择（见步骤 2）。在概念开发阶段选择相关的指导方针可以让开发团队在整个产品开发项目中对其进行应用。

图表 12-8 是基于 Telenko 等人（2008）的研究而改编的一个 DFE 指导方针。生命周期的

每个阶段都有其自己的 DFE 指导方针，为产品开发团队提供如何降低产品环境影响的说明。本章的附录中提供了一个更加详细的 DFE 指导方针清单。指导方针中的很多条款都与原料选择有关，这强调了原料在 DFE 中的核心作用。

生命周期阶段		面向环境设计指导方针
原料	资源的可持续性	• 指定可再生的、丰富的资源 *
		• 指定可回收的和 / 或回收的材料 *
		• 指定可再生的能源形式 *
	健康的投入和产出	• 指定无危害的材料 *
		• 安装防护设施防止污染和危险物质逃逸
		• 包含有毒材料的安全操作标志和说明 *
生产	生产中最低限度的资源使用	• 使用尽可能少的生产步骤 *
		• 指定不需要表面处理或涂层的材料 *
		• 最小化组件数量 *
		• 设计组件以尽量减少原材料的使用 *
分销	分销中最低限度的资源使用	• 尽可能减少包装 *
		• 使用可回收的和 / 或可重复使用的包装材料
		• 将产品折叠、嵌套、拆卸为紧凑的状态进行分销
		• 使用质轻的材料和组件
使用	使用过程中的能源效率	• 未使用子系统时采取默认的休眠模式
		• 使用反馈机制说明消耗了多少能量或水
		• 对节能特征实施直观控制
	适度的耐久性	• 考虑审美和功能，以保证审美寿命等于技术寿命
		• 促进维修和更新
		• 保证最少的维护
		• 最小化失效模式
回收	拆卸、分离和提纯	• 保证连接件和紧固件容易获得 *
		• 指定连接件和紧固件，以便通过手或普通工具进行拆卸 *
		• 保证不相容的材料易于分离 *

（来源：Telenko, Cassandra, Carolyn C. Seepersad, Michael E. Webber, *A Compilation of Design for Environment Principles and Guidelines*, ASME DETC Design for Manufacturing and Life Cycle Conference, New York, 2008。）

图表 12-8　基于产品生命周期阶段排列的面向环境设计指导方针，在 Setu 项目中使用的指导方针用星号标出

对于 Setu 项目，DFE 专家为开发团队提供了几条指导方针。这些方针在图表 12-8 中用星号标出。

12.6 步骤 4：将 DFE 指导方针用于初步设计

由于产品架构是在系统设计阶段得到开发的（见第 10 章），一些初步设计材料的选择随着一些模块设计决策一起生成。因此，此时应用相关的 DFE 指导方针（见步骤 3）是有益的。这样，初始产品设计的环境影响将会降低。

Setu 团队希望椅子轻一些，以减少材料的使用和运输影响（应用了 DFE 指导方针：指定质轻的材料和组件）。他们通过开发一种能避免椅下倾斜机制和其他复杂性的概念和产品架构来实现这一目标，这使椅子的重量减轻了 9kg。Setu 团队还寻找新的方法使 Setu 便于拆卸以促进回收。他们在易于接触的地方设置每个连接件，并保证 Setu 组件能通过手或普通工具拆卸（应用了 DFE 指导方针：保证连接件和紧固件容易获得和指定连接件和紧固件，以便通过手或普通工具进行拆卸）。

在详细设计阶段，确定了具体的材料规格、详细的几何形状以及制造流程。详细设计阶段 DFE 指导方针的应用在本质上与系统设计是相同的。然而，在这个阶段将做更多的决策，并更精确地考虑环境因素。通过选择低环境影响材料以及减少能耗，产品开发团队创造了更环保的产品。此外，DFE 指导方针可能会激励产品开发团队在产品的功能和耐久性上做出改善，这也会极大降低对环境的影响。

Setu 脊柱的几何形状，如图表 12-9 所示，灵感来自人体脊椎。Studio 7.5 制作了很多脊柱的原型以实现合适的支撑和倾斜（见图表 12-10），一旦脊柱的形状被确定，团队需要找出同时适合功能和环境需求的材料。

为了选择符合环保和功能要求的材料，开发团队使用了 Herman Miller 公司的专有材料数据库。该数据库与 MBDC 共同维护，考虑到每种材料的安全性和环境影响，将其分为 4 类：绿色（几乎没有危害）、黄色（中低危害）、橙色（数据不全）、红色（高危害）。Herman Miller 公司的目标是所有新产品都只使用黄色或绿色类别的材料。

例如，聚氯乙烯（PVC）被归类为红色材料。PVC 由于成本低、韧性强，是一

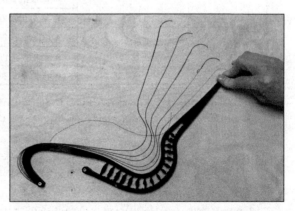

（由 Herman Miller 公司提供）

图表 12-9　Setu 脊柱的灵感来自人体脊椎

种被广泛应用于家具和其他产品的高分子聚合物。然而，PVC 的生产及焚烧都会产生有毒物质。为了避免使用对人类和环境有毒的材料（应用了 DFE 指导方针：指定无危害的材料），工程师选择了更安全的材料（如聚丙烯），完全避免了 PVC 的使用。

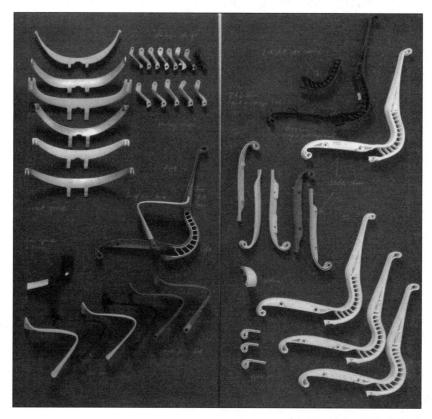

（由 Herman Miller 公司提供）

图表 12-10　设计团队制作了许多 Setu 脊柱和相关组件变体的原型

12.7　步骤 5：评估环境影响

下一步是尽可能地评估产品整个生命周期对环境的影响。要精确地评估，需要详细理解产品是如何生产、分销、在其生命周期中被如何使用，以及在其生命周期终结时如何回收和处理。这一评估通常基于详细的物料清单（BOM），包括能源来源、组件材料规格、供应商、运输模式、废物流、回收方法以及处理途径。有几种量化生命周期评估（LCA）工具可用于这种环境评估，这些工具的价格和复杂性各不相同，并且基于材料类型、涉及的流程以及分析需要的精确度来进行选择。

LCA 需要大量的时间、实验和数据。许多 LCA 分析是对比性的，为考虑产品设计方案的环境性能提供了基础。商业 LCA 软件在产品设计中广泛应用，普通材料、生产流程、运输方式、能源生产流程和处理方案的支持数据也是容易获得的。

Herman Miller 公司使用 MBDC 对其进行开发的专有 DFE 评估工具。DFE 工具包含一个电子表格界面，以及使用上述颜色编码的材料数据库。该工具考虑了产品组件的 4 个因素：

- **材料化学**。从毒性和环境问题的角度来说，最安全的材料比例（按重量计算）。
- **可回收成分**。工业后或消费后可回收成分的材料比例（按重量计算）。
- **可拆卸性**。易拆卸的材料比例（按重量计算）。
- **可回收性**。可回收的材料比例（按重量计算）。

一旦建立了初步的 Setu 设计，椅子就被分为不同的组件，每个组件被指派给不同的团队进行开发。当各团队设计他们的组件时，DFE 团队使用 DFE 工具对各团队的设计进行评估。

12.7.1 将环境影响与 DFE 目标进行对比

这一步需要将设计所涉及的环境影响与规划阶段建立的 DFE 目标进行比较。如果在详细设计阶段创建了几种可选择的设计方案，那么现在可以将它们比较，以判断哪一个的环境影响最小。除非产品开发团队非常熟悉 DFE，否则设计通常还有很大的改进空间。在开发团队从 DFE 角度对产品表示满意之前，往往还需要进行几次 DFE 迭代。

12.8 步骤 6：完善设计

这个步骤和随后 DFE 迭代的目标是通过再设计以减少或消除重大的环境影响。这个流程会不断重复，直到环境影响被降低到可接受的水平，环保性能符合 DFE 目标。对持续改进 DFE 的再设计也可能会在生产开始后继续进行。对于 Aeron 和 Mirra 座椅（如图表 12-1 所示），Herman Miller 公司从这些产品的最初版本开始，就对材料的规格和来源进行了多次修改，降低了对环境的影响。

经过几轮设计迭代后，Setu 团队开发了一种方法，即用两种不同的无须拆卸即可回收的聚丙烯材料共同模制椅子的脊柱。脊柱的内部和外部围栏由聚丙烯和玻璃的复合材料制成，连接辐条则由更灵活的聚丙烯和橡胶复合材料制成（如图表 12-11 所示）。Setu 的铝制基底是最小化设计（minimal design）的一个例子，它不加涂层、无须抛光和修整、没有有害毒素，它比传统完工的椅子座基更加耐用，环境影响也更小。

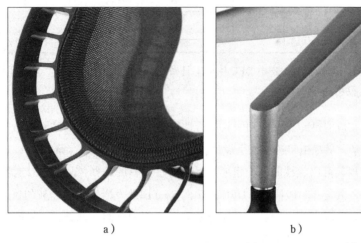

a)　　　　　　　　　　　　　　b)

（由 Herman Miller 公司提供）

图表 12-11　Setu 脊柱的最后总设计（图 a）以及铝制座基（图 b）

Setu 座椅开发过程中的一个艰难的权衡是关于椅子扶手的材料选择。尽管他们下决心避免使用 PVC，但出于耐久性和疲劳失效的考虑，团队无法完全使用烯烃材料（如聚丙烯）来模制椅子扶手。因此，Setu 椅的扶手由尼龙制成，并由热塑性弹性体进行二次成型。由于这些材料在回收时并不具备化学兼容性，这一决策限制了椅子整体的可回收性。

12.9　步骤 7：对结果和过程进行反思

产品开发过程的最后活动是进行反思：

- 我们的 DFE 过程执行得如何？
- 如何改善我们的 DFE 过程？
- 能对派生和未来产品进行怎样的 DFE 改进？

基于 Herman Miller 公司的 DFE 评估工具，在 0～100% 的范围内，100% 是一个真正的"摇篮到摇篮"产品。如图表 12-12 所示，Setu 座椅达到了 72%。

DFE 评估因素	Setu 得分	因素权重	加权得分
材料化学	50%	33.30%	16.70%
回收成分	44%	8.40%	3.70%
拆卸	86%	33.30%	28.60%
可回收性	92%	25.00%	23%
总分		100%	72%

图表 12-12　Herman Miller 公司 DFE 评估工具考虑了 4 个因素，并计算出 Setu 座椅的加
　　　　　　权总分为 72%

Setu 团队对座椅的拆卸方便性和回收可行性很满意。在 Setu 座椅的开发过程中，其可回收性得分上下波动，最终由于椅子扶手设计材料的权衡，得分从 99% 降到了 92%。在 Setu 座椅开发过程中实现其可回收性的一个重要成果是脊柱材料的选择，早期设计时考虑将不同的材料黏合在一起，但是并不能回收。DFE 团队向 Setu 团队发出进一步创新的挑战，最后的解决方案是将两种材料混合到一起，回收时是兼容的，无须分离。但是，这样的解决方案并不能用于 Setu 扶手的开发，因此使用了非兼容的材料。

尽管在 DFE 的实施方面非常成功，Setu 座椅仍然对环境产生了一些负面影响，尤其在材料化学和可回收材料的使用方面，如图表 12-12 所示。这表明从 DFE 角度创建一个完美产品是一个需要花很多年才能实现的目标。有效的 DFE 需要一个不断改进的产品开发团队。DFE 团队可能会进一步开发 Setu 座椅，以减少一些已知影响。例如，完全使用聚丙烯来模制 Setu 扶手将可能改进可回收性并降低成本，但也需要解决几个非常有挑战性的技术问题。

为进一步改进 DFE 流程，Herman Miller 公司开始使用 LCA 软件监控其 DFE 结果，并指导其产品的进一步完善。下一步，他们计划将碳足迹（carbon footprint）整合到其 DFE 工具中。一个产品的碳足迹是指由该产品引起的温室气体排放量，通常通过等效质量的 CO_2 排放来衡量。对碳足迹的考虑将进一步影响 Herman Miller 公司的材料选择。例如，只基于可回收性和环境毒性，铝是一种环保材料。然而，当考虑铝的碳足迹时，它可能并不是最优选择（例如，与钢相比），因为生产新的铝材耗能较高。然而，回收的铝材耗能较少，因此这一分析也取决于材料和用来加工这些金属的能量的来源。

12.10　小结

每一个产品在其生命周期内都会对环境产生影响。面向环境的设计（DFE）为企业提供了

一种减少或者消除这些环境影响的实用方法。

- 有效的 DFE 在维持或改进产品质量和成本的同时降低对环境的影响。
- DFE 将传统制造商的关注点扩展为考虑整个产品生命周期及其与环境的关系，它始于从自然资源中提取和加工原材料。随后是产品的生产、分销和使用。最后，在产品寿命终止时，有几种回收选择：组件的再制造或再使用、材料回收、通过填埋或焚烧进行处理将产品再整合进一个闭合的循环中。
- DFE 可能会涉及贯穿整个产品开发流程的活动，并需要跨学科的方法。在开发环保产品时，工业设计、工程、采购和市场营销都要协同工作。
- DFE 流程包含 7 个步骤，产品开发团队可能会多次重复某些步骤。
  1. 设置 DFE 日程——驱动因素、目标和团队。
  2. 识别潜在的环境影响。
  3. 选择 DFE 指导方针。
  4. 将 DFE 指导方针用于初步设计。
  5. 评估环境影响。
  6. 改进产品设计以减少或消除对环境的影响。
  7. 对 DFE 结果和过程进行反思。

参考文献

目前，很多资源都可在网站 www.pdd-resources.net 上找到。

有几篇文章涵盖了 DFE 的主题。Bhamara 和 Lofthouse 提供了可持续性设计的介绍以及几种能用于 DFE 的战略性工具（如生态设计网络）。Esty 和 Winston 展示了领先的公司如何已经能够走向环境可持续性的道路。Fiksel 的书是对作为新产品和流程开发的生命周期方法的 DFE 的综合性指导，Lewis 等人提供了关于环境影响和几种环境评估工具的综述和描述。

Bhamra, Tracy, and Vicky Lofthouse, *Design for Sustainability: A Practical Approach*, Gower, UK, 2007.

Esty, Daniel C., and Andrew S. Winston, *Green to Gold: How Smart Companies Use Environmental Strategy to Innovate, Create Value, and Build Competitive Advantage*, Yale University Press, New Haven, CT, 2006.

Fiksel, Joseph, *Design for Environment: A Guide to Sustainable Product Development*, second edition, McGraw-Hill, New York, 2009.

Lewis, Helen, and John Gertsakis, *Design and Environment: A Global Guide to Designing Greener Goods*, Greenleaf Publishing Limited, Sheffield, UK, 2001.

许多作者极具说服力地支持在设计中适当考虑环境影响。Burall 总结，环保设计与商业成功之间不再有冲突。McDonough 和 Braungart 解释说，工业和环境之间的冲突不再是商业控诉，而是纯粹机会主义设计的结果。Papanek 向设计者发出挑战，要求他们面对自己的社会和环境责任，而不仅仅是商业利益。《布伦特兰报告》(1987) 首次定义了可持续发展这一术语。

Burall, Paul, *Green Design,* Design Council, London, 1991.

McDonough, William, and Michael Braungart, *Cradle to Cradle: Remaking the Way We Make Things*, North Point Press, New York, 2002.

Papanek, Victor, *Design for the Real World: Human Ecology and Social Change*, Van Nostrand Reinhold Co., New York, 1971.

World Commission on Environment and Development, *The Brundtland Report: Our Common Future*, Oxford University Press, London, 1987.

本章中提到的关于 DFE 方法取自不同的来源。DFE 的内部和外部驱动因素基于 Brezet 和 Van Hemel 的生态设计工作。DFE 的目标改编自 Giudice 等人列出的环境战略。DFE 指导方针取自 Telenko 等人全面的汇编。DFE 对基础材料的强调反映了 McDonough 和 Braungart 所解释的"摇篮到摇篮"概念。

Brezet, Hans, and Caroline van Hemel, *Ecodesign: A Promising Approach to Sustainable Production and Consumption*, TU Delft, The Netherlands, 1997.

Giudice, Fabio, Guido La Rosa, and Antonio Risitano, *Product Design for the Environment: A Life Cycle Approach*, CRC Press Taylor & Francis Group, Boca Raton, FL, 2006.

Telenko, Cassandra, Carolyn C. Seepersad, and Michael E. Webber, *A Compilation of Design for Environment Principles and Guidelines*, ASME DETC Design for Manufacturing and the Life Cycle Conference, New York, 2008.

国际标准化组织（ISO）为 LCA 制定了国际商定的标准，即 ISO 14040.

International Organization for Standardization, *Environmental Management: Life Cycle Assessment—Principles and Framework*, European Committee for Standardization, Brussels, 2006.

练习

1. 在你的个人计算机或手机的生命周期中，列出至少 10 种环境影响，将这些影响如图表 12-6

一样画出来，并阐述你对生命周期每个阶段相关影响的判断。

2. 拆卸一个简单的产品，如圆珠笔。提出降低环境影响的两种方法。

3. 用你能使用的任一种 LCA 分析工具，计算练习 1 所考虑的产品的环境影响得分。

思考题

1. 近年来，你通过什么方法提高了自己对环境影响的意识？

2. 对于 Setu 座椅，在其生命周期的使用阶段会产生什么类型的环境影响？

3. DFE 通过什么方法在功能、可靠性、耐久性和可修性方面提高产品的质量？

4. 在生命周期的每个阶段，识别在生命周期特定阶段有较大环境影响的产品或服务。然后，提出一项具有相同功能但环境影响更小（或没有影响）的产品或服务。

5. 你如何准确地列出图表 12-3 生命周期图中的可再生能源和不可再生能源？画图并解释。

6. 解释 DFE 和 DFM 的关系，考虑（例如图表 12-8 中）与生产有关的 DFE 指导方针。

7. 考虑 Herman Miller 公司所使用的计算材料化学、可回收成分的使用、拆卸简易性，以及可回收性加权总分的 DFE 评估工具（见图表 12-12）。你会对不同类型产品（如汽车或手机）的 DFE 评估工具提出什么样的修改建议？

附录：面向环境设计的指导方针

Telenko 等人（2008）基于不同行业来源编写了一个内容广泛的 DFE 指导方针清单。生命周期的每个阶段都有各自的 DFE 指导方针，为产品开发团队提供减少环境污染的建议。以下清单是基于 Telenko 等人的汇编。

生命周期阶段：原料

保证资源的可持续性

1. 指定可再生的、充足的资源。

2. 指定可回收的或回收的材料，尤其是公司内部的那些材料，或者是市场已有的或需要被鼓励使用的材料。

3. 当纯净材料是必需材料时，将回收的和纯净的材料分层。

4. 开发回收材料的独特性能。

5. 采用模型间普通的和再制造的组件。

6. 为回收指定互相兼容的材料和紧固件。

7. 为产品及其组件指定一种材料。

8. 指定非复合的、非混合的材料，不使用合金。

9. 指定可再生的能源形式。

确保健康的输入和输出

10. 安装防护措施，以防止污染或有毒物质的释放。

11. 指定无危险的或环境上"干净"的物质，特别是当其关乎使用者的健康时。

12. 保证废物是水基的或可生物降解的。

13. 指定最干净的能源。

14. 包含有毒材料安全操作的标志和说明。

15. 为生产和组件选择指定清洁的生产流程。

16. 将有毒物质集中，以便清除和处理。

生命周期阶段：生产

确保在生产过程中资源使用最小化

17. 采用结构化技术和材料，以最小化材料的总体积。

18. 指定不需要额外表面处理、涂层或油墨的材料。

19. 产品的结构化，避免不良品的产生，并使生产中的材料浪费最小化。

20. 最小化组件数。

21. 指定生产和农业强度低的材料。

22. 指定清洁、高效的生产流程。

23. 尽可能采用较少的制造步骤。

生命周期阶段：分销

保证分销中资源使用最小化

24. 通过产品设计替换功能和包装。

25. 将产品折叠、嵌套、拆卸为紧凑的状态进行分销。

26. 选用轻质的材料和组件。

27. 采用结构化的技术和材料，以最小化材料的体积。

生命周期阶段：使用

在产品使用过程中保证资源的效率

28. 使用可重复使用的材料，以确保消费品使用的最大化。

29. 使用自动防故障装置，以抵抗高温和材料损耗。

30. 最小化零件和材料的体积和重量，以降低能量消耗。

31. 选用一流的、节能的组件。

32. 当不使用子系统时采取默认的休眠模式。

33. 保证迅速预热和休眠。

34. 在所有使用条件的范围内，最大化系统效率。

35. 使产品内以及产品与环境之间的能量和材料流相互联系。

36. 整合部分操作，允许使用者关掉部分或全部系统。

37. 使用反馈机制说明消耗了多少能量或水。

38. 直观控制产品的节能特性。

39. 加入防止使用者浪费材料的特征。

40. 使用默认机制自动将产品重置为其效率最高的设置。

保证产品和组件合适的耐久性

41. 重新利用高嵌入（high-embedded）的能源组件。

42. 规划正在进行的效率改进。

43. 改善审美性和功能，以保证审美寿命等于技术寿命。

44. 确保最少的维护，并最小化产品及其组件的失效模式。

45. 指定更好的材料、表层处理或结构性安排，以防止产品变脏、被腐蚀或磨损。

46. 在产品上标出哪些零件应通过特殊方式清洁／维护。

47. 使磨损可被检测。

48. 允许简易的维修和升级，尤其对经历快速变化的组件而言。

49. 几乎不需要服务和检测工具。

50. 促进组件测试。

51. 允许重复拆卸和组装。

生命周期阶段：回收

使材料的拆卸、分离和净化成为可能

52. 标出如何打开产品，使获取点标志明显。

53. 确保连接件和紧固件容易获得。

54. 在拆卸过程中保证稳定性和零件布局。

55. 最小化连接元素的数量和种类。

56. 确保破坏性拆卸技术不伤害到人或可重复使用的组件。

57. 确保可重复使用的组件易清洁且不被损坏。

58. 确保非兼容性材料易于分离。

59. 使组件接口简单、拆卸可逆。

60. 通过美学、维修及寿命终止协议，将产品或系统组织为层级化模块。

61. 实施可重复利用 / 可交换的平台、模块和组件。

62. 将零件缩减为最小的数量。

63. 选用不妨碍清洁的兼容的黏合剂、商标、表面涂层、颜料等。

64. 采用无须再定位的拆卸指导。

65. 所有的连接件可以通过手或少量简单工具进行拆卸。

66. 最小化拆卸操作的数量和时间。

67. 用黑体标注材料的类型和可重复利用协议。

68. 使用浅的或开放式的结构，以便于接近组件。

第 13 章

面向制造和供应链的设计

©Wazer Inc.

图表 13-1　Wazer 台式水射流切割机

Wazer（见图表 13-1）成立的宗旨是为个人和小型企业提供能够负担得起的水射流切割机。水射流切割通过计算机控制，以金属、玻璃或陶瓷片为原材料，用于制造二维零件。此前，水射流切割机的价格高达 10 万美元甚至更高，这使得该工艺无法被广泛采用。

设计团队面临如下挑战：

- 最初的产量相对较低，每年只能生产几百台，而不是几千台。
- 由于市场上缺乏直接可比的产品，因此，市场规模和未来的生产数量不确定。
- 要求以非常低的成本来吸引目标市场。
- 用于开发模具的资金有限。
- 需要根据早期的市场反馈快速迭代设计。

本章以 Wazer 机器为例，介绍了一种面向制造的设计方法。

13.1 什么是面向制造和供应链的设计？

客户的需求及产品的规格可以指导产品开发过程中的概念开发阶段。然而，在之后的开发工作中，开发人员常常难以把需求和规格与他们面对的具体设计问题联系起来。因此，许多开发人员采用面向 X 的设计（Design For X，DFX）方法，其中 X 可以对应若干质量指标，例如可靠性、稳健性、可操作性、环境影响或制造。这些方法中最常见的就是面向制造的设计（Design For Manufacturing，DFM），它之所以重要是因为它直接影响成本。尽管 DFM 强调的是制造，但本章包含了设计对整个供应链产生的更广泛的影响，包括将产品从工厂送到消费者手中的物流。今天的大多数商品都涉及跨越全球多个地点的供应链，因此，产品设计和开发过程中的决策也极大影响了运费和关税等成本。

成本是一个产品获得经济成功的关键因素。简单来说，一个产品经济上的成功取决于每件产品获得的利润以及企业的销售量。利润是产品的销售价格与其制造成本之差。销售量与销售价格很大程度上取决于产品的质量。因此，经济上成功的设计就是在确保产品高质量的同时最小化制造成本。DFM 是实现这种目标的方法，有效的 DFM 可以在不牺牲产品质量的前提下降低成本。（关于制造成本与产品经济成功之间关系的详细论述，请参见第 18 章。）

13.1.1 DFM 需要跨职能的团队

面向制造的设计是产品开发中最具综合性的工作之一。DFM 涉及方方面面的信息，包括：草图、略图、产品规格以及各种设计方案；详细的生产装配流程；供应商的战略选择及全球配置；对制造成本、产量和投产时间的估计。因此，DFM 需要开发人员和外部专家的共同参与。除了产品设计师外，DFM 工作通常需要来自制造工程师、成本会计和生产人员的专业知识。许多公司采用结构化的、基于团队的研讨会方式，以整合、交流有关 DFM 的想法。

13.1.2　DFM 贯穿产品开发全过程

DFM 开始于产品概念开发阶段，即确定产品功能和规格的时候。在选择产品概念时，成本是决策中的一个重要准则，虽然这时对成本的估计带有很大的主观性和预测性。在确定产品的规格后，开发团队应在所需的性能特征之间做出权衡。例如，减轻重量可能会增加制造成本。此时，开发人员可以列出一张物料清单（零部件清单）和初步的成本估计。在开发的系统设计阶段，开发人员按照对成本及生产复杂性的估计和供应商的配置，将产品拆分为独立的单元。在产品开发的详细设计阶段，随着更多决策的确定，精确估算出成本最终成为可能。

13.1.3　DFM 方法概述

图表 13-2 阐明了 DFM 方法，它由 7 个步骤加上迭代组成：

1. 考虑战略采购决策。

2. 估计制造成本。

3. 降低零部件成本。

4. 降低装配成本。

5. 降低支持成本。

6. 降低物流成本。

7. 考虑 DFM 决策对其他因素的影响。

如图 13-2 所示，DFM 方法首先考虑战略采购决策，主要是制造与购买的决策和供应商选择，包括生产和装配的地理位置。在与采购决策紧密结合的情况下，团队进行成本估算。这种估算有助于团队在总体上确定成本构成——部件、装配、供应或物流——这些可能会从设计的改进中获益。然后，开发人员在后续的工作中将注意力放在适当的地方。这个过程是迭代的，在达到满意的效果之前，重新估算制造成本并对产品设计进行数十次改进是很正常的。只要产品设计在不断改进，这种 DFM 迭代就要持续下去，直到试生产开始为止。在某些时间点，设计要被"冻结"（或"释放"），任何进一步的修改都会被认为是正式的"工程变更"或成为下一代产品的一部分。

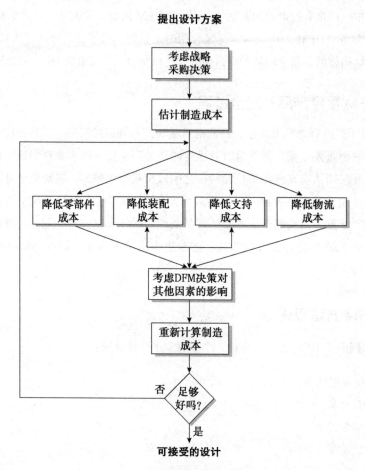

图表 13-2　面向制造和供应链的设计方法

　　在下一节中，我们首先考虑潜在的战略采购决策问题，然后解释如何确定成本。接下来，我们提出几种可以有效降低零部件成本、装配成本、生产供应和物流成本的方法。最后，我们讨论 DFM 决策的一些更广泛的影响。

13.2　步骤 1：考虑战略采购决策

　　在采购产品时，最基本的决策是组织能自己做什么，以及哪些活动需要依靠供应商。在这里，我们从产品的品牌所有者（如 Wazer，通常称为制造商）的角度出发，即使该组织本身很少或根本没有进行实际生产。所有制造商都依赖供应商，在某些情况下，几乎所有的生产环节都外包给了供应商。一个组织针对什么零部件需要进行外包的决策称为"制造－采购"决策。一个组织制造的东西越多，其纵向一体化（vertical integration，也称为垂直整合）水平就越高。

具有稳定和大量需求的组织可能会选择相对较高的垂直整合水平，以利用规模经济的优势。但即使对于非常大的公司来说，将所有生产进行外包也是一种日益增长的趋势。例如，苹果公司和耐克公司基本上都将其产品的所有制造工作外包。对于较小的公司和初创企业来说，大多数生产可能通过供应商安排，就像 Wazer 一样。但那些以独特来源为竞争优势的生产活动除外，例如制造涉及商业秘密的部件，这类活动通常被内部保留，以防止专有技术扩散到竞争对手的公司。

供应商的安排可以分为以下几类：

- **完全垂直整合**。大多数制造活动都是由品牌所有者内部完成的，包括部件生产和装配。
- **只进行最终组装**。只有部件最后装配成成品是由品牌所有者完成的，所有部件的生产都由供应商完成。
- **对供应商进行协调**。所有的生产活动（包括最终装配）都外包给不同的供应商，但品牌所有者协调独立的各方。
- **合同制造**。供应商协调部件生产并执行最后的组装，产品作为成品交付，通常在其最终包装中。品牌所有者只与合同生产商进行交易。
- **采用原始设计和制造商**（ODM）。一个独立的供应商不仅像合同制造商一样协调部件生产和装配的各个方面，而且还根据性能的功能规范为品牌所有者完成产品的详细设计。ODM 常见于成熟的产品类别，如手机、自行车、计算机和小家电。

一般来说，越是成熟的产品类别，越有可能将生产外包给供应商。对于一个真正新颖的产品类别，制造商可能别无选择，只能进行垂直整合，从零开始创建生产部件和组装成品的流程。

制造 - 购买决策往往是与生产地点的地理位置决策结合在一起的。在其他条件相同的情况下，人们通常倾向于在尽可能靠近销售市场的地方生产成品，但很少有其他条件相同的情况。影响选址决策的因素包括以下几个方面：

- **要素价格**。制造和供应链系统的投入成本（包括劳动力、材料和能源）是多少？劳动力价格在发展中经济体是最低的，因此，劳动力含量高的产品（如服装）往往在低工资国家生产，如孟加拉国、印度和越南等。
- **能力和生态系统**。工厂通常在复杂的系统中运作，包括技术工人、工具制造商、材料和包装供应商以及部件供应商。因此，相关企业往往聚集在某些地区发展，使这些地区在某些类别的产品上具有优势。例如，中国南部的深圳地区包含一个密集的消费类电子产品的生态系统，因此，即使那里的工资不是特别低，大多数电子产品都是在该地区生产的。

- **关税**。大多数国家对一些进口商品征收关税，在商品进入该国时通过海关向政府支付。由于关税因货物的原产地而异，因此，它们是决定供应商选址的一个关键因素。
- **运输成本**。大多数货物的生产地远离销售市场，通过海运集装箱运输。这种运输方式效率很高，从亚洲的主要港口出发，运输成本相当接近。如果货物可以从相对较近的生产地点通过卡车或铁路进行陆路运输，则可以节省大量运输成本。
- **其他因素**。其他一些特殊的因素也会影响生产的地点。例如，地缘政治风险可能是阻碍在世界最便宜的地区进行生产的一个因素，这些地区可能面临战争或其他不稳定的威胁。消费者可能对生产地点有直接的兴趣，出于民族主义或对质量的看法，这种兴趣可能会给某个地点带来优势（例如，"美国制造"）。在某些情况下，国家或地方政府可能会提供直接的财政奖励，以刺激在其境内的生产。

Wazer 是一家新公司，没有成熟的生产能力。它选择在中国深圳生产零部件，并在那里建立了办公室和仓库，以协调在中国的活动。Wazer 选择在位于纽约布鲁克林的工厂进行组装和测试。该公司之所以选择深圳，主要是因为那里已经形成了生产硬件组件的重要生态系统。该公司还从位于深圳的初创企业孵化器 HAX 获得了一些资金和专业知识，在那里花了一年的时间完成了产品设计，并确定和选择了供应商。

13.3 步骤 2：估计制造成本

图表 13-3 显示了一种简单的制造和供应链系统输入 – 输出模型。输入包括原材料、外购零部件、人工、能源和设备。输出包括成品和废物。大多数系统还需要从制造和供应链系统的地点运输到目标市场的分销点，在运输过程中通常要跨越政治边界。成本是该系统投入、废物处理、运输和关税的所有支出的总和。企业通常用单位成本（unit cost）这一指标作为产品成本的量度，这一指标是将一定时间内（通常为一季度或一年）的总制造成本除以该时期内生产的产品总数而得到的。

13.3.1 货物成本

货物成本（COGS）是一个会计术语，指的是生产可出售给消费者的商品的所有成本。图

表 13-4 显示了对成本要素进行分类的一种方式。根据这一方案，货物成本包括工厂成本（制造商品本身的成本）以及物流成本（将这些商品运到销售地点的相关成本）。

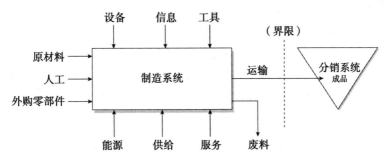

图表 13-3　一个制造和供应链系统的简单输入 – 输出模型

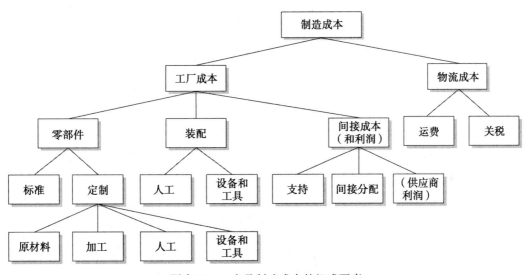

图表 13-4　产品制造成本的组成要素

在工厂内部，产品的成本可以分为以下几个类别：

- **零部件成本**。产品的零部件可能包括从供应商那里购买的标准件（standard part），例如电池、电机、开关、电子芯片、紧固件等。其他零部件是定制件（custom part），根据制造商的要求由钢板、塑料或铝材等原料制成。

- **装配成本**。一般产品都是由各部件组装而成的，组装的过程会产生人工成本、设备成本和工具成本。

- **间接成本和供应商利润**。间接成本涵盖所有其他方面的成本。我们认为有必要将间接成本分为支持成本（support cost）和其他间接分配（indirect allocation）。支持成本包括原材料处理、质量保证、采购、运输、安装、设计、设备/工具维修等活动产生的开支。这些是制造产品所需的支持系统，而这部分成本在很大程度上取决于产品的设计。然而，由于这些成本通常由多个产品线分担，所以把它们全部归为间接成本。间接分配是指生产中不能直接对应于某种特定产品却又必须支付的成本。例如，安保人员的工资、建筑和场地的维护成本都属于间接分配，因为这些成本是由不同产品共同承担的，难以直接分配到某种具体产品。因为间接分配不涉及产品设计，所以在 DFM 中不考虑它。

　　在生产外包给供应商的情况下，供应商必须赚取利润。因此，在这种情况下，工厂成本也将包括供应商利润（通常是工厂总成本的 10%～30%）。

● **物流成本**。通常，产品制造地点与最终的消费地点相距很远。估算运输成本相对容易。例如，大部分海外运输的货物都使用容积 70m³ 的标准集装箱（见图表 13-5）。目前，在亚洲与美国之间运输一个集装箱的成本（包括代理费和卡车或铁路运输到最终配送地点）大约是 5000 美元，即运输价格是 71 美元/m³。空运和卡车运输的价格虽然是基于重量和体积的组合，但也很容易获得。美国国内卡车运输费用约为 0.10～1 美元/kg，取决于运输路线和货物的大小。空运比海运或陆运要贵得多，根据路线、货物的体积和密度，可能需要 2～5 美元/kg。基于这些运输价格，产品开发人员很容易在分析中加入运输成本，当团队面临影响产品物理体积或重量的设计决策时，这样做可能是有保证的。

©Songquan Deng/Shutterstock

图表 13-5　一艘集装箱船

当商品跨越不同的国家 / 地区时（例如，从中国到美国），政府的海关部门可能会征收进口税，即对进口商品价值的税收。政府利用这些关税来影响公司的战略采购决策。例如，在美国，虽然大多数商品入关时是免税的，但一些类别的商品可能会被收取 25% 或更高的关税（tariff）。发达国家最高的关税往往是针对服装和鞋类，通常是进口货物价值的 10%～20%。关税是以协调关税表（Harmonized Tariff Schedule，HTS）为基础的，这是一种大多数国家都同意的编码系统。按 HTS 计算的关税通常可以在进口国的政府网站上查到。

13.3.2　固定成本与可变成本

制造成本也可分为固定成本（fixed cost）和可变成本（variable cost）。固定成本是指与产量无关的、金额固定的成本。例如，生产框架所需挤压模具的购置费就是一种固定成本，无论生产 100 件或者 10 000 件商品，模具的成本是固定不变的。另外，最终组建工厂工作区域的成本也是固定成本，无论生产多少商品，这项成本也是固定的。虽然名为固定成本，但没有哪种成本是真正固定不变的。如果我们把产量提高到原来的四倍，可能就要另建生产线。相反，如果由于产量下降，不能充分利用产能，我们可能会整合几条生产线。在确定的产量和时间范围内，才能将某一成本视为固定成本。

可变成本是指那些与产量成正比的成本。例如，对 Wazer 来说，原材料的成本与生产多少台水射流切割机成正比，装配人工成本有时也被认为是一种可变成本，因为许多公司在短期内可以通过岗位变更调整装配人员数量。

13.3.3　物料清单

由于制造成本估算是 DFM 的基础，有序地记录相关资料就显得非常重要。图表 13-6 是一张反映制造成本估算的表格，它主要包括物料清单（Bill Of Materials，BOM）和成本信息。物料清单是组成产品的零部件的列表，通常物料清单以固定的格式表示，这种格式是由零部件或装配步骤组成的"树状结构"。大多数公司将不同版本的物料清单用于不同目的（如设计、生产和服务），有几种企业软件解决方案可适用于这种复杂性管理。图表 13-6 是一个部分材料清单，包括两个子组件，即框架和磨料斗（见图表 13-7）。

物料清单的成本栏分为固定成本和可变成本。可变成本包括材料、机器工时和人工费。固定成本包括机器购置费及其他一次性费用，如特殊设备和一次性的安装费用。工具摊销量用于计算每单位的工具成本，它是工具单位寿命和预期寿命生产数量中的较小者。

零件编号	描述	工艺		材料	单位可变成本	工具成本	工具使用寿命	单位固定成本	单位成本	数量	总成本
为清楚起见，省略了其他几个组件											
5812A	框架装配										
581204	外环－左上弯	挤压，弯曲和数控	B	571 200	3.52	1200	6000	0.20	3.72	1	3.72
581205	外环－下弯	挤压，弯曲和数控	A	571 200	3.40	\<same tool\>	6000	0.20	3.60	2	7.20
581206	外环－右上弯	挤压，弯曲和数控	C	571 200	3.52	\<same tool\>	6000	0.20	3.72	1	3.72
581209	侧面修饰	挤压和切割成一定长度	A	571 205	2.18	1100	2000	0.55	2.73	2	5.46
581207	环形接头	挤压和切割成一定长度	B	571 202	1.81	1400	2000	0.70	2.51	4	10.04
581210	前面/后面修饰	挤压和数控	B	571 204	5.35	1200	2000	0.60	5.95	2	11.90
5814A	磨料料斗组件										
581400	干磨料－主料斗	热成型	B		14.00	3000	2000		14.00	1	14.00
581401	磨料节流阀体	注塑成型	B		4.00	6000	2000		4.00	2	8.00
581403	干磨料－料斗盖	热成型	A		8.00	3200	2000		8.00	1	8.00
581404	料斗门向右滑移	挤压和数控	A	571 400	1.81	1400	4000	0.35	2.16	1	2.16
581405	料斗门向左滑移	挤压和数控	A	571 400	1.81	\<same tool\>	4000	0.35	2.16	1	2.16
581406	振动电机支架	注塑成型	A		3.50	4000	2000		3.50	4	14.00

注：共享工具的成本只显示一次，然后在相关零件的总数中摊销。

图表 13-6 （部分）Wazer 水射流切割机的成本估算的材料清单。详见图表 13-7 所示的框架和磨料料斗组件。为清晰起见，其他子组件已被省略。

图表 13-7　Wazer 磨料斗组件包含机器中使用的磨料切割介质，像抽屉一样滑出。在这
张照片中还可以看到 Wazer 框架的左侧，用以支持磨料斗和其他子组件

13.3.4　估算标准件成本

标准件的成本估计有两种方法：参考企业之前生产或采购的产品中类似零部件的成本，以及向销售商或供应商询价。次要零件（例如，紧固件和弹簧等）的成本通常由企业根据类似零件的经验数据估计得出，而主要零部件的成本通常从供应商处获得。

在询价时，预计产量是非常重要的。例如，购买十几个螺丝或垫圈的单价可能比普通公司每月购买 1 万件的单价高 10 倍。如果产量足够大，供应商会根据客户需求，更改某种标准件的设计。例如，手动工具中的小型电机经常是根据产品的需求单独设计生产的。如果产量足够高（比如每年 10 万件），这些定制的电机成本就会降低（根据不同的性能，每件 1～5 美元）。

13.3.5　估算定制件成本

定制件是特别为产品设计的零部件，它们是由制造商自己或供应商生产的。大部分定制件与标准件有类似的生产工艺（例如注塑成型、冲压、机加工）。然而，定制件通常是有专门用途的部件，只用在某一特定厂商的特定产品中。

在大多数情况下，定制部件是由供应商为制造商制作的。最准确的成本估算来自供应商的实际报价。然而，在设计过程的早期，成本可以通过将原材料、加工、工具以及供应商的间接费用和利润的估计加在一起来估算成本。如果定制部件实际上是由几个部件组装而成的，并以组装的方式交付给制造商，那么，我们在计算中必须包括装配成本。出于解释的目的，我们假设该部件是一个单一的零件。

原料成本可以通过该部分的质量来计算，此外还需考虑部分废料损耗（例如，注塑件为 5%～50%，金属件为 25%～100%）。原料成本表见本章附录 A（见图表 13-14）。

加工成本包括工人的工资以及使用设备的成本。大部分标准的加工设备成本在 25 美元 /h（简单的冲压机）～75 美元 /h（中型数控铣床）之间，其中包括折旧、维修、水电和人工成本。估算加工时间，通常需要与使用设备相关的经验。然而，了解常见的生产工艺的成本范围是非常有必要的。出于这个目的，在本章附录 B 中给出近似的加工时间和成本表，适用于各种冲压件、铸件、注塑件和机加工件。

工具成本指使用特定设备生产时，用于设计和制造刀具、铸模、冲模、固定装置的成本。例如，注塑机生产不同产品时需要不同的定制注塑模具，这些模具的成本通常在 5000～500 000 美元之间，我们也在本章的附录 B 中列出了大致的模具成本。大多数供应商将工具成本作为一项单独的固定成本来报价。单位工具成本由工具成本除以寿命内生产的产品数量得出，一个高质量的注塑模具或冲压模具通常可用于生产几百万件产品。

供应商的间接费用和利润通常是按直接成本的百分比来估算的，实际上是材料和加工成本的"加价"。这些成本通常不会由供应商直接披露，但为了估算，可以假设为材料和加工成本的额外 20%～40%。例如，图表 13-8 所示的 Wazer 零件 581400，是存放切割器中使用的干磨料的主料斗，它是一个热成型部件，需要二次切割操作来修剪边缘和形成开口。（热成型是一个过程，在这个过程中，塑料板被加热，并通过真空处理，在凸面图案上拉伸，使其具有复杂的曲线形状。）料斗的成本估算见图表 13-9。

©Wazer, Inc

图表 13-8   零件 581400 干磨料主料斗

材料	0.9kg，4.00 美元 /kg	3.60 美元
热成型工艺	30 件 /h，40 美元 /h	1.33 美元
数控切割	20 件 /h，50 美元 /h	2.50 美元
	供应商的可变成本	7.43 美元
供应商管理费和利润	30% 的可变成本	2.23 美元
工具成本（热成型模式）		
	假设终生产品数量为 2000 件，工具成本的摊销	1.50 美元
总单位成本		11.16 美元

图表 13-9　部件 581400 的成本估算，该部件是一个通过热成型制作的定制部件

13.3.6　估算装配成本

由超过一个部件组成的产品需要装配。年产量低于几十万件的产品几乎都是手工装配的。但电子线路板例外，由于对精度的要求，即使产量相对较低，也都是自动完成的。

人工装配成本可以通过将各装配操作的预计时间乘以人工费率，再求和来估算。根据零部件的尺寸、操作的难度和产量，每项装配操作需要 4～60s。在高产量下，工人可以专注于一个特定的操作，使用专用的固定件和工具协助装配。本章的附录 C 中列出了不同产品人工装配近似时间表，这有助于估算装配操作所需的时间范围。在过去的几十年中，Boothroyd Dewhurst 公司开发出一种广泛使用的装配时间估算方法，现在可由软件完成。这一软件是一个估算各部分装配时间的表格信息系统，该系统由一个综合数据库支持，包括了各种情况下的标准处理和插入时间。现在已经有专门的软件来估算电子电路板的装配成本。

装配人工成本从低工资国家低于 1 美元 /h 到一些工业化国家超过 50 美元 /h 不等。在发达经济体中，装配人工成本在 15～30 美元 /h（每个企业都有不同的装配人工成本结构，某些行业具有相当高的成本结构，如汽车业、航天工业等），这些数据包括福利津贴和其他与工人相关的费用，真实地反映企业装配人工的成本。

Wazer 水射流切割机的产量不大，然而，组装每台机器需要大量的时间。因此，产品组装是影响成本的一个重要驱动因素。根据对每个部件所需时间的估计，并通过对原型机的经验验证，Wazer 团队估计该机器需要约 10h 的组装时间，按照纽约市地区半熟练劳动力 25 美元 /h 的人工费计算，每台机器的组装成本约为 250 美元，这是一个比较大的数字，因此，该团队将降低组装成本作为 DFM 工作的重点之一。

13.3.7　估算间接成本

准确估算新产品的间接成本是比较困难的，并且实践中的效果不是很令人满意，尽管如此，我们仍要针对标准化的工业生产来研究这个问题。大多数企业使用间接费用率（overhead rate，也称负担率）来分配间接费用。间接费用率通常与一个或多个成本驱动因子（cost diver）相关，成本驱动因子是产品中可直接测量的参数，间接费用以与成本驱动因子的比例加入产品的直接成本中。常见的成本驱动因子包括原材料采购成本、装配人工成本以及产品所耗费的设备工时。比如，与原材料成本对应的间接费用率可能是 10%，装配人工费对应的间接费用率可能是 80%，在这些条件下，若某产品包括 100 美元的采购成本和 10 美元的装配人工费，将会产生 18 美元的间接成本（100 美元的 10% 加上 10 美元的 80%）。本章的附录 D 中列出了不同产品和企业的一些典型间接成本结构。这种方法的问题在于，它意味着间接成本和成本驱动因子成正比，但实际关系要复杂得多。费用分配率是一种计算间接成本的简单方法，但这种方法不能精确估算企业生产中的真实成本。

13.4　步骤 3：降低零部件成本

对于大多数组装产品来说，外购零部件的采购成本在其制造成本中占有相当大的比重。本节将介绍几种最小化零部件成本的方法。有些方法即使不能准确估算成本，也可以遵循其中的许多策略。在这种情况下，这些方法就是设计准则（design rule），或经验方法。

13.4.1　了解流程约束与成本驱动因子

有些零部件可能很昂贵，因为设计师不了解企业生产流程的能力、成本驱动因子以及生产工艺的制约。例如，设计师在一个机加工零部件内壁加一个小的拐角，而没有意识到为了实现这一设计需要昂贵的电火花加工（EDM）操作。又比如，设计师可能会对尺寸误差提出过高的要求，而没有意识到在实际生产中达到这种精度的困难。这些昂贵的部分往往并不是零部件所必需的，而是由于设计人员缺乏知识造成的。通常可以通过重新设计，在达到相同性能的同时避免昂贵的生产步骤。然而，要做到这一点，设计工程师需要了解在生产中哪些工艺很难实现，以及什么因素增加了成本。

在某些情况下，流程的约束可以通过简明的设计准则的形式传达给设计人员。例如，一台自动激光金属切割机可以通过列出一些简明的条目来反映它的加工能力，例如可加工金属的种类、材料厚度、最大零件尺寸、最小的切口宽度和切割精度等。如果知道了这些，零件设计人员就可以避免超过工艺生产能力的设计，从而避免产生不必要的成本。

对于一些工艺而言，零件的生产成本与该零件的某些属性呈简单的数学函数关系，这些属性就是这一工艺的成本驱动因子。例如，焊接工艺的成本与两个因素成正比：焊缝的数量和焊接的总长度。

对于一些能力不容易描述清楚的工艺，设计人员最好与充分了解该工艺的人密切合作，这些制造专家对于改进零部件和降低成本会有许多很好的想法。

13.4.2 重新设计零部件以减少工序

对已有的设计反复斟酌，也许可以产生改进设计以简化工艺的想法。减少零部件的加工工序通常也会降低成本，一些工序可能是不必要的。例如，铝制零件不需要上漆，尤其当它们不会被用户看到时。有时，几道工序可以用一道工序代替，比如终型，终型过程是指在一道工序中直接形成零件最终所需的几何形状，这种工艺包括模塑、铸造、锻造和冲压。设计师通常可以通过终型制造一个非常接近最终需求的零件，而且只需少量的额外加工（如钻孔、攻丝、切割等）。

13.4.3 选择合适的零部件加工经济规模

通常，一种产品的单位制造成本随着产量的增加而降低，这种现象称为规模经济。零部件加工规模经济的产生有两个原因：固定成本分配到更多的产品中；由于企业可以使用大型高效的工艺和设备，使可变成本变得更低。例如，一个注塑成型的零件，需要一个 5 万美元的模具，如果企业在模具的生命周期内生产 5 万件该零件，每件承担 1 美元模具的成本。而如果生产 10 万件，每件只需承担 0.5 美元的模具成本。随着产量的进一步增加，企业可以使用四腔模具，每次生产 4 件产品，从而证明模具成本稍高是合理的。

低固定成本与高可变成本的工艺（如机械加工）适合少量生产的产品。高固定成本与低可变成本的工艺（如注塑）适合大量生产的产品。这个概念由图表 13-10 说明，如图表所示，若预计产量低于 1000 件，机械加工比较经济；否则，注塑成型的总成本更低。

一个工艺的固定成本和可变成本往往是决定性的经济驱动因素。然而，这些成本结构是不断变化的，例如，增材制造或 3D 打印工艺现在可以支持具有复杂几何形状的零件的净成形生产，而不会产生高额的模具固定成本。以往，材料的选择是有限的，单位可变成本也相对较高。但是，较新的工艺（例如，连续液体界面生产或 CLIP）提供了使用高性能聚合物的可能性，其成本与注塑成型相比具有竞争力，数量可达 10 000 件。

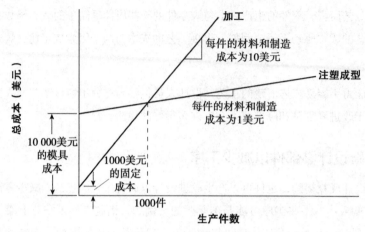

图表 13-10　一个假想零件的总成本

13.4.4　标准化零部件

对于一个给定的预期产量，通过使用标准零部件，可以大幅提高部件量。当一个相同的零部件在一个产品或一个组织的整个产品线中被多次使用时，零件就可以标准化。随着标准化零部件产量的增加，其单位成本逐渐降低。质量和性能通常也会随着生产数量的增加而提高，因为零部件的生产商可以对学习和改进组件的设计及生产过程进行投资。

例如，Wazer 团队在机器框架和支架上的所有结构管都使用了单一的挤压型材（见图表 13-11），尽管这种标准化要求在挤压型材的内部增加几个几何特征，而这些特征只在框架的一个部分需要（以便安装显示器），其他地方则没有必要。

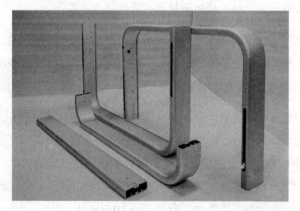

图表 13-11　框架和支架中的所有结构元素都采用了单一的挤压型材

13.4.5 "黑箱"零部件采购

另一种降低零部件成本的策略被称为黑箱供应商设计（black box supplier design），也被称为功能规格（functional specification）。根据这一方法，开发人员向供应商提供所需零部件的"黑箱"式描述，即只描述该组件的功能，而不是如何实现它。这种要求给供应商留出了尽可能大的自由度来设计或选择最低成本的组件。此方法的另一个优点是，它减轻了内部团队设计零部件的工作量。Wazer 公司对其驱动系统中使用的步进电机和用于水循环的泵使用了黑箱规范方法。成功的黑箱开发工作需要详细的系统设计，并对功能、接口、各组件的相互关系有非常明确的说明（详见第 10 章）。

13.5　步骤 4：降低装配成本

面向装配的设计（Design For Assembly，DFA）是 DFM 的一个部分，其主要目标是使装配成本最小化。对于大部分产品来说，装配成本在总成本中所占比例很小。然而，关注装配成本能产生巨大的间接效益。通常，关注 DFA 可以使产品的零部件数量、生产复杂性以及支持成本都随装配成本的降低而降低。在本节中，我们将提出几个有助于指导 DFA 决策的原则。

13.5.1　集成零部件

如果独立的相邻部件不需要相对移动或因功能原因而采用不同的材料，理论上它们可以组合成一个单独的部件。由于整合了几个不同的几何特征，所产生的多功能部件往往是相当复杂的，否则这些部件将成为独立的部分。然而，模塑或冲压部件通常可以在很少或不增加成本的情况下纳入额外的功能。

集成零部件有几个优点：

- 集成零部件不必进行装配。实际上，几何上的"装配"是由零部件制造过程完成的。
- 制造集成零部件往往比零散零部件成本低。对于模塑件、冲压件和铸件来说，一个复杂的模具通常比两个或多个不那么复杂的模具成本低，并且会缩短加工时间，产生更少废料。
- 集成零部件由零部件制造工艺（如模塑）控制其关键几何特性，而不是装配过程。这通常意味着可以更精确地控制尺寸。

13.5.2 最大限度地简化装配

两种零件数相同的产品的装配时间可能相差 2~3 倍。这是由于实际中拿取、定位并装入一个零件的时间取决于零件的几何形状和装入所需的轨迹。装配零件的理想特性是（改编自文献（Boothroyd 和 Dewhurst，2010 ））：

- **零件从顶部安装**。这种装配组件的特性称为 z 轴装配。通过 z 轴装配，零件在装配过程中无须倒置，重力有助于稳定已装配的部分，工人一般都可以看到装配位置。
- **零件自动定位**。需准确定位的零件在装配中需要工人进行缓慢、精准的移动。零件和装配工具可以设计成自动定位的，从而用机械代替工人进行控制。最常见的自动对准方式是倒角。倒角可通过将柱体的顶端做成锥面来实现，也可以对孔的开口处进行锥形扩大。
- **零件不需要定向**。螺钉等需要准确定向的零件比球体等不需定向的零件消耗更多的装配时间。在最坏的情况下，一个零件需要在三个维度上定向。例如，下列零件按定向要求递增顺序排列：球体、圆柱体、加盖圆柱体、有盖的键连接的圆柱。
- **零件只需单手装配**。这种特性主要关系到零件的大小与操作工作量。其他条件相同的情况下，单手装配的零件比双手装配的所需时间更少，更少于需要起重机或升降机装配的零件。
- **零件不需要工具**。有些装配操作需要工具，比如连接卡环、弹簧或开口销，它们比不需要工具的操作耗费更多时间。
- **零件由单向直线动作装配**。插入一个销子比拧螺丝的时间短，出于这个原因，许多商用紧固件的安装只需要一个单向的直线动作。
- **零件装入后立即固定**。一些零件需要后续的固定操作，例如拧紧、固化或借助别的零件紧固。在零件固定前，装配是不稳定的，需要格外小心，可能要用到临时的固定件，这可能需要放慢装配过程。

Wazer 团队降低装配成本的方法之一是大幅减少密封剂的使用。最初 Wazer 设计在防水接头处大量使用液体硅酮密封剂。这些密封剂需要 20h 的固化时间，这成为装配作业的瓶颈。为了改进设计，该团队用几个定制的橡胶垫圈取代了液体密封剂的使用，在这种情况下，实际上是在 BOM 中增加了部件，以减少装配的时间和复杂性。

13.5.3 考虑客户自行装配

客户可能会接受自己组装一部分产品，尤其当这样做有其他好处时，例如这会使运输和安装更容易。然而，考虑到客户往往是外行，会忽略说明书等因素，设计一个客户可以简单正确组装的产品本身就是一个巨大的挑战。

13.6　步骤 5：降低支持成本

在减少零部件成本和装配成本的同时，开发人员也可以减少支持成本。例如，零部件数量减少的同时，库存管理成本也减少了。装配工作量的减少降低了工人的需求量，从而减少监督和人力资源管理的成本。标准化零部件降低了对技术支持与质量控制的要求。此外，还有一些可以降低支持成本的措施。

13.6.1　降低系统复杂性

一个最简单的制造和供应链系统是指通过单一步骤将单一原料转变为单一零件，比如将塑料颗粒加工为单一直径的塑料棒。很可惜，这种系统几乎不存在。制造和供应链系统的复杂性来自输入、输出和流程的多样性。很多现实的生产系统涉及几百个供应商、几千个零部件、几百个人员以及几十种产品和生产工艺。供应商、零部件、人员、产品、工艺的变化造成了系统的复杂性。这些变化通常必须进行追踪、监控、管理、检查、处理并登记，这给企业带来巨大的成本。大部分复杂性来自产品设计，因此可以通过完善的设计来降低系统复杂性。

13.6.2　差错预防

DFM 的一个要点是预先考虑生产系统中可能出现的故障，并在开发阶段的早期就采取适当的措施，这种策略被称为差错预防（error proofing）。例如，图 13-12 展示了一个 SIM 卡，这是一种数字存储设备，在一个角上设计了一个斜面，以便它只能以一个方向进行组装。

某些故障是由几种差别很小、易混淆的零部件引起的。例如，仅在螺纹间距上不同的螺钉（例如，M4 × 0.70mm 和 M4 × 0.50mm 的螺钉）或在转动方向上不同的螺钉（左旋和右旋螺纹），它们相互之间互为镜像；或者仅在材料组成上不同的零件。我们建议要么将这些细微的差别消除，要么将其放大，或者可以对零件进行颜色编码。

©Smit/Shutterstock

图表 13-12　SIM 卡有斜角，只允许在一个方向插入

13.7 步骤 6：降低物流成本

物流成本包括将产品从制造地点运输到产品销售市场的分销点所需的运费和对完整产品或进口部件所征收的关税（如果有的话）。

一旦确定了生产地点，物流成本基本上就完全确定了，而生产地点是步骤 1 中做出的战略决策之一。因此，在详细设计阶段，降低物流成本的重点是降低运输成本。

如果产品价格相对于其尺寸和重量来说非常高（如半导体或药品），那么产品可能会通过航空运输。事实上，在这种情况下，运费只占货物成本中非常小的一部分，并不是 DFM 过程中的重点。然而，在大多数情况下，海运、卡车和铁路是将货物从工厂运到分销点的主要方式。在这种情况下，设计决策对货运成本的影响极大。

运费一般由体积和重量共同决定。海运和铁路货运成本主要由体积决定，而卡车货运成本主要由重量决定。对于密度相对较低的产品（如自行车头盔），卡车货运成本可能是由尺寸重量（dimensional weight）决定的，如果货物具有货运公司规定的最低密度，货物的重量就会增加。在尺寸重量的计算中，通常使用 $100\sim200\mathrm{kg/m^3}$ 的密度。由于产品的重量可能已经降到最低，为了节省材料成本，通常可以通过专注于最小化体积来减少运费。

以下是关于最小化体积的准则：

- **部分拆卸、折叠或压缩**。通常情况下，产品中的突出部分或结构元件可以决定其体积。例如，吸尘器的手柄、桌子的腿或自行车的踏板等部件如果被拆开，就可以大幅度减小产品的体积。消费者通常可以接受少量的必要组装。在少数情况下，产品可以被折叠或挤压以减少其体积。例如，对于泡沫床垫包装，允许其被挤压成平面，真空密封，然后卷起来。这一过程使床垫可以通过普通的货运方式直接运到消费者手中。

- **纸箱尺寸最小化**。产品与包装之间的间隙在很大程度上决定了包装尺寸，从而决定了运费。设计保护产品而又不需要太多间隙的纸箱插板，可以使外部尺寸更小，从而降低货运成本。

- **限制或取消包装**。一个炖锅需要一个纸盒吗？一个自行车充气泵呢？也许有一种方法可以给产品贴上标签，而不需要大量的包装。

- **延迟最终包装**。在某些情况下，产品可能通过使用定制的间隔物和插入物，从而密集地装在一起。然后，该产品在目标市场的分销点进行最终的包装操作。这种策略需要权衡在分销中心进行最终包装的成本、复杂性，与以较高密集方式运输产品所带来的较低货运成本。

Wazer 考虑使用中国深圳的一家合同制造商进行总装，但最终选择将部件不进行组装运往美国，并在位于纽约的自己的工厂进行总装。Wazer 这样做的部分原因是为了降低物流成本。例如，通过对热成型磨料斗部件进行嵌套，然后在美国进行组装，运输磨料斗所需的总体积就减少了 1/6。这一策略还支持在靠近其最初目标市场的地方进行最终组装和测试，使该公司有能力在向客户交付产品时，密切地监测产品的质量和性能。最后，Wazer 团队认为，必须完全控制总装操作，以便从持续生产可能出现的知识和学习中获益。

13.8　步骤 7：考虑 DFM 决策对其他因素的影响

最大限度降低制造成本不是产品开发过程的唯一目标。产品经济上的成功也取决于产品质量、产品推出的时间以及产品的开发成本。某些情况下，为了企业经济利益最大化，可能会损害特定项目的经济效益。在进行 DFM 决策时，这些问题应当考虑清楚。

13.8.1　DFM 对开发时间的影响

开发时间是宝贵的。对于一个汽车开发项目来说，一天的时间可能价值几十万美元，因此，DFM 决策必须在顾及制造成本的同时，对其在开发时间上的影响做出评估。虽然在每辆汽车上节省 1 美元相当于每年节省 20 万美元或更多的成本，但由此造成项目完成时间延迟 1 个月就不值得了。

13.8.2　DFM 对开发成本的影响

开发成本与开发时间密切相关。因此，开发时间与零部件复杂性的关系同样适用于开发成本。通常情况下，开发人员会努力追求在相同的开发时间和相同的开发预算下使零部件的制造成本最低。在良好的项目管理方法与完善的 DFM 应用的前提下，这一目标可以实现。

13.8.3　DFM 对产品质量的影响

在进行 DFM 决策之前，开发人员应该评估决策对产品质量的影响。在理想情况下，降低制造成本的同时也可以提高产品质量。由于装配的复杂性降低，这些双重目标往往可以实现。然而，在某些情况下，降低制造成本的措施可能会对产品质量产生不利影响，例如降低材料成本时就可能会出现这种情况。在大多数情况下，成本和质量之间的权衡是主观评估的，但在某些情况下，一个决定可能具有重要的经济意义，因此，可能需要对两种或更多的替代方案进行功能或消费者测试。

13.8.4　DFM 对外部因素的影响

设计决策可能会超出开发团队的职责范围。从经济学的角度来说，这种影响称为外部因素。这些外部因素包括零部件再利用、生命周期成本和供应链响应能力。

- **零部件再利用**。花费时间与资金开发的低成本零部件可能对其他设计相似产品的团队有价值。通常情况下，这种价值在制造成本估算时不能被明确计算。由于对其他项目的积极影响，开发人员有时会在本项目中投入更多成本。
- **生命周期成本**。在产品的整个生命周期中，可能会产生一些公司成本或社会成本，这些成本不会（或很少）计入制造成本。例如，产品可能含有某些需特殊处理的有毒物质。有些产品会产生售后服务和保修费用。虽然这些成本可能不会出现在制造成本分析中，但它们应在采用 DFM 决策前予以考虑（第 12 章提供了解决生命周期成本的详细方法）。
- **供应链响应能力**。对工厂位置和包装的决定可能会影响供应链对需求变化的响应速度。如果生产位于目标市场，则处理需求变化所需的库存与工厂和配送系统之间有两个月运输延迟的情况。这些库存成本通常不会明确计入货物成本，但对于较大的企业来说可能是一个经济问题。

13.9　成果

在过去的几十年，面向制造的设计在许多企业中应用。今天，DFM 几乎是每一个产品开发工作的重要组成部分。设计师再也不能"将设计图挂在墙上"就算完成了与制造工程师的交接。由于强调提高设计质量，一些制造商声称他们降低了 50% 的产品生产成本。实际上，将新产品与前代产品比较，人们可以发现新产品中的零部件更少了，采用了新材料，以及更多集成、定制的零部件，更多标准件和组件，并且装配流程更简单。

Wazer 团队在最初概念的基础上，对磨料斗的设计进行了几次重大更新、迭代。三个版本的设计以及相关的零件数量、固定成本和总零件成本见图 13-13。最后一次迭代的主要改进是通过使用磨料斗的圆形底边来降低成本和提高人机工程学，该底边将作为滑出料斗的手柄，以便向机器中添加研磨介质。最终的设计实现了低成本，特别是考虑到相对较低的生产量，同时提供了所需的结构性能和增强的人体工程学。

	初始设计	中间迭代	生产设计
	©Wazer, Inc	©Wazer, Inc	©Wazer, Inc
描述	由二维零件组装和胶合而成	两个主要部分经过热成型和胶合，形成磨料斗仓	前端连续的下边缘是一个嵌套的胶合接头，也是一个把手
关键工艺	激光切割	热成型，计算机控制的开口切割	热成型，计算机控制的开口切割
N 个零件（仅仓内）	24	2	2
总的固定成本	$0	$6000	$6200
零件总成本（包括 2000 件以上模具的摊销）	$84	$23.25	$19.97

图表 13-13　磨料斗的三个设计版本，从最初的概念到生产设计

13.10　小结

面向制造的设计（DFM）的目的是降低制造成本，同时提高产品质量（或者合理处理成本与质量的关系）、缩短开发时间、降低开发成本。

- DFM 始于概念设计阶段和系统设计阶段，在这两阶段做出重要决定的同时必须考虑到对制造成本的影响。
- DFM 是一个综合性的设计方法，它贯穿整个产品开发过程，需要整个开发团队共同参与。
- DFM 以制造成本的估算为依据，并采取降低成本的做法。成本估算需要对相关的生产工艺有深入的了解。供应商和制造专家必须参与这个过程。
- 明确了决定成本的因素，才能降低零部件成本。降低成本的措施可以采用新的设计概念，或通过简化和标准化现有设计来实现。
- 完善的基于装配的设计（DFA）可以降低产品的装配成本。为了简化装配操作，可以重新设计零部件，或者通过零部件的集成减少一些零部件。
- 为了降低生产支持成本，需要了解生产流程中的复杂性因素。设计决策对支持成本有

很大影响。

- 考虑到生产地点，降低物流成本一般是通过尽量减少产品的体积和精心设计包装来实现的。
- DFM 决策可以影响产品的开发周期、开发成本和产品质量。需要经常在制造成本和其他同等重要的问题中进行权衡。

参考文献

许多现有的资源可通过访问 www.pdd-resources.net 获得。

在零部件设计、材料选择、生产工艺选择和对工艺能力的理解方面有许多参考资料。这里列出几种相关的资料，其中为数百种具体操作、材料和工艺提供了具体指导方针。

Bralla, James G., *Handbook of Manufacturing Processes: How Products, Components and Materials Are Made*, Industrial Press, New York, 2007.

Cubberly, William H., and Ramon Bakerjian, *Tool and Manufacturing Engineers Handbook*, Society of Manufacturing Engineers, Dearborn, MI, 1989.

Farag, Mahmoud M., *Materials Selection for Engineering Design*, third edition, CRC Press, Boca Raton, FL, 2013.

Lefteri, Chris, *Making It: Manufacturing Techniques for Product Design*, second edition, Laurence King Publishing, London, 2012.

Thompson, Rob, *Manufacturing Processes for Design Professionals*, Thames & Hudson, High Holborn, UK, 2007.

Trucks, H. E., *Designing for Economical Production*, second edition, Society of Manufacturing Engineers, Dearborn, MI, 1987.

应用最广泛的 DFA 方法是由 Boothroyd 和 Dewhurst 提出的。也有软件可用于估算人工和机械装配成本，以及各种零部件成本。

Boothroyd, Geoffrey, Peter Dewhurst, and Winston A. Knight, *Product Design for Manufacture and Assembly*, third edition, CRC Press, Boca Raton, FL, 2010.

对自动化装配的详细研究可以指导产品设计，使其适合自动化装配。

Boothroyd, Geoffrey, *Assembly Automation and Product Design (Manufacturing Engineering and Materials Processing)*, second edition, CRC Press, Boca Raton, FL, 2005.

Whitney, Daniel E., *Mechanical Assemblies: Their Design, Manufacture, and Role in Product Development*, Oxford University Press, New York, 2004.

练习

1. 估算一件你可能购买的简单产品的生产成本。尝试分析一件少于 10 个零件的产品的成本，比如钢笔、折叠刀或儿童玩具。你所估算的产品成本的合理上限就是产品的批发价（零售价的 40%～70%）。

2. 提出一些你能想到的降低成本的方法，并改善你上面考虑的产品。

3. 列出 10 条因减少零部件数量而降低成本的原因。再列出一些可能增加成本的原因。

思考题

1. 以下是机电产品的 10 条"设计原则"。这些原则是否合理？在什么情况下它们会彼此冲突？应该如何权衡？
   a. 零部件数量最小化。
   b. 采用模块化装配。
   c. 叠加式装配。
   d. 不需要调整。
   e. 不使用电缆。
   f. 使用自紧固零件。
   g. 使用自定位零件。
   h. 消除再定位。
   i. 零件便于装卸。
   j. 选用标准件。

2. 产品投产时，能否确定其实际成本？如果可以，如何确定？

3. 你能提出一套预测实际的支持成本变化的指标吗？为了有效起见，这些指标必须对企业内间接成本的变化非常敏感。实践中引入这些指标有什么障碍？

附录 A：材料成本

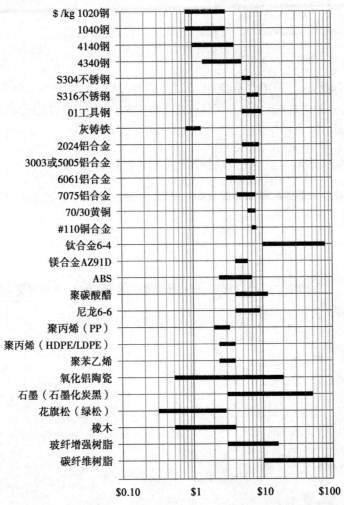

（来源：改编自 David G. Ullman, The Mechanical Design Process, sixth edition,
David G. Ullman (publisher), 2018。）

图表 13-14　常用的工程材料成本范围。图中的价格对应批量购买时各种材料的不同质量
等级和规格（2011 年价格）

附录 B：零部件制造成本

本附录针对数控（CNC）加工（见图表 13-15）、注塑（见图表 13-16）、级进冲压（见

图表 13-17)、砂铸和熔铸（见图表 13-18）给出了一些示例零部件及其成本数据。这些示例说明典型工艺的大致成本范围，以及零部件复杂性将如何影响每种工艺的成本结构。

	固定成本		可变成本		产量	总单位成本
	准备工作		材料	9美元/个	1	75.00美元
	0.75h，60美元/h		胚料：1.11kg的6061铝合金		10	21.00美元
	工装		加工		100	15.50美元
	编程时间：0.25h，60美元/h		6min/单位，60美元/h			
	准备工作		材料	16美元/个	1	386.00美元
	1.75h，60美元/h		胚料：1.96kg的6061铝合金		10	102.50美元
	工装		加工		100	74.15美元
	编程时间：1.0h，60美元/h　卡具：150美元		55min/单位，60美元/h			
	准备工作		材料	25美元/个	1	646.00美元
	5.5h，60美元/h		胚料：4.60kg超高分子聚乙烯		10	241.00美元
	工装		加工		100	200.50美元
	编程时间：2.0h，60美元/h		2.85h/单位，60美元/h			
	准备工作		材料	12美元/个	1	612.00美元
	2.0h，60美元/h		胚料：1.50kg的6061铝合金		10	396.00美元
	工装		加工		100	374.40美元
	编程时间：2.0h，60美元/h		6h/单位，60美元/h			

（来源：照片由 ©Stuart Cohen 提供，例子和数据由 Ramco，Inc 授权）

注：1. 编程时间是一次性花费，这里把它包含在工装成本中。

　　2. 材料价格假设批量不大，包含了下料费用。

　　3. 加工成本包含了间接费用。

图表 13-15　CNC 加工成本例子（CNC 加工的部件及其成本数据）

术语

以下术语在附录所有图表中适用。

- **准备工作**。指设备使用前所需的准备。准备工作成本由每次运营分摊。
- **工装成本**。发生在第一件产品生产前。工装可在之后的生产中重复使用。然而，当产量非常大时，工装会磨损，因此这是一个周期性费用。工装成本可以分摊到所有产品中，或单独列出。数控编程时间通常也是一次性费用，类似于工装成本。

- **材料类型**。按零件分别列出。材料重量及成本包括边角料和损耗。
- **加工成本**。随使用的生产设备而变化，包括机械工时和人工成本。

	固定成本		可变成本		产量	总单位成本
	准备工作		材料	0.075美元/个		
			45g线性低密度聚乙烯（LLDPE）		10K	1.915美元
	工装		加工		100K	0.295美元
		18K美元 8腔/模具 无行动	在1800KN注塑机上，160件/h，42美元/h		1M	0.133美元
	准备工作		材料	0.244美元/个		
			10g 钢填充 聚碳酸酯		10K	1.507美元
	工装		加工		100K	0.607美元
		10K美元 1腔/模具 无行动	在900KN注塑机上，160件/h，42美元/h		1M	0.517美元
	准备工作		材料	0.15美元/个		
			22g改性聚环氧乙烷（PPO）		10K	2.125美元
	工装	18K美元	加工		100K	0.505美元
		2腔/模具 无行动 3侧抽芯	在800KN注塑机上，240件/h，42美元/h		1M	0.343美元
	准备工作		材料	2.58美元/个		
			227g聚碳酸酯（PC）和 8个黄铜嵌件		10K	11.085美元
	工装	80K美元	加工		100K	3.885美元
		1腔/模具 1项行动 4侧抽芯	在2700KN注塑机上，95件/h，48美元/h		1M	3.165美元

（来源：照片由©Stuart Cohen提供，例子和数据由Lee塑料公司和数字设备公司提供）

注：1. 准备工作（各案例仅数小时）成本在大批量注塑成型生产时可以忽略。

2. 加工成本包含了间接费用。

图表13-16 注塑成型成本例子（注塑成型部件及其成本数据）

	固定成本	可变成本		产量	总单位成本
	准备工作	材料	0.040美元/个		
		2.2g 70/30黄铜		100K	0.281美元
				1M	0.083美元
	工装	加工		10M	0.063美元
	22K美元	在550KN冲压机上，3000件/h，63美元/h			
	准备工作	材料	0.032美元/个		
		3.5g 304不锈钢		100K	0.775美元
				1M	0.136美元
	工装	加工		10M	0.072美元
	71K美元	在550KN冲压机上，4300件/h，140美元/h			
	准备工作	材料	0.128美元/个		
		19.2g 102紫铜		100K	0.248美元
				1M	0.149美元
	工装	加工		10M	0.140美元
	11K美元	在650KN冲压机上，4800件/h，50美元/h			
	准备工作	材料	0.28美元/个		
		341g镀锌钢板		100K	2.516美元
				1M	0.761美元
	工装	加工		10M	0.585美元
	195K美元	在1000KN冲压机上，700件/h，200美元/h			

（来源：照片由©Stuart Cohen提供，例子和数据包括由英国先进工业公司在内的其他来源提供）

注：1. 准备工作（各案例仅数小时）成本在大批量冲压时可以忽略。

2. 材料重量是最终冲压件的重量，材料成本包括边角料。

3. 每小时加工成本不仅受冲压机尺寸影响，还要包括辅助工艺设备，如模内攻丝等。

4. 加工成本包含了间接费用。

图表13-17　冲压成本例子（大批量级进冲压部件及其成本数据）

	固定成本		可变成本		产量	总单位成本
	准备工作		材料	0.53美元/个		
				570g灰铸铁	10	180.91美元
					100	18.91美元
	工装 1.8K美元 8印模/纹样 无型芯		加工	120件/h, 46美元/h	1000	2.71美元
	准备工作		材料	2.42美元/个		
				2600g 灰铸铁	10	243.95美元
					100	27.95美元
	工装 2.4K美元 2印模/纹样 1型芯		加工	30件/h, 46美元/h	1000	6.35美元

	固定成本		可变成本		产量	总单位成本
	准备工作		材料	0.713美元/个		
				260g黄铜	10	163.21美元
					100	28.21美元
	工装 1.5K美元，无型芯		加工	4件/h, 50美元/h	1000	14.71美元
	准备工作		材料	0.395美元/个		
				180g 712铝合金	10	750.40美元
					100	120.40美元
	工装 7K美元，3型芯		加工	1件/h, 50美元/h	1000	57.40美元

（来源：照片由©Stuart Cohen 提供，例子和数据由 Cumberland 公司（砂铸）和 Castronics 公司（熔铸）提供）

注：1. 准备工作成本通常不计入成本核算。

2. 加工成本包含了间接费用。

图表 13-18   铸造成本例子（砂铸（上）和熔铸（下）部件及其成本数据）

固定成本（准备工作和工装成本）有时独立于材料类型和加工成本列出，此时，固定成本由所有产品分摊，单位成本计算公式：

$$总的单位成本 = \frac{准备工作成本 + 工装成本}{总产量} + 可变成本$$

考虑到成本率包括间接费用，因此上述数据适用于从供应商采购的定制零件。

加工描述

数控加工包括数控铣削和车削工艺。数控机床因自动换刀、多工作轴和可编程计算机控制而具有很高的灵活性。为了生产一个特定的零件，机械师需要先在电脑中编辑刀具轨迹并选择刀具。此外，夹具或其他工具的使用可以更有效率地生产多种零件。一旦程序写入并安装夹具，后续生产流程可快速进行。

注塑成型是在高压下将热塑料压入模具，并使其冷却定型的工艺。当零件充分冷却时，打开模具，取出零件，闭合模具，这一过程循环进行。模具的复杂性很大程度上取决于零件的几何形状。undercuts（防止注塑零件射出模具的结构）利用了模具"行动"或"侧抽芯"。

级进冲压是将金属片或金属条通过一组模具的切割和/或形成所需尺寸和形状的一种工艺。虽然某些冲压件只需要切割，一般的冲压件通过弯曲、延伸，使金属超过其屈服点，从而形成永久形变。

砂铸件是使用由母模（最终所需的形状）制作的砂模具制成的铸件。在砂中混入特殊黏合剂，使其保持形状，以制造一次性模具。可在外部模具内装入砂芯以制造铸件的内部空腔。将融化的金属倒入模具并使之冷却。冷却后，拆掉砂模，取出金属铸件。砂铸件一般需要后续加工形成成品零件。

制造熔铸件需先用母模制作一个临时蜡模型。然后将蜡模型浸入可固化的石膏或陶瓷浆料。然后加热，使蜡融化，留下薄壳作为模具。再将融化的金属倒入模具，并冷却成型。金属冷却后，拆下模具取出金属零件。

上述工艺和其他工艺的详细过程描述，以及更多详细成本估算方法，可在本章列出的参考文献中找到。

附录 C: 装配成本

产　品	零件数据		装配时间（s）	
	零件数量	16	总计	125.7
	零件种类	12	最慢零件	9.7
	紧固件数量	0	最快零件	2.9
	零件数量	34	总计	186.5
	零件种类	25	最慢零件	10.7
	紧固件数量	5	最快零件	2.6
	零件数量	49	总计	266.0
	零件种类	43	最慢零件	14.0
	紧固件数量	5	最快零件	3.5
	零件数量	56/17*	总计	277.0/138.0*
	零件种类	44/12*	最慢零件	8.0/8.0*
	紧固件数量	0/0*	最快零件	0.75/3.0*

（来源：照片由©Stuart Cohen 提供，数据由 Boothroyd Dewhurst 公司的 DFA 软件据算得到）

*鼠标数据给出形式：总部件（包括电子部件）/ 机械部件。

注：1.本表给出了手工装配时间，用相应的劳力价格即可转换为装配成本。

　　2.表中所给出的装配时间不仅包括每个零件处理和插接的时间，还包括其他操作时间，如子装配件操作和插接、重定方向、热铆接等。

图表 13-19　普通产品的装配数据，使用 Boothroyd Dewhurst 公司的 DFA 软件计算得到

零　件	时间（s）			零　件	时间（s）		
	最快	最慢	平均		最快	最慢	平均
螺钉	7.5	13.1	10.3	销轴	3.1	10.1	6.6
卡勾	3.5	8.0	5.9	弹簧	2.6	14.0	8.3

（来源：手工装配表格来自 Boothroyd, Geoffrey, and Peter Dewhurst, *Product Design for Assembly*, Boothroyd Dewhurst, Inc., Wakefield, RI, 1989。）

图表 13-20　常见原件的典型处理和插入时间

附录 D：成本结构

公司类型	成本计算
机电产品制造商（传统成本结构）	成本 = 113% × 材料成本 + 360% × 直接人工成本
精密阀门制造商（基于活动的成本结构）	成本 = 108% × （直接人工成本 + 准备工作人工成本 + 160% × 材料成本 + $27.80 × 加工机时 + $2000.00 × 运输次数）
重型设备部件制造商（基于活动的成本结构）	成本 = 110% × 材料成本 + 109% × （211% × 直接人工成本 + $16.71 × 加工机时 + $33.76 × 准备工作时间 + $114.27 × 生产订单数量 + $19.42 × 材料处理负载数量 + $487.00 × 系统新添零件数量）

（来源：（从上往下）未发表的公司来源；Harvard 商学院案例；Destin 黄铜产品公司，9-190-089；John Deere 部件公司，9-187-107。）

注：1. 本表给出的是每次客户订单的总成本。
　　2. 材料成本包括原材料成本和外购件成本。

图表 13-21　制造企业的典型成本结构

第 14 章

原 型 化

（由 iRobot 公司提供）

图表 14-1　iRobot 公司研发的 PackBot 机器人

军用机器人 PackBot 的制造商是 iRobot 公司，PackBot 主要用于协助执法人员和军事人员在危险环境中执行任务，例如，在 2001 年，PackBot 协助搜寻美国"9·11"事件中的幸存者；2011 年日本的地震海啸发生后，PachBot 是第一批进入遭到破坏的福岛核电站的机器人。PackBot 还能辅助前线侦查、处理炸弹等，它是一种强大的军用机器人。该机器人装有多种设备，如夹子、摄像机、照明灯、声学传感器、生化和雷达探测器等。图表 14-1 显示的是一款具有机械臂、摄像机、照明灯、夹子和光纤通信设备的 PackBot 机器人。图表 14-2 显示的是在陆地上将要执行任务的 PackBot 机器人。

（由 iRobot 公司提供）

图表 14-2　待命执行军事搜索任务的 PackBot 机器人

PackBot 可以由军队携带，通过窗口抛出或者直接从消防车上卸下，用于各种具有挑战性的和不可预测的情况。在开发 PackBot 的过程中，iRobot 的产品开发团队使用了不同的原型。这些原型不仅有助于迅速开发出成功的产品，而且可以保证 PackBot 在陆地上的可靠性。

本章将对原型（prototype）进行定义，解释为什么要建造原型，然后提出原型化设计实践的几个原则，并介绍一种制定原型化计划的方法（PackBot 将作为一个说明性的例子贯穿本章）。

14.1　了解原型化

虽然"原型"在字典中仅定义为名词，但在产品开发实践中这个词可被用作名词、动词和形容词。例如：

- 工业设计人员按照他们的理念制造原型。
- 工程师们原型化一个设计。
- 软件开发者编写原型程序。

我们将原型定义为"依据一个或多个方面的兴趣而得到的产品的近似品"。依据这一定义，能够呈现给开发团队至少一个所感兴趣的方面的任何实体（entity）均可视为一个原型（prototype，或译为样机）。这个定义是广义的，它包含的原型范围从概念草图、数学模型、模拟组件、测试组件到功能齐全的试制品。原型化（prototyping）就是开发这种近似品的过程。

14.1.1 原型的分类

原型可从两个角度进行分类。第一个角度是原型的实体化（physical）（或与之对应的解析化（analytical））程度。实体化原型是有形的物体，该物体是产品的一个近似品。开发团队所感兴趣的产品的一些方面被实体化，被用于检测和试验。实体化原型包括满足视觉的外观模型、用于快速检测某一设想的概念验证原型，以及用于证实产品功能的实验原型。图表 14-3 显示了三种用于不同用途的实体化原型。解析化原型以无形的（通常是数学的）方式表示产品，它只是分析（而非制造）对产品感兴趣的方面。解析化原型包括计算机模拟、电子表格中编码方程运算、计算机三维几何建模等。图表 14-4 展示了三种不同用途的分析原型。

图表 14-3　PackBot 机器人的实体化原型。a）用于与客户沟通和批准的外观模型。b）挤压测试中的车轮原型。c）在沙土中进行测试的原型

图表 14-4　PackBot 机器人的解析化原型。a）依据用户需要制作的三维 CAD 透视图。b）车轮轮辐的有限元分析。c）动态仿真模型

第二个角度是原型的综合化（comprehensive）（或与之相对的专一化（focused））程度，综合化原型（comprehensive prototype）能实现产品的绝大多数属性。综合化原型与日常使用的样品（prototype）一词非常一致，因为综合化原型是一个全尺寸、完全可操作的产品版本。综合化原型的一个例子是 β 原型，它在投入生产前交给消费者以识别任何可能存在的设计缺陷。与综合化原型相反，专一化原型（focused prototype）只履行（完成）产品的某个或某些属性。专一化原型包括用于探求产品结构的泡沫材料模型和用于探查产品设计的电子性能的金属丝缠绕电路板等。一个普遍的做法是用两个或多个专一化原型一起探查一个产品的所有性能。这些原型一种是外观原型，而另一种是工作原理原型。通过制造两个分离的专一化原型，开发团队可以比制造一个综合化原型更早地解决问题。

图表 14-5 是以这两个角度为轴绘制的，以 PackBot 为例的几种不同类别的原型在该图表上均可表示出来。请注意，专一化原型可以是实体的也可以是解析的，但实体产品的综合化原型通常必须是实体的。原型有时是一个包含解析化元素和实体化元素的组合体。例如，PackBot 用户接口的控制硬件可以与 PackBot 的动态运动仿真软件联系在一起。一些解析化原型可以比其他解析化原型更加“实体化”。例如，通过详细模拟 PackBot 组件的物理相互作用而产生的该装置的视频动画，在某种意义上，比采用一组方程近似描述同种机械装置的全部运动更加“实体化”。

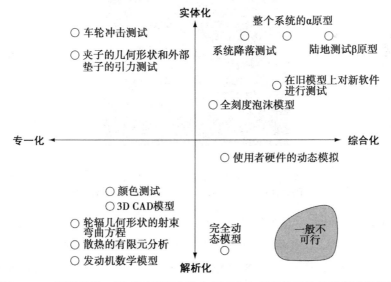

图表 14-5 原型分类，原型可根据实体化程度和实现产品属性的程度进行分类

14.1.2   原型有什么作用？

在一个产品开发项目中，使用原型有四个目的：学习、沟通、集成和里程碑。

学习（learning）。原型通常用于回答"它能否工作"和"它在多大程度上满足了消费者的需求"。当回答这类问题时，原型就作为学习的工具。在开发 PackBot 机器人的过程中，开发团队构建了车轮轮辐几何形状的专一化实体原型。这些车轮放在一个平台上，然后以不同的高度降落来测试吸收冲击的特性和车轮的强度。图表 14-6 显示了车轮原型和冲击测试。在开发车轮的过程中，轮辐的数学模型被用于分析车轮的硬度和强度，这是一个以专一化解析原型作为学习工具的例子。

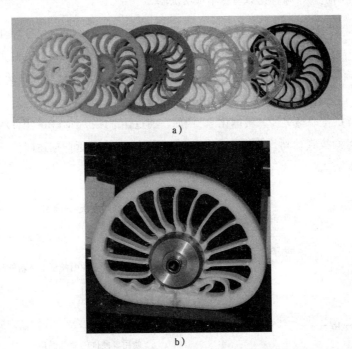

a)

b)

（由 iRobot 公司提供）

图表 14-6   PackBot 机器人的车轮原型（图 a）及冲击测试（图 b）

沟通（communication）。原型加强了开发团队与高层管理者、供应商、合作伙伴、开发团队扩展成员、消费者及投资者间的沟通。这一点对实体化原型来说尤为正确，产品的视觉、触觉、三维表现比用语言甚至以草图来描述这个产品更容易理解。在开发 PackBot 概念中，通过利用可视、可感知的原型，设计工程师、管理者和客户间的沟通得到加强。新的消费者通常对 PackBot 底盘过于狭小不满意，然而，实体化模型清晰地展示了有限的空间。图表 14-3a 向早期消费者展示了 PackBot 的大小和 PackBot 机械臂配备的摄像机所能伸展的范围。该模型利用立体快速原型化技术，通过组装和喷绘来展示这个产品的真实大小和外观。

集成（integration）。原型用于确保产品的子系统及组件能如预期工作。综合化的实体原型是产品开发项目中最有效的集成工具，因为它们要求零件、各部件间协调，并与零件组成一个产品。在这样做的过程中，需要产品开发团队成员相互协作。如果产品任何组件的组合干扰了产品的整体功能，则可以通过在综合化的实体原型中集成来检测。这些综合化的实体原型一般被称为试验性原型、α 原型、β 原型或试产原型。PackBot 的两个原型见图表 14-7。在 α 原型中，可以看到机器人中间的无线电；在 β 原型中，无线电被安装在机器人内部以防止破坏。对 α 原型的进一步测试可以改进路径系统，对 α 原型的测试是在 β 原型测试之前进行的。对 β 原型的进一步测试包括更广阔的地面路况，如泥浆、沙子和水路的测试。

a）

b）

（由 iRobot 公司提供）

图表 14-7　PackBot 的 α 原型（图 a）和 β 原型（图 b）

原型也能帮助产品开发团队集成一致的观点（Leonard-Barton，1991）。产品的实体化原型可用做销售、设计和制造者之间的沟通媒介，以协助各部门之间的沟通决策，便于达成一致意见。

许多软件的开发通过使用原型来集成数十个软件开发人员的工作。例如微软公司使用的"每天编译"方法，即每天工作结束时，都有新版本的产品被编译出来。软件开发人员在每天的一个固定时间（如下午 5：00）将他们编制的程序代码"登记"到软件中，开发小组将代码编译成新版本的软件。然后小组中的每个人都可以使用最新版本的软件，微软公司称之为"享受自己的美味"，这种每天建立综合化原型的做法确保了开发人员的工作总是同步的和集成的。任何冲突一经产生就会被发现，团队不会有任何一天脱离产品的工作版本（Cusuniano，1997）。

里程碑（milestones）。尤其是在产品开发的后期阶段，原型被用来验证产品在功能上已达到期望水平。里程碑原型提供了确切的目标，表明了进展情况，并用来加强进度安排。高层管理者（有时是客户）经常要求在项目继续进行之前，提供一个能展示特定功能的原型。例如，许多政府在采购的时候，要求承包商在进行生产之前，必须进行原型的"合格测试"和"首件测试"。PackBot 开发的重要里程碑是由美国陆军进行测试。在测试过程中，PackBot 原型从一辆移动的车辆扔到一个陌生的环境中，由一名受过最少训练的士兵控制。要使这一测试成功，PackBot 原型系统不能有任何缺陷。

所有类别的原型都可用于上述四种目的，但不同目的所适应的原型类别是有区别的。图表 14-8 对不同类别的原型与各种目的适应关系进行了总结。

	学习	沟通	集成	里程碑
专一化、解析化	●	○	○	○
专一化、实体化	●	●	○	○
综合化、实体化	●	●	●	●

图表 14-8 不同的原型与不同的目的适应（● = 表示更适合，○ = 表示不太适合）。注意，完全的综合解析原型对于实体产品几乎是不可能的

14.2 原型化原理

在产品开发过程中，一些原理对指导有关原型的决策是有益的。这些原理用于指导制造什么类型的原型和如何将原型编入开发计划中的决策。

14.2.1 解析化原型通常比实体化原型更具灵活性

由于解析化原型是产品数学上的近似，因此它通常包含可以改变的参数，以表示一系列设计方案。在大多数情况下，改变解析化原型中的某个参数比改变实体化原型中的某个属性容易得多。以 PackBot 动力传动系统的解析化原型为例，这一原型中包括一组描述电动发动机的方程，其中一个参数是失速转矩，通过改变这一参数来求解方程组比在实体化原型中改变实际的发动机更容易。在大多数情况下，解析化原型不仅比实体化原型易于改变，而且允许进行更大的更改。所以，解析化原型常常优于实体化原型。解析化原型用于缩小可变参数的取值范围，而实体化原型用于微调或确定设计方案（用解析化原型探索不同设计参数的详细例子，参见第 15 章）。

14.2.2 检测不可预见现象需要采用实体化原型

一个实体化原型经常能揭示出与最初目标完全不同的不可预见现象。产生这种现象的一个原因是，当开发团队用实体化原型进行实验时，所有的物理定律都在起作用。实体化原型可

用于检测纯粹的几何问题，以及热学和光学属性。实体化原型的一些伴随属性与最终产品无关，并在测试过程中造成困扰，但一些伴随属性可能在最终产品中表现出来。在这些情况下，一个实体化原型可作为检测不可预见有害现象的工具。例如，在 PackBot 各种抓取器手指涂层的测试中，研究团队发现，一些具有良好抓地力特性的涂层耐久性较差。相反，解析化原型无法揭示解析模型之外的现象。因此，在产品开发工作中，至少要建造一个实体化原型。

14.2.3　原型可以降低昂贵的迭代风险

图表 14-9 说明了在产品开发中风险与迭代的关系。在许多情况下，测试结果会决定一个开发任务是否需要返工。例如，如果一个浇铸件与其配合件之间的吻合性很差，这一浇铸件可能不得不重做。在图表 14-9 中，标有 0.30 概率的箭头表示进行配合测试后返工重新制作模具的迭代概率为 30%。如果制作并测试一个原型可以大大降低后续活动迭代的可能性（如图表 14-9 所示，成功的概率从 70% 提高到 95%），那么原型阶段就是合理的。

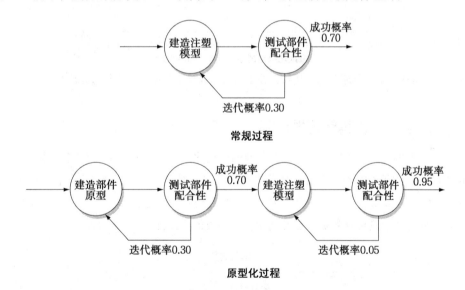

图表 14-9　原型可以降低昂贵的迭代风险。花时间制作并测试一个原型，可帮助开发团队发现用其他方法无法发现的问题（除非实际开展昂贵的开发活动，如制作一个注塑模塑）

原型在降低风险上的预期效益，必须对建立和评估原型所需要的时间和资金进行权衡。这对于综合化原型来说尤其重要。由于高成本、新技术或产品特性的重大变革而具有高风险、不确定性的产品，可以从这样的原型中受益。另一方面，那些失败成本低且技术成熟的产品，较难从原型化过程获得降低风险的收益。大多数产品介于这两个极端之间。图表 14-10 表示了不同类型的开发项目可能遇到的各种情况。

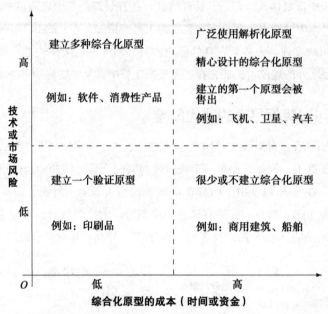

图表 14-10   综合化原型的使用依赖技术或市场风险的水平及建立综合化原型的成本

14.2.4   原型可加快其他开发步骤

有时，与不构建原型相比，加入一个短暂的原型化阶段可以使后续活动完成得更快。如果原型化阶段所需的额外时间少于后续活动节省的时间，则这一策略（原型化）是适当的。正如图表 14-11 所示，最易发生这种情况的例子之一是在模具设计过程中。具有复杂几何形状部件的实体化模型可使模具设计者更快更好地细化和完成模具设计。

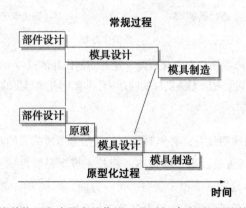

图表 14-11   原型在加快其他开发步骤中的作用。花时间建造原型可更快速地完成后续的步骤

14.2.5 原型可重构活动的依赖关系

图表 14-12 的上半部分展示了一组顺序完成的活动。通过构建原型，可以使一些活动并行。例如，软件测试可能依赖现有的实体电路，而不用在测试中等待生产用的印刷电路板，开发团队可以快速地生产原型（例如，一个手工的电路板），并在测试中使用它。

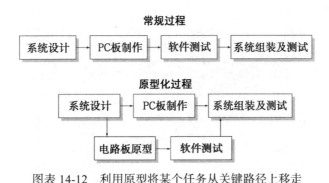

图表 14-12 利用原型将某个任务从关键路径上移走

14.3 原型化技术

数百种不同的生产技术被用来建立模型，尤其是实体化原型。在过去的五十年中，出现了两种极其重要的技术：计算机辅助设计（CAD）和 3D 打印。

14.3.1 CAD 建模与分析

自 20 世纪 90 年代以来，表现性设计的主要形式已经从使用计算机创建的绘图转变为计算机辅助设计（Computer-Aided Design，CAD）。CAD 模型将设计表示为三维实体的集合，每个实体通常由几何原语（如圆柱体、块和孔）构建。

CAD 建模的优点包括能够很容易地将设计的三维形式可视化；能够创建像照片一样逼真的图像，以评估产品外观；能够自动计算物理属性，如质量和体积；效率来自创建一个且只有一个规范的设计描述，从中可以创建其他更集中的描述，例如横断面视图和制造图。CAD 模型也可以作为解析化原型。在某些情况下，这可以消除一个或多个实体化原型。当使用 CAD 模型仔细规划产品的最终集成装配并检测零件之间的几何干涉时，这可能确实消除了对全尺寸原型的需要。例如，在波音 777 和 787 喷气式飞机的开发中，开发团队能够避免建造飞机的全尺寸木制原型模型，这在历史上是用来检测结构元件和各种其他系统（如液压管路）组件之间的几何干扰的。以这种方式使用的整个产品的 CAD 模型是已知的，取决于行业设置，作为数字模型、数字原型，或虚拟样机。

CAD 模型也可用于多种基于计算机的分析。分析的形式包括热流动或应力分布的有限元分析、电动汽车的虚拟碰撞测试、复杂设备的运动学和动力学测试。在 PackBot 的开发中，工程师对结构完整性进行有限元分析，来理解在不同下滑和碰撞中的压力冲击。图表 14-13 显示的是 PackBot 的 CAD 模型的有限元分析。此外，工程师还利用基于 CAD 模型的有限元分析来计算热流和热能耗散。

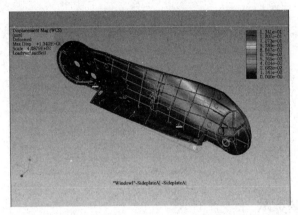

（由 iRobot 公司提供）

图表 14-13　基于 CAD 模型建立的 PackBot 侧面部分的有限元分析。该图像显示了在后
　　　　　车轮冲击后的应力分布

14.3.2　3D 打印

1984 年，第一个商业自由形状制造系统由 3D System 公司推出。这种被称为立体光刻技术（stereolithography）的技术与其后数十种类似技术（即直接从 CAD 模型中建造实体对象），可以称之为"3D 打印"。这些技术通常被称作快速原型化（rapid prototyping）。这些技术中的大多数在建造对象时，每次只构建一个横截面，如铺置一种材料或选择性地凝固一种液体。其制成品通常是用塑料做的，但也有用其他材料（如石蜡、纸、陶瓷和金属）制成的。在某些情况下，这些制成品一般用来展示或用于工作原型中，然而，这些制成品也常被用作制造样品的模具，用这些模具来铸造具有特殊材料属性的部件。

3D 打印技术使三维立体原型的制造更加快速和节约成本。正确使用这些原型可以缩短产品的开发时间和 / 或改进最终产品。除了能快速构造工作原型之外，这些技术还可以更快、更便宜地展现产品概念，使产品概念更方便地传达给其他团队成员、高级管理员、开发合伙人或潜在客户。例如，图表 14-3a 所示的 PackBot 原型是用立体光刻技术仅在四天内制造的零部件制成的。

14.4　制定原型化计划

在产品开发过程中的一个潜在陷阱就是 Clausing 所说的"硬件沼泽"（Clausing，1994）。该陷阱是由错误的原型化引起的，也就是说，（实体化或解析化）原型的制造和调试对产品开发项目整体目标没有做出真正的贡献。避免这一陷阱的一个方法是在尝试制造和测试原型之前，对每一个原型进行仔细定义。本节提出了用于制定原型计划的四步法，该方法适用于所有类型的原型：专一化、综合化、实体化和解析化原型。图表 14-14 给出了记录该方法所产生信息的一个模板。我们用 PackBot 车轮原型和图表 14-6 所示的冲击测试为例来阐述这一方法。

原型名称	PackBot 车轮几何形式 / 冲击测试
目的	• 基于强度和吸收冲击的特性，选择最终车轮轮辐几何形式和防震材料 • 确认车轮在遇到冲击的情况下防震的效果
近似水平	• 调整车轮轮辐几何形式和防震材料
测试计划	• 应用 2 种轮辐装置和 6 种材料进行 12 种车轮测试 • 将车轮安装到测试装置上 • 测试从不同高度落下所产生的冲击
进度表	8 月 1 日　选择车轮设计和材料 8 月 7 日　完成测试设备的设计 8 月 14 日　建造车轮和测试设备 8 月 15 日　部件组装完毕 8 月 23 日　完成测试 8 月 25 日　完成结果分析

图表 14-14　PackBot 车轮几何形式和冲击测试原型的计划模板

14.4.1　步骤 1：界定原型的目的

回忆一下原型的四个目的：学习、沟通、集成和里程碑。在界定原型目的的过程中，开发团队列出了具体的学习与沟通需求，也列出了其他集成需求，以及这一原型是否作为整个产品开发项目中的一个里程碑。

对于车轮原型，它的目的是决定车轮的抗震性能和坚固性。虽然学习原型的目的专注于性能，但开发团队还是要考虑材料的制造成本，其中，很多材料是不可铸造的，必须通过机械加工。

14.4.2　步骤 2：建立原型的近似水平

对原型进行规划需要确定原型与最终产品的相似程度。开发团队应考虑一个实体化原型是否必要，或一个解析化原型是否最能满足它的要求。在大多数情况下，最好的原型是那个满足步骤 1 所设定目的的最简单原型。在其他情况下，可借用一个现有的原型或一个为另一目的所造的原型。

对于车轮原型，团队要根据冲击效果相关的属性来决定车轮的材料和几何形状。然而，车轮的其他方面可能被忽视，包括生产方法（铸模或者加工）、驾驶系统的附件和铁轨带、车轮的颜色和整体造型等。团队中一名成员此前已经研究了轮辐弯曲效果的解析化原型，她认为原型的物理特征对于确认她的分析很有必要。她发现，抗震效果和车轮强度之间存在一个基本的权衡，因为抗震需要轮辐柔韧，而车轮强度需要尺寸更大的辐条。因此，团队使用解析化原型和实体化原型来决定轮辐的尺寸。

14.4.3　步骤 3：制定实验计划大纲

大多数情况下，在产品开发中使用原型可以被看成一种实验。好的实验有助于确保从原型化活动中获取最大价值。实验计划包括确认各种实验变量（如果有的话）、测试方案、进行哪些测试的指示，以及分析最终数据的计划。当必须探索许多变量时，高效的实验设计将极大地加快这一进程。第 15 章详细讨论了实验设计。

对于车轮原型测试，团队决定只改变轮辐的材料和腹板的几何形状。在解析化原型的基础上，团队选择了两种轮辐，每种轮辐又选择了 6 种材料，总共进行了 12 次实验。团队设计了一个结实的平台，每个车轮被安装后由不同的高度落入平台，通过观察平台的受重就可以测试车轮传递给 PackBot 的冲击力。在每次实验后，相关人员会观察车轮是否有裂纹或塑性变形，然后再改变高度进行测试。这些测试的结果不仅可以用来选择最好的轮辐几何和材料，而且可以改善车轮的解析化原型以供将来使用，从而可以省去进一步修改车轮设计的实体化原型。

14.4.4　步骤 4：制订采购、建造和测试时间表

因为建造和测试一个原型可以看作整体开发项目内的一个子项目，因此，开发团队会从制定原型化活动计划中获益。对于一个原型计划，有三个日期特别重要：第一，部件可装配的日期（这一日期有时被称为"部件桶"日期）；第二，原型进行首次测试的日期（这一日期有时被称为"冒烟实验"日期，因为在这天，开发团队将首次在产品中通电并在电器系统中"寻找烟雾"）；第三，完成测试和产生最终结果的日期。

车轮原型极少涉及装配问题，因此当部件可用时，原型就可以立即装配和测试。开发团队

计划用 8 天时间进行测试，用 2 天时间进行分析。

计划里程碑原型

上述原型计划的制订方法适用于所有原型，包括那些像车轮几何形状一样简单的原型和像整个 PackBot 一样复杂的 β 原型。此外，附加计划对作为开发里程碑使用的综合化原型是有益的。在概念开发阶段结束时，该计划一般与产品整体开发计划同时进行。实际上，制订里程碑日期计划是产品整体开发计划的一个组成部分（参见第 19 章）。

在其他条件相同的情况下，开发团队希望尽可能减少里程碑原型的构建，因为设计、制造和测试综合化原型要消耗大量的时间和资金。然而，现实中很少有高度工程化的产品是用少于两个里程碑原型开发出来的，许多开发工作需要 4 个甚至更多的里程碑原型。

作为基本情况，开发团队应该考虑用 α 原型、β 原型和试产原型作为里程碑原型。然后，开发团队也应考虑这些里程碑原型是否必要或是否应该增加附加原型。

α 原型通常用于评估产品能否如预期那样工作，α 原型的部件通常在材料和几何形状上与实际生产的产品部件相似，但它们一般由原型生产流程制造。例如，α 原型的塑料部件可能是机加工或橡胶成型的，而生产中它们却是注塑成型的。

β 原型通常用于评估产品的可靠性和识别存在的缺陷。这些原型通常交由客户在预期的使用环境下进行检测。β 原型的部件通常由实际生产工艺制造或由预定的部件供应商供应，但是产品通常不是由预期的最终装配线组装的。例如，β 原型的塑料部件可能是由生产用的注塑模具注压而成，并由一个技术员在原型车间装配而成，而不是由生产工人或自动化设备装配而成的。

试产原型是第一批由完整生产工艺过程制造出的产品。这时，生产线还没有满负荷运行，只是制造有限的这种产品。这些原型用于验证生产线的能力，它们还有待进一步测试，并通常提供给优先用户。试产原型有时也被称为生产试验原型。

标准原型计划最常见的偏差是消除一个标准原型或添加额外的早期原型。如果产品与公司已经开发和生产的其他产品非常相似，或者产品极其简单，则可以取消原型（通常是 α 原型）。在产品表现出新概念或新技术的情况下，增加早期原型是常有的事。这些早期原型有时被称为实验原型或工程原型，它们看起来不像最终产品，而且这些原型的许多部件不是为了最终量产而设计的。

只要开发团队对原型数目、特征及组装和测试所需的时间初步做出决定，他们就能够在项目的各个时段安排里程碑原型。当开发团队试图确定里程碑原型计划表时，整个产品开发计划表的可行性将被测试。当按目标计划进行工作时，开发团队经常会发现装配和测试一个里程碑原型与设计和组装下一个里程碑原型部分重叠或极其接近。如果实践中这种部分重叠出现，那么它是"硬件沼泽"的最坏表现形式。当原型化阶段重叠时，从一个原型中所学到的东西在传到下一个原型时会非常有限。因此，为了使剩余的原型尽快展开，开发团队应考虑省略一个或多个原型。在编制项目计划时，原型化阶段重叠是可以避免的，其方法包括：提早开始项目、推迟产品上市、剔除某个里程碑原型或加速每个原型前的开发活动（关于提高开发速度的相关方法，请参见第 19 章）。

14.5　小结

产品开发一般都需要建造和测试原型。原型是产品的一个近似品，它是在一个或多个开发团队所感兴趣的维度与产品近似的产物。

- 原型通常从两个角度分类：实体化或解析化程度和综合化或专一化程度。
- 原型可用于学习、沟通、集成和里程碑。虽然所有类型的原型均可用于上述四种目的，但实体化原型通常最适合用于沟通，综合化原型最适合用于集成和里程碑。
- 在产品开发过程中，一些原则对原型的决策具有重要的指导意义，它们包括：
  - 解析化原型通常比实体化原型更具灵活性。
  - 检测不可预见现象需要实体化原型。
  - 原型可以降低迭代风险。
  - 原型可加快其他步骤的开发。
  - 原型可重构任务间的依赖关系。
- CAD 建模和 3D 打印减少了建立原型所需的相关成本和时间。
- 制订原型计划的四步骤方法：
  1. 界定原型的目的。
  2. 建立原型的近似水平。
  3. 制定实验计划大纲。
  4. 编制采购、建造和测试时间表。
- 里程碑原型在产品开发项目计划中加以确定，原型的数量和时间是编制整个开发计划的关键因素之一。

参考文献

许多现有的资源可通过访问 www.pdd-resources.net 获得。

Clausing 提出了原型方法的缺陷，包括"硬件沼泽"。
Clausing, Don, *Total Quality Development*, ASME Press, New York, 1994.

Leonard-Barton 介绍了原型如何被用作不同产品开发功能的集成。
Leonard-Barton, Dorothy, "Inanimate Integrators: A Block of Wood Speaks," *Design Management Journal*, Vol. 2, No. 3, Summer 1991, pp. 61-67.

Cusumano 介绍了微软软件开发过程中"每天编译"方法的使用，"每天编译"方法是使用综合化原型来集成的极端例子。
Cusumano, Michael A., "How Microsoft Makes Large Teams Work Like Small Teams," *Sloan Management Review*, Fall 1997, pp. 9–20.

Lipson 和 Kurman 总结了 3D 打印的方法，并对这项技术对社会的影响进行了推测。
Lipson, Hod, and Melba Kurman, *Fabricated: The New World of 3D Printing*, John Wiley & Sons, Indianapolis, IN, 2013.

Schrage 给出了一种围绕原型和仿真在创新过程中的作用的产品开发观点。
Schrage, Michael, *Serious Play: How the World's Best Companies Simulate to Innovate*, Harvard Business School Press, Boston, 2000.

Thnntke 解释了有效的原型方法和成功的创新之间的关系，他认为新技术正在改变实验的经济性，从而提高产品开发过程的性能。
Thomke, Stefan H., *Experimentation Matters: Unlocking the Potential of New Technologies for Innovation*, Harvard Business School Press, Boston, 2003.

Kelley 和 Littman 的关于产品开发过程的更大成功的 IDEO 的演说讨论了 IDEO 如何使用原型来解决问题（学习）、鼓励消费者（沟通），并通过迭代过程推进项目（里程碑）。
Kelley, Tom, with Jonathan Littman, *The Art of Innovation: Lessons in Innovation from IDEO, America's Leading Design Firm*, Doubleday, New York, 2001.

以下两本书为普通读者提供了原型化的有趣说明。Sabbagh 的有关波音 777 开发的书包含对制动系统、机翼强度和其他部件的有趣验证的记述。Walton 的有关 1996 年 Ford Tauru 开发的书包含汽车工业原型化和验证的有趣描述。尤其有趣的是，冬天在明尼苏达州北部对加热器进行检验并以开发工程师作为对象的描述。

Sabbagh, Karl, *Twenty-First-Century Jet: The Making and Marketing of the Boeing 777*, Scribner, New York, 1996.

Walton, Mary, *Car: A Drama of the American Workplace*, Norton, New York, 1997.

Camburn 等人对当前的原型化方法进行了深入回顾。

Camburn, B., V. Viswanathan, J. Linsey, D. Anderson, D. Jensen, R. Crawford, K. Otto, and K. Wood, "Design Prototyping Methods: State of the Art in Strategies, Techniques, and Guidelines." *Design Science*, Vol. 3, No. e13, 2017.

Wall, Ulrich 和 Flower 对原型与其生产产品的保真度的质量提供了正式的定义，他们使用这一定义来评估塑料部件的原型化技术。

Wall, Matthew B., Karl T. Ulrich, and Woodie C. Flowers, "Evaluating Prototyping Technologies for Product Design," *Research in Engineering Design*, Vol. 3, 1992, pp. 163-177.

Wheelwright 和 Clark 介绍了原型的使用作为产品开发项目的管理方式的作用，他们对于原型周期的讨论特别有趣。

Wheelwright, Stephen C., and Kim B. Clark, *Revolutionizing Product Development: Quantum Leaps in Speed, Efficiency, and Quality*, The Free Press, New York, 1992.

练习

1. 某家具制造商正在考虑通过切割和弯曲一种再生塑料的方法来制造一系列座椅产品。请通过切割和弯曲一张纸或纸板建造一个原型，该原型至少是一种可能的椅子设计原型（你可以首先设计椅子的一个草图或直接用纸张开始设计）。从你的原型上你能学到哪些有关椅子设计的知识？哪些是无法从原型上学到的？

2. 将练习 1 中描述的原型放到图表 14-5 中合适的区域。产品开发团队使用这样的原型是出于四种目的中的哪种目的？

3. 设计一个原型化计划（与图表 14-14 中的计划类似），用于探求不同类型菜刀把手的舒适性。

4. 将图表 14-3、图表 14-4、图表 14-6、图表 14-7 和图表 14-13 中的原型放到图表 14-5 中合适的区域，并简要解释你的理由。

思考题

1. 许多产品开发团队将"外观"原型与"工作原理"原型分开。他们这样做是因为在开发早期阶段将功能和结构集成很困难。这种做法的优缺点是什么？这种做法对什么类型的产品来说是危险的？

2. 如今，已有几种通过 CAD 文件直接制造实体化部件的 3D 打印技术（如立体光刻和可控激光熔结技术）。开发团队怎样才能在概念开发阶段应用这些快速原型化技术？这些技术是否有利于识别客户需求、建立规范、生成产品概念、选择产品概念，或测试产品概念？

3. 据报道，一些公司已放弃对早期原型进行客户测试的做法，取而代之的是直接将原型迅速地投放到市场以观察实际客户的反应。这一做法对什么类型的产品及市场可能有效？

4. 一张图是实体化原型还是解析化原型？

5. 微软公司在软件开发中经常使用综合化原型。实际上，一些项目中存在"每天编译"，即新版本的产品每天被集成并编译。这种方法仅适用于软件产品，还是也可以用于实体产品？对实体产品来说，这种方法的成本和收益是什么？

第 15 章

稳健设计

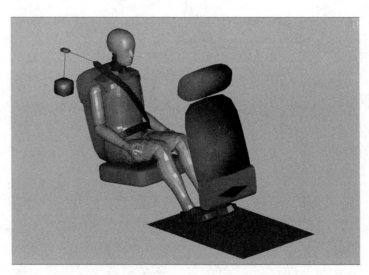

图表 15-1　后座安全带试验，该试验建立了一个仿真模型来研究多种设计参数和噪声条件

福特公司的安全工程师与一家供应商合作，以便更好地了解后座安全带的性能。在任何传统的带腰带和肩带的安全带系统中，如果腰带的部分往上滑，乘客会向下移动腰带，这样很可能给乘客的腹部造成伤害。这种称为"滑脱"的现象与很多因素有关，包括碰撞的特性、车辆的设计、座椅和安全带的特性等。根据试验、仿真和分析，福特公司的工程师希望确定避免滑脱和确保乘客安全的最关键因素。图表 15-1 所示的图像描述了福特公司进行仿真分析所用的模型。

本章介绍一种设计并开展试验以提高产品性能的方法，该方法即使在不可控的变化出现时仍可以保持产品的性能，这种方法称为稳健设计（robust design）。

15.1　什么是稳健设计？

我们把稳健（或译为鲁棒）的产品（或过程）定义为即使在各种变化的制造工艺或操作环境等非理想条件下，仍能按预定方式工作的产品（或过程）。我们使用噪声（noise）这一术语来描述可能影响性能的不受控变化，一个高品质的产品应该对噪声因素表现得很稳健。

稳健设计（robust design，也称为健壮设计、鲁棒设计）是一种在提高产品预期性能的同时使噪声影响达到最小的产品开发活动。在稳健设计中，我们利用试验设计和数据分析为我们可以控制的设计参数确定稳健设定点。稳健设定点（robust setpoint）是一系列设计参数值的组合，当操作条件和制造环境在一定范围内变化时，具有这些参数值的产品仍能达到预期的性能指标。

稳健设计从概念上很好理解。对于一个给定的性能目标（如安全约束的乘客），可能存在许多参数值的组合可以达到预期效果，然而在这些组合中，某些组合对不受控变化更加敏感。由于该产品的工作环境中可能存在各种噪声因素，我们当然希望选择对不受控变化最不敏感的那一个参数值组合。稳健设计过程通过试验设计的方法来确定这些稳健设定点。

要理解稳健设定点的概念，让我们考虑影响安全带某个性能的两个假设因素，如图表 15-2 所示。假设因素 A 对性能产生线性影响 f_A，因素 B 对性能产生非线性影响 f_B。进一步考虑，我们可以为各个因素选择设定点：为因素 A 选择 A1 或 A2，为因素 B 选择 B1 或 B2。假设 f_A 和 f_B 的影响是累积的，同时（A1，B2）组合产生的总体性能与（A2，B1）组合产生的总体性能大致相同。由于制造条件的变化将出现在任何选定的设定点上，所以，两个因素的实际值可能都不会精确等于设定值。由于在 B1 附近因素 B 的非预期波动产生的影响 f_B 的波动较小，所以在 B1 上，因素 B 的非预期波动对产品总体性能的影响也相对较小。因此，（A2，B1）这一组合所确定的设定点比（B2，A1）组合更加稳健。

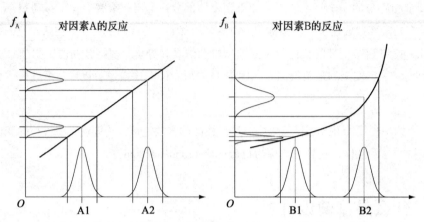

图表 15-2　影响安全带某个性能指标的两个假设因素。稳健设计探索非线性关系，以确
　　　　　定对变化不敏感的产品性能的参数设定点。在本例中，对因素 A 所选择的值
　　　　　不影响稳健性，然而对因素 B 选择的值影响稳健性。选择 B1 将降低因素 B
　　　　　的变化对整体性能的影响

　　稳健设计过程可用于产品开发过程的多个阶段。与大多数产品开发项目一样，在产品开发
过程中越早考虑稳健性，产生的稳健性结果就越好。稳健性试验在概念开发阶段可以作为完
善规范和设定可行性能目标的手段。虽然在概念设计阶段越早考虑稳健性越好，但作为在变
化的条件下确保产品性能的手段，稳健性试验通常被用在详细设计阶段。在详细设计中，因
为稳健设计是为可控的设计参数选择正确设定点的活动，所以它被称为参数设计（parameter
design），这些参数包括产品的材质、尺寸、公差、制造工艺，以及操作说明等。

　　对许多工程设计问题来说，通过求解建立在基本物理原理上的方程就可以选出稳健参
数。然而，对真实条件下产生的各种不确定性、变化和噪声因素，工程师一般无法进行完全
建模，而且，他们对许多工程问题建立精确数学模型的能力也是有限的。例如，在各种条件
下对滑脱问题进行精确建模就是很困难的。在这种情况下，通过特意设计的试验进行经验性
研究就很有必要了。这样的试验可以用来直接支持决策制定，也可以用来提高数学模型的
精度。

　　例如，在座椅安全带设计中，福特公司的工程师希望测试一系列安全带设计参数和碰撞条
件。然而，碰撞测试是非常昂贵的，所以福特公司与其安全带供应商合作开发了一个用撞击
试验数据校准过的仿真模型。考虑到存在几百种可能的设计参数组合、碰撞条件和其他影响
因素，工程师决定通过仔细规划的试验来开发这个仿真模型。虽然仿真需要大量的计算工作，

但是它仍然可以让福特公司的工程师在各种条件下进行几十次试验，这是真实的撞击试验不可能实现的。

对福特公司的安全带设计团队来说，这些试验的目的是要获知：

- 哪种座椅、安全带和附件参数的组合会使碰撞时后座乘客的滑脱可能性最小？
- 不受控条件如何影响滑脱？哪种设计参数组合对这些噪声因素最稳健？

15.1.1　试验设计

本章基于试验设计（Design Of Experiment，DOE）的方法给出的稳健设计方法。在试验设计中，开发团队首先确定可控的参数和他们感兴趣的噪声因素，然后，团队将设计、实施并分析这些试验，以确定达到稳健性能的参数设定点。

20 世纪 50 和 60 年代，日本的 Genichi Taguchi 博士开发了多种应用 DOE 来提高产品质量和制造工艺的技术。随着 20 世纪 80 年代质量运动的开始，Genichi Taguchi 的试验设计方法开始对美国的工程实践产生影响，特别是福特公司、施乐公司、AT&T 贝尔试验室，以及美国供应商协会（由福特公司创办）。

为开发稳健的产品和工艺过程，Genichi Taguchi 提出了试验设计的几个关键思想，并因此获得了荣誉。这些贡献包括向试验中引入噪声因素来观察其影响，以及使用包括预期性能（信号）和干扰影响（噪声）在内的信噪比（signal-to-noise ratio）指标。虽然统计学家几十年来一直在指导工程师如何开展试验，但直到 20 世纪 90 年代 Genichi Taguchi 的方法被广泛引入美国制造业后，试验设计才被普遍用于实现稳健设计。

DOE 并不能作为所研究系统的技术知识的替代品。实际上，团队必须利用其对产品本身及其工作原理的理解，来选择要通过试验进行研究的恰当参数。试验结果不仅应该与系统的技术知识相结合，以便选择最优的参数设定点，而且还应能用来建立描述产品功能的更好的数学模型。从这一角度考虑，试验设计补充了技术知识。例如，福特的工程师已经建立了包括乘客体形和碰撞类型的函数，用于测试安全带性能的基本数学模型。这些模型使得福特的工程师可以确定机械零件的尺寸和安全带附件的几何形状。

基于经验数据和仿真数据，福特的分析模型和安全带设计指导方针会越来越精确，从而减少了非常耗时的经验分析和仿真分析。最终，这种技术知识会积累到一定程度，即只需要进行新的安全带配置确认测试即可。产品开发中基本的试验设计与分析可以由开发团队成功策划并实施。然而，DOE 领域中还有许多用于处理大量复杂因素并能产生很多有意义试验结果的先进方法。因此，开发团队应咨询那些能够协助设计试验并帮助选择最佳分析方式的统计学家或 DOE 专家，并从中获益。

15.1.2 稳健设计的过程

为了通过 DOE 开发一个稳健的产品，我们建议采用以下 7 步：

1. 识别控制因素、噪声因素和性能指标。
2. 构造目标函数。
3. 开发试验计划。
4. 开展试验。
5. 进行分析。
6. 选择并确认因素设定点。
7. 反思和重复。

15.2　步骤 1：识别控制因素、噪声因素和性能指标

稳健设计过程从确定 3 个集合开始：试验中的控制因素、噪声因素和性能指标。

- **控制因素**（control factor）。这些是在试验中以受控方式变化的设计变量，以便在参数设定点的许多组合下探究产品性能。试验通常为每个因素确定 2~3 个离散水平（即设定点值）。由于这些参数是产品制造和 / 或操作中给定的量，故称其为控制因素。例如，将织带的韧性和摩擦系数作为本试验要考察的控制因素。
- **噪声因素**（noise factor）。这些是在产品制造和 / 或操作中无法明确控制的变量。噪声因素可能包括制造环境的差异、材料性能的变化、不同的使用场合或操作条件，甚至包括产品老化和错误操作。如果开发团队通过特殊方法可以在试验中（而不是在制造或使用中）控制这些因素，那么对它们进行有意识的变动就可以评估其影响。否则，团队只能任由噪声在试验中产生，然后分析在典型变化中出现的结果，并设法使这种变化影响最小。对安全带来说，座椅形状和座椅织物就必须视为噪声因素，设计安全带系统的目的就是不管这些因素的值如何变化，安全带都能良好工作。
- **性能指标**（performance metric）。这些是在试验中希望考察的那些产品指标。通常以 1~2 个关键的产品指标作为性能指标开展试验，以便寻找控制因素设定点来优化该性能。这些指标可以从稳健性最关键的指标那里直接派生出来（见第 6 章）。例如，碰撞中乘客的背部或臀部向前移动的距离，就是安全带试验中可能的性能指标。

对于安全带设计问题，开发团队召开了一次会议以列出控制因素、噪声因素和性能指标。正如 Genichi Taguchi 所指出的那样，他们把这些因素放在一张图中，称为参数图（parameter diagram，或 p-图），如图表 15-3 所示。

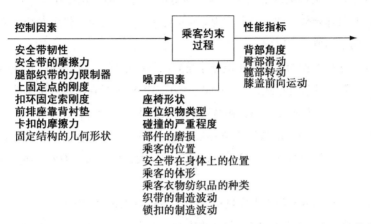

图表 15-3　用于设计座椅安全带的参数图。黑体内容表示需进一步研究的性能指标、控制因素和噪声因素

在列出各种因素之后，团队必须决定试验中预考察的因素有哪些。如果怀疑有多种参数潜在地影响性能时，通过使用分析模型和／或通过对每个因素的两个水平进行筛选试验（screening experiment），就可以大大缩小关键变量的选择范围。接着，对这些已经确认将显著影响性能的几个参数，在它们的两个或更多的水平上进行更精细的试验。

福特工程师考虑了用于设计座椅安全带的参数图（见图表 15-3），在 3 个固着点的几何位置保持不变的条件下，用试验集中考察 7 个安全带参数。他们决定采用"背部角度峰值"（在最大束缚瞬间乘客背部与垂线所成的角度）作为输出指标。背部角度是一个越小越好的性能指标，以弧度为单位。

试验中主要考虑 3 种噪声因素的影响：座椅形状、座位织物类型，以及碰撞的严重程度。通过初步分析，开发团队找到了这些噪声因素对滑脱来说最好或最差的组合。这 3 种噪声因素被组合到两个极端的噪声条件中，以便开展试验。这种称为复合噪声（compounded noise）的方法在必须考虑许多因素时很有帮助（见 15.4.2 节）。

15.3　步骤 2：构造目标函数

试验的性能指标必须转换为与预期稳健性能相关的目标函数（objective function）。在稳健设计中可以采用不同的目标函数来度量不同的性能类型。它们可以被表述为求最大或最小值的函数，包括：

- **最大化**。这种类型的函数用于值越大越好的性能指标，比如在安全带滑脱之前的最大制动。其目标函数 η 的常见形式为 $\eta = \mu$ 或 $\eta = \mu^2$，其中 μ 代表在给定测试条件下试验观察值的平均值。

- **最小化**。这种类型的函数用于值越小越好的性能指标，比如在制动峰值时的背部角度。其目标函数 η 的常见形式为 $\eta = \mu$ 或 $\eta = \sigma^2$，其中 σ^2 是在给定测试条件下试验观察值的方差。此外，这种最小化目标函数可以用最大化函数构造，比如 $\eta = 1/\mu$ 或 $\eta = 1/\sigma^2$。

- **目标值**。这种类型的函数用于值越接近某个预设点或目标越好的性能指标。比如安全带在束紧之前的松弛程度。这种目标函数的最大化形式通常为 $\eta = 1/(\mu-t)^2$，其中 t 是目标值。

- **信噪比**。这种函数专门用来度量稳健性。Genichi Taguchi 构造的这种指标是一个以预期响应为分子、以响应的方差为分母的比值。一般来说，预期响应的均值（比如背部角度的平均峰值）可以通过改变控制因素来调整。我们把应该被最小化的响应方差（即噪声响应，如由于噪声条件而导致的背部角度的方差）放在分母上。实际上，降低响应的方差比改变均值要困难。通过计算该比值，可以突显稳健因素设定，也就是说在该设定上相对的噪声响应比信号响应要低。这种目标函数的最大化形式一般为 $\eta = 10\log(\mu^2/\sigma^2)$。

与开发团队共同研究此问题的福特公司的统计学家提出了两个目标函数：背部角度的平均峰值和背部角度峰值的变化范围（即在被测的两种噪声条件下，最大和最小背部角度峰值的差值）。这是两个都应该被最小化的目标函数。综合考虑这两个指标比单独考虑某一个指标能更深入地洞察系统的行为。

15.4 步骤 3：开发试验计划

统计学家已经制定了多种有效的试验计划。这些计划用来部署如何在一系列试验中，通过改变因素水平（即控制因素的值及某些可能的噪声因素的值）来考察系统的行为。某些 DOE 计划对刻画特定类型的系统非常有效，而有些计划则能提供更详细的分析。

15.4.1 试验设计

在设计试验时需要考虑的一个关键问题是准备并实施这些试验的成本。在成本较低的情况下，可以进行大量试验并利用具有较高分辨率的试验设计来考察更多因素、因素组合以及它们之间的交互关系。而当试验成本较高时，可以采用一次同时改变几个因素的高效率 DOE 计划。下面列出了一些最常见的试验设计方法，图表 15-4 也给出了这些试验设计方法，每种设计方法都有其重要用途。

全因子矩阵

			A1								A2							
			B1				B2				B1				B2			
			C1		C2		C1		C2		C1		C2		C1		C2	
			D1	D2	D1	D2	D1	D2	D1	D2	D1	D2	D1	D2	D1	D2	D1	D2
E1	F1	G1	×	×	×	×	×	×	×	×	×	×	×	×	×	×	×	×
		G2	×	×	×	×	×	×	×	×	×	×	×	×	×	×	×	×
	F2	G1	×	×	×	×	×	×	×	×	×	×	×	×	×	×	×	×
		G2	×	×	×	×	×	×	×	×	×	×	×	×	×	×	×	×
E2	F1	G1	×	×	×	×	×	×	×	×	×	×	×	×	×	×	×	×
		G2	×	×	×	×	×	×	×	×	×	×	×	×	×	×	×	×
	F2	G1	×	×	×	×	×	×	×	×	×	×	×	×	×	×	×	×
		G2	×	×	×	×	×	×	×	×	×	×	×	×	×	×	×	×

1/2部分因子矩阵

			A1								A2							
			B1				B2				B1				B2			
			C1		C2		C1		C2		C1		C2		C1		C2	
			D1	D2	D1	D2	D1	D2	D1	D2	D1	D2	D1	D2	D1	D2	D1	D2
E1	F1	G1	×			×		×	×			×	×		×			×
		G2		×	×		×			×	×			×		×	×	
	F2	G1		×	×		×			×	×			×		×	×	
		G2	×			×		×	×			×	×		×			×
E2	F1	G1		×	×		×			×	×			×		×	×	
		G2	×			×		×	×			×	×		×			×
	F2	G1	×			×		×	×			×	×		×			×
		G2		×	×		×			×	×			×		×	×	

1/4部分因子矩阵

			A1								A2							
			B1				B2				B1				B2			
			C1		C2		C1		C2		C1		C2		C1		C2	
			D1	D2	D1	D2	D1	D2	D1	D2	D1	D2	D1	D2	D1	D2	D1	D2
E1	F1	G1	×			×		×	×			×	×		×			×
		G2																
	F2	G1																
		G2	×			×		×	×			×	×		×			×
E2	F1	G1																
		G2		×	×		×			×	×			×		×	×	
	F2	G1		×	×		×			×	×			×		×	×	
		G2																

1/8部分因子矩阵

			A1								A2							
			B1				B2				B1				B2			
			C1		C2		C1		C2		C1		C2		C1		C2	
			D1	D2	D1	D2	D1	D2	D1	D2	D1	D2	D1	D2	D1	D2	D1	D2
E1	F1	G1	×												×			
		G2				×												×
	F2	G1							×				×					
		G2						×				×						
E2	F1	G1						×				×						
		G2							×				×					
	F2	G1				×												×
		G2	×												×			

L8正交阵列（1/16部分因子矩阵）

			A1								A2							
			B1				B2				B1				B2			
			C1		C2		C1		C2		C1		C2		C1		C2	
			D1	D2	D1	D2	D1	D2	D1	D2	D1	D2	D1	D2	D1	D2	D1	D2
E1	F1	G1	×															
		G2														×		
	F2	G1												×				
		G2							×									
E2	F1	G1								×								
		G2											×					
	F2	G1													×			
		G2		×														

单因子试验法

			A1								A2							
			B1				B2				B1				B2			
			C1		C2		C1		C2		C1		C2		C1		C2	
			D1	D2	D1	D2	D1	D2	D1	D2	D1	D2	D1	D2	D1	D2	D1	D2
E1	F1	G1	×	×	×		×				×							
		G2	×															
	F2	G1	×															
		G2																
E2	F1	G1	×															
		G2																
	F2	G1																
		G2																

（来源：基于部分因子设计，改编自 Ross, Phillip J., *Taguchi Techniques for Quality Engineering*, McGraw-Hill, New York, 1996。）

图表 15-4　包含 7 个因素（A、B、C、D、E、F、G）2 个水平的几种可选试验计划。全因子试验包含 $2^7=128$ 次试验，而 L8 正交设计仅包含在矩阵中用 × 表示的 8 次试验。如图表 15-5 中常规的行 / 列格式所示，该 L8 正交设计就是座椅安全带试验中使用的方法

- **全因子设计**。这种设计对每个因素各个水平的所有组合进行系统考察。这使得开发团

队可以确定所有的多因素交互影响，以及每个因素对性能的影响。这类试验一般仅适用于因素和因素水平都很少，以及试验费用不高的情况（比如软件的快速仿真，或者灵活度很高的硬件）。对 k 个因素的 n 个水平进行考察，全因子试验的实施次数为 n^k 次。因此，多于 4~5 个因素时，不适合采用全因子试验。

- **部分析因设计**。这种设计只使用上述组合的一小部分。为提高效率，不可能计算所有交互影响的大小。相反，一些交互影响混杂在另一些交互影响中，或与主因素的影响混合。需要注意的是，在试验计划时，部分因素的分布仍要保持平衡，这意味着对于在任何给定因素水平上进行的若干试验来说，其余各个因素在每一水平上测试次数要相同。

- **正交试验**。这种设计是一种最小的部分析因设计，它仍然可以使团队确定每个因素的主要影响。然而，这些主要影响混杂在许多交互影响中。不过，因为这种方法的效率极高，它仍被广泛用于技术考察。统计学家几十年前就提出了这种方法，并且这种设计的根源可以回溯到几个世纪以前，然而，Genichi Taguchi 推动了正交阵列 DOE 方法的普及。正交规划根据阵列中行（试验）的数目命名为 L4、L8、L9、L27 等。本章的附录中给出了几种正交试验方案。

- **单因子试验法**。这是一种不平衡的试验计划，因为每次测试只有一个因素不处于公称水平（nominal level，或译为正常水平），第一次测试时所有因素均处于公称水平上。尽管其测试次数只有 $1+k(n-1)$ 次，通常认为该方法是探索因素空间效率很低的方式。然而实践证明，对具有深度交互影响的系统进行优化时，一种改进的"单因子试验法"通常比正交规划的效率更高（Frey 等人，2003）。

福特公司开发团队决定采用 L8 正交试验设计，因为在考察 7 种因素、每种因素具有 2 个水平的情况时，这种规划是一种效率很高的方法。如果必要，还可以进行后续试验以考察关键参数的更多水平及其交互影响。图表 15-5 给出了该正交试验方案。

因素	描述
A	**安全带韧性**：安全带的柔度，由拉伸试验机测量
B	**安全带的摩擦力**：摩擦系数，它是编织方法和表面覆盖层的函数
C	**大腿束带拉力限制器**：在一定的拉力水平下允许不受安全带控制
D	**上锚固点的刚度**：上固定（D 形环）所固定位置的结构的服从特性
E	**卡扣固定索的刚度**：用来将卡扣固定的钢索的柔韧度特性
F	**前排座靠背衬垫**：后排乘客膝关节可能接触的背靠的形状和刚度
G	**卡扣的摩擦力**：在安全带上滑动的卡扣的摩擦系数

图表 15-5　因素分配和安全带所用的 L8 正交试验设计。该 DOE 计划在两个水平上测试
　　　　　7 个因素。每一列在两个复合噪声条件下被重复两次，产生 16 个供分析的测
　　　　　试数据点

	A	B	C	D	E	F	G	N−	N+
1	1	1	1	1	1	1	1		
2	1	1	1	2	2	2	2		
3	1	2	2	1	1	2	2		
4	1	2	2	2	2	1	1		
5	2	1	2	1	2	1	2		
6	2	1	2	2	1	2	1		
7	2	2	1	1	2	2	1		
8	2	2	1	2	1	1	2		

图表 15-5 （续）

15.4.2　测试噪声因素

考察试验中噪声影响的方法有很多种。如果试验中某些噪声可以控制，那么就有可能直接评估这些噪声因素的影响。如果噪声在试验中不可控，我们允许噪声自然变化，我们只简单地评估存在这些噪声时产品的性能。测试噪声因素的一般方法包括：

- 在正交设计或部分析因设计中，为噪声因素分配附加的列，本质上就是把噪声当作一个变量。这样就可以同时确定噪声因素的影响与控制因素。
- 对噪声因素使用外阵列（outer array）。这种方法对主阵列（内阵列）的每一列都测试噪声因素的几种组合。附录给出了这种方法的一个例子，其外阵列包含了一个 L4 设计，通过把每一行复制 4 次从而测试 3 个噪声因素的组合。
- 重复执行每一行，使噪声在试验中以一种自然的、非受控的方式发生变化，从而产生每一行的可被测量的性能变化。在这种方法中，重要的是随机测试的顺序，以使噪声中的任何趋势都不会与控制因素中的系统变化相关联（见步骤 4）。
- 用复合噪声（compounded noise）重复执行每一行，在这种方法中，选定的噪声组合在一起以便产生几种具有代表性的或极端的噪声条件。这种方法还将产生每一行的可以测量的方差，这种方差是由噪声效应引起的。

福特公司的开发团队决定在座椅安全带试验中使用复合噪声方法。该团队用三个噪声因素的两种组合（分别代表最好和最差的情况）测试每一行，这就产生了针对 L8 DOE 计划的 16 次试验（见图表 15-5）。

15.5　步骤 4：开展试验

为了开展试验，产品在由试验计划的每一行所描述的各种处理条件下接受测试。进行试验的次序必须随机，以确保试验过程中的任何系统趋势都与各因素水平所导致的系统变化无关。例如，如果 L8 设计的试验不随机、测试条件随时间而变化，同时由于因素 A 在试验进程中发生了改变，那么这种影响将被错误地归结到因素 A 上。对某些试验来说，改变某些因素可能很困难，以至于对该因素的每个水平进行的测试要同时进行，从而只能实现部分随机化。在实践中，只要有可能，就要随机地开展试验。若不可能完全随机，应采用确认的试验验证结果（见步骤 6）。

在安全带试验中，L8 设计中的 8 种因素组合在两种复合噪声条件下进行测试。图表 15-6 中 N− 和 N+ 两列给出了包含背部角度数据在内的 16 个数据点。

	A	B	C	D	E	F	G	N−	N+	均值	范围
1	1	1	1	1	1	1	1	0.3403	0.2915	0.359	0.0488
2	1	1	1	2	2	2	2	0.4608	0.3984	0.4296	0.0624
3	1	2	2	1	1	2	2	0.3682	0.3627	0.3655	0.0055
4	1	2	2	2	2	1	1	0.2961	0.2647	0.2804	0.0314
5	2	1	2	1	2	1	2	0.4450	0.4398	0.4424	0.0052
6	2	1	2	2	1	2	1	0.3517	0.3538	0.3528	0.0021
7	2	2	1	1	2	2	1	0.3758	0.3580	0.3669	0.0178
8	2	2	1	2	1	1	2	0.4504	0.4076	0.4290	0.0428

图表 15-6　从座椅安全带试验获得的数据

15.6　步骤 5：进行分析

对试验数据进行分析的方法有很多，除进行最基本的分析外，开发团队还可以咨询 DOE 专家，或者参考有关统计分析和试验设计的优秀书籍。本节对最基本的分析方法进行了总结。

15.6.1　计算目标函数

假设开发团队已经构造出了该试验的目标函数，并明确了有关平均性能和性能范围的目标。有时，可以将该均值和方差以信噪比的形式结合起来，并以信噪比的形式表达为一个单独的目标。目标函数值的计算是针对试验的每一行进行的。对安全带试验来说，图表 15-6 中表格右边的各列给出了对每一行计算得到的目标函数的值（平均背部角度和背部角度范围）。回想一下前文，这两个目标函数都是要求最小化的。

15.6.2　用均值分析法计算因素影响

最直接的分析只能计算出试验中分配给每一列的每个因素的主要影响，这些主要影响被称为因素影响（factor effect）。均值分析（analysis of mean）包括对每个因素水平计算所有目标函数的均值。在上述 L8 DOE 的例子中，因素水平 A1（因素 A 的第一个水平）的影响是第 1~4 次测试的均值。与之相似，因素水平 E2 的影响是第 2、4、5、7 次测试的均值。均值分析的结果一般绘制在因素影响图中。

图表 15-7 给出了座椅安全带的因素影响图。这些影响是针对每个目标函数绘制的。图表 15-7a 显示了每个因素水平上的平均性能（即第一个目标函数），表明哪些因素水平可以用来提高或降低平均性能。回忆前文我们可知，背部角度峰值是要最小化的，并且，该图表表明因素水平 [A1 B2 C2 E1 F1 G1] 将使平均背部角度最小（因素 D 看上去对平均性能没有影响）。然而，这些水平并不一定能实现稳健的性能。图表 15-7b 根据每个因素水平上的性能范围（即第二个目标函数）绘出。该图表表明因素水平 [A2 B2 C2 D1 E1 F2 G1] 将使背部角度峰值的范围最小化。

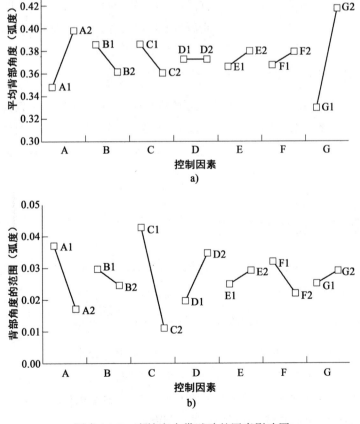

图表 15-7　座椅安全带试验的因素影响图

Taguchi 建议绘出每个因素水平上的信噪比，以便确定稳健设定点。由于信噪比包含了性能均值（分子）和性能方差（分母），所以它代表了这两个目标的一种结合或者两者之间的权衡。许多工程师和统计学家并不会特意绘制信噪比，而更愿意把这两个目标结合起来，以便更好地控制两者之间的权衡。为此，图表 15-7 给出的两个图可以相互比较，以便进一步选择一个稳健设定点。

15.7   步骤 6：选择并确认因素设定点

对均值分析和因素影响图的分析可以帮助开发团队找出哪些因素对性能均值和方差产生强烈的影响，从而明确如何得到稳健的产品性能。这些图可以帮助确定哪些因素能最好地降低产品的方差（稳健因素），哪些因素可以用来提高性能（比例因素）。因此，通过选择设定点，开发团队应该可以提高产品的总体稳健性。

例如，考虑试验中因素 A 对背部角度均值和范围的影响。图表 15-7 表明，A1 水平可以使背部角度最小化，而 A2 水平可以使背部角度的范围最小化，这代表了性能和稳健性之间的权衡。因素 F 中类似的权衡也很明显。然而，对因素 B、C、D、E 和 G 来说却没有这种权衡，并且水平 B2、C2、D1、E1 和 G1 能同时使这两个目标最小化。

考虑用因素 B、C、D、E 和 G 来获得期望的稳健性，用因素 A 和 F 来提高性能，福特公司的工程师选择了设定点 [A1 B2 C2 E1 F1 G1]。通常，所选择的设定点不是试验中测试过的正交阵列的 8 个行之一。假如该设定点未经过测试，那么应该进行一次确认试验，以保证该设定点确实达到了预期的稳健性能。

15.8   步骤 7：反思和重复

要确定合适的稳健设定点需要进行多次试验。然而，有时进一步优化产品的性能是值得的，这需要进行几次额外的试验。

在随后的试验和测试中，开发团队可能进行如下工作：

- 重新考虑为显示性能和稳健性之间权衡的因素所选择的设定值。
- 探索某些因素之间的交互作用，以便进一步提高性能。
- 用已被测试的水平之间或范围之外的值来仔细调整上述参数设定点。
- 考察其他未包含在最初试验中的噪声和控制因素。

与所有的开发活动一样，开发团队应该反思 DOE 过程和稳健设计结果。例如：试验正确吗？得到的结果满意吗？还能更好吗？我们是否应该重做以进一步提高性能稳健性？

15.9　附加说明

试验设计是一种成熟的专业技术。本章仅概述了一种非常基本的方法，目的是促进试验设计在产品设计中的使用，以获得稳健的产品性能。产品开发团队应该包含经过 DOE 训练的成员，或者有能够咨询试验设计与分析方面专业技术的工程师和 / 或统计学家的畅通渠道。

很显然，许多假设条件已经决定了 DOE 中采用的分析类型。解释均值分析时做出的一个基本假设是各因素相互独立，没有交互作用。实际上，大多数系统中存在很多因素的交互作用，但这些交互作用经常小于主要影响。要验证这一假设，需要在选定的设定点上进行确认试验。

如果需要，可以设计专门测试交互作用的试验，这种试验超出了本章的范围。DOE 测试通常提供了许多考察因素之间交互作用的方法，包括：

- 在正交阵列的某列中考察某特定的交互作用（而不是用该列作为某个控制因素）。
- 实施更大的部分析因设计。
- 使用一种改进的单因子试验计划（Frey 等人，2003）。

还有许多先进的图解法和解析技术可以用来解释试验数据。方差分析（ANOVA）提供了一种根据在数据中得到的试验误差来评估因素影响的方法。ANOVA 综合考虑由试验中被观察的数量决定的自由度以及结果的取值范围这两个因素，以确定每个影响在统计上是否显著。这有助于确定详细设计应该在多大程度上以试验结果为依据。然而，ANOVA 需要做更多的前提假设，并且可能很难恰当设置试验，所以它也超出了本章的范围。就 ANOVA 问题，请参考 DOE 材料（Ross，1996，Montgomery，2012）或咨询 DOE 专家。

15.10　小结

稳健设计是创建稳健产品和工艺的一整套工程设计方法。

- 一个稳健的产品（或工艺过程）是在存在噪声影响的情况下也能正常工作的产品（或工

艺过程）。噪声是由各种影响性能的不受控变化造成的，比如制造波动、操作条件以及产品老化等。

- 为开发稳健的产品，我们给出了一种基于试验设计（DOE）的方法。稳健设计的 7 个步骤是：

  1. 识别控制因素、噪声因素和性能指标。

  2. 构造目标函数。

  3. 开发试验计划。

  4. 开展试验。

  5. 进行分析。

  6. 选择并确认因素设定点。

  7. 反思和重复。

- 正交试验提供了一种用于考察试验中每个选定因素主要影响的有效方法。

- 为实现稳健的性能，使用目标函数可以帮助获得由每个控制因素产生的平均性能，以及由噪声因素导致的性能方差。

- 均值分析和因素影响图可以帮助选择稳健参数设定点。

- 由于成功的运用 DOE 涉及许多具体的方法，所以，开发团队应该向 DOE 专家进行咨询。

参考文献

许多现有的资源可通过访问 www.pdd-resources.net 获得。

Phadke 提供了大量 DOE 应用的范例和实用的建议。Ross 重点讲述用 ANOVA 得出的深刻认识。几本教材讲解了开展试验设计的 Genichi Taguchi 法，以及正交试验规划的细节，其中包括译成英文的 Genichi Taguchi 的两本经典教材。

Phadke, Madhav S., *Quality Engineering Using Robust Design*, Prentice Hall, Englewood Cliffs, NJ, 1989.

Ross, Phillip J., *Taguchi Techniques for Quality Engineering*, McGraw-Hill, New York, 1996.

Taguchi, Genichi, *Introduction to Quality Engineering: Designing Quality into Products and Processes*, Asian Productivity Organization (trans. and pub.), Tokyo, 1986.

Taguchi, Genichi, *System of Experimental Design: Engineering Methods to Optimize Quality and Minimize Costs*, two volumes, Louise Watanabe Tung (trans.), White Plains, NY, 1987.

Grove 和 Davis 介绍了工程中开展试验设计的技巧，包括试验的计划、实施和分析，该教材对福特的座椅安全带试验进行了另一种解释，以及稳健设计在汽车上的许多应用。

Grove, Daniel M., and Timothy P. Davis, *Engineering, Quality and Experimental Design*, Addison-Wesley Longman, Edinburgh Gate, UK, 1992.

几本优秀教材提供了使用统计方法、部分析因分析试验计划、分析和图解以及响应面方法等内容的详尽解释。

Box, George E. P., J. Stuart Hunter, and William G. Hunter, *Statistics for Experimenters: Design, Innovation, and Discovery*, second edition, John Wiley and Sons, New York, 2005.

Box, George E. P., and Norman R. Draper, *Empirical Model Building and Response Surfaces*, John Wiley and Sons, New York, 1987.

Montgomery, Douglas C., *Design and Analysis of Experiments*, eighth edition, John Wiley and Sons, New York, 2012.

当前的研究又重新关注"单因子试验法"DOE 计划。一种改进的"单因子试验法"已经表明，对于交互作用比噪声和误差效应更显著的系统，它可以比相应的正交设计产生更好的性能优化。

Frey, Daniel D., Fredrik Engelhardt, and Edward M. Greitzer, "A Role for One-Factor-at-a-Time Experimentation in Parameter Design," *Research in Engineering Design*, Vol. 14, No. 2, 2003 pp. 65-74.

DOE 可用于产品开发的许多方面。Almquist 和 Wyner 描述了在评价销售和调整销售活动的参数时，精心设计的试验非常有效。

Almquist, Eric, and Gordon Wyner, "Boost Your Marketing ROI with Experimental Design," *Harvard Business Review*, Vol. 79, No. 9, October 2001, pp. 135–141.

练习

1. 设计一个试验，以确定冲泡咖啡的稳健过程。

2. 解释为什么图表 15–4 所示的 1/4 部分因子计划和正交计划是平衡的。

3. 为座椅安全带试验构造一个合适的信噪比，用该指标分析试验数据。在本案例中，信噪比是一个有用的目标函数吗？为什么是或为什么不是？

思考题

1. 如果你能负担一次大型试验（多次运行）的费用，如何最有效地利用这些额外的运行？

2. 什么时候你不选择随机地开展试验的顺序？如何保证防止偏移（bias）？

3. 解释在试验计划中平衡的重要性。

附录：正交试验

DOE 测试为试验提供了几种正交试验计划。最简单的阵列是表示具有二级水平或三级水平的因素。利用先进的技术，还可以针对混合的二级、三级和 / 或四级水平的因素开展试验设计以及在其他特殊情况下创建 DOE 计划。本附录给出的是从 Taguchi 的教材 *Introduction to quality engineering*（1986）中引用的一些基本正交阵列。这些计划以行 / 列的形式表达，因素水平分布在各列中，而试验场次分布在各行中。每个单元格里的数字 1、2、3 等表示因素的水平（或者，对二级水平来说，因素水平可以标记为 – 和 +；对三级水平来说，可以标记为 –、0 和 +）。由前文可知，正交阵列是根据设计中行的数量命名的。这里给出的是二级阵列 L4、L8 和 L16，以及三级阵列 L9 和 L27。另外还给出针对 7 个控制因素采用 L8 内阵列、针对 3 个噪声因素采用 L4 外阵列的 DOE 计划。

两级水平正交阵列

L4：两个水平上的 3 个因素

	A	B	C		A	B	C
1	1	1	1	3	2	1	2
2	1	2	2	4	2	2	1

L8：两个水平上的 7 个因素

	A	B	C	D	E	F	G
1	1	1	1	1	1	1	1
2	1	1	1	2	2	2	2
3	1	2	2	1	1	2	2
4	1	2	2	2	2	1	1
5	2	1	2	1	2	1	2
6	2	1	2	2	1	2	1
7	2	2	1	1	2	2	1
8	2	2	1	2	1	1	2

L16：两个水平上的 15 个因素

	A	B	C	D	E	F	G	H	I	J	K	L	M	N	O
1	1	1	1	1	1	1	1	1	1	1	1	1	1	1	1
2	1	1	1	1	1	1	1	2	2	2	2	2	2	2	2
3	1	1	1	2	2	2	2	1	1	1	1	2	2	2	2
4	1	1	1	2	2	2	2	2	2	2	2	1	1	1	1
5	1	2	2	1	1	2	2	1	1	2	2	1	1	2	2
6	1	2	2	1	1	2	2	2	2	1	1	2	2	1	1
7	1	2	2	2	2	1	1	1	1	2	2	2	2	1	1
8	1	2	2	2	2	1	1	2	2	1	1	1	1	2	2
9	2	1	2	1	2	1	2	1	2	1	2	1	2	1	2
10	2	1	2	1	2	1	2	2	1	2	1	2	1	2	1
11	2	1	2	2	1	2	1	1	2	1	2	2	1	2	1
12	2	1	2	2	1	2	1	2	1	2	1	1	2	1	2
13	2	2	1	1	2	2	1	1	2	2	1	1	2	2	1
14	2	2	1	1	2	2	1	2	1	1	2	2	1	1	2
15	2	2	1	2	1	1	2	1	2	2	1	2	1	1	2
16	2	2	1	2	1	1	2	2	1	1	2	1	2	2	1

三级水平正交阵列

L9：三个水平上的 4 个因素

	A	B	C	D			A	B	C	D
1	1	1	1	1		6	2	3	1	2
2	1	2	2	2		7	3	1	3	2
3	1	3	3	3		8	3	2	1	3
4	2	1	2	3		9	3	3	2	1
5	2	2	3	1						

L27：三个水平上的 13 个因素

	A	B	C	D	E	F	G	H	I	J	K	L	M
1	1	1	1	1	1	1	1	1	1	1	1	1	1
2	1	1	1	1	2	2	2	2	2	2	2	2	2
3	1	1	1	1	3	3	3	3	3	3	3	3	3
4	1	2	2	2	1	1	1	2	2	2	3	3	3
5	1	2	2	2	2	2	2	3	3	3	1	1	1
6	1	2	2	2	3	3	3	1	1	1	2	2	2
7	1	3	3	3	1	1	1	3	3	3	2	2	2
8	1	3	3	3	2	2	2	1	1	1	3	3	3

（续）

	A	B	C	D	E	F	G	H	I	J	K	L	M
9	1	3	3	3	3	3	3	2	2	2	1	1	1
10	2	1	2	3	1	2	3	1	2	3	1	2	3
11	2	1	2	3	2	3	1	2	3	1	2	3	1
12	2	1	2	3	3	1	2	3	1	2	3	1	2
13	2	2	3	1	1	2	3	2	3	1	3	1	2
14	2	2	3	1	2	3	1	3	1	2	1	2	3
15	2	2	3	1	3	1	2	1	2	3	2	3	1
16	2	3	1	2	1	2	3	3	1	2	2	3	1
17	2	3	1	2	2	3	1	1	2	3	3	1	2
18	2	3	1	2	3	1	2	2	3	1	1	2	3
19	3	1	3	2	1	3	2	1	3	2	1	3	2
20	3	1	3	2	2	1	3	2	1	3	2	1	3
21	3	1	3	2	3	2	1	3	2	1	3	2	1
22	3	2	1	3	1	3	2	2	1	3	3	2	1
23	3	2	1	3	2	1	3	3	2	1	1	3	2
24	3	2	1	3	3	2	1	1	3	2	2	1	3
25	3	3	2	1	1	3	2	3	2	1	2	1	3
26	3	3	2	1	2	1	3	1	3	2	3	2	1
27	3	3	2	1	3	2	1	2	1	3	1	3	2

内外部系列的结合

L8×L4：两个水平上的7个可控因素和3个噪声因素

	A	B	C	D	E	F	G	1	1	2	2	Na
								1	2	1	2	Nb
								1	2	2	1	Nc
1	1	1	1	1	1	1	1					
2	1	1	1	2	2	2	2					
3	1	2	2	1	1	2	2					
4	1	2	2	2	2	1	1					
5	2	1	2	1	2	1	2					
6	2	1	2	2	1	2	1					
7	2	2	1	1	2	2	1					
8	2	2	1	2	1	1	2					

第 16 章

专利和知识产权

（来源：David W.Coffin Sr.）

图表 16-1　David W. Coffin Sr. 发明的热饮料杯隔热套（美国专利 5,205,473）

独立发明家 David Coffin 开发了一种能更舒适地手持热饮料杯的隔热套产品概念和原型（如图表 16-1 所示）。这种产品机会出现于 20 世纪 80 年代，当时许多食品零售商停止使用聚苯乙烯泡沫塑料热饮杯，而改用纸杯。该发明人希望把他的发明商业化并取得发明许可证，同时对他创造的知识产权进行保护。本章概述了产品开发背景下的知识产权，并提供了关于准备发明披露或临时专利申请的具体指导。

在产品开发环境中，*知识产权*（intellectual property）一词是指受法律保护的与新产品相关的构想、概念、名称、设计和工艺等。知识产权可能是企业最具价值的资产之一。与实物产权不同，知识产权不能用锁和钥匙来保护以防止非法转移。因此，人们建立各种法律机制以保护知识产权拥有者的权利。这些机制的目的是激励和奖赏那些创造新的、有用的发明的人，同时也为了社会的长远利益而促进信息的传播。

16.1 什么是知识产权？

与产品设计和开发相关的知识产权有 4 种，图表 16-2 给出了各种知识产权的分类。虽然有些领域是重叠的，并且一件单独的产品可能同时拥有这 4 种知识产权，但一项特定的发明通常只属于这些类型中的一个。

- **专利**。专利是政府向发明人授予的暂时垄断权，以排除他人使用该发明。在大多数国家，一项专利自其存档日期起有效期共 20 年。本章的大部分篇幅集中在专利上。
- **商标**。商标是政府向商标拥有人授予的与一类产品或服务相关的特定名称或标志的排他性使用权。在产品开发的背景下，商标通常是品牌或产品名称。例如，JavaJacket 就是纸杯隔热套的商标，并且 JavaJacket 公司以外的其他公司都不能在没有授权的情况下使用 JavaJacket 这个词来称呼其杯套产品。在美国，商标登记有可能（但并不一定）保护商标权利。在大多数其他国家，商标的权利是通过登记注册获得的。
- **商业秘密**。商业秘密是用于贸易或商业业务使其拥有者具有竞争优势、可以被保密的信息。商业秘密不是由政府授予的权利，而是一个组织机构为防止其专有信息扩散而采取警戒所产生的结果。最著名的商业秘密可能就是可口可乐饮料的配方了。
- **版权**。版权是政府授予的复制和传播某原始作品的排他性权利，包括文字、图形、音乐、艺术、娱乐、软件等。版权可以登记，但并不是必要的。在作品进行第一次实质性发表时，版权就开始生效，通常，持续时间为最后一位健在的作者死后 70 年之内，如果是匿名或者假名的作品，则自出版之日起延续 95 年。

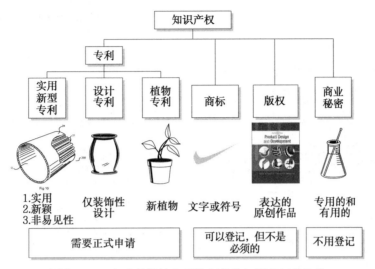

图表 16-2　与产品设计和开发相关的知识产权的分类

本章主要讨论了专利。本章的附录 A 简要讨论了商标，我们在这里不重点讲述版权和商业秘密，但在本章最后列出了几个关于其他资源的参考文献。

16.1.1　专利概述

与大多数工程化产品相关的专利有两种：设计专利（design patent）和实用新型专利（utility patent）。第三类专利适用于植物。设计专利提供了一种法定权利，可以排除其他人用与设计专利中描述的相同的装饰性设计来生产和销售一件产品。设计专利可以被看作一件产品装饰性设计的"版权"。由于设计专利仅限装饰性设计，所以对大多数工程化产品来说，设计专利的价值非常有限。因此，本章主要讨论实用新型专利。

世界上大多数国家的专利法是从英国专利法演化而来的，所以，不同国家的专利法在某种程度上是相似的。本章以美国专利法为参考，想要在其他国家获得专利的读者，应当仔细研究当地的法律。

16.1.2　实用新型专利

美国法律允许为新工艺、新机器、新制品、新合成物，以及对上述事物新的有用改进的发明授予专利。幸运的是，这些范畴几乎囊括了新产品所呈现的所有发明。需要注意的是，在软件中体现的一些发明有时也被授予专利，但这样的发明通常被描述为流程或机器。图表 16-3 展示了 Coffin 发明的隔热套专利的首页。

United States Patent [19]
Coffin, Sr.

[11] Patent Number: 5,205,473
[45] Date of Patent: Apr. 27, 1993

[54] RECYCLABLE CORRUGATED BEVERAGE CONTAINER AND HOLDER

[75] Inventor: David W. Coffin, Sr., Fayetteville, N.Y.

[73] Assignee: Design By Us Company, Philadelphia, Pa.

[21] Appl. No.: 854,425

[22] Filed: Mar. 19, 1992

[51] Int. Cl. B65D 3/28
[52] U.S. Cl. .... 229/1.5 B; 206/813; 220/441; 220/DIG. 30; 229/1.5 H; 229/DIG. 2; 493/296;493/907
[38] Field of Search .... 229/1.5 B, 1.3 H, 4.5, 229/DIG. 2; 220/441, 671, 737–739, DIG. 30; 493/287, 296, 907, 908; 209/8, 47, 215; 206/813

[56] References Cited

U.S. PATENT DOCUMENTS

1,732,322	10/1929	Wilson et al. 220/DIG. 30
1,771,765	7/1930	Benson. 229/4.5
2,266,828	12/1941	Sykes .... 229/1.5 B
2,300,473	11/1942	Winkle 229/4.5
2,503,815	3/1950	Harman
2,617,549	11/1952	Egger
2,641,402	6/1953	Bruun 229/4.5
2,661,889	12/1953	Phinney 229/4.5
2,969,901	1/1961	Behrens .... 229/1.3 B
3,237,834	3/1966	Davis et al. .... 229/1.3 B
3,779,157	12/1973	Ross, Jr. et al. 53/527
3,785,254	1/1974	Mann
3,890,762	6/1975	Ernst et al.
3,908,523	9/1975	Shikays .... 229/1.5 B
4,080,880	3/1978	Shikay 493/296
4,146,660	3/1979	Hall et al.
4,176,034	11/1979	Kelley. 209/8
5,009,326	4/1991	Reaves et al.
5,092,485	3/1992	Lee. .... 229/1.3 B

OTHER PUBLICATIONS

"The Wiley Encyclopedia of Packaging Technology", John Wiley & Sons, pp. 66-69, 1986.

Primary Examiner—Gary E. Elkins
Attorney, Agent, or Firm—Synnestvedt & Lochner

[57] **ABSTRACT**

Corrugated beverage containers and holders are which employ recyclable materials, but provide fluting structures for containing insulating air. These products are easy to hold and have a lesser impact on the environment than polystyrene containers.

18 Claims, 8 Drawing Sheets

（来源：Coffin, David W., Recyclable Corrugated Beverage Container and Holder, U.S. Patent 5, 205, 473, April 27, 1993。）

图表 16-3 美国专利 5, 205, 473 的首页

另外，法律要求被授予专利的发明应具有如下条件：

- **实用**。被授予专利的发明必须在某种情况下对某些人有用。
- **新颖**。新颖的发明是还没有被公开的，在现有产品、出版物或先前专利中未见的发明。新颖性的定义还与实际发明的披露有关。在美国，一件要申请专利的发明不得在专利提交日期一年前的时间内被公开披露过。
- **非易见性**。专利法对显而易见的发明的定义是，与发明人面临同样问题的具有"普通技术"的人都清楚知晓的发明。

实用性很少成为获得专利的障碍，然而对一件发明的新颖性和非易见性的要求，是获得专利最主要的阻碍。

大约 2/3 的专利申请最后成为发布的专利。然而，一个发布的专利并不一定是有效的。竞争对手可能在将来的某些时候在法庭中对一项专利提出异议。一项专利的有效性由专利描述的充分性以及发明与现有技术相比的新颖性所决定，当然还有其他一些因素。其实只有很小一部分专利（在美国每年只有几百项）在法庭上受到质疑。而且，近年来在受到质疑的专利中，有一半被裁定为有效的。

与一项专利相关的发明者是指独自或与其他发明者合作实际创造该发明的人。在一些案例中，发明者也是该知识产权的拥有者。然而在大多数情况中，专利被授予一些其他实体，通常是发明人的雇主。与一项专利相联系的实际知识产权属于专利的拥有者，并不一定属于发明者（本章的附录 B 对有意商业化其发明的个人发明者提供了一些建议）。

专利拥有者有权禁止其他人使用、制造、销售或进口侵权产品，这是一种权利，即要求专利拥有者起诉侵权人。与专利相联系的还有各种防御性权利。专利中描述的任何发明，不管是不是要求权利的一部分，都被司法系统认为是公开知晓的事物，并被看成现有技术的一部分。这种披露是一种防御性行为，以阻止竞争对手对已披露的发明申请专利。

16.1.3　准备披露书

本章主要讨论准备发明披露书（invention disclosure）的流程——本质上是对一项发明的详细描述。这种披露应符合专利申请的格式，它既可以用作临时专利申请，也可以稍加修改用作普通专利申请。可以由一位专利代理律师来对本章的大部分内容进行描述，专利代理律师甚至要经常做这种工作。即使在大多数情况下，一位专利代理律师会修改披露书以准备正式的专利申请，然而我们相信让发明人起草一份详细的披露书是传达发明人知识的最佳方式。虽然根据本书提供的指导，许多读者都可以完成一件临时专利申请，但本章并不能代替出色的法律建议。正在认真考虑商业化机会的发明人，应该在准备披露书之后咨询专利律师。

这个流程的步骤是：

1. 制定策略和计划。
2. 研究现有的发明。
3. 概述权利要求。
4. 撰写发明描述。

5. 精炼权利要求。

6. 进行申请。

7. 对结果和过程进行反思。

16.2 步骤 1：制定策略和计划

在专利策略和计划的制定中，一个产品开发团队必须决定提交专利申请的时机、申请的类型以及申请的范围。

16.2.1 专利申请的时机

从法律意义上来说，一项美国专利的申请必须在一件发明首次公开披露一年以内提交。在世界上大多数其他地方，一项专利的提交必须在任何公开披露之前，或在提交申请美国专利一年以内，而且美国专利申请要在公开披露之前提交。在大多数情况下，公开披露是指向没有保守发明秘密义务的一个人或一群人描述该发明。这种披露的例子有：在杂志或期刊上发表该发明、在商务展览上展示一件产品、在公众可进入的网站上公开该发明，或试销一个产品（大多数专家认为，发明的课堂演示不算公开披露，只要班级成员都同意保守发明秘密，同时非班级成员不出现在班级中）。我们强烈建议发明人在进行任何公开披露之前首先提交专利申请。这项法令确保了提交国际专利的选择权可以被保留一年。幸运的是，用很少的费用就可以提交临时专利申请，以保障这些权利。

虽然我们建议在公开披露之前提交申请，但发明人通常觉得最好是推迟申请，使申请仅仅略早于公开披露。尽可能延长等待的主要好处是，发明人可以对该发明和其商业化获得尽可能多的了解。在创新过程中，逐步进行的改进通常要比在创新过程早期发明者所认为的该发明的关键性特征更重要。通过等待，可以确保发明者在专利申请中抓住发明最重要的元素。然而，等待导致的风险是其他人也可能申请同一项发明专利。

包括美国在内的大多数国家，专利申请的优先级都是基于申请日期而不是发明日期的。如果两个发明者同时竞争一项发明，第一个提出申请的人享有优先权。从历史上来看，美国法律曾经是根据发明的日期授予优先权的。美国现行的法律与世界上大多数国家的法律一致。法律的细微差别在于，如果一个发明者公开披露了一项发明，那么从竞争者的角度来看，这个发明不再是新颖的，因此他们不能为披露的发明申请专利，这就防止了竞争者竞相为新披露的发明申请专利。公开披露的发明者在信息公开一年内保留申请专利的权利。

16.2.2 申请的类型

一个开发团队面临两种进行专利申请的类型。首先，开发团队必须决定是提交普通专利申请（regular patent application），还是临时专利申请（provisional patent application）。其次，开发团队必须决定是申请本国专利还是外国专利。

在 1995 年美国专利法发生重大修改以前，普通专利申请是发明者的唯一选择。在目前美国的专利法中，一个发明者可以提交临时专利申请。临时专利申请只需要有对发明的详尽描述，不需要包含权利要求，也不需要符合普通专利申请的正式结构和语言。临时专利申请在准备和提交时所需要的费用和精力少于普通专利申请，但在一年的期限内保留了进一步提交专利的所有选项。一旦提交了临时专利申请，一个公司就可以将其产品标识为专利申请中，并在不超过一年的期限内保留提交外国专利和普通专利申请的权利。临时专利申请唯一的根本性缺点是，它将专利的最终发布推迟最多一年，因为专利申请的审查过程在提交普通专利申请之后才开始。另外，临时专利申请的预备性本质有可能导致在准备发明描述时，不如在普通专利申请中那么仔细。在临时专利申请中发明描述必须是完备的，并且在随后的普通专利申请中不能包含临时专利申请中没有描述的特征。

提交国际专利是昂贵的、复杂的。因此，开发团队应该就国际专利策略咨询专业人士，因为各国的专利法是不同的。为了获得外国的专利权，申请必须最终提交至获批专利权的各个国家（不过对提交专利申请来说，欧盟是作为一个实体运行的）。外国专利申请可能很昂贵，某些国家可能要花费 15 000 美元用于提交费用、翻译费用以及专利代理费用。

通过提交专利合作条约（Patent Cooperation Treaty，PCT）申请，申请外国专利的费用可以推迟 30 个月支付。一份 PCT 申请在一个国家（比如美国）提交，但却是获得外国专利过程的开始。PCT 申请的提交费用只比普通专利申请高一点，但却在向专利申请国交付申请费用之前留出了相当长的延迟时间。

临时专利申请和 PCT 申请为小公司或个人发明者提供了一种机制，使其用相当少的费用就可以保留大部分专利权利。一种典型的策略是，在公开披露发明之前提交一个临时专利申请，然后在一年之内向美国专利局提交一份 PCT 申请，当在未来某个时刻（通常为一年或者更长）被迫实施或放弃申请时，再进行外国专利的实际申请。这种策略在支付实质性的法律和交付申请费用之前留出了两年甚至更长的时间。在这段时间中，开发团队可以评估该发明产品的真正商业潜力，并预测更广范围专利保护的价值。

16.2.3　申请的范围

开发团队应该估计产品设计的总价值，并决定哪些要素体现了有可能获得专利的发明。通常，审查产品设计的过程将产生一个列表，从而列出开发团队认为新颖和非易见性的要素。开发团队应集中考虑那些对竞争构成实质性障碍的要素，它们通常体现了开发团队的观念中针对类似问题无法公开知晓的实质性改进的要素。

复杂的产品通常包含了多项发明。比如，一台打印机可能包含了新颖的信号处理方法和纸张处理技术。有时这些发明在专利系统中属于彼此不同的类别，其结果就是开发团队需要提交对应相关发明类别的多个申请。对于简单的产品或者只包含一种发明的产品来说，一个专利申请通常就够了。在很难决定是否把一个申请分成多个部分时，最好在咨询专利律师后再做决定。然而，即使提交的是一份包含多种发明类别的专利申请，所有的知识产权也会受到保护。在这种情况下，专利局将告知发明人，其专利申请必须分开进行。

在确定专利范围的同时，开发团队还要考虑谁是发明者。发明者是发明创作过程中具有实质性贡献的人。就专利法来说，发明者的定义是主观的。例如，一位仅进行实验的技师一般不会被列为发明者。但对一位进行了实验并对装置中观察到的问题提出解决办法的技师就可以考虑作为发明者。在专利申请中，对列出的发明者的数量是没有限制的。我们认为，产品的开发和发明通常是集体努力的结果，并且许多参与概念生成和后续设计活动的团队成员可以被考虑列为发明者。不列出发明者的名字可能导致专利被裁定为无效。

16.3　步骤 2：研究现有的发明

研究现有发明——即所谓的现有技术（prior art）——主要有三个原因。第一，通过研究现有的专利文献，开发团队可以获知一项发明是否侵害现有的未到期专利。虽然对侵害现有专利的发明申请专利并没有法律上的限制，但如果任何人在没有许可的情况下制造、销售或使用侵害了现有专利的产品，该专利的拥有者可以为遭受的损失提起诉讼。第二，通过研究现有技术，发明者可以知道他们的发明与现有发明的相似程度，从而了解他们获得专利的可能性有多大。第三，开发团队可以掌握背景知识，以便其成员起草新颖的声明。

在产品的开发过程中，大多数团队会逐渐积累各种关于现有发明的参考文献。关于现有发明的一些信息源包括：

- 现有的和以前的产品文献。

- 专利检索。
- 技术和贸易出版物。

可以用几个好的在线索引来检索专利。要找出大多数相关专利，简单的关键词检索就足够了。对开发团队来说，保存包含他们检索到的现有技术的文档是非常重要的。在提交专利申请之后不久，这一信息也要提供给专利局。

在图表 16-1 所示的 Coffin 发明的杯套专利中，引用了 19 项其他的美国专利和一本书（发明者和专利审查者引用的参考文献列在专利的第一页。Coffin 专利的第一页如图表 16-3 所示）。例如，在 Coffin 专利引用的现有技术中有一项 1930 年 Benson 的专利（1,771,765："防水纸质容器"），其纸质杯衬由瓦楞形托架隔热。Benson 的专利描述了一种装在杯衬下方，与杯衬底部吻合的托架。这是 Coffin 的专利中发明被描述为在顶端和底端具有开孔的圆管的一个原因。

16.4　步骤 3：概述权利要求

一件专利的发布将赋予其拥有者排除他人侵犯权利要求的法定权利。权利要求描述发明的特定特征，它们是用正式的法律用语写出的，并且必须符合一定的行文规范。在步骤 5 中我们将描述正式的法律用语。不过在准备披露书的过程中，开发团队应该仔细考虑哪些是该发明的独特之处。因此，我们建议开发团队概述其权利要求。此时不必顾虑法律上的精确性，相反开发团队应列出一个表，阐明开发团队认为在其发明过程中独特而有价值的特征。例如，对 Coffin 的发明，其权利要求主要包括：

- 采用瓦楞波纹作为隔离物形式。
  - 在圆管内表面上的瓦楞波纹。
  - 在圆管外表面上的瓦楞波纹。
  - 夹合在两层片状材料之间的瓦楞波纹。
  - 瓦楞槽的竖直方向。
    - 瓦楞槽在托架的顶端和底端开口。
  - 具有"三角形"波纹截面的瓦楞波纹。
  - 具有"正弦形"波纹截面的瓦楞波纹。
- 两端开口的管状形式。
  - 形状为截断圆锥。
- 可回收材料。

> ■ 可回收胶黏剂。
>
> ■ 可回收薄板。
>
> ○ 纤维素材料。

- 可生物降解的胶黏剂。

- 可印刷的表面。

- 托架可沿两条折叠线作扁平折叠。

权利要求概述提供了在发明描述中应该对什么事物进行详细描述的指导。

16.5 步骤 4：撰写发明描述

专利申请的大部分内容被称为说明书（specification）。为了避免与我们在本书中使用的规格（specification）一词发生混淆，我们称专利申请的这部分为描述（description），因为这是受理中实际描述发明的部分。该描述必须详细展现发明，以便使其具有"该领域普通技术"的人（即在与该发明相同的基本领域中具有典型技艺和能力的普通参与者）都能操作该发明。该描述还应是一份提升本发明价值、凸显现有解决方案不足的营销文件。专利申请将由专利审查者（检索并研究现有专利的人）审阅。发明描述必须说服专利审查者，发明者开发了有用的、与以往发明不同的、非易见性的某种东西。从这些方面来说，我们可以把描述想象成关于该发明的技术报告。虽然对发明披露或对临时专利申请来说并没有严格的格式要求，不过对专利申请来说确实存在着一些常规格式。

专利法要求，专利申请必须讲述足够的细节，以便"拥有本领域技能"的人可以操作该发明。例如，在 Coffin 的专利中，发明人披露用于黏接瓦楞槽的胶黏剂是一种可回收的、最好是可生物降解的胶黏剂，比如 Fasson 公司出品的 R130 胶黏剂（Coffin，1993）。对某些习惯视发明为秘密的人来说，对专利细节的描述是违反常规的。专利法要求发明者披露他们对发明所知道的知识，作为交换，专利法授予他们在一定时期内排斥其他人使用该发明的权利。这种要求反映了专利系统中一种基本的关系：向发明人授予暂时的垄断权，以换取最终任何人都可使用的信息的公布。

典型的发明描述包含以下要素：

- **名称**。对发明提供一个简短的描述性标题，比如"可回收瓦楞形饮料容器与托架"。

- **发明者名单**。必须列出所有的发明者。如果某人创造了在申请中提出的任何发明，他就应被列为发明者。对发明者的数量和排名没有法定限制。名单中缺少任何发明者，都可能导致专利被裁定为无效。

- **发明领域**。解释该发明与什么类型的装置、产品、机器或方法相关。例如，Coffin 的专利写道：“本发明涉及隔热容器，特别是关于可回收、由纤维素材料制成的隔热容器”（Coffin，1993）。

- **发明背景**。叙述该发明所解决的问题。解释这些问题的背景、已有解决方法的缺点、为什么需要一种新的解决方法，以及本发明所提供方法的优点。

- **发明概要**。这一节应该用简易的形式展现该发明的本质。概要可以指出该发明的优点以及它如何解决背景中所描述的问题。

- **图纸的简要描述**。列出所描述的图纸，以及对每张图纸的简要说明。例如，“图 10 是一种期望装置的透视图，展示了内瓦楞部分”。

- **发明的详细描述**。这一部分通常是最详细的，包含了本发明的具体装置的详细描述以及对这些装置如何工作的解释。稍后给出对详细描述的进一步讨论。

16.5.1　附图

正式的附图必须符合各种关于标识、线型、图形要素类型的规范。然而，对一份发明披露书或临时专利申请来说，非正式绘图就足够了，手绘草图或 CAD 绘图是非常合适的。在提交了普通专利申请之后的某个时刻，专利局将要求提供正式图纸，这时就有必要雇一位专业的绘图员去准备图纸的正式版本。足够多的图纸可以清晰表明在所考虑的预期装置中发明的关键要素。像杯套这样的简单发明将需要 5～15 张图纸。

图中显示的特征可以用文字（比如“外层”）标识，但在准备普通专利申请时，开发团队可能从一开始就希望在绘图中使用参考号。没有规定参考号必须是不中断和连贯的，所以对首次出现在图 1 中的特征一般使用的参考号为 10、11、12 等，对首次出现在图 2 中的特征则使用 20、21、22 等，编号以此类推。这样，在一张图中添加编号不会影响另一张图中编号的使用。出现在不同图中的同一个特征必须使用相同的参考号，所以有些编号将在不同的图中多次出现。

16.5.2　撰写详细描述

详细描述刻画了该发明的具体实现。一个具体实现是当前所主张的发明的一种物理实现。专利法要求专利申请必须描述优先选择的具体实现，即实施该发明的最好方式。一般来说，一个详细描述被分成许多段落，每个段落根据其物理结构描述该发明的一种具体实现，并解释该具体实现是如何工作的。

撰写详细描述的一种很好的策略是：首先，给出该发明的各种具体实现的图纸；接着，通过标识图纸中具体实现的各个特征并解释这些特征的布置，从而描述该具体实现；最后，解释该具体实现如何工作，并解释为什么这些特征对这项功能是重要的。对详细描述中所有的具体实现重复上述步骤。

考虑从 Coffin 专利中摘录的图 10（如图表 16-4 所示）。详细描述可能包含类似下述语言：

> 本发明的一种优先选择的具体实现如图 10 所示。一个衬里表面 22 和一个外覆表面 24 夹合着瓦楞 21。该整体 200 形成了一个圆管形，其直径随长度发生线性变化，从而形成一段截面圆锥。光滑的外覆表面 24 提供了一个可以印刷图案的光滑表面。瓦楞 21 用可回收的胶黏剂与外覆表面 24 和衬里表面 22 黏接在一起。

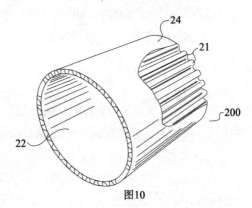

图10

（来源：Coffin, David W., Recyclable Corrugated Beverage Container and Holder, U. S. Patent 5,205,473, April 27,1993。）

图表 16-4   从 Coffin 专利中摘录的图 10

详细描述还应该给出本发明的其他可供选择的具体实现。例如，在 Coffin 的专利中，该发明描述了产生隔热空气层的瓦楞槽。在一种优先选择的具体实现中该瓦楞槽由光滑的波纹构成，从而形成光滑表面以便在套筒上印刷图案。另一种可供选择的具体实现是在圆管的一个或两个表面上具有三角形瓦楞和／或片层材料。这些可供选择的具体实现在详细描述中刻画，并展现在各个图中（如图表 16-5 所示）。

16.5.3   防御性披露

专利的一个主要好处是它赋予专利拥有者诉讼权利。也就是说，专利拥有者有权阻止其他人实施该发明。然而，专利还给出了一种微妙的机制，以便进行防御性行动。专利将被看作现有技术，所以专利中出现的发明不能在将来申请专利。因此，不管发明的范围多么的宽泛，发明者披露他们所考虑的每一项与所主张的发明相关的知识，都将使发明人从中获益。这可以在详细描述中进行。尽管这些发明可能不会反映在专利的权利要求中，但他们的披露将变成先有技术的一部分，从而阻止其他人对其申请专利。这种防御性策略可以在新兴技术领域提供竞争优势。

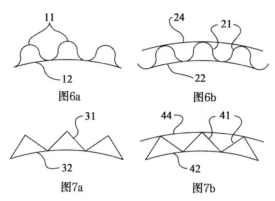

（来源：Coffin, David W., Recyclable Corrugated Beverage Container and Holder, U.S. Patent 5,205,473, April 27,1993。）

图表 16-5　从 Coffin 专利中摘录的表明发明的各种不同实现方式的图 6a、图 6b、图 7a 和图 7b

16.6　步骤 5：精炼权利要求

权利要求用许多短语来精确地定义该发明的基本要素，权利要求是所有专利诉讼权的基础。一项专利的拥有者只能阻止其他人实施权利要求中所描述的发明。专利申请的其余部分本质上是权利要求的背景和环境。

16.6.1　撰写权利要求

虽然权利要求必须用言辞表达，但它们必须符合严格的数学逻辑关系。几乎所有的权利要求都以递归的表达方式构造，形如：

$X=A+B+C+\cdots$，其中 $A=u+v+w+\cdots$，$B=\cdots$

用言辞表达就是：

X 由 A、B 和 C 组成，其中 A 由 u、v 和 w 组成，B 由……

注意，权利要求必须符合一些用词惯例。组成（comprising）一词的意思是"包含但不限于"，并且几乎总是用作表达式中的等号。当在权利要求中第一次命名一个要素（比如，衬层）时，发明人使用不定冠词"一个"，就像"由一个衬层组成"那样。一旦这个要素被命名，则绝不会像"该衬层"那样指代它，而总是用"上述衬层"指代它。在权利要求中后续使用"衬层"的情况都是一样的。尽管这些惯例一旦学会就不难记住，但准备披露书的发明者不需要太担心语言的正式和准确性，专利律师随后会校订文本。当准备正式的专利申请时，这些语言很容易校正。

多重权利要求按上下等级分为独立权利要求和附属权利要求。独立权利要求单独生效，并构成权利要求层次结构的根基节点。附属权利要求总是在一个独立权利要求上附加进一步的限制。附属权利要求一般的撰写格式为：

发明的权利要求 N，进一步包含 Q、R 和 S……

或

发明的权利要求 N，其中上述的 A……

附属权利要求本质上继承了它所依附的独立权利要求的所有特性。事实上，用它所依附的独立权利要求的言辞插入并替代引导短语"发明的权利要求 N"，就可以完整地读出一个附属权利要求。

附属权利要求很重要，因为专利局可能以显著或者不够新颖为由驳回独立权利要求，却认可一项或多项附属权利要求。在这种情况下，报审的专利材料仍保留，原先的独立权利要求可以被删除，并把原先的附属权利要求重新写为独立权利要求。

权利要求的各个要素形成逻辑与（logical and）关系，要侵权一个权利要求，一个装置必须包含该权利要求所主张的全部要素。如果一件竞争性产品打算使用，比如说只是该权利要求中的 3 个或 4 个要素，那么它就没有侵权。

下面是从 Coffin 的专利中摘录的例子（略做改动）(Coffin，1993)。

权利要求 1

一种饮料容器托架，包括一个由纤维素材料制成的瓦楞圆管元件和至少一个位于其上的用于接受并容纳一个饮料容器的开口。上述瓦楞圆管元件包括用于容纳隔热空气层的瓦楞槽形式，瓦楞槽形式包括用可回收胶黏剂粘接在衬层上的瓦楞槽。

权利要求 1 是一项独立权利要求。权利要求 2 附属于权利要求 1。

权利要求 2

权利要求 1 中的托架，在圆管元件上还包含另一个开口，与上述开口具有不同的截面尺寸。

该权利要求符合图表 16-6 所示的逻辑结构。

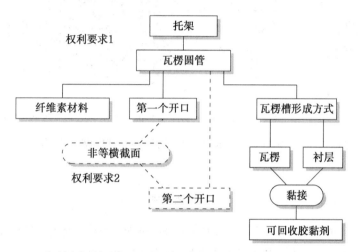

图表 16-6   Coffin 专利中权利要求 1 和权利要求 2 的逻辑结构。注意，权利要求 2 依赖于权利要求 1，并只是添加了额外限制，即上下两个开口之间的关系

值得强调的是，权利要求是由其要素以逻辑"与"关系构成的。权利要求 1 针对一个托架，它包括以下这些要素：

- 瓦楞圆管。
  - 由纤维素制成。
  - 上面有第一个开口。
  - 具有瓦楞形式。
    - 由粘接在衬层上的瓦楞构成。
    - 使用可回收胶黏剂。

如果一个竞争性纸杯托架产品没有包含上述每一个要素，那它就不侵犯该权利要求。因此，如果它是由聚苯乙烯制成的，那它就没有侵犯该权利要求（没有使用纤维素材料）。在 Coffin 申请专利后不久，Jay Sorensen 也提交了专利申请。Sorensen 的专利是具有麻点表面的杯托架（见图表 16-7）。由于该专利不包括"瓦楞形式"，它就不侵犯 Coffin 的专利。Sorensen 的权利要求包含下列内容（略做改动）。

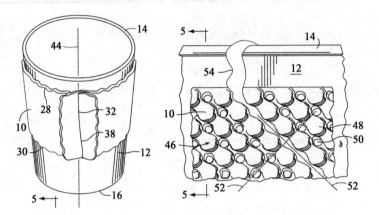

（来源：Sorensen, Jay, Cup Holder, U.S. Patent 5,425,497, June 20, 1995。）

图表 16-7　从 Sorensen 专利中摘录的图（U. S. Patent 5425497，具有麻点表面的纸杯托架）

权利要求 4

一个杯托架包含带有一个顶部开口和一个底部开口的带状材料，通过上述两个开口一个杯子可以插进来，且上述托架的内表面与上述杯子紧靠在一起。在上述带状材料的整个内表面上，分布着大量离散的、相互隔开的、近似半球形状的压痕，每个压痕形成上述带状材料上的一个非接触区，从而在带状材料和杯子之间建立了一个空气层，降低了通过上述托架传导热量的速率（Sorensen，1995）。

通过比较 Coffin 和 Sorensen 的发明，至少可以得出两个启示。第一，专利一般只能提供相对有限的商业优势。在本案例中，通过发明具有麻点表面而不是瓦楞的杯托架，Sorensen 可以避免侵犯 Coffin 的专利。实际上，这两个发明都成功地应用在商业产品上了，但没有哪个专利能提供完全的保护以避免竞争。第二，发明人应该倾全力设想尽可能多的实现该发明功能的方式和途径。在本案例中就是隔热层，如果 Coffin 想到了麻点表面，那么他的专利申请就必须包括这种特征。最好的情况是，麻点表面发明可以构成在他的专利中附加权利要求的基础。最坏的情况是，在专利申请中关于麻点表面的描述可以被看作现有技术，从而阻止 Sorensen 获得专利（但它并不能阻止 Sorensen 和其他人实施这种麻点表面的发明，除非该发明主张了权利要求）。

16.6.2　编写权利要求的指导原则

有几条指导原则对编写权利要求是很有帮助的。编写好的权利要求是需要技巧的，所以我们建议发明人在润色专利申请时聘请一位有经验的专利律师。

- 尽可能提出一般性的权利要求。当使用特定的限制词时，力图使之概括化。比如，Coffin 的专利提到的是"圆管状组成"，而不是"圆管"。
- 通过使用像"几乎""基本上""大约"这样的修饰词来避免绝对的定义。
- 自己尝试创建一个不侵犯权利要求草案的发明，然后重写权利要求或添加额外的权利要求，从而使假设的发明侵犯权利。

16.7　步骤 6：进行申请

在大多数情况下，发明人将把申请草案交给一位专利律师或其他知识产权专业人士进行修改和正式申请。如果预算非常紧张，那么以个人身份提交专利申请也是可以的。Pressman 对此提供了详细的指导（Pressman，2018）。注意，法定的要求在管理上是非常复杂的，所以我们强烈建议商业产品的开发团队预留一位称职的专家，以向专利局进行申请。

一旦发明披露书准备好了，开发团队可以根据业务背景环境下的特定行动方案进行申请，主要有以下 4 种方式。

- **开发团队可以提交临时专利申请**。个人或小公司可以提交临时专利申请，申请费不到 100 美元。这种申请只需要包含发明描述，不需要符合正规的专利申请格式。一旦提交了临时申请，一个产品就可以标识为"专利申请中"。如果开发团队希望进行普通专利申请，那么该申请必须在提交临时申请之后的一年以内提交。因此，临时专利申请可作为进行普通专利申请的一个选项，并留给开发团队一段时间，以便在负担普通专利申请费用之前去办理执照或进行进一步考察。
- **开发团队可以在美国提交普通专利申请**。对小公司或个人来说，这一流程花费约 500 美元。此外还有专利律师的法律服务费。
- **开发团队可以提交专利合作条约（PCT）申请**。PCT 申请允许一个专利在单独的一个国家（比如美国）申请，从而启动寻求国际专利保护的程序。最终，发明人必须在各个国家或国家集团（比如欧盟）中寻求专利保护。然而，PCT 程序使得这一步骤可以相对高效地从一个切入点开始。寻求外国专利保护权利的内容超出了本章范围，其细节请咨询一位专利律师。

- **开发团队可以无限期地推迟申请**。开发团队可以推迟申请，以便将来信息能够更加有利于进一步的行动。有时，开发团队可能决定不再进行发明，因此可能放弃专利申请过程。推迟专利申请的后果可能是非常严重的，如果该发明被公开披露，那么所有的国际专利权就作废了。如果在公开披露后一年之内没有提交普通专利申请，那么美国专利权也会作废。不过，开发团队可以在这些后果产生之前把申请活动推迟几个月。

在开发团队提交一个普通专利申请或一个 PTO 申请之后的某个时刻，专利局将发出一份审定通知程序作为对该专利申请的回应。在几乎所有的案例中，专利审查员都会以"显而易见"或者"不够新颖"为由驳回一些权利要求。文件在专利局和发明人之间来回传递是很正常的，而其中的一些文件最终一定会形成某些可被授予专利的权利要求。接下来，根据审查员的意见，发明者和专利律师不断加强论据、修改权利要求，并把修改后的申请交给专利局。虽然权利要求很少会与原始文本保持完全一样，但大多数的申请最终会获得专利。

专利局不评阅不审查临时专利申请。临时申请只是记录了其文件并保存了该申请，直到提交了正规申请之后才进行审查。

16.8　步骤 7：对结果和过程进行反思

在对专利申请或发明披露的反思中，开发团队至少应该考虑以下的问题：

- 使产品成为发明的产品概念最本质的和与众不同的特征有哪些？这些特征在发明描述和权利要求中体现出来了吗？描述是否传达了实施该发明的最佳方式？
- 进一步的行动时间安排是什么？开发团队的专利律师通常都有一个记事表（实际上就是一个日历），表明何时进行下一步维护专利的行动。不过，发明者或开发团队所在公司里的某个人也应该考虑未来几个月必须采取哪些行动。
- 在准备专利申请或发明披露的过程中，哪些方面很顺利、哪些方面还需要进一步努力？
- 在开发团队获知的现有技术中，哪些有可能对将来的产品开发有价值？例如，是否存在从其专利拥有者那里获得许可的有价值的技术？竞争对手的专利是否将要到期？开发团队是否可以用简便的方法解决一个长期困扰的问题？
- 开发团队的知识产权地位有多高？在专利申请中，哪些特征非常新颖和有价值，以至于它们真的可以阻止竞争对手的直接竞争？或者该专利只是对直接复制该发明产品的一种威慑？

- 开发团队启动申请过程是太早还是太晚了？行动是否太匆忙？下一次准备专利申请的最佳时机是什么时候？

16.9 小结

- 专利是政府授予的暂时性垄断权，用以排除其他人使用、制造或销售一项发明。专利法的目的是对在激励发明和自由发布信息之间寻求平衡。
- 对大多数基于技术的产品开发工作来说，实用新型专利是知识产权的核心要素。
- 如果一项发明是有用的、新颖的、非易见的，那它就可以被授予专利。
- 获得专利的最终发明是由专利权利要求定义的。专利申请的其余部分实际上是用来支持权利要求的背景和解释。
- 在申请专利时，我们推荐采用一个 7 步流程：
  1. 制定策略和计划。
  2. 研究现有的发明。
  3. 概述权利要求。
  4. 撰写发明描述。
  5. 精炼权利要求。
  6. 进行申请。
  7. 对结果和过程进行反思。
- 临时专利申请和专利合作条约（PCT）申请可以在成本最低的情况下保留所有的未来选项。

参考文献

许多现有的资源可通过访问 www.pdd-resources.net 获得。

本章中的例子是从 Coffin 和 Sorensen 的专利中摘录的。

Coffin, David W., *Recyclable Corrugated Beverage Container and Holder*, U.S. Patent 5,205,473, April 27, 1993.

Sorensen, Jay, *Cup Holder*, U.S. Patent 5,425,497, June 20, 1995.

Pressman 的书是一本对专利法细节的综合性指导，提供了撰写专利申请并向专利局申请专利的循序渐进的过程。这本书还包含了取得发明使用许可证的有价值的相关信息。

Pressman, David, *Patent It Yourself*, edited by, Thomas J. Tuytschaevers, nineteenth edition,

Nolo Press, Berkeley, CA, 2018.

Stim 提供了对知识产权大多数方面的深入讨论（包括商标和版权）。

Stim, Richard, *Patent, Copyright & Trademark: An Intellectual Property Desk Reference*, fifteenth edition, Nolo Press, Berkeley, CA, 2018.

练习

1. 找出你感兴趣的产品的专利号码，用在线查询工具找出该专利。

2. 对 3M 公司的自粘贴便签产品 Post-it note，拟定一个权利要求。

3. 画出习题 1 中专利的两个权利要求的逻辑图。

4. 创建完全不同于 Coffin 和 Sorensen 的专利的一个或多个产品概念，在不侵犯 Coffin 和 Sorensen 的专利的情况下解决手握热咖啡杯的问题。

思考题

1. 1999 年，J. M. Smucker 公司起诉了密歇根的一家名叫 Albie's 的面包店侵犯了其专利。J. M. Smucker 公司认为 Albie's 销售的一种带有卷边的无壳花生酱加果冻的三明治，侵犯了该公司的专利（见美国专利 6,004,596）。Albie's 面包店反驳说该专利的发布是错误的，因为该发明是显而易见的。找出 Smucker 的专利，你认为 Smucker 的发明符合非易见性吗？为什么符合或为什么不符合？

2. 为什么发明人在一项专利中可能只有描述但没有权利要求？

附录 A：商标

商标是与特定制造商的产品相关的词或符号。商标是构成公司知识产权整体的一个重要组成部分。商标可以是一个词、文字标记（按固定格式拼写出来的单词）和 / 或符号。商标一般对应品牌、产品名称，有时也对应公司名称。

商标法的目的是防止不正当竞争，比如一个制造商用与另一个制造商产品名称相似的名称命名他自己的产品以误导公众。实际上，为避免混淆，当一个制造商在广告中使用其竞争对手的商标时（如进行比较），那么法律要求该制造商指明该名称为竞争对手的商标。

商标不允许是纯描述性的。例如，一个公司不能获得名为"隔热套"的商标。但它可以用提示的而非纯描述性的名称，诸如"Insleev""ThermaJo"或"CupPup"等作为商标。

在美国，只有在跨州商业中使用的标志才能成为联邦商标。为此，在广告中或标识产品时，应该在单词或符号后附加"TM"（比如 JavaJacket™）。另外，通过美国的专利商标局就可以登记商标，而且手续简单，费用合理。经过登记的商标用 ® 表示（比如 Coke®）。

由于在互联网上与客户交流越来越重要，在创造新的产品名称时，开发团队应尽力创造与互联网上域名完全对应的商标名称。

附录 B：对个人发明者的建议

大多数学习产品开发的学生和产品开发的专业人士都曾有过一个新产品的想法。通常，进一步的思考将产生一个产品概念，有时它就表现为可获得专利的发明。在发明者中间普遍存在一种错误观念认为只有原始想法或产品概念才是有价值的。根据观察许多发明者和产品商业化工作，这里给出几条建议。

- 专利对一个产品的开发和商业化计划来说是一个有用的组成部分。然而，它并不是这一活动的核心要素。申请一项发明的专利通常可以等到许多技术和市场风险被明确之后再进行。
- 一项专利本身是没有什么商业价值的（一个构想的商业价值就更低了）。为了从一个产品机会中获取价值，发明者通常必须完成一件产品的设计，解决在消费者需求和最低制造成本之间权衡的难题。一旦完成了这项棘手的工作，一件产品的设计就可能具有实质性的价值。在大多数情况下，除非申请专利是作为从产品概念变成真正的开发阶段性成果（比如工作原型）的一部分，否则不值得申请专利。如果设计通过了原型化和测试的验证，那么一份专利才可能成为一种提高其知识产权价值的重要机制。
- 以个人发明者的身份向一个制造商发放专利使用许可证是非常困难的。如果你对自己的产品机会是认真的，那么就准备好自己动手或与小公司合作进行产品的商业化。一旦产品展现了市场机会，才会有可能向较大的实体发放许可证。
- 一定要提交临时专利申请。只要花很少的钱，一个人就可以根据本章的指导原则提交一份临时申请。这一行动将提供一年时间的专利保护，期间你可以思考你的想法是否值得继续完成。

第 17 章

服务设计

© 2015 Zipcar

图表 17-1　Zipcar 公司的车辆

2000 年 6 月，Zipcar 在马萨诸塞州的剑桥市发起了新的共享汽车服务。该服务为客户提供按小时租赁的车辆（见图表 17-1）。Zipcar 重新定义了许多人对汽车所有权和交通方式的看法，让他们可以随时随地使用车辆，并使租赁车辆的过程尽可能简单、方便、可靠。从一开始，Zipcar 的目标就是提供"用户想要的汽车"。到了 2012 年，Zipcar 已经成为世界上最大的共享汽车服务商，为美国和欧洲 50 个城市超过 75 万名会员提供超过 10 000 辆汽车。虽然 Zipcar 使用的车辆是汽车制造商的实体产品，但 Zipcar 向客户提供的是一项服务（service）。Zipcar 作为一家服务企业，它的成功归因于如下因素：

- **易于预订**。Zipcar 会员可以在线或通过手机在任何时候浏览和预订可用车辆，租期短则一小时，长则四天。
- **停车便利**。车辆停放在 Zipcar 所在城市的指定地点，包括路边停车位、社区停车场和车库。使用后，车主将车辆送回同一地点。
- **自动登记和返还**。会员可以使用他们的手机或一张含有 RFID（射频识别）芯片的卡片，在预约时间内解锁车辆。每辆车都记录了驾驶的里程并通过无线通信发送到中央计算机进行自动计费。
- **有吸引力的品牌效应**。会员认为 Zipcar 的理念可以降低环境影响，而且财务智能，有创新力。
- **持续改进的文化**。Zipcar 努力向客户学习，以提供新功能并改进操作。

虽然大多数实体产品生产商都有明确的产品开发流程，但许多基于服务的企业最近才实施正式的开发方式来开发其产品。本章的重点是新服务的开发，它描述了产品 – 服务系统以及实体产品与服务之间的区别。然后介绍了一种表示为服务流程图的方法，该方法明确了服务的设计，有助于识别创新和改进的机会。我们以 Zipcar 为例来说明新服务的成功设计和开发。

17.1　产品 – 服务系统

实体产品是由制造业生产并由客户使用的有形产品，它们的优点来自组件的材料特性和几何形状。例如，丰田汽车主要由制造商生产汽车，由客户拥有和使用。即使服务经常与实体商品相关联，但在很大程度上是无形的。例如，汽车保险是提供给车主的一种无形金融服务，以减少被保险人在事故中遭受的损失。大多数服务都具有一些相关的实体产品，并且大多数实体产品具有一些相关的服务。例如，汽车租赁公司提供车辆的短期使用，而不需要用户拥有车辆，但实体车辆对该服务至关重要。尽管丰田公司的主要业务是制造汽车，它还同时提供汽车金融和道路救援的服务，其经销商提供保养和维修服务。这种实体和无形的捆绑被称为产品 – 服务系统（product-service system）。产品 – 服务系统的其他示例如图表 17-2 所示。

类别	实体产品	服务
移动通信	手机，传输塔	网络连接
企业计算机	计算机硬件，交换机服务器	信息处理，存储，备份
桌面打印机	打印机硬件	墨盒回收
汽车租赁	汽车	预约，保险，维护，计费
餐厅	食物	预订，食物准备，等待服务，氛围
航空公司	飞机	票务，机上娱乐，驾驶，行李处理，忠诚度计划
卫生保健	药物，医疗器械	诊断，手术，咨询

图表 17-2　产品 – 服务系统实例

在本章中，我们将实体产品（physical product）简称为产品，将无形产品称为服务（services），我们采用熟知的经济学术语产出作为实体产品和服务的统称。

17.2　服务和产品有什么不同？

在大多数情况下，服务和产品非常类似，它们可以用本书提到的熟悉的产品开发流程去开发。像产品一样，服务也基于概念、展示架构和测试等环节实现客户需求，并由遵循经济原则的组织提供。然而，服务比产品具有更突出的特征：

- **客户参与**。客户通常是服务传递过程的一个组成部分，他们提供信息输入、做出选择、与服务提供商交接，并在其传递过程中消费该服务。由于客户交互在某种程度上是不可预测的，服务通常被设计为动态地适应客户。鉴于许多服务是交互式的，它们也可能包含许多接触点——每个接触点都代表成功或失败的机会，以及潜在的创新重点。
- **时间**。服务通常包括突出的时间维度。客户会关注服务等待时间、关键接触点的时间和服务体验中的总时间。
- **匹配能力和需求**。许多服务产品几乎是在生产它们的同时被消费。例如，餐厅的餐食通常在生产的几分钟之内消费，航空旅行在其生产的同时被消费。由于生产和消费的这种紧密联系，库存在缓冲变化方面的作用有限。因此，能力必须能够满足需求，或者超过需求。否则，等待时间会增加，将会流失客户。

- **模块化架构**。服务流程通常是按顺序和并行流程排列的活动集合。许多流程本质上是模块化的——流程步骤反映服务的特征和功能。使用这种模块化架构可以很容易地修改、完善和扩展服务。
- **重复的使用周期**。虽然某些服务体验可能只有一次或不频繁（例如，激光视力矫正手术），但更典型的是客户会反复地使用某些服务（例如，汽车租赁、酒店、健身房）。因此，客户获取和关系管理是这类服务的关键要素。
- **定制服务**。由于客户参与服务和大多数服务的模块化流程，商家经常可以很容易地根据每个客户的需求进行定制，其花费通常比定制产品所需的花费少。

17.3　服务设计流程

本书中的大多数章节及其相关方法既适用于产品，也适用于服务。具体来说，对于产品和服务，这些工具和方法都很重要：机会识别、识别客户需求、产生概念、选择概念、建立规范、概念测试、经济分析、项目管理和产品规划。

第 13 章是一个例外，主要描述了处理物理部件生产和装配的方法。第 16 章比起服务可能与产品更相关，尽管一些著名的专利与服务相关（例如亚马逊的一键式专利）。第 12 章中的具体指导方针与产品更相关，尽管这些原则仍然适用于服务运营。

总之，服务和产品设计与开发过程中的相似之处多于不同之处。然而，仍值得强调一些工具和技术上的差异。本章，我们讨论服务概念（service concept）的思路，然后，我们介绍一种用于表示服务的系统级设计工具——服务流程图（service process flow diagram）。我们以 Zipcar 为例进行说明。

17.3.1　服务概念

回顾第 7 章，概念是体现产品基本功能并满足客户需求的方法和工作原理。对于实体商品而言，产品概念最好用实体组件的几何和配置草图表示。然而，服务包括无形活动和信息处理活动，因此实体组件的草图对于服务的描述来说是有限且不完整的。对于服务来说，概念通常是一个关于服务如何运作的大体文本描述。服务概念的主要思想通常可以用几句话来表达，并用一系列事件和关键特征进行描述。

例如，Zipcar 的概念是：

  Zipcar 提供 30min 至 4h 的汽车租赁服务。Zipcar 的车辆停放在被特别标记的方便地点，例如公寓和办公楼附近。用户加入 Zipcar 服务并获得一张会员卡。他们可以在线预订车辆，使用会员卡进入车辆，然后开始使用车辆。他们只需在预定的租赁期内将车辆返还至相同地点，账单将会自动结账。

服务概念可以用故事板（storyboard）进一步阐述。故事板是显示服务体验中关键步骤的一系列插图，Zipcar 概念的故事板如图表 17-3 所示。

图表 17-3　Zipcar 概念的故事板

第 7 章中描述的技术可同样应用于生成服务概念和产品概念。例如，可以按照用户操作的顺序、考虑服务的关键功能或关键客户需求来分解问题。例如，图表 17-4 是按照用户操作顺序对租车服务的分解。可以通过从每一列中选择一个解决方案的概念（或多个概念）并将其整合为一个整体服务，以此来构建新的服务概念。

加入	预定	获得车辆	使用车辆	返还车辆	支付
● 注册 ● 预注册 ● 不注册并以游客身份使用服务 ● 使用合作账号登录（如 Facebook） ● 雇主集体注册	● 没有预定，首次使用 ● 手机应用程序 ● 网站 ● 电话中心 ● 承诺返还时间 ● 开放式预定	● 送车上门 ● 分布地点 ● 每个地区的中心枢纽 ● 合作的加油站或便利店	● 提供可选的司机	● 任何地点 ● 取车地点 ● 不同地点	● 自动支付 ● 移动设备上退出之后 ● 车载系统上退出之后 ● 下车位置的亭子

图表 17-4　按照用户操作顺序的租车服务分解。每栏中列出了每个行为的可选择方法

17.3.2　Zipcar 的概念开发

Zipcar 团队开发了几种解决方案的概念，每种解决方案体现了不同的技术、后勤和财务挑战，并且还将提供不同的客户体验。

Zipcar 是一家初创公司，所以开发团队知道他们的资源限制不允许他们立即实现所有的创新想法，例如基于 RFID 的锁定系统和无线里程跟踪系统。该团队意识到为最初的概念提供高度复杂的服务将需要几个月的时间来开发、测试以及实现其功能和操作程序。因此最开始，他们决定尽快实施可行的最基本的共享汽车服务。由于服务一般可以被轻松改进，所以从可行的最基本服务开始是启动、学习、逐步改进的有效策略。

开发团队问自己：整个周期中的哪些步骤可以用最小的成本和最短的时间实现？我们应该首先实现哪些功能？在后续的服务升级中再实现哪些功能？例如，团队定义了一个概念，就是每个车辆将配备通信系统，以实现在车辆和服务器之间无线传输里程数据并进行计费。然而，在第一次提供服务时，该通信系统并没有完备到可以应用的程度，于是就由会员登录上传车辆的里程数据，然后由员工从每个车辆收集驾驶记录，以便每月进行计费。

17.3.3　服务流程图

首先，我们回顾一下服务与产品的不同之处：时间的作用、客户交互性、流程的模块化，以及能力和需求的匹配程度。这些不同之处可以用流程图来表示。

图表 17-5 显示了 Zipcar 服务的流程图。流程步骤用标记框表示，步骤之间的先后关系用常规的线和箭头表示，物料流用实线和箭头表示，信息流用虚线和箭头表示，图中的人形代表客户的接触点。

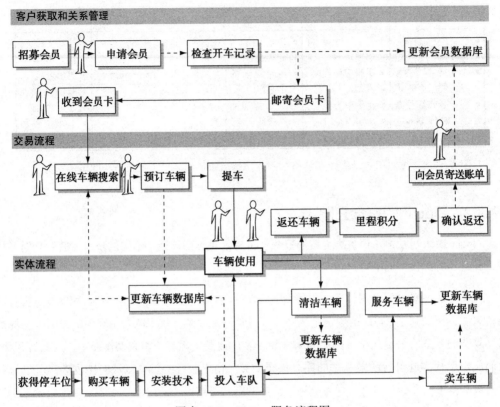

图表 17-5   Zipcar 服务流程图

服务流程图是通过列出流程步骤创建的，然后通过图形化的排列来显示优先级、物料流和信息流。通常，这是一个在白板上或者用铅笔和纸就可以完成的迭代过程，然后通过 PowerPoint 等工具更正式地展现出来。

许多流程是相当复杂的，因为它们涉及许多步骤和交互关系。为了组织流程图，设计人员可以将流程步骤分类，图表 17-5 中使用的三个类别是：

1. 客户的获取和关系管理（如建立存在感和新会员的注册）。

2. 交易流程（如预定、提取和返还租赁车辆）。

3. 实体流程（如车辆的采购和供应）。

服务流程图的实用性体现在服务区别于产品的方式上。由于服务的固有模块化，流程图本质上是展现服务功能要素（functional element）的图表，如第 7 章中的功能图所示。鉴于服务是模块化的，流程图几乎可以完全描述服务的实际实现过程。

17.3.4　后续持续改进

　　Zipcar 从每个流程最简单的服务开始，然后随着时间的推移增加和提升功能。例如，在会员招募流程中，Zipcar 一开始与特定机构（大学、医院、大型企业）开展业务，依靠口碑推广的小型营销活动以及与一些公关活动合作的方式开发业务。当他们将业务扩展到其他城市时，他们加强了市场营销的力度，其中包括更多的平面广告和在线广告。随着时间的推移，会员招募流程也变得更加精简，因为 Zipcar 了解到客户不再需要面对面招募。该团队还研发了一个能更快检查申请人驾驶记录的程序，使得 Zipcar 可以在两天内发送会员卡。

　　公司的目标是将其业务扩展到剑桥以外的美国和欧洲其他城市，该目标对服务架构的设计产生了重要的影响。因此，团队决定流程中哪些活动需要在当地进行部署，哪些可以作为共享基础设施来构建。团队将在每个市场建立必要的当地基础设施，包括车队、停车位、车辆维修设备和人员、当地管理人员和销售代表。当地工作人员根据与当地企业、大学、医院和政府机构签订的合同来安排停车位并招募新会员。当地基础设施的每个要素必须适用于当地的环境。共享基础设施包括 Zipcar 在剑桥总部设立的要素，例如硬件、软件以及在线预订系统和移动应用程序的支持（见图表 17-6）。

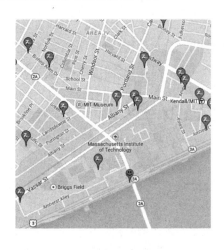

图表 17-6　Zipcar 车辆定位器和手机 app

17.4　服务中的下游开发活动

　　在任何开发过程中，持续改进、测试和实施新服务都需要大量资源和人力协调。虽然大多数服务开发任务与产品开发任务非常相似，但是，我们仍需要进一步区分它们在下游开发活动方面的区别。

17.4.1 原型化服务

由于服务通常是一个流程，因此创建服务的原型需要创建预期流程的近似值。对于一个在线服务，这个原型可能是一个网站。对于涉及实体处理步骤的服务（例如餐厅或零售商），原型可能是一个测试设备，甚至可能设置在设备摆放的临时位置。

与实体产品一样，服务原型通常标记为 α - 原型和 β - 原型。事实上，谷歌的 Gmail 服务已经"测试"了好几年，这表明用户的变更、试验和细化（持续改进）是很常见的。

实验设计的标准方法（参见第 15 章）也适用于服务实验。在许多情况下（特别是用于执行新的或修改的服务中已建立的操作），可以在实际的服务场景中对真实客户进行服务实验。在其他情况下，可以构建一个先导测试环境来模拟实际场景。一方面，服务实验测试和预期的服务操作越接近越好；另一方面，对真实客户进行服务实验测试可能是有风险的，特别是对于成熟的业务，如果出现问题，可能会丢失客户。

Zipcar 在开始运营前对一辆车和 22 名体验者进行了为期两个月的实验研究。在实验中开发团队评估客户对每一步服务的响应，包括申请会员资格、使用预订系统和寻找车辆。根据测试结果，该团队得到了一些重要结论。例如，一些体验者丢失了会员卡或把会员卡借给了朋友。此外，许多客户在返还时忘记将钥匙留在车内。Zipcar 团队开发了一种解决方案，即将钥匙系在方向盘上，而不是像最初设想的那样将它们放在手套箱中。

17.4.2 拓展服务

虽然有时可以在一个大的区域范围内轻松地部署一个基于 Web 的服务，但是在许多情况下，服务是从一个局部区域发起的。由于潜在客户的地域分布不同，地理位置往往起着关键作用。餐馆、酒店和汽车租赁公司都为特定地理区域的客户提供服务。因此，服务的升级和改进通常需要地域扩张，地域扩张的模式是先在一个位置建立服务（如开发团队的原始位置），然后逐个地域进行扩展。

在推广期间，Zipcar 团队敲定了所有的运营要素，并向公众推广了这项服务。Zipcar 于 2000 年 6 月在剑桥正式启动，截至 2000 年 9 月底，该公司已在全市部署了 15 辆车，近 400 名会员参与使用。

2001 年 9 月，Zipcar 将服务扩展到华盛顿特区。开发团队选择华盛顿是由于它的市场规模与剑桥类似，而且很大一部分居民没有车，使用公共交通工具通勤。第二次推出后，Zipcar尝试了不需要保证金的新型定价模式，通过比较两个城市的事故频率，他们确认两个城市的Zipcar司机同样小心，因此，Zipcar取消了对保证金的要求。

华盛顿的经验使Zipcar进一步改善和扩大了服务范围，在更多的城市扩展服务。如2002年2月，Zipcar启动了其在纽约市的服务，在随后的几年，Zipcar将业务扩展到美国和欧洲的许多其他城市。最终，Zipcar成为世界上最大的汽车共享组织。

扩展对不同城市的服务也给团队带来了运营挑战。随着Zipcar的进一步扩大，一些在小规模运营时并不常见的事件变得越来越频繁，如交通事故、超速罚款和丢失会员卡等。该团队需要实施新的业务流程来应对这些事件的增加。

17.4.3　持续改进

由于客户和服务人员同时参与服务，获得客户的有效反馈相对容易。据创始人介绍，Zipcar成功的一个主要因素是不断用新功能和改善的操作流程来持续改进服务。Zipcar创建了员工和会员之间的密切关系，以更好地了解客户的需求并促进创新。在前两年的运营中，每位员工都要求接听电话，并在线回答客户咨询。Zipcar通过向员工提供折扣来鼓励他们自己使用服务，以获得第一手服务体验并发现潜在的可改进之处。

变化是不可避免的，一些变化可能不受用户欢迎。例如，Zipcar团队经过六个月的运营调整了服务定价。他们发现日常收费太低了，需要增加25%。他们向每个会员发送通知，说明他们需要提高价格以维持业务运营。会员们都理解该通知，因此Zipcar因为价格上涨仅仅失去了一小部分会员。

随着时间的推移，Zipcar团队测试并采用了几项新技术。例如，预订系统最初仅提供几个可用车辆的清单。后来，系统对越来越多的车辆按价格和/或位置进行适当筛选。再后来，系统会显示会员以前的预订，为大多数客户提供更快的交易过程。对于智能手机，团队开发的应用程序还可以帮助成员通过手机上的GPS（甚至附近的鸣笛声）提供实时位置，以此来定位正确的车辆。

Avis是最大的汽车租赁公司之一，于2013年收购了Zipcar。Avis旨在利用现有的基础设施、规模和管理全球汽车租赁系统的经验，来帮助Zipcar扩大规模并提高其盈利能力。Avis尤其希望为Zipcar提供更多的车辆以满足周末客户对车辆的高需求。Avis的收购为Zipcar团队带来了新的技术和挑战，但更重要的是，它为团队提供了许多新的创新机会，并帮助他们把服务提高到了新的水平。

17.5　小结

- 大部分服务是无形的，而实体产品是制造业生产的有形商品。
- 大多数服务具有一些相关的实体产品，大多数实体产品也具有一些相关服务。它们共同形成了产品 – 服务系统。
- 产品和服务之间的区别包括高度的客户参与、时间的突出作用、对能力和需求紧密匹配的要求、通常以流程形式存在的模块化架构、客户的重复购买与使用，以及对个人需求的个性化定制或调整。
- 服务概念通常是一个关于服务如何运作的文本描述，服务概念有时可用故事板说明。
- 服务设计通常常用流程图表示。通过列出流程步骤创建服务流程图，然后通过图形来显示优先级、物料流和信息流。
- 虽然服务和产品之间有一些区别，但是它们的开发过程在大多数方面基本是相似的。

参考文献

许多最新资源可在网站 www.pdd-resources.net 上获得。

Thomke 阐述了将正式的研发流程应用于服务领域所面临的挑战，他阐述了美国银行为零售银行业务开发新服务的流程。

Thomke, S., "R&D Comes to Services: Bank of America's Pathbreaking Experiments," *Harvard Business Review*, Vol. 81, No. 4, 2003.

Cusumano 讨论了服务对于产品型企业的重要性以及产品 – 服务系统的出现。

Cusumano, M. A., *Staying Power: Six Enduring Principles for Managing Strategy & Innovation in an Uncertain World*, Oxford University Press, Oxford, 2010.

许多新服务都基于创新商业模式，Osterwalder、Clark 和 Pigneur 阐述了经过验证的现代商业模式的综合汇编。

Osterwalder, A., T. Clark, and Y. Pigneur, *Business Model Generation*. Wiley, Hoboken, NJ, 2010.

Girotra 和 Netessine 阐述了一个开发新商业模式的流程。

Girotra, K., and S. Netessine, *The Risk-Driven Business Model: Four Questions That Will Define Your Company*. Harvard Business Press, Boston, 2014.

Heskett 等人讨论了行业龙头企业如何通过面向客户的服务设计获取利润并扩张。

Heskett, J. L., W. E. Sasser, and L. A. Schlesinger, *The Service Profit Chain*, Simon & Schuster, New York, 1997.

Bitner 等人描述了与服务流程图密切相关的服务蓝图方法。

Bitner, M. J., A. L. Ostrom, and F. N. Morgan, "Service Blueprinting: A Practical Technique for Service Innovation," *California Management Review*, Spring 2008, Vol. 50, No. 3, 2008, pp. 66-94.

Sampson 介绍了使用详细流程图记录、分析和创新供应商 – 客户交互的流程链网络（PCN）分析方法。

Sampson, S. E., *"Visualizing Service Operations," Journal of Service Research*, Vol. 15, No. 2, 2012.

练习

1. 为你感兴趣的服务定义服务流程。比如购买新汽车、去咖啡店、预约度假、购买新计算机、购买音乐、在餐厅用餐、去看电影、住酒店、申请研究生院或买衣服。

2. 识别练习 1 中描述的服务流程中的创新机会或最近的创新领域。

3. 列出在销售和客户满意度方面成功引入必要或补充服务的五款产品。

思考题

1. 产品开发过程与服务设计过程之间的区别和相似之处是什么？采用有代表性的开发流程图说明你的答案。

2. 画出 Zipcar 的流程图，标明客户行为、员工行为、后台活动和基于 IT 的信息化系统。公司的服务流程与客户的服务体验之间有什么关系？

3. 对于手机或汽车等产品 – 服务系统，考虑产品和服务的相对定价。你如何优化定价以实现利润最大化？在实践中难以做到的挑战是什么？

第 18 章

产品开发项目的经济分析

©Niels Poulsen std/Alamy

图表 18-1　一款使用一次性咖啡胶囊的家用咖啡机

一个厨房电器制造商的产品开发团队正在开发一款新的咖啡机，项目名称为 AB-100。这款使用了咖啡胶囊系统的新品咖啡机能够制作高质量的咖啡，将与市场上的雀巢、Illy、Keurig 等公司的产品展开竞争。图表 18-1 为一款雀巢咖啡机和咖啡胶囊。

在 AB-100 的开发过程中，产品研发团队面临几项将给产品利润带来巨大影响的决策。例如：

- 团队是否应该增加开发支出和生产成本，以增加使销量增大的附加功能？
- 如果出于竞争压力降低零售价格的 10%，该项目能否产生利润？

团队采用本章中提供的财务分析工具回答了项目为制造商创造利润能力相关的问题。本章强调了项目团队决策过程中相对快速、近似的方法。这种分析通常指的是产品开发经济和财务建模，或盈亏平衡分析。它们实质上是对新产品开发和生产项目的期望投资回报率和利润的预测。

18.1 经济分析要素

本章描述的方法包括定量分析和定性分析两种方法。在本章中，我们将了解这些分析方法在产品开发项目决策中的应用。

18.1.1 定量分析

在一个成功的新产品的生命周期中有一些基本的现金流入（收益）和现金流出（成本）。现金流入来自产品及相关商品和服务的销售，现金流出包括用于产品和工艺开发的费用、生产启动成本（如设备购买和安装）、产品营销和服务成本，以及生产成本（如原材料、组件和人力）。在生命周期的全过程中，一个典型的成功产品的累积现金流入和现金流出如图表 18-2 所示。

经济上成功的产品是可获利的，即它们产生的累积现金流入大于累积现金流出。衡量现金流入超过现金流出的程度可用项目的净现值（Net Present Value，NPV）或所有预期未来现金流的折现值来评估。本章

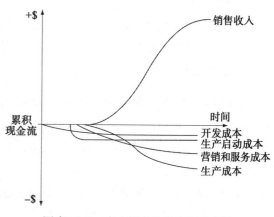

图表 18-2　成功新产品的典型现金流

描述的定量分析方法主要评估一个项目预期现金流的 NPV。之所以用 NPV 法是因为它易于理解且广泛应用于工商领域（本章附录 A 对 NPV 进行了简要介绍）。使用定量分析法的目的不仅在于提供对项目和可选择方案的客观评价，而且还在于提供评价产品开发项目的结构化方法和原则。

18.1.2　定性分析

定量分析只对那些可量化的因素起作用，然而项目经常会受到一些积极或消极的影响，它们往往难以量化。此外，定量分析几乎不可能度量动态和竞争环境的特征。事实上，一个负 NPV 的产品开发项目在某些情况下是值得投资的。例如，一个项目的支出（亏损）能使我们获得有价值的学习经验，这有利于在未来开发出获利的产品。本章的定性分析就是用来解决这些问题的，我们的定性分析将考虑具体项目在不同公司、市场，以及宏观经济环境下的相互影响关系。

18.1.3　何时进行经济分析？

经济分析（包括定量分析和定性分析）在很多情况下都是十分有用的。

- **商业模式的选择**。商业模式的选择要考虑各种产品的定价和时间。选择商业模式涉及的问题包括我们是否应该以较低的入门价格（或免费）提供产品，期望客户会购买升级或更高级的产品？我们该以何种顺序发布高、中、低价位的产品？
- **里程碑的抉择**。通常在每个开发阶段结束时需要进行里程碑抉择，这些决策涉及的问题包括我们该尝试开发一种产品以满足市场需求吗？我们应该继续完成一个选定的设想吗？我们该推出已开发的产品吗？
- **设计与开发业务决策**。典型业务决策涉及的问题包括：为节省两个月的开发时间，我们是否值得花费 10 万美元外包一个产品部件？我们是现在销售单位成本 260 美元的产品，还是等 4 个月后单位成本降到 240 美元时再销售？

项目开始时完成的经济分析通常可以用当前信息进行更新，以免每次都要重新创建整个模型。以这种方式使用，经济分析成为开发团队用以管理开发项目的信息系统之一。经济分析可由开发团队的任何成员完成。在小公司中，项目负责人或核心项目团队的成员之一将完成详细的经济分析。在大公司中，可能指定一名来自财务部门的代表帮助开发团队完成这项分析。我们强调的是，即使这项分析由专业的财务人员来完成，整个开发团队也应该充分理解这项分析，并参与分析的构建与使用。

18.1.4　经济分析过程

我们推荐采用下述 4 步骤方法对一个产品开发项目进行经济分析。本章其余部分将围绕这 4 个步骤展开。

1. 构建一个基本的财务模型。
2. 进行敏感性分析以理解模型的关键假设。
3. 利用敏感性分析进行项目权衡。
4. 考虑定性因素对项目成功的影响。

18.2　步骤 1：构建一个基本的财务模型

建立基本的财务模型包括估计未来现金流的发生时间和数量，以及计算这些现金流的 NPV。

18.2.1　估算未来现金流入、流出的时间点和大小

未来现金流的时间和规模可通过合并项目计划与项目预算、销售预算，以及预计生产成本来评估。现金流的具体程度应方便工作，并且应包括足够的方案，以方便做出有效的决策。一个典型新产品开发项目的基本现金流分类如下：

- 销售收入。
- 开发和测试成本。
- 设备和工装成本。
- 生产和分销成本。
- 市场启动、持续营销和服务支持成本。
- 生产直接成本和间接成本。

依据模型所要支持的决策类型，某个或某些成本领域需要进一步细化。更具体的模型可以对这些相同类型的现金流进行更详细的考虑，也可以考虑其他现金流。典型的改进包括：

- 将季节性销售分为四个季节。
- 增加或降低销售量和 / 或单价。
- 将开发成本分解为设计、测试和改进成本。
- 将生产成本分解为直接成本和间接成本（即制造成本）。
- 将营销和服务支持成本分解为生产启动成本、促销成本、直接销售成本及服务成本。
- 考虑税收影响，包括折旧税减免和应付投资税。

- 包括竞争因素（新产品对现有产品销售的影响）、回收成本和机会成本。
- 包括运营资金、现金流和账户利息。

我们在本章所用的财务模型是一个简化模型，它仅包括在实践中普遍予以考虑的那些主要现金流，但是在概念上它与那些复杂模型是相同的。现金流的数值通常来自预算和其他来自开发团队、制造部、销售部的估算。注意，所有过去收入和支出均是沉没成本（sunk cost），与 NPV 的计算无关（沉没成本的概念见本章附录 A）。图表 18-3 显示了新款咖啡机 AB-100 相关的财务估算。

模 型 参 数	基 准 值
产品开发	一年以上达到 500 万美元
设备和工具	半年以上达到 400 万美元
生产启动	半年以上达到 200 万美元
市场进入	半年以上达到 1000 万美元
营销及服务	启动后，500 万美元 / 年
生产直接成本	55 美元 / 个
生产间接成本	100 万美元 / 年
初期销售和产量	200 000 个 / 年
季度销售概况	Q1 占 20%，Q2 占 25%，Q3 占 25%，Q4 占 30%
销售量增长	第一年之后每年 15%
初期零售价格	260 美元 / 个
零售价格增长	第一年之后每年是 −10%
分销商和零售利润	共计 40%
贴现率	7%/ 年

图表 18-3   AB-100 项目用于创建基准模型的成本、销售预测、营销和生产成本

为了完成模型，这些财务预算必须与时间联系起来。通过参考项目计划表和销售计划，这一点是可以做到的。（对于大多数项目来说，时间以季度或年计最为适当。）图表 18-4 以甘特图的形式展示了 AB-100 项目的时间信息。从图中可以看出产品投放到市场预计要 4 个季度，而产品销售期估计为 12 个季度。

一个通用的方法是用表格表示项目现金流。表格的行表示不同的现金流类别，列表示连续的时间段。在这个例子中，产品开发团队基于早期项目经验和市场上已有产品做出几项假设。根据最近的行业趋势，项目团队假设年销售额增长 15%，但是第一年销售之后，零售价每年将下降 10%。我们将单位销售量乘以单位价格得出每个时期的产品总收益。我们将单位生产量（假设与销售量相等）乘以单位直接成本，并加上间接成本，得出每个时期的产品总生产成本。图表 18-5 为本例的最终表格。

图表 18-4　AB-100 从生产和销售开始的项目计划表

	第1年 Q1	第1年 Q2	第1年 Q3	第1年 Q4	第2年 Q1	第2年 Q2	第2年 Q3	第2年 Q4	第3年 Q1	第3年 Q2	第3年 Q3	第3年 Q4	第4年 Q1	第4年 Q2	第4年 Q3	第4年 Q4	第5年 Q1	第5年 Q2	第5年 Q3	第5年 Q4
销售					▓	▓	▓	▓	▓	▓	▓	▓	▓	▓	▓	▓	▓	▓	▓	▓
产品开发	▓	▓	▓	▓																
设备和工具			▓	▓																
生产启动				▓	▓															
营销及服务				▓	▓	▓	▓	▓	▓	▓	▓	▓	▓	▓	▓	▓	▓	▓	▓	▓
生产					▓	▓	▓	▓	▓	▓	▓	▓	▓	▓	▓	▓	▓	▓	▓	▓

图表 18-5　将项目财务及进度并入现金流表

值以百万美元为单位（除了单位收入和销量之外）	第1年 Q1	Q2	Q3	Q4	第2年 Q1	Q2	Q3	Q4	第3年 Q1	Q2	Q3	Q4	第4年 Q1	Q2	Q3	Q4
销售，机器					6.24	7.80	7.80	9.36	6.46	8.07	8.07	9.69	6.68	8.36	8.36	10.03
销量，机器（单位/季度）					40 000	50 000	50 000	60 000	46 000	57 500	57 500	69 000	52 900	66 125	66 125	79 350
单位批量收益，机器（美元/单位）					156	156	156	156	140	140	140	140	126	126	126	126
总收益					6.24	7.80	7.80	9.36	6.46	8.07	8.07	9.69	6.68	8.36	8.36	10.03
产品开发成本	1.25	1.25	1.25	1.25												
设备和工具成本			2.00	2.00												
生产启动成本				1.00	1.00											
营销及服务成本				6.25	6.25	1.25	1.25	1.25	1.25	1.25	1.25	1.25	1.25	1.25	1.25	1.25
生产成本，机器					2.45	3.00	3.00	3.55	2.78	3.41	3.41	4.05	3.16	3.89	3.89	4.61
总成本	1.25	1.25	3.25	10.50	9.70	4.25	4.25	4.80	4.03	4.66	4.66	5.30	4.41	5.14	5.14	5.86

注：除了单位收入和销量之外，单位为百万美元。

18.2.2 计算现金流的净现值

计算 NPV 只需简单求取每个时期的净现金流之和，然后采用适当的贴现率将该净现金流转换（贴现）为现值（以当日的美元计算）。贴现率是一种反映项目投资成本的利率（附录 A 总结了现值、净现值和贴现率的概念）。例如，对第 2 年第 2 季度的数据进行计算：

销售	7 800 000 美元
营销及服务	−1 250 000 美元
生产	−3 000 000 美元
当期现金流	3 550 000 美元
当期现值	3 200 000 美元

这期间的现金流是收益减去成本之和，即 3 550 000 美元。这一时期的现金流以 7% 的年贴现率（1.75% 每季）贴现到第 1 年第 1 季度（总共 6 个季度）之前的现值为是 3 550 000÷ $(1+1.75\%)^6$ = 3 200 000 美元。

项目 NPV 是各期间贴现现金流之和（见图表 18-6），即 13 100 000 美元。NPV 大于零，则表示 AB-100 咖啡机的开发、生产和销售是一个盈利项目，投资回报率超过 7%。接下来我们考虑将咖啡胶囊的销售与咖啡机联系起来的情况。

18.2.3 其他现金流

许多产品从销售和 / 或服务中获得收益。例如，计算机系统的销售可能从软件、附件及维修服务中获得收益。它们也会产生其他费用，如与电脑销售相关的保修成本。此外，这比销售可能影响其他产品线的销售。如果此类现金流是显著的，可以直接与新产品销售一同分析，我们将在现金流预测和 NPV 计算时考虑它们。

AB-100 采用制造商已有的咖啡胶囊系统，在该系统中冲泡一杯咖啡需要一个胶囊。我们假设胶囊系统不需要额外开发或生产投资，每台机器每年（增量）销售 400 个胶囊。（通常每台机器每年消耗 400 多个胶囊。然而，假设部分机器销售给已有咖啡胶囊的客户，因此不是所有的胶囊销售量都是增加的。）因此，我们在财务模型中假设，每一款售出的咖啡机有相同的胶囊销售量。胶囊生产成本为 0.05 美元 / 个，零售价为 0.6 美元 / 个，每年增长 5%，零售和批发保持相同的幅度。这些附加的基本情况模型参数如图表 18-7 所示。

图表 18-8 显示了咖啡机和胶囊的现金流和 NPV 分析。NPV 结果为 125 500 000 美元，表明胶囊销售对 AB-100 业务项目产生了巨大影响，利润几乎是单独销售咖啡机利润的 10 倍。事实上，如果客户仍继续购买咖啡胶囊，咖啡机可以以亏本的价格销售。

值以百万美元为单位（除了单位收入和销量之外）	第1年 Q1	Q2	Q3	Q4	第2年 Q1	Q2	Q3	Q4	第3年 Q1	Q2	Q3	Q4	第4年 Q1	Q2	Q3	Q4
销售，机器					6.24	7.80	7.80	9.36	6.46	8.07	8.07	9.69	6.68	8.36	8.36	10.03
销量，机器（单位/季度）					40 000	50 000	50 000	60 000	46 000	57 500	57 500	69 000	52 900	66 125	66 125	79 350
单位批量收益，机器（美元/单位）					156	156	156	156	140	140	140	140	126	126	126	126
总收益					6.24	7.80	7.80	9.36	6.46	8.07	8.07	9.69	6.68	8.36	8.36	10.03
产品开发成本	1.25	1.25	1.25	1.25												
设备和工具成本			2.00	2.00												
生产启动成本				1.00	1.00											
营销及服务成本				6.25	6.25	1.25	1.25	1.25	1.25	1.25	1.25	1.25	1.25	1.25	1.25	1.25
生产成本，机器					2.45	3.00	3.00	3.55	2.78	3.41	3.41	4.05	3.16	3.89	3.89	4.61
总成本	1.25	1.25	3.25	10.50	9.70	4.25	4.25	4.80	4.03	4.66	4.66	5.30	4.41	5.14	5.14	5.86
当期现金流	-1.25	-1.25	-3.25	-10.50	-3.46	3.55	3.55	4.56	2.43	3.41	3.41	4.39	2.27	3.22	3.22	4.16
当期现值	-1.23	-1.21	-3.09	-9.80	-3.17	3.20	3.14	3.97	2.08	2.87	2.82	3.57	1.82	2.52	2.48	3.15
净现值（NPV）	13.1×10^6 美元															

图表18-6　项目现金流和净现值

模型参数	基准值
生产成本，胶囊	0.05 美元/个
销量，每台咖啡机使用的胶囊	400/年
初始零售价，胶囊	0.6 美元/个
零售价增长率，胶囊	5%/年

图表18-7　AB-100胶囊生产和销售参数

值以百万美元为单位（除了单位收入和销量之外）	第 1 年				第 2 年				第 3 年				第 4 年			
	Q1	Q2	Q3	Q4	Q1	Q2	Q3	Q4	Q1	Q2	Q3	Q4	Q1	Q2	Q3	Q4
销售，机器					6.24	7.80	7.80	9.36	6.46	8.07	8.07	9.69	6.68	8.36	8.36	10.03
销量，机器（单位/季度）					40 000	50 000	50 000	60 000	46 000	57 500	57 500	69 000	52 900	66 125	66 125	79 350
单位批量收益，机器（美元/单位）					156	156	156	156	140	140	140	140	126	126	126	126
销售，胶囊					1.44	3.24	5.04	7.20	9.30	11.47	13.65	16.25	19.17	21.79	24.42	27.56
销量，胶囊（单位/季度）					4 000 000	9 000 000	14 000 000	20 000 000	24 600 000	30 350 000	36 100 000	43 000 000	48 290 000	54 902 500	61 515 000	69 450 000
单位批量收益，胶囊（美元/单位）					0.36	0.36	0.36	0.36	0.38	0.38	0.38	0.38	0.40	0.40	0.40	0.40
总收益					7.68	11.04	12.84	16.56	15.76	19.55	21.72	25.94	25.85	30.15	32.77	37.59
产品开发成本	1.25	1.25	1.25	1.25												
设备和工具成本			2.00	2.00												
生产启动成本				1.00	1.00											
营销及服务成本				6.25	6.25	1.25	1.25	1.25	1.25	1.25	1.25	1.25	1.25	1.25	1.25	1.25
生产成本，机器					2.45	3.00	3.00	3.55	2.78	3.41	3.41	4.05	3.16	3.89	3.41	4.61
生产成本，胶囊					0.20	0.45	0.70	1.00	1.23	1.52	1.81	2.15	2.41	2.75	3.08	3.47
总成本	1.25	1.25	3.25	10.50	9.90	4.70	4.95	5.80	5.26	6.18	6.47	7.45	6.82	7.88	8.21	9.34
当期现金流	-1.25	-1.25	-3.25	-10.50	-2.22	6.34	7.89	10.76	10.50	13.37	15.25	18.50	19.03	22.26	24.56	28.25
当期现值	-1.23	-1.21	-3.09	-9.80	-2.04	5.71	6.99	9.37	8.98	11.24	12.60	15.02	15.19	17.46	18.93	21.41
净现值（NPV）	125.5×10^6 美元															

图表 18-8　咖啡机和咖啡胶囊的现金流和净现值

18.2.4 帮助里程碑决策及重要投资决策

根据基本的财务模型，该项目的 NPV 是正的。因此，该模型支持这一项目，与继续进行开发的决策一致。该决策通常在每个主要的项目里程碑上被考虑，尤其是在项目的阶段评审结束时。

将 NPV 置于整体投资预算的背景下是有益的。在 AB-100 案例中，为实现 NPV 的预期收益 125 500 000 美元，投资 17 400 000 美元是必要的。图表 18-8 显示了前五个季度现金流负净现值的总和（直到项目开始产生正的现金流）。

这样的模型也可用于支持重要的投资决策。比如，公司在有不同的生产工艺、设备和启动成本的两种不同生产设施之间进行选择。团队为这两种方案分别设计一个模型，然后比较两方案的 NPV。NPV 更高的方案可能具有更高的利润。现在我们将敏感性分析看作一种方法，可以很容易地理解产品开发决策的多种场景。

18.3 步骤 2：进行敏感性分析以理解模型的关键假设

敏感性分析修改基本财务模型，通过计算模型中特定因素变化所对应的 NPV 变化来回答"如果…会怎样？"（what-if）这类问题。内部因素和外部因素均会影响项目的 NPV 值。内部因素（internal factor）是那些主要受开发团队影响的因素，包括开发费用、开发速度、生产成本和产品性能。外部因素（external factor）是指那些开发团队不能任意改变的因素，包括竞争环境（如市场反应、竞争者行为）、销售量、产品价格和资本成本。对于价格是内部因素还是外部因素可能有不同的意见，但不同意见方对价格受竞争品价格强烈影响及价格与销售量相联系的判断几乎没有分歧。尽管外部因素不受产品开发团队直接控制，但了解项目对这些影响的敏感性是有用的。图表 18-9 列出了有关的内部因素和外部因素。

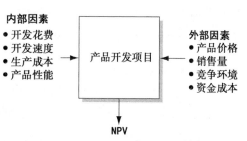

图表 18-9 影响产品开发盈利能力的主要因素

18.3.1 开发成本的例子

首先，我们来考察 NPV 对开发成本变化的敏感性。在保持其他因素不变的情况下改变开发成本，就可以看到项目 NPV 的变化。例如，若开发成本降低 20%，NPV 将有什么变化？

20% 的下降率使得开发成本由 5 000 000 美元降到 4 000 000 美元，如果开发时间还是一年的话，那么每季的成本由 1 250 000 美元下降为 1 000 000 美元。

将这一改变加入模型来计算目标 NPV。图表 18-10 反映了 AB-100 基本财务模型的改变。通过这样做，我们发现开发成本下降 20%，NPV 将变为 126 500 000 美元。这表示 NPV 略有增加（小于 1 000 000 美元），变化值是基本 NPV 的 0.76%。这是一个非常简单的情形。我们假设在减少 1 000 000 美元开发成本的情况下仍能达到同样的项目目标，因此我们通过在第 1 年内累积的 1 000 000 美元的现值来增加项目价值。

一系列变化的 AB-100 开发成本敏感性分析详见图表 18-11，表中的数值为对开发成本进行相应改变后计算得出的结果。我们知道，NPV 绝对数和相对数的变化十分有用，因此，在敏感性分析表中同时列出这两项。

18.3.2　开发时间的例子

第二个例子我们将计算 AB-100 模型对开发时间的敏感性。考虑开发时间延长 25% 对项目 NPV 的影响。开发时间延长 25%（即从 4 个季度增加到 5 个季度），将推迟生产启动、营销服务及产品销售的开始时间。为了进行敏感性分析，我们必须对这些变化做出相应的假设。我们假设开发时间延长，但开发成本总额不变，这样每季度的开发成本从原来的 1 250 000 美元变为 1 000 000 美元。我们还假定销售期是固定的，即从产品进入市场后开始，到未来一个固定的日期（第 4 年的第 4 季度）结束。请注意，这些假设是针对该项目独有的，不同的产品开发项目需要做不同的假设。例如，我们假设销售期只简单后移一个季度。AB-100 财务模型的变化情况见图表 18-12。我们发现开发时间增加 25% 将导致 NPV 下降至 110 400 000 美元，减少了 15 100 000 美元，即基本 NPV 的 12.1%。

图表 18-13 显示了一系列变化的开发时间敏感性，我们可以看到变化比基本情况快或慢 1～2 个季度。分析还对部分年份的销售窗口、价格上涨时机，以及季节性销售做出了某些假设。注意开发时间的变化与 NPV 变化之间的关系，尤其是本例提前上市的巨大好处。

除竞争环境（不明显包含于基本情况模型中）以外的所有外部因素和内部因素均可进行敏感性分析。请注意，竞争环境没有明确包含在模型中，因此我们将考虑模型中定价和销量变化的影响，进一步探讨对竞争的敏感性。这些敏感性分析可以使开发团队知道模型中的哪些变量对 NPV 有实质性影响。这些信息非常有用，它可以为开发团队细化和改善成本财务模型提供信息支持，辅助团队决定哪些变量值得进一步研究。这些信息对开发团队的业务决策也是有用的，这一点将在下文中讨论。

值以百万美元为单位（除了单位收入和销量之外）	第1年 Q1	第1年 Q2	第1年 Q3	第1年 Q4	第2年 Q1	第2年 Q2	第2年 Q3	第2年 Q4	第3年 Q1	第3年 Q2	第3年 Q3	第3年 Q4	第4年 Q1	第4年 Q2	第4年 Q3	第4年 Q4
销售，机器					6.24	7.80	7.80	9.36	6.46	8.07	8.07	9.69	6.68	8.36	8.36	10.03
销量，机器（单位/季度）					40 000	50 000	50 000	60 000	46 000	57 500	57 500	69 000	52 900	66 125	66 125	79 350
单位批量收益，机器（美元/单位）					156	156	156	156	140	140	140	140	126	126	126	126
销售，胶囊					1.44	3.24	5.04	7.20	9.30	11.47	13.65	16.25	19.17	21.79	24.42	27.56
销量，胶囊（单位/季度）					4 000 000	9 000 000	14 000 000	20 000 000	24 600 000	30 350 000	36 100 000	43 000 000	48 290 000	54 902 500	61 515 000	69 450 000
单位批量收益，胶囊（美元/单位）					0.36	0.36	0.36	0.36	0.38	0.38	0.38	0.38	0.40	0.40	0.40	0.40
总收益					7.68	11.04	12.84	16.56	15.76	19.55	21.72	25.94	25.85	30.15	32.77	37.59
产品开发成本	1.00	1.00	1.00	1.00												
设备和工具成本			2.00	2.00												
生产启动成本				1.00	1.00											
营销及服务成本				6.25	6.25	1.25	1.25	1.25	1.25	1.25	1.25	1.25	1.25	1.25	1.25	1.25
生产成本，机器					2.45	3.00	3.00	3.55	2.78	3.41	3.41	4.05	3.16	3.89	3.89	4.61
生产成本，胶囊					0.20	0.45	0.70	1.00	1.23	1.52	1.81	2.15	2.41	2.75	3.08	3.47
总成本	1.00	1.00	3.00	10.25	9.90	4.70	4.95	5.80	5.26	6.18	6.47	7.45	6.82	7.88	8.21	9.34
当期现金流	-1.00	-1.00	-3.00	-10.25	-2.22	6.34	7.89	10.76	10.50	13.37	15.25	18.50	19.03	22.26	24.56	28.25
当期现值	-0.98	-0.97	-2.85	-9.56	-2.04	5.71	6.99	9.37	8.98	11.24	12.60	15.02	15.19	17.46	18.93	21.41
净现值（NPV）	126.5×10^6 美元															

图表 18-10　开发成本下降 20% 的 AB-100 财务模型

开发成本变化（%）	开发成本变化（百万美元）	开发成本变化（百万美元）	NPV变化（百万美元）	NPV（百万美元）	NPV变化（%）
50	7.5	2.5	-2.39	123.14	-1.91
20	6.0	1.0	-0.96	124.58	-0.76
10	5.5	0.5	-0.48	125.06	-0.38
基准	5.0	基准	0	125.54	0
-10	4.5	-0.5	0.48	126.02	0.38
-20	4.0	-1.0	0.96	126.50	0.76
-50	2.5	-2.5	2.39	127.93	1.91

图表 18-11　AB-100 的开发成本敏感性分析

值以百万美元为单位（除了单位收入和销量之外）	第 1 年				第 2 年				第 3 年				第 4 年			
	Q1	Q2	Q3	Q4	Q1	Q2	Q3	Q4	Q1	Q2	Q3	Q4	Q1	Q2	Q3	Q4
销售，机器						7.80	7.80	9.36	6.46	8.07	8.07	9.69	6.68	8.36	8.36	10.03
销量，机器（单位/季度）						50 000	50 000	60 000	46 000	57 500	57 500	69 000	52 900	66 125	66 125	79 350
单位批量收益，机器（美元/单位）						156	156	156	140	140	140	140	126	126	126	126
销售，胶囊					1.80	1.80	3.60	5.76	7.79	9.96	12.13	14.74	17.58	20.20	22.83	25.98
销量，胶囊（单位/季度）					5 000 000	5 000 000	10 000 000	16 000 000	20 600 000	26 350 000	32 100 000	39 000 000	44 290 000	50 902 500	57 515 000	65 450 000
单位批量收益，胶囊（美元/单位）					0.36	0.36	0.36	0.36	0.38	0.38	0.38	0.38	0.40	0.40	0.40	0.40
总收益					9.60	9.60	11.40	15.12	14.25	18.03	20.21	24.43	24.26	28.56	31.18	36.00
产品开发成本	1.00	1.00	1.00	1.00	1.00											
设备和工具成本				2.00	2.00											
生产启动成本					1.00	1.00										
营销及服务成本					6.25	6.25	1.25	1.25	1.25	1.25	1.25	1.25	1.25	1.25	1.25	1.25
生产成本，机器					3.00	3.00	3.00	3.55	2.78	3.41	3.41	4.05	3.16	3.89	3.89	4.61
生产成本，胶囊					0.25	0.25	0.50	0.80	1.03	1.32	1.61	1.95	2.21	2.55	2.88	3.27
总成本	1.00	1.00	1.00	3.00	10.25	10.50	4.75	5.60	5.06	5.98	6.27	7.25	6.62	7.68	8.01	9.14
当期现金流	-1.00	-1.00	-1.00	-3.00	-10.25	-0.90	6.65	9.52	9.19	12.05	13.94	17.18	17.64	20.88	23.17	26.87
当期现值	-0.98	-0.97	-0.95	-2.80	-9.40	-0.81	5.89	8.29	7.86	10.13	11.52	13.95	14.08	16.37	17.86	20.35
净现值（NPV）	110.4×10^6 美元															

图表 18-12　开发时间增加 25% 的 AB-100 财务模型

开发时间变化（%）	开发时间变化（季度）	NPV 变化（%）	NPV（百万美元）	NPV 变化（百万美元）
50	6	-30.31	87.49	-38.05
25	5	-12.06	110.40	-15.14
基准	4	0	125.54	0

开发时间变化（%）	开发时间变化（季度）	NPV 变化（%）	NPV（百万美元）	NPV 变化（百万美元）
-25	-1	13.01	141.87	16.33
-50	-2	25.84	157.98	32.44

图表 18-13　AB-100 开发时间敏感性分析

18.3.3　理解不确定性

敏感性分析通常表明，NPV 高度依赖于某些基本情况输入值的不确定性，而对其他输入值的依赖程度较低。此外，不确定因素的不确定程度是不同的。比如，预测销量可能比估计单位生产成本更不确定。通过给不确定因素取一系列不同的值，我们就可以计算出对应的不同的 NPV 值。不同的值可以定义成一个范围，这个范围使团队能确定实际成果一定会落在该范围取值区间内，这种分析可以概括在旋风图（tornado chart）上，显示每个不确定因素对 NPV 的影响。参数按对 NPV 影响逐渐降低的顺序排序，我们给出了旋风（漏斗）图。

实际上，在 AB-100 基本案例分析中，一些输入值是相当精确的（例如，估计的生产成本），而其他模型数值则不太确定（例如，销售额）。主要的不确定因素及其变化范围如图表 18-14 所示。改变模型中某个不确定因素的数值，保持其他的内容不变，将产生一系列不同的 NPV 变化。这些结果的旋风图见图表 18-15。正如预期的那样，销售量和胶囊价格差异对 NPV 的影响最大。但是，应该注意，尽管胶囊销售占收入和利润绝大部分，但咖啡机的销售量也会对销售额产生很大影响（因为咖啡机的销售影响咖啡胶囊的销售）。

18.4　步骤 3：利用敏感性分析进行项目权衡

为什么开发团队想要改变它所控制的变量？例如，在明知项目 NPV 会下降的情况下，为什么还要延长开发时间？一般来说，除非是在其他方面可获得预期的补偿，开发团队才会进行这样的更改。比如好的质量可带来更高的销售量。因此我们需要了解这些财务相互作用的相对重要性。

18.4.1　潜在的相互作用

开发团队需要关注内部驱动因素或外部因素间的多种潜在相互作用（如图表 18-16 所示）。任何两个内部因素间的潜在相互作用取决于特定产品的属性和环境。在许多情况下，这些相互作用是需要权衡的。例如，缩短开发时间可能导致产品性能降低，提高产品性能则需要额外增加产品成本。然而，这些相互作用中的某些关系远比简单的权衡复杂得多。例如，减少开发时间可能会增加开发成本，但是可能会使产品更快地投放市场，从而增加销量。另外，增加开发成本或时间也可能提高产品性能，从而增加销量或设定更高的价格。

模型参数	基准情况	最坏情况分析			最好情况分析		
	数值	NPV	%ΔNPV	数值	数值	NPV	%ΔNPV
产品开发成本	5 000 000 美元	123.6	−1.5%	7 000 000 美元	4 000 000 美元	126.5	0.8%
设备和工具成本	4 000 000 美元	124.6	−0.7%	5 000 000 美元	3 000 000 美元	126.5	0.7%
生产启动成本	2 000 000 美元	125.1	−0.4%	2 500 000 美元	1 500 000 美元	126.0	0.4%
市场启动成本	10 000 000 美元	120.9	−3.7%	15 000 000 美元	8 000 000 美元	127.4	1.5%
营销及服务成本	5 000 000 美元/年	122.8	−2.2%	6 000 000 美元/年	4 000 000 美元/年	128.3	2.2%
直接生产成本，机器	55 美元/台	122.7	−2.3%	60 美元/台	50 美元	128.4	2.3%
间接生产成本	1 000 000 美元/年	125.0	−0.4%	1 200 000 美元/年	800 000 美元	126.0	0.4%
初期销量，机器	200 000 台/年	44.8	−64.3%	100 000	250 000	165.9	32.1%
销量增长率，机器	15%/年	105.9	−15.6%	−5%	25%	136.1	8.4%
初期零售价，机器	260 美元/台	114.7	−8.6%	225 美元	295 美元	136.4	8.6%
零售价增长率，机器	2%/年	121.2	−3.4%	−15%	5%	139.4	11.0%
生产成本，胶囊	0.05 美元/台	123.9	−1.3%	0.055 美元	0.045 美元	127.2	1.3%
销量，胶囊/每台咖啡机	400/年	83.4	−33.6%	250	600	181.7	44.8%
初期零售价，胶囊	0.55 美元/个	114.8	−8.6%	0.60 美元	0.70 美元	147.1	17.1%
零售价增长率，胶囊	5%/年	116.8	−6.9%	0%	5%	125.5	0.0%
分销商和零售利润	共40%	90.6	−27.8%	50%	35%	143.0	13.9%

图表 18-14 基准情况、最坏情况和最好情况的模型参数以及它们对基准情况（NPV 为 125.5×10^6 美元）的影响。注意：每种情况每次只考虑变化一个参数，保持其他值为基准值

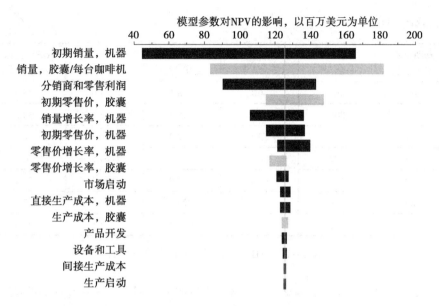

图表 18-15　旋风图反映出某些模型参数的不确定范围对 NPV 的影响（这些参数已在图表 18-14 中列出）。深色条形表示咖啡机的值，浅色条形表示咖啡胶囊的值

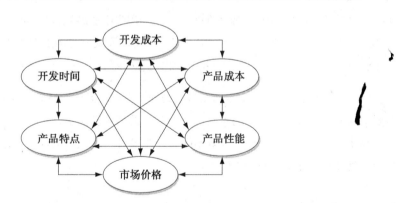

（来源：改编自 Smith, Preston G. and Donald G. Reinertsen, *Developing Products in Half the Time: New Rules, New Tools*, second edition, Wiley, New York, 1997。）

图表 18-16　项目因素间的潜在相互作用

　　尽管关于外部因素（例如价格、销售量）通常很难建立准确的模型，不过定量的模型仍然可以帮助我们进行决策。重新回到我们最初的例子，AB-100 开发团队正在考虑增加开发成本以获得更高质量的产品，因为他们认为高质量的产品将提高销售量。定量模型可以作为决策支持工具，例如帮助我们回答应该增加多少销售量才能弥补开发成本额外增加这一问题。我们已计算了 NPV 对开发成本变化的敏感性（见图表 18-11），我们也可以计算出 NPV 对销售量变化的敏感性（见图表 18-17）。

初期销量 变化（%）	初期销量 （千台／年）	初期销量变化 （千台／年）	NPV 变化（%）	NPV （百万美元）	NPV 变化 （百万美元）
30	260	60	38.6	174.0	48.4
20	240	40	25.7	157.8	32.3
10	220	20	12.9	141.7	16.1
基准	200	基准	0	125.5	0
−10	180	−20	−12.9	109.4	−16.1
−20	160	−40	−25.7	93.3	−32.3
−30	140	−60	−38.6	77.1	−48.4

图表 18-17　AB-100 销量变化的敏感性分析

假设 AB-100 开发团队正在考虑增加 20% 的开发成本，从图表 18-11 中我们可以发现这将使 NPV 下降 960 000 美元。现在要考虑的是，咖啡机的初始销售量至少要增加多少才能弥补 NPV 的减少量？从图表 18-17 可知，销售量增加 10%，NPV 将增加 16 100 000 美元。因此，在线性假设下，要使 NPV 增加 960 000 美元，初期销售量需提高 0.60%（10%×960 000 美元／16 100 000 美元），即 201 200 台／年。综上所述，开发成本增加 20% 将使 NPV 下降 960 000 美元。为了抵消这一下降，仅需将销售量提高 0.6%。

由于无法知道增加开发成本对销售量的确切影响，但该模型对于维持开发成本的特定增长需要增加多少销售量这一问题确实是一个有用的指导。需要指出的是，这些敏感性分析必须结合具体的项目。当然，如果一款不同的产品没有与之相关的高利润消耗品进行销售，那么它会表现出不同的敏感性和权衡特性。

18.4.2　权衡标准

许多近似线性的敏感性分析能帮助开发团队制定一些权衡标准（trade-off rule），以帮助日常决策。这些标准以内部因素和外部因素的单位变化 NPV 来制定。例如，开发时间延迟四分之一将导致 NPV 减少多少？开发预算超出 10% 会产生什么影响？单位制造成本每增加 1 美元会产生什么影响？这些权衡标准可以很容易地由财务模型计算得出，并且可告知开发团队，那些他们能控制且对项目盈利影响敏感的因素（至少部分）应做多少调整，图表 18-18 为 AB-100 的几项标准。

利用这些权衡标准可以回答在本章前文中提出的两个问题：

因　素	权衡标准	注　释
产品开发成本	每 10% 的变化对应 480 000 美元	产品开发花费或节约的资金等价于这些资金的现值
产品开发时间	缩短一季度增加 1.6×10^6 美元，延长一季度减少 15.1×10^6 美元	关于销售和定价时机的非线性权衡假设
设备和工具成本	每变化 1 美元对应 376 000 美元	增量资本支出，如工具等价于这些支出的现值
生产成本，机器	每变化 1 美元对应 575 000 美元	单位成本下降 1 美元，单位边际利润增加 1 美元
零售价，机器	每变化 1 美元对应 310 000 美元	零售价上升 1 美元，利润按制造商份额增加，是零售价的 60%
销量，机器	每变化 1% 对应 160×10^6 美元	提高销量是提高利润的有力手段；咖啡机销售也带动咖啡胶囊的销售
每台咖啡机的咖啡胶囊销售	每变化 1% 对应 1.1×10^6 美元	咖啡胶囊的销售占收益的最大部分

图表 18-18　AB-100 项目的权衡标准，强调财务模型中各种运行因素对 NPV 的影响

- 团队是否应增加研发及产品成本来增添额外功能以提高销售额？问题中的功能将增加 10% 的产品开发预算，增加生产成本约 3 美元 / 个。这将使预期 NPV 的减少 2 200 000 美元。为了抵消这一影响，咖啡机的销售量只需增加 1.4%。但是，市场调研认为增加功能不会对整体销售产生积极影响，因为产品线上其他型号的产品已具有该功能。

- 如果由于竞争压力降低零售价格的 10%，该项目是否产生利润？降价 10% 将使 NPV 减少 8 000 000 美元。尽管这是很明显的，但是 117 500 000 美元的 NPV 仍具有很大的吸引力。

18.4.3　定量分析的局限性

基本财务模型和敏感性分析是支持产品开发决策的有力工具，但是这些方法有较大的局限性。学术界有人主张为了将规则和控制引入产品设计过程，严格的财务分析是必要的。但批评者指出定量分析存在以下问题。

- **分析仅关注可测量的参数**。像 NPV 这样的定量方法强调并依赖于可测量的变量，而很多影响产品开发的关键变量很难准确测量。实际上，定量方法鼓励在可测资产上的投资，不鼓励在无形资产上的投资。

- **分析依赖于假设和数据的有效性**。产品开发团队很可能被看起来精确的 NPV 结果所

迷惑，从而产生一种错误的安全感。然而，这样的精确性（precision）并不意味着准确（accuracy）。虽然，我们可以为产品开发项目设计出一个将 NPV 值精确到小数点后 5 位的高精度财务模型，但如果模型的假设和数据不正确，计算得出的结果就不可能正确。考虑 AB-100 在开发时间敏感性分析例子中的一个假设，产品销售期是固定的，该假设确实是有用的，但它的完整性很容易受到质疑。事实上，不同的假设可能得出截然不同的结果。

- **团队可以很容易地利用分析。** 团队可以通过调整模型值来实现任何他们想达到的 NPV。在 AB-100 的例子中，最理想情况下的模型参数值可使 NPV 增加三倍，最坏情况下的模型参数值使 NPV 为负。这说明团队和管理人员在深刻理解模型的情况下挑战基本假设是必要的。

这些考虑通常是合理的。然而，在我们看来，这些情况在很大程度上与单纯应用定量分析方法有关，或是由在管理不善的产品开发流程中使用财务分析所引起的。我们反对那种仅仅因为盲目应用定量分析的结果可能会产生问题，就认为不能使用定量分析的观念。相反，开发团队应该了解这种方法的优点和局限性，且应对模型如何工作及模型所基于的假设有全面的认识。此外，定性分析可以弥补定量分析的一些固有不足，下一节将具体讨论。

18.5　步骤 4：考虑定性因素对项目成功的影响

许多影响开发项目的因素很难量化，因为它们很复杂或不确定。我们将这样的因素称为定性因素。在提出定性分析的概念框架后，我们将以 AB-100 为例，探讨如何进行定性分析。

考虑以下与 AB-100 项目有关的问题：开发 AB-100 所获得的知识具有溢出效益吗？它对其他开发项目有益吗？竞争对手对 AB-100 的推出有何反应？他们会调整自己的产品线以应对吗？美元 / 欧元的汇率是否会有重大波动，从而改变零部件的成本？

在一些较宽泛的假设下，我们的定量模型暗含了对这些问题和许多其他问题的解释。模型假设项目团队做出的决策对项目团队外的团队行为无影响，或者外部力量不能改变项目团队的行为。对于许多其他财务模型，这一假设是重要且普遍的，并且被称为"其他条件均不变"假设。

18.5.1　项目与公司、市场和宏观环境的相互作用

项目团队做出的决策一般对整个公司、竞争者及消费者，甚至对市场运行所依赖的宏观经

济环境有重要影响（见图表18-19）。类似地，开发项目外的事件和行为也可能会对项目产生

重大影响。定性分析主要关注这些相互作用。定性分析最基本的方法是考虑项目与整个公司之间的相互作用、项目与未来产品市场之间的相互作用、以及项目与宏观环境之间的相互作用。

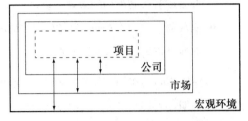

图表18-19　开发项目所处的边界范围

项目与整个公司的相互作用

定量模型所包含的一个假设是，如果项目利润实现了最大化，那么公司的利润也会最大化。然而，开发决策必须在将公司作为一个整体来考虑的情况下才能做出。项目与公司间的两个主要的相互作用是外部性和战略契合。

- **外部性**。外部性是指公司一个部门的行为对另一部门所产生的不可定价的成本或收益影响。外部性分为正外部性与负外部性，成本是负外部性，收益是正外部性。正外部性的一个例子是，一个项目的开发学习可能会对现在或将来的其他项目有益，但费用却由第一个项目承担。一个产生负外部性的例子是，新产品上市对现有产品销售的竞争。其他项目如何考虑在无额外成本的情况下获得这些收益？该项目如何考虑这些不仅对本身有益而且对现在或将来的其他项目有益的资源消耗？

- **战略契合**。开发团队的决策不仅必须对项目有利，而且还必须要与公司的技术战略和产品计划保持一致。例如，提议的新产品、新技术或新功能与公司的资源和目标契合度如何？它与公司需要保持的技术优势一致吗？它与公司品牌强调的独立性一致吗？即使项目的NPV有利，公司还有其他（可能作为一个投资组合）能提供更高NPV的项目吗？

由于外部性和战略契合的复杂性和不确定性，很难将其量化。有时跨项目的外部性使用多项目NPV分析进行定量建模，可能包含多个场景，但是通常它们是定性的。第4章讨论了一些跨多个项目的战略规划问题。本章后面的附录B概述了使用决策树的情景分析。

项目与市场的相互作用

我们仅将价格和销售量作为主要的外部因素建立明确的模型。实际上，我们保持市场的行为与反应不变。为了对项目价值建立准确的模型，我们必须放宽"其余情况均不变"这一假设，以认识到开发团队的决策影响市场，而市场事件也将影响开发项目。市场环境不仅受开发团队行为的影响，而且还受其他三种群体行为的影响。

- **竞争者**。竞争者可能提供直接竞争产品或提供替代品进行间接竞争。

- **客户**。客户的预期、收入或喜好可能发生变化。这些变化可能是独立的，也可能因互补品或替代品市场的影响而驱动。
- **供应商**。为新产品提供组件和资源的供应商受自身市场竞争的压力影响，这些压力可能通过价值链间接影响新产品。

这些群体间的作用与反作用经常影响预期价格和销售量，但是它们同样可能有第二层的效应。例如，假设有这样的一个竞争者，具有快速产品开发能力，且更看重市场份额而非短期盈利能力。很明显，这样一个新竞争者的进入会改变我们的预期价格和销量。进一步，作为回应，我们可能会加速开发进度。这样，竞争者的行为不仅可能对我们的销量预测有影响，而且也影响我们已计划好的开发进度。通常，这些情况可以考虑通过模拟一系列市场情景及其对项目的影响来进行分析。

项目与宏观环境的相互作用

我们必须放宽"其他条件均不变"的假设，以便将主要的宏观因素考虑在内。

- **重大的经济变化**。影响开发项目价值的经济变化包括汇率、输入品（原材料、劳动力）价格、消费者可支配收入、商业投资水平和投资成本的变化。
- **政府法规**。新的法规可能会毁掉一个产品开发机会。另一方面，一个行业法规结构的改变可能也会衍生出全新的行业。
- **社会趋势**。同政府法规一样，新的社会关注也会毁掉已存在的行业和/或创造新行业，如不断加强的环保意识。

宏观因素对开发项目的价值可能有重要影响，但因其固有的复杂性和不确定性，它们的效果很难用量化的模型来表达。在开发产品过程中，AB-100 的产品开发团队遇到许多定性问题。我们在此提供开发团队遇到的两个主要定性问题，并描述这些问题对项目的影响。这些例子不仅说明了定量分析的局限性，也说明了定性分析的重要性。

18.5.2　进行定性分析

对大多数项目团队来说，最适合的定性分析法是简单地考虑和讨论项目与公司、市场及宏观环境间的相互作用。然后，在参考定量分析结果的前提下，开发团队通过考虑这些相互作用来决定在开发速度、开发费用、制造成本及产品性能等方面最恰当的相关侧重点。下面我们提供了有关 AB-100 的两个定性分析的例子。

虽然我们认为这一非正规方法是最适合协助项目团队决策的，但是还有更结构化的方法可供利用，比如战略分析、博弈论、蒙特卡罗仿真和情景分析法等（具体内容参见参考文献）。

例1：替代品价格的下降

一些相互竞争的咖啡机可看作AB-100的替代品。尽管AB-100团队初期对产品的定价具有竞争力，但在市场引入一个有相似产品却价格更低的竞争者时，AB-100项目面临变化的竞争环境。

显然，我们不能单独考虑AB-100项目。最初的销量假设不再有效。虽然这一变化不能确定地预测，但定量分析能够显示NPV对销量变化的敏感性，团队能够快速掌握项目价值变化的大小。定量与定性分析方法相结合，使团队迅速响应，降低AB-100的零售价格。

例2：平台产品的"选择"价值

AB-100不是第一个在产品线上使用胶囊系统的咖啡机制造商。咖啡胶囊和咖啡机关键部件的早期开发是一项巨大的投资。当时的开发决策决定了新一代产品可以在基本技术平台的基础上开发一个新的平台，这是公司基于对初期产品的市场反应及对未来考虑做出的决策。某些情况下，尽管在单一产品的背景下这样做不会产生经济效益，但是投资一个平台是有意义的。因此，基于平台的产品战略的成功不仅依赖于合适的产品架构，也要考虑产品系列的长期回报。

18.6 小结

在计算产品开发项目的期望投资回收期和财务回报时，经济分析是支持产品开发项目期间决策的有效工具。

- 本方法包括4个步骤：
  1. 构建一个基本的财务模型。
  2. 进行敏感性分析以理解模型的关键假设。
  3. 利用敏感性分析进行项目权衡。
  4. 考虑定性因素对项目成功的影响。
- 基于NPV的定量分析在商业中被广泛应用，这一方法迫使产品开发团队客观地看待项目与决策。至少，他们的项目计划表和预算必须切实可行。财务模型提供了一种了解项目关键利润来源和不确定性的定量方法。
- 定量方法（如财务模型及分析）依赖于外部环境的假设。这些环境是变化的，且可能受开发团队决策或其他不可控因素的影响。定量分析仅考虑了可测量的因素，然而，许多影响项目的主要因素是高度复杂的、不确定的，因此难以量化。

- 定性分析强调难以量化问题的重要性，特别是项目与公司其他部分、市场及宏观环境间的相互关系。

- 总之，定量分析和定性分析能够帮助开发团队确认他们所做出的开发决策是否经济合理。

参考文献

许多现有的资源可通过访问 www.pdd-resources.net 获得。

从一般财务角度全面回顾贴现现金流技术以及选择理论，请参考关于公司财务方面经典文章。

Brealey, Richard A., Stewart C. Myers, and Franklin Allen, *Principles of Corporate Finance*, twelfth edition, McGraw-Hill, New York, 2017.

Bayus 提供了权衡产品开发时间和产品性能要素的有趣分析。

Bayus, Barry L., " Speed-to-Market and New Product Performance Trade-offs, " *Journal of Product Innovation Management*, Vol. 14, 1997, pp. 485-497.

Smith 和 Reinertsen 深入讨论了如何对开发时间建立经济学模型。

Smith, Preston G., and Donald G. Reinertsen, *Developing Products in Half the Time: New Rules, New Tools*, second edition, Wiley, New York, 1997.

Michael Porter 的战略分析技术现在已经成为商学院学生的标准方法之一。他于 1980 年发表的关于战略分析的著作极具影响力。Porter 在 1985 年出版的著作中，提出了情景分析的通用结构化方法，这种方法最初是由荷兰皇家壳牌公司开发的，用于不确定情况下的规划。

Porter, Michael E., *Competitive Strategy: Techniques for Analyzing Industries and Competitors*, The Free Press, New York, 1980.

Porter, Michael E., *Competitive Advantage: Creating and Sustaining Superior Performance*, The Free Press, New York, 1985.

我们可以用博弈论分析竞争的相互作用。Oster 从微观经济学角度阐述了战略分析和博弈论观点。

Oster, Sharon M., *Modern Competitive Analysis, third edition*, Oxford University Press, New York, 1999.

Copeland 和 Antikarov 提出了对实物期权的详尽处理方法，以及对具有不确定性和"决策点"的项目的分析思路。
Copeland, Tom, and Vladimir Antikarov, *Real Options: A Practitioner's Guide*, Texere, New York, 2003.

练习

1. 请列举 5 个理由来说明即使定量分析显示 NPV 是负的，而公司仍会选择进行产品开发。

2. 建立一个定量模型，分析自行车车灯的开发和销售。假设在 5 年内能以每件 20 美元的价格（批发价）每年销售 20 000 件产品，且每件制造成本为 10 美元。生产启动成本为 20 000 美元，营销和服务成本每月 2000 美元，开发期为 12 个月。这样一个项目需要多少开发费用？

3. 为练习 2 所描述的案例计算权衡标准。

4. 修改图表 18-15 以体现开发时间增加带来的影响。假设开发时间的最小变化量为零，最大变化量是一个季度。

5. 如果咖啡胶囊可循环利用，思考对 AB-100 项目的经济影响。假设 50% 的胶囊被回收，废料价值 0.001 美元/个，回收胶囊的可变成本是 0.01 美元/个，运行回收项目的固定成本为 500 000 美元/年。增加销售量能弥补回收项目的成本吗？

思考题

1. 如果产品的创造者仅仅依赖一个定量的财务模型来证明他们的努力是合理的，你认为哪些成功的产品永远不会被开发出来？这些产品具有什么共同特征？

2. 一个关于产品推出延迟的影响模型是，销售仅简单地按时间向后推移；另一个模型是部分销售将被排除在"机会窗口"之外且永远失去进入市场的机会。你能为延长产品开发时间所造成的影响提出其他模型吗？这种延长是否有益？

3. 你将如何用定量分析方法对一个正在开发并将在几年内引入的整个系列产品的经济性能进行描述？

4. 有哪些定量分析方法可以用于分析同一公司现有产品竞争的影响？

附录 A：资金的时间价值和 NPV 法

该附录为不熟悉净现值（NPV）的人提供了一个很基础的教程。

净现值（NPV）是一个直观且有力的概念。从本质上看，NPV 仅是对"今天的 1 美元比明天的 1 美元更值钱"这一事实的认识。计算 NPV 即计算一些将来收入或费用在今天的价值（现值）。比如说银行单位计息期的利率是 8%（计息期可能是一个月、一个季度或一年），如果我们此刻以 8% 的利率将 100 美元投资一个周期时间，那么银行在一个周期时间（计息期）后应付多少？我们用 r 代表利率，C 代表投资量，则一个周期时间后收到的金额将是：

$$(1+r) \times C = (1+0.08) \times 100 = 1.08 \times 100 = 108 （美元）$$

这样，如果我们在以 8% 的利率在一个周期时间内投资 100 美元，我们将在这一周期时间结束时获得 108 美元。换句话说，今天的 100 美元与下一个周期时间的 108 美元等值。

假设我们在一个周期时间内以利率为 r 投资 C'，一个周期时间后，收回 100 美元（利率为 8%），那么我们最初的投资是多少？只要我们进行前一个例子的逆运算，即可求得最初投资 C'：

$$(1+r) \times C' = 100 （美元）$$

$$C' = \frac{100}{1+r} = \frac{100}{1+0.08} = \frac{100}{1.08} = 92.59 （美元）$$

因此，如果我们在一个利率为 8% 的同期时间内投资 92.59 美元，在该计息期结束时我们将获得 100 美元。换句话说，今天的 92.59 美元与下一个周期时间的 100 美元等值。

我们已说明了今天的 1 美元如何比明天的 1 美元更值钱。虽然今天的 100 美元就值 100 美元，但是下一个时期收到的 100 美元值今天的多少美元？答案正如我们在最后一个例子中所表明的那样，是 92.59 美元。换一种方式说，在贴现率为 8% 的情况下，下一个时期收到的 100 美元现值为 92.59 美元。所以，现值就是在将来的某个时期收到的收入或支出的费用以今天的钱的价值计价。

现在，我们来了解一下 100 美元投资更长时期的情况（利率为 8%）。

第 1 期末：$(1+r) \times C = (1+0.08) \times 100 = 108 （美元）$

第 2 期末：$(1+r) \times (1+r) \times 100 = (1+0.08)^2 \times 100 = 116.64 （美元）$

第 3 期末：$(1+r) \times (1+r) \times (1+r) \times 100 = (1+0.08)^3 \times 100 = 125.97$（美元）

正如我们先前所做的那样，我们分别计算在第 1 期末、第 2 期末和第 3 期末，将来收到 100 美元对应投资的现值。

第 1 期末：$(1+r) \times C' = 100$（美元）

$$C' = \frac{100}{1+r} = \frac{100}{1+0.08} = \frac{100}{1.08} = 92.59 \text{（美元）}$$

第 1 个期末收到 100 美元的现值为 92.59 美元。

第 2 期末：$(1+r) \times (1+r) \times C' = 100$（美元）

$$C' = \frac{100}{(1+0.08)^2} = 85.73 \text{（美元）}$$

第 2 期末收到 100 美元的现值为 85.73 美元。

第 3 期末：$(1+r) \times (1+r) \times (1+r) \times C' = 100$（美元）

$$C' = \frac{100}{(1+0.08)^3} = 79.38 \text{（美元）}$$

第 3 期末收到 100 美元的现值为 79.38 美元。

我们求出了这 3 个独立投资的现值。让我们换一种说法，假设我们有一个投资将要在第 1 期末、第 2 期末和第 3 期末各支出 100 美元，那么该投资的现值为多少？答案就是各现值的简单加和，即 257.70 美元。现值的和称为净现值（NPV），NPV 是所有现金流入和所有现金流出的现值之和。现金流出的现值恰好是等量现金流入的相反数。

我们以一个简便的公式来总结现值的计算。从现在算起，t 个周期后收到（或支出）金额 C 的现值（Present Value，PV）为：

$$PV = \frac{C}{(1+r)^t}$$

某些计算器有特殊的 PV 函数可对 PV 进行快速计算。大多数计算机电子表格程序都有特殊的财务函数，可以自动计算 PV，这些特殊函数所要求的信息包括将来值、利率和投资时间周期。

A.1　我们应该使用什么贴现率？

贴现率（也称贴现因子或最低预期资本回收率）是指我们自己或我们公司的"资金机会

成本"的利率,它之所以被称为"机会成本",是因为将资金投资于该项目而放弃了其他投资项目的回报。换种方式说,贴现率就是投资者因接受延迟付款而要求得到的回报。具有正NPV 项目的获利能力必定大于资金的机会成本,并且这样的项目是一个好的投资项目。很多公司在它们的投资决策中均采用某一恒定的门槛利率。近年来,大多数公司使用的 5%~15%的贴现率。大公司一般建立了在基于 NPV 的分析中确定贴现系数的基本原则,较小的公司可以使用估计的加权平均的资金成本或公司投资者预期的投资回报率,参见 Brealey 和 Myers(2017)。

A.2　沉没成本与 NPV 计算无关

在进行产品开发决策时,已经发生的成本称为"沉没成本"。由于沉没成本是过去不可逆的流出,它们不受现在或将来的决策的影响,所以计算 NPV 时它们应被忽略。为了说明这一点,让我们考虑一个关于"减少我们的损失"的观点的例子:"我们已花了 6 亿美元和 9 年的时间,却没有拿出产品,你们让我批准再投 9000 万美元? 简直是疯了!"虽然这种观点听起来可能合乎逻辑,但事实上已花的钱对是否再花 9000 万美元的决策并不重要。重要的是,追加 9 000 万美元的投资将获得多少额外利润。假设产品销售的预期利润是 3.5 亿美元,让我们看看以下两种选择的 NPV(假定所有的数值均是现值):

(单位:美元)

"减少我们的损失"		"再投资 9000 万美元"	
追加投资	0	追加投资	−90
产品销售利润	0	产品销售利润	350
"减少损失"决策的 NPV	0	"追加投资"决策的 NPV	260
总投资	−600	总投资	−690
项目总回报	−600	项目总回报	−340

因为"投资"决策的 NPV 为正,该公司应继续进行追加投资。很明显,该公司在两种情况下项目均将亏损。已经花费的 6 亿美元是沉没成本,不应影响后续投资或减少损失的决策。当然,沉没成本的观点是一种冷冰冰的分析视角。有一种说法是"沉没成本仅与使它们沉没的管理员有关"。长期保持负回报的项目管理员可以发现,沉没成本与他们获得未来项目支持的能力相关。

附录 B:不确定现金流的 NPV 建模

产品开发项目面临许多风险,例如,我们可能认为某一特定新产品的单位制造成本是 40

美元，然而成本既可能比这高也可能比这低，我们不能确切知道，除非产品已实际制造出来。团队可以为新产品进行销售预测，但这些预测依赖于竞争对手何时将他们的产品投放市场（以及其他因素），而团队不会知道这些信息，除非他们的产品已实际投放市场。这些特定于一个项目的各种不确定性被称为项目特有风险。项目特有风险应如何计算？一些开发团队提高贴现率以抵消结果的不确定性。然而，提高贴现率的方法是武断的。幸运的是，如果我们有可以估计不确定现金流的概率，则可以采用更好的方法。

为了避免武断地调整贴现率，开发团队需要更切实地估计现金流。为了了解不确定因素对可能结果的所有影响，敏感性分析可以作为预测的辅助分析方法。总之，项目特有风险应在预期现金流中考虑而不应在贴现率中考虑。

敏感性分析可以通过系统地改变模型参数（如产品价格或制造成本）来执行，以了解净现值对这些参数的特定值的依赖程度。基本分析可以一次执行一个变量（如本章正文所述），或者可以调整变量的组合以形成实际的场景。基于模型中参数的假设概率分布，可以使用蒙特卡罗模拟执行更复杂的分析。

注意，还存在另一种类型的风险，即一般市场风险，它不是项目特有风险。一般市场风险是指广泛的经济风险对所有的企业和项目都构成威胁。虽然存在关于计算市场风险的很多书籍，但从我们的目的出发，只要说明市场风险通常是通过膨胀的贴现率来计算的就足够了。

B.1　场景分析

有时项目团队面临一些可以清晰预测的离散场景，并且会对项目结果产生直接且重要的影响。例如，某团队已经就一项新颖而特别的产品概念申请了专利。如果专利获得批准，相比专利未获得批准时，团队将面临的竞争威胁少很多。这两个场景可以按照决策树建立模型，如图表 18-20 所示（在这种情况下，并不存在明确的决策，而是一个不确定过程的结果，该图被称为决策树）。树的两个分支代表了团队设想的两个场景。可以就两个场景分别分析项目的现值，团队还可以为每个场景分配一个概率，有了这些输入之后，团队就可以针对这两个可能的场景分别计算项目期望的净现值：

$$\text{NPV} = P_a \times \text{PV}_a + P_b \times \text{PV}_b \quad \text{其中 } P_a + P_b = 1$$

对于图表 18-20 中的决策树，

$$\text{NPV} = 0.60 \times 6\ 500\ 000 + 0.40 \times 1\ 500\ 000 = 4\ 500\ 000 \text{（美元）}$$

这种分析适合分析独立互不关联的场景，并且这些场景具有不同的现金流。

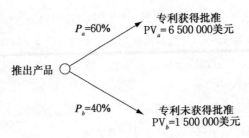

图表 18-20 可预测两个独立场景的情况

B.2 具有决策点的场景分析

在分析产品开发项目时，团队应该认识到，大多数项目可以根据最新可用信息中止或重新定向。这样的决策点可以发生在重大的里程碑或评审的时候，这种扩张或收缩项目的灵活性具有经济价值。这种具有改变投资能力的决策点的概念发展成为一个称为实物期权的领域。Copeland 和 Antikarow（2003）提供了对该学科的详细描述。下文我们给出一种考虑决策点的场景方法。

考虑图表 18-21 中描述的场景。一个团队正在考虑推出一种全新类型的产品，该产品具有内在风险。团队可以直接推出产品，然后祈祷成功，也可以花一些时间和金钱在市场中测试该产品。如果团队对市场测试进行投资，那么团队可能会发现产品根本就不能在市场中生存，在这种情况下，团队可以选择取消项目。另一方面，团队也可能发现市场对新产品反应很好，在这种情况下，团队将信心十足地推出新产品，并获得更高的未来现金流期望值。

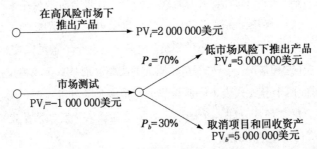

图表 18-21 这种场景下，团队既可以立即推出产品并面对很大的市场风险，也可以测试
市场反应，然后再决定是否推出产品

作为一种基本情况，团队在不进行调查的情况下分析刚刚发布产品的价值。考虑团队对成功可能性的评估，该决策的现值为 200 万美元。在进行了市场测试的情况下，团队花费将 100 万美元进行市场测试。市场测试后，团队推出产品后获得 500 万美元正现金流的概率为 70%，

另外，取消该项目的概率为 30%，只获得 50 万美元的回收价值。因此，该项目的净现值为：

$$\text{NPV}=\text{PV}_i+P_a\times\text{PV}_a+P_b\times\text{PV}_b$$

$$=-1\,000\,000+0.70\times5\,000\,000+0.30\times500\,000$$

$$=2\,650\,000\text{（美元）}$$

基于这些估计，因为净现值超过了仅发布产品而不进行测试的现值，所以团队最好还是花 100 万美元进行市场测试。当然，直接推出具有高度不确定性的产品还受许多其他因素影响，还需要做进一步的调研，经济建模只是为决策提供一个视角的信息。

第 19 章

产品开发项目管理

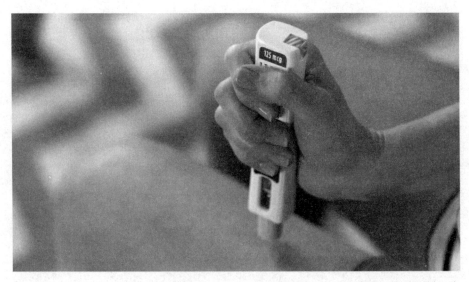

（由 Biogen 公司提供）

图表 19-1　Biogen 公司开发的 Plegridy Pen，它是一款为患者提供自动注射功能的装置，用于治疗复发性多发性硬化症

Biogen 是一家全球性生物技术公司，拥有多种治疗多发性硬化症（MS）的药物组合。治疗复发性多发性硬化症有时需要定期用药，要么在诊所输液，要么自我注射。皮下注射 Plegridy（聚乙二醇干扰素 beta-1a）用于治疗复发性多发性硬化症患者。Plegridy Pen 是一款为患者进行自动注射的装置，患者可以自己使用 Plegridy（见图表 19-1）。患者只需将 Plegridy Pen 放在大腿、腹部或上臂背部，按下 Plegridy Pen 就可以给药，而不需要连接或看到任何针头。在获得 Plegridy 药物预先填充注射器的监管批准后，Biogen 公司开始开发该新型一次性自动注射设备，为患者提供不同的药物管理选择。Biogen 之前为多发性硬化症患者开发了另一种自动注射器设备，因此，可以将患者的经验和反馈纳入 Plegridy Pen 的设计中。总之，有效的项目管理是该项目成功的关键，以便尽快开发 Plegridy Pen，为患者带来福音。

除了最简单的产品，通常产品开发过程都涉及许多人共同完成多种不同的任务。成功的产品开发项目将产生高质量、低成本的产品，并实现时间、资金和其他资源的有效利用。项目管理（project management）是为实现这些目标而对资源和任务进行规划和协调的活动。

项目管理包括项目规划（project planning）和项目执行（project execution）。项目规划涉及为项目活动编制进度规划和确定资源需求。尽管概念开发阶段就首先制定了初步的项目规划，但这是一个动态的过程，并在整个开发过程中不断调整完善。项目执行，有时也被称为项目控制（project control），涉及面对不可避免的意外事件和在新信息出现时协调和促进完成项目所需的大量的活动。执行和规划一样重要，许多团队失败的原因是他们没有在项目进行过程中持续关注自己的目标。

19.1 节首先提出了任务依赖性和时间的基本原理，以及用来描述项目任务之间关系的三种工具。在 19.2 节中，我们将说明如何应用这些原理制定一个有效的产品开发计划。在 19.3 节中，我们提供了一套快速完成项目的指南。在 19.4 节中，我们讨论了项目的执行。在 19.5 节中，我们提出了项目评估和持续改进的流程。

19.1　理解并表达任务

一个产品开发项目往往需要完成数百甚至数千项任务。本节讨论了相互作用任务的基本特征——这些特征构成了项目的基本组成。我们还介绍了描述项目活动的 3 种方式。

19.1.1　串行、并行和耦合任务

图 19-2 显示了 Plegridy Pen 项目的高层级任务（Biogen 的实际项目规划包括 200 多项任

务），在这个网络图（network diagram）中，任务用方框表示，任务之间的依赖关系用箭头表示。虽然一些依赖关系可能涉及资源约束，但大多数依赖关系涉及任务之间的信息（数据）传输，因此这种表示通常被称为产品开发的信息流图（information-processing view）或数据流图（data-driven perspective）。如果需要执行一个较早的任务来完成后一个任务，我们就可以说一个任务依赖于另一个任务。这种依赖关系用箭头表示，从较早的（即上游）任务到较晚的（即下游）任务。项目里程碑（如起点、终点或主要评审）有时在网络图中使用不同形状的图形来区分，如图 19-2 中使用的菱形。

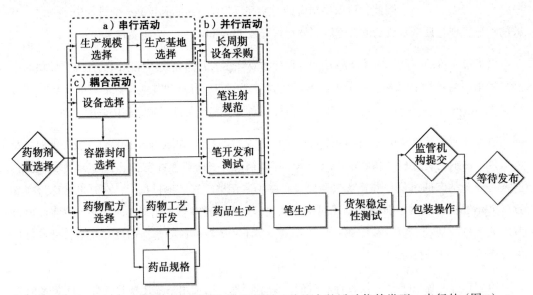

图表 19-2　Plegridy Pen 项目的网络图显示了三种基本的活动依赖类型：串行的（图 a）、并行的（图 b）和耦合的（图 c）

　　图表 19-2a 显示了两个任务的关系，其中第二个任务依赖于第一个任务的输出。这些任务是串行的（sequential），因为其依赖关系强制按顺序完成任务。（请注意，当我们提到任务串行"完成"时，不一定意味着后续的任务不能在前面的任务完成前启动。通常，后续的任务可以在获取部分信息后便开始工作，但直到前面的任务完成后才能完成。）图表 19-2b 显示了三个开发活动，它们依赖于前面的任务，但它们之间不相互依赖。我们称这些任务为并行的（parallel），因为它们依赖于相同的任务，但又相互独立。图表 19-2c 显示的三个开发任务是耦合的（coupled）。耦合任务相互依赖，每个任务的完成都需要其他任务的结果。耦合任务既可以通过不断的信息交换同时执行，也可以通过迭代的方式执行。当耦合任务以迭代的方式执行时（任务之间的关系是串行或并行执行），其结果是试探性的，且每个任务要重复一次或多次，直到这个结果被团队所认同。

19.1.2　设计结构矩阵

用于表示和分析任务依赖关系的一个有用的工具是设计结构矩阵（Design Structure Matrix，DSM）。这种方法最初由 Steward（1981）为分析设计过程而开发，最近被用于分析在任务层面的开发项目建模（Eppinger 和 Browning，2012）。图表 19-3 展示了 Plegridy Pen 项目主要任务的 DSM。

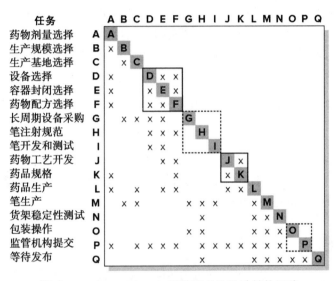

图表 19-3　Plegridy Pen 开发项目的设计结构矩阵

当采用 DSM 模型表示执行技术项目的流程时，每个任务被分配到一行和相应的列。行和列的命名和排序完全相同，通常只在每行标出任务的完整名称。每个任务的输入由矩阵中该任务所在的行描述，我们通过在该行中放置（×）标记来表示任务的输入依赖性，以表明它依赖于其他哪些任务（列）。从 DSM 矩阵的每一行看，可以显示为了执行该行的任务，需要哪些任务的输出。从 DSM 的每一列看，可以显示哪些任务接收该任务的信息。对角线单元只是为了分离矩阵的上下三角形部分，通常用点或任务标签填充，便于追溯依赖关系。与网络计划模型相比，流程 DSM 可以显示更多的依赖关系，因为，在 DSM 中更容易包含一组完整的标记，而不会使模型变得混乱。

DSM 在任务按执行的顺序排列时最为有用。在大多数情况下，这个顺序对应串行依赖关系的顺序。请注意，如果 DSM 中仅包含串行依赖任务，则任务的排序应使矩阵成为下三角阵（low triangular），也就是说，对角线的上方区域没有任何标记。一个标记出现在对角线上方区域具有特别的含义，它表明一项较早的任务依赖于一项较晚的任务。一个上对角标记（abovediagonal mark）可能意味着两个串行依赖任务的顺序颠倒了，在这种情况下，可以改变任务的顺序以消除上对角区的标记。然而，当没有任务排序可以消除上三角区的标记时，该标记表明这两个（或两个以上）任务是耦合的。

更改任务的顺序被称为 DSM 排序（sequencing）或分割（partitioning）。有几种简单的算法可对 DSM 进行排序，以便任务尽可能地根据其串行依赖关系进行排序。观察一个已排序的 DSM 可以知道哪些任务是串行的，哪些是平行的，哪些是耦合的，因此需要同时解决或迭代。在一个已排序的 DSM 中，如果一个任务所在的行包含对角线下方的标记，则该任务属于一个串行任务组的一部分。如果两个（或两个以上）任务之间没有标记连接，则它们是并行的，需要注意的是，耦合任务由对角线上方的标记标识。图表 19-3 显示了 DSM 如何表示这三种类型的关系，包括两组耦合任务（沿对角线用实框表示）和两组并行活动（用虚线框表示）。

自 20 世纪 90 年代以来，麻省理工学院等大学对 DSM 开展了深入的研究。这项工作将此方法应用于更大的项目和复杂系统的开发中，如汽车和飞机等。已开发的分析方法用来帮助理解复杂任务耦合的影响，预测可能的项目完成时间和成本分布，并帮助基于产品架构的组织设计（Eppinger 和 Browning, 2012）。

19.1.3   甘特图

甘特图（Gantt Chart）是表示任务进度的传统工具。图表 19-4 显示了 Plegridy Pen 开发项目的甘特图。横道表示时间线上每个任务的开始和结束。每个横道的填充部分代表了任务已完成的部分。图表 19-4 中的竖线代表当前的日期，因此我们可以很容易地看到哪些任务落后于计划，哪些任务领先于计划。

甘特图没有明确显示任务之间的依赖关系。任务依赖关系约束但不能完全决定任务的进度。依赖关系决定了哪些任务必须在其他任务开始前完成，以及哪些任务可以并行完成。当甘特图中两个任务在时间上重叠（overlap）时，它们可以是并行的、串行的或迭代耦合的。为了方便项目规划，并行任务可以在时间上重叠，因为并行任务彼此并不相互依赖。根据信息依赖的确切性质，串行任务可能会在时间上重叠，如下文关于加速项目中所述。耦合任务在时间上必须重叠，因为他们需要同时或通过迭代的方式解决。

19.1.4   PERT 图

PERT（流程评估和评审技术）图明确表示了任务依赖关系和进度要求，实际上结合了包含在 DSM 和甘特图中的一些信息。虽然 PERT 图有许多形式，我们更偏向于节点活动（node activity）的形式，它与大多数人都熟悉的流程图相对应。Plegridy Pen 项目的 PERT 图如表图 19-5 所示。PERT 图中的方块上标明了任务及预计的持续时间，请注意，PERT 表示法不允许循环或反馈，所以不能明确显示迭代耦合关系。因此，耦合任务被组合到一个任务中。PERT 图的画法是：任务之间的所有连接必须从左向右进行，以表明任务完成的时间顺序。当方块的大小代表任务的持续时间时（如在甘特图中一样），PERT 图也可以用于表示项目进度。

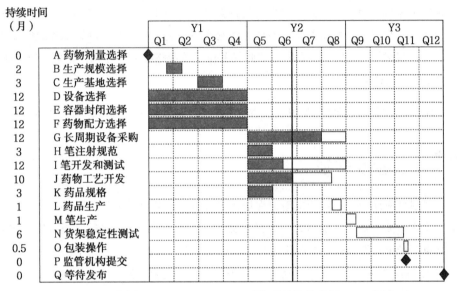

图表 19-4　Plegridy Pen 开发项目的甘特图

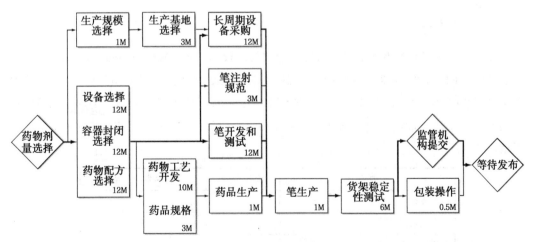

图表 19-5　Plegridy Pen 开发项目的 PERT 图，关键路径由连接任务的粗线表示。注意，
　　　　　耦合活动被分在一个组，因为 PERT 不能清晰地描述耦合活动。关键路径用
　　　　　粗箭头表示

19.1.5 关键路径法

由于 PERT 图中任务之间的依赖关系，有的可以按串行排列，有些则可能是并行排列，因此，引出关键路径（critical path）的概念。关键路径是相互依赖事件的最长链，它是一组顺序的任务，完成这组任务所需时间是所有线路的最小可能完成时间。对于 Plegridy Pen 项目，图表 19-5 中粗线表示关键路径，代表整个项目的持续时间，即到监管机构提交的 31 个月。确定关键路径非常重要，因为任何关键任务的延迟都会导致整个项目持续时间的增加。所有其他路径都包含一些延迟，这意味着非关键任务的延迟不一定会导致整个项目的延迟。图表 19-4 显示笔开发和测试任务落后于计划，由于此任务位于关键路径上，因此，如果不纠正此延迟，将导致整个项目的延期。

一些项目管理软件可用于绘制甘特图和 PERT 图，这些软件也可以计算关键路径。

19.2 项目基准规划

项目规划是后续开发工作的指南，规划在协调后续任务以及估计所需的开发资源和开发时间方面非常重要。对项目规划的一些测度发生在产品开发的早期阶段，但该规划在概念开发阶段结束、指定重要的开发资源用途之前最重要。本节介绍了创建项目基准规划（baseline project planning）的方法，在建立基准后，开发团队考虑是否应该修改规划以改变计划好的时间、预算或项目范围。

19.2.1 合同书

许多项目使用合同书来记录项目和概念开发阶段的结果。Wheelwright 和 Clark（1992）详述了合同书的概念，合同（contract）一词是用来强调该文件代表了开发团队和公司高级管理人员之间对项目的目标、方向和资源要求等所达成的协议。实际上，合同书有时由团队中的关键成员及组织的高级管理人员签署。合同书的目录如图表 19-6 所示，本书中相关章节探讨了这些内容。

内容	大致页数	见书中相关章
使命陈述	1	4
客户需求清单	1～2	5
竞争性分析	1～2	3～5, 8～9

图表 19-6　一个中等复杂程度的项目合同书的主要内容

内容	大致页数	见书中相关章
产品规格说明	1～3	6
产品概念框架	1～2	7,11
概念测试报告	1～2	9
销售预测	1～3	9,18
经济分析 / 商业案例	1～3	18
环境影响评价	1～2	12
生产 / 运营计划	1～5	13
活动 / 资源清单	1～5	2,19
设计结构矩阵	2～3	19
开发团队成员和组织	1	2,19
进度（甘特图和 / 或 PERT 图）	1～2	19
预算	1	19
风险计划	1	19
项目绩效测量计划	1	19
激励	1	19

图表 19-6 （续）

19.2.2　项目任务清单

我们已经介绍了项目由任务集合组成的概念。编制项目规划的第一步是列出组成项目的所有任务。对于大多数产品开发项目，团队无法十分详尽地列出每项任务，因为后续的开发活动中存在太多的不确定性。然而，团队能够以一般的详细程度列出估计的任务。为使任务清单在项目规划中充分发挥作用，它应包含 50～200 项任务。

对于小型项目（如手工工具的开发），每个任务可以对应平均每人几天的工作量；对于中型项目（如消费电子设备的开发），每个任务可以对应一个小组一周的工作量；对于大型项目（如开发一款新型汽车），每个任务可以对应整个子团队或职能部门一个或几个月的工作量。对于非常大的项目，该层次的每项任务可以视为一个单独的项目，有详细的项目规划和相应的资源。

生成活动清单的一种有效的方法是考虑每一个剩余开发阶段的所有任务。对于我们的基本开发流程，概念开发后剩余的阶段是系统设计、详细设计、测试和改进以及试产扩量（见第 2

章）。在某些情况下，目前开发工作可能与以往项目非常相似，在这些情况下，以前的项目任务清单是新任务清单的良好起点。Plegridy Pen 项目类似于以往的自动注射器开发项目，因此，团队在识别项目任务上没有任何困难（它面临的挑战是如何快速完成这些任务）。

对于清单中的每个任务，团队确定需要哪些输入信息或前一个任务。然后，这个清单很容易转换为项目网络图或 DSM（见图表 19-2 和图表 19-3）。这开始表示项目基线计划。

列出所有任务后，开发团队需要估算完成每一项任务所需要的工作量，工作量通常以人－小时、人－天或人－周为单位来表示，具体取决于项目的规模。通常，这些估算反映了开发团队成员必须用于任务的"实际工作时间"，而不是团队预计任务所需的日历时间。因为完成一项任务的速度对必须用于任务上的全部工作量有一定影响，估算包含了整体项目进度以及团队打算多久完成活动的初步假设。这些估算通常来自过去的经验或开发团队中有经验的成员的判断。

Plegridy Pen 项目的高层级任务列表如图表 19-7 所示。项目经理估计每个任务所需的持续时间，使项目能够满足其目标完成日期。然后，项目经理分配在预期时间内完成每项任务所需的资源。

任务	估算持续时间（月）
生产规模选择	2
生产基地选择	3
设备选择	12
容器封闭选择	12
药物配方选择	12
长周期设备采购	12
笔注射规范	3
笔开发和测试	12
药物工艺开发	10
药品规格	3
药品生产	1
笔生产	1
货架稳定性测试	6
包装操作	0.5

图表 19-7　Plegridy Pen 项目的部分（高层级）活动列表，实际列表包含 200 多个活动

19.2.3　开发团队人员配备与组织

项目团队是完成项目任务的人员集合。开发团队是否有效取决于个人和组织多方面的因素，Smith 和 Reinertsen（1997）提出了决定一个开发团队完成产品开发速度的七个标准。根据我们的经验，这些标准同样能较好地预测开发团队在其他方面的绩效。这七个标准包括：

- 开发团队不多于 10 名成员。
- 成员自愿服务于团队。
- 成员从概念开发阶段直到产品发布，一直在开发团队中工作。
- 成员在开发团队中是全职的。
- 成员直接向开发团队领导汇报。
- 开发团队至少涵盖了包括市场营销、设计、制造和产品管理等关键职能。
- 开发团队的座位在彼此的交谈距离之内。

尽管很少有开发团队能配备理想的人员和组织，但这些标准提出了几个关键问题：开发团队规模应该有多大？较大的企业应该如何组织开发团队？开发团队应该体现哪些职能？一个超大项目的开发团队如何表现出小团队的一些敏捷性？在此，我们提出团队规模的相关问题。第 1 章和第 2 章提出了关于团队和组织的一些其他问题。

在其他条件相同的情况下，小团队似乎比大团队更有效率，所以理想的情况是，团队由最少的必要人员组成，每个人都全身心投入。有几个因素使实现这一状态变得困难。第一，通常需要专门的技能来完成项目，而这些资源可能无法像需要的那样高效可用。第二，一个或多个核心团队成员可能同时承担其他项目，限制了他们在该项目上的时间。第三，完成项目任务所需的工作量随着时间而变化。一般情况下，在开始生产之前工作要求逐渐增加，直到试产扩量开始后才开始减少。因此，为尽快完成项目，团队一般不得不随着项目的进展不断扩大规模。

在综合考虑专业技能的需求、团队成员承担其他项目的实际情况，以及适应先增加后减少的工作量需求的基础上，项目经理与他的管理人员商议，以确定整个项目的人员以及每个人大约将在何时加入开发团队。虽然在某些情况下，我们只能确定项目成员的专业领域（如模具设计师、工业设计师），但只要可能，应通过名字标识团队成员。

Biogen 为 Plegridy Pen 项目分配的技术资源不超过他们全职时间的 70%，以便有时间用于培训活动、个人时间和其他中断等。一个在该项目分配 50% 时间的人，也可能分配 20% 的时间在另一个项目。项目人员配置见图表 19-8。

人员 \ 季度	1	2	3	4	5	6	7	8	9	10	11	12
项目总监	0.2	0.2	0.2	0.2	0.2	0.2	0.2	0.2	0.2	0.2	0.2	0.1
项目经理	0.2	0.2	0.2	0.2	0.2	0.2	0.2	0.2	0.2	0.2	0.2	0.1
配方科学家	0.5	0.5	0.5	0.5	0.1	0.1	0.1	0.1	0.3	0.3	0.3	0.1
药品工艺工程师				0.2	0.5	0.5	0.5	0.5	0.3	0.3	0.3	0.1
药品制造工程师		0.1	0.5	0.5	0.1	0.1	0.1	0.2			0.2	
产品质量经理							0.3	0.3		0.3	0.5	0.2
设备工程师 1	0.5	0.5	0.5	0.5	0.1	0.1	0.1	0.1				
设备工程师 2	0.5	0.5	0.5	0.5	0.3	0.3	0.3	0.3			0.3	
设备制造工程师				0.2	0.5	0.5	0.5	0.5	0.5	0.2	0.2	0.1
人为因素专家	0.3	0.3	0.3	0.3					0.3			
设备质量经理			0.1	0.1	0.1	0.1	0.2	0.3	0.3	0.5	0.5	0.2
供应链规划师	0.4	0.4	0.2	0.2	0.2	0.2	0.2		0.2	0.4	0.3	0.3
包装工程师			0.1						0.2			0.5
日常管理人员		0.1	0.2	0.2	0.2	0.2	0.2	0.2			0.5	0.2

图表 19-8　Plegridy Pen 项目的资源工作表，所显示的数字是全职时间的大致比例

19.2.4　项目进度

将估算的时间添加到项目任务清单中，得到项目进度规划。项目进度规划确定了期望的项目里程碑预计何时发生，以及每个任务将于何时开始和结束。团队使用此进度规划跟踪项目进展，并协调团队成员间的材料和信息交流。因此，团队成员认为项目进度规划可信是很重要的。

我们推荐通过以下步骤创建一个基准的项目进度规划：

1. 使用 DSM 和 PERT 图识别任务之间的依赖关系。
2. 将项目关键里程碑在甘特图的时间线上定位。
3. 安排任务进度，并考虑项目的人员配置和其他重要资源。
4. 调整里程碑的时间安排，使其与任务所需的时间相一致。

项目里程碑作为规划活动的支撑点是有用的。常见的里程碑包括设计评审（也称为阶段评审或设计门槛）、综合化原型（如 α 原型，β 原型）、与其他项目的接口，以及固定的事件（如客户演示或贸易展示）。这些主要的里程碑通常需要来自开发团队几乎每个成员的努力，因此，它们成为整合各方资源的强大约束和进度规划上的支撑点，一旦里程碑在进度规划上被确定，

就可以在这些里程碑之间安排任务。

Plegridy Pen 项目的进度规划是通过将典型的项目阶段扩展到一组约含 200 个任务的项目而开发出来的，主要的里程碑包括概念的批准、β 原型笔的测试、监管部门的批准和扩产增量，这些活动和关键路径之间的关系可以采用组合 PERT 图和甘特图进行记录。

19.2.5　项目预算

尽管许多公司都有标准的预算表来进行申请和批准，但预算通常在一个简单的电子表格中制定。主要的预算项目包括人员、材料与服务、项目专用设施设备的投资，以及项目外资源开支。

对于大多数项目，最大的预算是人员成本。人员成本可以用满工作量工资率乘以项目团队人员花在项目上的估计时间，从人员配备计划中直接得出。"满工作量"工资包括员工津贴和管理费，它通常介于项目团队成员实际工资的两倍到三倍之间。许多公司只使用一个或两个不同的工资率代表项目人员的成本，产品开发项目平均人员成本的范围为 2000 ~ 5000 美元每人 – 周。对于 Plegridy Pen 项目来说，假设每人 – 季度的平均成本为 40 000 美元，则图表 19-8 中列出的 37.4 个人 – 季度的总成本为 150 万美元。

在项目开发的早期阶段，由于时间和成本的不确定性都较高，预测准确性可能只有 30% ~ 50%，在项目的后期阶段，项目的不确定性减少为 5% ~ 10%。考虑到风险应急，预算应留有一定余地。Plegridy Pen 项目预算概要如图表 19-9 所示，该预算包括上述项目人员配备、工具和设备的成本，以及获得监管部门批准所需的生产和物流成本等运营费用。

内容	金额（百万美元）
项目人员费用	1.5
工具和设备支出	1.5
营运开支	12.5
	总计 15.5

图表 19-9　Plegridy Pen 项目的概要预算。请注意，原料药开发和临床试验的成本是单独预算的，而不是作为该开发项目的一部分（金额并非实际金额，仅供说明）

19.2.6　项目风险计划

项目很少精确地按计划执行。有些项目与计划的偏差较小，对项目绩效的影响较少或几乎没有影响。另一些偏差则会导致重大的延迟、预算超支、产品性能不佳或制造成本高。通常，开发团队可以提前收集一个可能出错的清单，即项目的风险区域。为识别风险，开发团队会问：哪些不确定性会影响项目的技术、财务和进度？不确定性可能与任务时间、技术发展、市场接受度、原材料成本、竞争等因素有关。

在确定各种风险后，开发团队通过将每种风险的严重性和可能程度相结合，以此对风险进行排序。一个完整的风险计划还包括将风险降到最低的行动清单。尽早发现和处理项目中的最大风险是项目管理的最佳实践，它有助于安排早期行动来降低已经被识别的风险的可能性和/或影响。除了能够推动开发团队将风险最小化，在项目计划活动期间对风险的明确关注还有助于减少项目后期开发团队与高级管理部门沟通的意外事件次数。Plegridy Pen 项目的部分风险计划如图表 19-10 所示。

风险	可能性	影响	最小化风险的措施
商业需求超过了生产能力	低	高	• 开发具有较高灵活性的药品和器械工艺，以满足不断增长的需求 • 经常与销售联系，以便获得信息时调整生产能力 • 在产品发布前建立库存
长交货期设备的延迟交付	低	中	• 定期与供应商进行更新 • 在供应商合同中增加激励措施，以满足进度计划 • 采用小型设备模拟设备性能
监管审批延迟	中	高	• 安排与监管机构的预会，讨论将提交的数据的具体问题，以确保他们同意该方法和基本原理

图表 19-10 Plegridy Pen 项目的部分风险计划

19.2.7 修改基准计划

基准项目计划体现了有关项目将多快完成、产品性能与成本的目标，以及应用到项目的资源等假设。基准计划完成后，开发团队应该考虑是否重新评估其中的一些假设，开发团队经常需要在开发时间、开发成本、产品制造成本，以及产品的性能和风险间进行权衡。例如，一个项目可以通过花费更多的钱以更快的速度完成。其中一些权衡可采用第 18 章中的经济分析技术进行定量探讨。开发团队也可以制定应急计划以防一些风险无法克服。最常见的对基准计划的修改是压缩时间进度，为此，我们在下一节中阐述了开发团队加快项目进度的方法。

19.3　加快项目进度

产品开发时间通常是项目计划与执行阶段首要考虑的问题。本节提供了一套加速产品开发项目进度的指南，虽然有一些指南可以适用于整个开发项目，但大多数适用于项目计划阶段。在项目开始之前用更好的计划加快项目进程比项目已经开始才考虑更加容易。

第一组指南可应用于整个项目。

- **尽早启动项目**。尽管在项目开始之前节省一个月的时间与在项目结束时节省一个月的时间同样有帮助，但通常在开发项目正式开始之前，开发团队并没有多大紧迫感。例如，由于难以安排高级管理人员参加会议，批准项目计划和合同书评审的会议可能会推迟数周。这种在项目开始前延迟花费的时间与在试产扩量阶段花费的时间一样多，尽早完成一个项目最简单的方法就是尽早启动项目。
- **管理项目范围**。随着项目的进展，一种自然趋势是在产品中增加额外的特性和功能，有些公司把这种现象称为特性蔓延（feature creep）或蔓延的优雅（creeping elegance），在时间敏感的环境中，这可能会导致一个完美且功能丰富但没有市场的产品。训练有素的团队和组织可以"冻结设计"，将渐进式的改进留给下一代产品。
- **促进必要的信息交换**。如 DSM 方法所示，大量的信息必须在产品开发团队内转移。每个任务所产生的信息都有一个或多个内部客户。对于小型团队来说，频繁的信息交流是很自然的，可通过团队会议和团队成员的协同来促进。更大的团队可能需要更高的结构化来促进快速和频繁的信息交流，DSM 中显示的耦合任务块确定了密集信息交换的特殊需求。协作软件工具可以促进较大产品开发团队内部的定期信息传递。

第二组指南旨在减少完成关键路径上的任务所需的时间。这些指南源于"减少完成项目所需时间的唯一途径是缩短关键路径"这一事实。请注意，配置额外的资源以缩短关键路径的决策必须建立在加快整个项目所带来的价值基础上。对于某些项目来说，关键路径的时间每减少一周，其价值是几千美元甚至几百万美元。

- **更快地完成关键路径上的个别任务**。识别关键路径的好处是，团队可以把精力放在至关重要的一连串任务上。关键路径通常只代表了整个项目的一部分，所以通常可以很容易证明，将额外支出花在关键任务上，以使其更迅速地完成是合理的。因为将任务识别为关键任务后，它可以得到特别的关注，起步较早而不会被中断，因此有时可以简单地通过将任务识别为关键任务以达到使其更快完成的目的。需要注意的是，加速完成一个关键任务会导致关键路径发生变化，以前的非关键任务也可能成为关键任务。

- **将任务移出关键路径**。通过仔细考虑关键路径上的每个任务，有时可以将串行任务转换为并行活动。在某些情况下，这可能需要对任务进行重大的重新定义，甚至对产品的架构进行更新（见第 10 章关于产品架构产生依赖的更多细节）。例如，在 Plegridy Pen 项目中，通常需要根据生产规模和选址进行设备选择。然而，为了节省几个月的时间，这些任务需要并行进行，由此产生的困难可以通过执行这些任务的人员频繁讨论来解决。

- **完全取消某些关键任务**。仔细检查关键路径上的每项任务，并询问是否可以将其除去或是否能以通过其他方式完成。减少项目的范围可以消除某些关键路径任务，如果由于加速而节省的费用大于由于销售损失而放弃的任何利润，则可能是合理的。

- **集成安全时间**。项目中估计出来的每个任务的持续时间一般包括一定数量的"安全时间"。"安全时间"是预留的，以防止在每个任务执行期间发生的正常但不可预测的延迟，常见的延迟包括等待信息和批准、其他任务或项目的中断、任务比预想的更困难等。Goldratt（1997）估计，插入安全时间使完成任务的名义持续时间增加了一倍。尽管安全时间被附加在预期的任务持续时间上以考虑随机延迟，但这些估计被放入项目进度表中，并成为任务执行期间的目标。这意味着任务很少会提前完成——事实上，许多任务会超时。Goldratt 建议将关键路径上每个任务的安全时间去掉，并将所有的安全时间从关键路径聚集到项目进度计划最后的一个单一的项目缓冲（project buffer）中。因为延长任务持续时间的需求是随机发生的，只有一些任务真的需要利用项目缓冲的时间。因此，一个单一的项目缓冲会小于每一个任务持续时间中估计的安全时间之和，关键路径可以更快地完成。实际上，项目缓冲只需在缩短后的关键路径持续时间进行到 20% ～ 50% 时开始，Goldratt 将这些想法发展成一个称为关键链（critical chain）的项目管理方法。除了项目缓冲之外，这种方法还可采用汇入缓冲（feeder buffer，或译为接驳缓冲、输入缓冲），以防止当非关键任务进入关键路径时，关键路径而被延迟。每个汇入缓冲区都聚集了非关键路径上任务的安全时间。

- **消除关键路径资源的等待延误**。关键路径上的任务有时会因为等待资源繁忙而延迟。等待时间通常比完成任务所需的实际时间要长。当接受供应商提供的服务或从供应商处采购特殊部件时，因等待而导致延迟的现象尤为突出。有时，通过为关键服务支付更多费用、保留供应商能力或订购各种材料和组件以确保手头有合适的物品，可以避免这种延迟。尽管孤立来看这部分开支似乎太多，但这些费用在整体开发项目中可能会产生较好的经济效益。在其他情况下，诸如采购订单批准之类的管理任务可能成为瓶颈，需要通过更好的内部关系或程序来解决。

- **重叠某些选定的关键活动**。仔细检查关键路径上串行依赖的任务之间的关系，某些任务有时可以重叠（overlapped）或并行（parallel）执行。只需简单地在串行任务之间更早和 / 或更频繁地交换部分信息，或更早地冻结关键上游信息即可实现重叠。Krishnan（1996）提供了选择不同重叠策略的框架。

- **流水线处理大型活动**。流水线（pipeline）技术是将一个大型任务分解成较小的任务，这样任务结果可以随着其完成尽快传递。例如，寻找和认证提供产品组件的很多供应商的过程是费时的，如果没有尽早完成甚至会耽误试产扩量。每个组件一经确定，采购部就可以立即认证供应商，而不用等到整个物料清单完成后，采购部门才开始对供应商进行资格认证。流水线作业实际上允许名义上的串行任务重叠。
- **外包某些任务**。项目资源约束是很普遍的。当一个项目受到可用资源的限制时，将任务分配给一个外部公司或公司内的另一个团队，可以有效地加速整体项目进度。

最后一组指南旨在加快耦合任务的进度。让我们回想一下，耦合任务是指那些因为彼此相互依赖而必须同时或迭代完成的任务。

- **快速地进行更多迭代**。耦合任务的延迟大部分产生于信息在人与人之间的传递以及等待的响应，如果能以更高的频率进行迭代，则可以更快速地完成耦合任务。更快的迭代可以通过更快和更频繁的信息交流实现。在 Plegridy Pen 项目中，药品制造工程师将与设备工程设计师频繁沟通。他们一起制作笔部件的三维 CAD 模型，共同操作这些模型，有时还共用一台计算机显示器，以便他们从不同的角度快速交换设计的想法。
- **去除任务之间耦合以避免迭代**。可以通过采取任务之间解耦（decouple）的方法，以避免或消除迭代。例如，通过在设计过程的早期明确定义两个相互作用组件之间的接口，两个组件剩余的设计工作可以独立、并行地进行。定义接口可能会花费一些时间，但是可以避免耗时的迭代，带来了时间上的节省（见第 10 章关于建立接口以使组件开发独立进行的讨论）。
- **考虑各种解决方案**。迭代涉及关于产品设计中的信息交换。在某些情况下，使用值的范围或一系列值而不是某一点的设计参数的估计值，可以促使耦合任务更快地收敛。研究者最近描述了在丰田公司的同步工程中应用这种基于组合方法的情况（Sobek 等人，1999）。

19.4　项目执行

即使是一个计划周密的项目，要想得到平稳顺利的执行也需格外小心谨慎。项目执行中有三个问题特别重要。什么样的机制可以用来协调活动？如何评估项目状态？团队可以采取什么措施对项目进行纠偏？在本节中我们将讨论这些问题。

19.4.1   协调机制

对团队不同成员的活动进行协调应贯穿开发项目始终。任务间的依赖关系必然需要对任务进行协调，对协调的需求也来自无法预料的事件和新信息引起的不可避免的项目计划变更。协调方面的困难可能来自信息交流不足或组织跨职能部门间合作的障碍。下面列出几种团队用于解决这些困难促进协调的机制。

- **非正式沟通**。从事产品开发项目的团队成员每天可能会与其他团队成员沟通数十次。这些沟通中许多都是非正式的，它们包括偶然地靠近某人的办公桌、打电话、发送 e-mail 以询问或提供一条信息。良好的非正式沟通是打破个人和组织跨部门合作障碍的最有效机制之一。虽然今天的专业人员通常可以轻松地与全球的合作者进行交互，但将开发团队的核心成员安排在同一个工作空间可以显著增强非正式沟通。Allen（2007）的研究表明，沟通频率与物理距离呈反比，当人与人之间的距离超过几米时，交流迅速下降（如图表 19-11 所示）。从我们的经验来看，如果人与人之间彼此熟悉，那么电子邮件、短信和视频会议也是促进非正式沟通的有效方式。在 Plegridy Pen 项目中，为了实现高效的沟通，核心团队成员大部分时间都在一起工作。

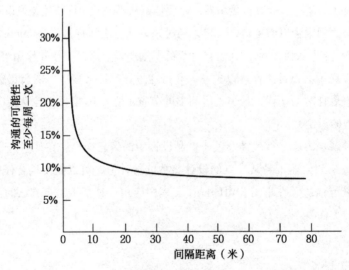

（来源：基于 Allen. Thomas J. and Grunter W. Henn, *The Organization and Architecture of Innovation : Managing the Flow of Technology*, Elsevier, Burlington, MA, 2007。）

图表 19-11   沟通频率与间隔距离之间的关系。这个关系是针对组织中的个人，如隶属于同一产品开发团队的成员

- **会议**。会议是项目团队主要的正式沟通机制。大多数团队每周至少正式举行一次会议，有的团队每周开会两次，一些团队每天都开会。处于同一个工作空间的团队比那些地理上分开的成员需要更少的正式会议。花在信息交流上的会议时间不能花在完成其他项目任务上，因此，为了尽量减少浪费在会议上的时间，一些经常举办会议的团队强调会议应该是快速的。控制会议时间的技巧包括：准备书面议程、指定专人主持会议、避免在午餐之前或在一天快要结束时召开会议（人们都急于离开）。我们建议小组会议在一个固定的时间和地点举行，这样就不用在安排会议以及通知团队时间和地点上花费多余的精力。

- **进度展示**。项目执行中最重要的信息系统是项目进度，通常以 PERT 图或甘特图的形式展示。大多数成功的项目都有一个专职人员负责监测进度，对于小型项目，这个人通常是团队经理，较大的项目一般指定专人而不是项目经理负责跟踪任务并定期更新进度。在 Plegridy Pen 项目中，Biogen 公司使用了一位兼职项目分析师，以保持进度计划每周更新一次并向项目经理汇报情况。团队成员都了解进度计划准确的重要性，因此在这方面的工作非常合作。进度更新通常以甘特图的形式表示出来（如图表 19-4 所示）。

- **每周更新**。通常在星期五或周末，项目经理编写每周进展状态的备忘录，并分发到整个项目团队。备忘录通常有 1～2 页，列出过去一周的主要完成情况、决策和事件，同时它也列出了未来一周的关键事件，有时它附有一个更新的进度表。

- **激励**。许多基本的组织形式（如使用职能绩效评价的职能型组织）可能会抑制跨职能团队成员的合作，基于项目绩效标准的方式激励了团队成员更全身心地投入项目中。项目经理和职能经理共同考核与晋升、加薪及奖金有关的个人绩效，体现了项目的结果是最重要的这一信息（见第 2 章对各种组织形式，包括项目、职能和矩阵组织的讨论）。

- **流程文档**。本书所提出的每种方法均有一个与之相联系的信息系统，它有助于项目制定决策和生成文档（这里所说的信息系统是指团队用来交换信息的所有结构化方法，而不仅仅是团队使用的计算机系统）。例如，概念选择方法采用两个概念选择矩阵来记录和实施选择过程。类似地，其他的信息系统既方便了过程步骤按逻辑执行，又可用于记录其结果。图表 19-12 列出了用于开发过程中不同阶段的一些重要信息系统。

- **敏捷团队**。近年来，通过将上述几种机制组合成一种称为敏捷（Scrum）的自我管理团队方法，解决了项目协调所面临的许多挑战。Scrum 团队每天举行简短的会议，每个人都报告他们的状态：我昨天做了什么？我今天做了什么？我需要什么帮助？团队领导被称为敏捷教练（Scrum master），致力于消除日常会议中提出的任何障碍。敏捷团队计划项目的方式也非常不同，在开始时做最少的计划，在执行过程中进行动态修正。工作在一系列的冲刺中执行，每个冲刺持续一段固定的时间（比如两周）。在每个冲刺开始之前，团队从被称为产品待办事项的工作项优先级列表中选择任务。每个冲刺都以某种形式的可交付成果结束，这些成果可以由相应的利益相关者审查，这些反馈用来计划下一个冲刺。当敏捷方法作为一种实践出现在软件行业时（Sutherland 等人，2011），许多其他类型的项目团队可以实现这种方法的变体。

开发活动	使用的信息系统
产品规划	• 产品细分图 • 技术路线图 • 产品 – 工艺变化矩阵 • 综合资源计划 • 产品规划 • 任务陈述
客户需求识别	• 客户需求清单
概念生成	• 功能图 • 概念分类树 • 概念组合表 • 概念描述和大纲
概念选择	• 概念筛选矩阵 • 概念评分矩阵
产品规格说明	• 需求评价矩阵 • 竞争性标杆分析图 • 规格清单
系统设计	• 概要图 • 结构设计 • 差异化设计 • 共性设计
详细设计	• 材料清单 • 原型化计划
工业设计	• 美学 / 人体工学重要性调查
产品开发经济分析	• NPV 分析表
项目管理	• 合同书 • 活动清单 • 设计结构矩阵 • 甘特图 • PERT 图 • 人员配置矩阵 • 风险分析 • 每周状态备忘录 • 缓冲报告 • 项目后分析报告

图表 19-12   用于促进产品开发决策、团队共识和信息交换的信息系统

19.4.2 评估项目状态

项目领导和高级管理人员要有能力评估项目的状态，以了解是否有必要采取纠偏措施。在中等规模的项目中（如少于 50 人的项目），项目经理很容易评估项目的状态。项目经理可通过正式团队会议评估项目状况，也可通过非正式的途径收集信息来评估项目状态。项目经理不断与项目团队交换意见，定期与成员开会以攻克难题，因此能够观察到项目的所有信息系统。团队也可以聘请核心团队以外的专家对项目状态进行独立评估。

由高级管理人员或代表关键学科的技术同行进行项目评审是另一种评估项目进展的常用方法。这些审查的目标是关注问题，并产生解决这些风险的想法。这些评审通常在每一个开发阶段收尾时进行，并且是关键的项目里程碑。这些事件不仅使高级经理掌握项目的状态，同时也为各种开发任务画上句号。这些评审不只是有用的里程碑，能够提高项目的性能，但过于频繁的评审可能妨碍项目的执行。这些不利的方面来自花费太多的时间来准备正式的报告、与繁忙的经理们制定评审计划的延迟，以及评审项目的人对项目细节的过度干涉。

关键链方法采用一种新的方式来监控项目进度。通过监控项目缓冲和汇入缓冲（上文已简要叙述过），项目经理可以快速评估每条路径的重要性并估计项目的完成时间。如果任务消耗项目缓冲的速度比关键路径完成的速度更快，项目就有延期的风险。因此，缓冲区报告以关键路径和其他供给路径的进展情况提供了项目状态的简明近况。

许多项目使用基于交通灯颜色的简单状态报告技术。其中，项目的状态分为绿色、黄色或红色状态。绿色当然意味着项目的各个方面都完全在正轨上，不需要关注。红色表示已知的问题，例如，团队落后于计划并且无法按计划完成某些任务或难以满足技术规范。若任务或高级别的目标为黄色状态，表示需要对其关注，需要额外的资源或解决问题的协助，以避免变成红色。

19.4.3 纠偏措施

当发现与项目计划不相符的偏差时，团队会试图采取纠偏措施。问题几乎总是表现为潜在的进度延误，所以大多数纠偏措施都涉及阻止潜在的延迟。一些可能采取的措施包括：

- **改变会议的时间或频率**。有时将例会从每周改为每日召开，会提高团队成员之间信息流的"驱动频率"，进而能够更快地完成任务。这一点对于那些没有在同一办公区域的或由于任何原因没有有效沟通的团队尤其重要。当然，为了尽量减少定期会议的旅行时间，远程团队成员通常可以通过视频参与团队会议。有时，只是将每周一次的会议从星期二早上改到星期五下午，就能增强团队"需要在这周内做完"的紧迫感。

- **改变项目成员**。项目团队成员的技能、能力和贡献在很大程度上决定了项目绩效。当项目组人手严重不足时，有时可以通过增加必要的工作人员提高绩效。当项目团队成员过多时，有时可以通过裁员提高绩效。请注意，在一个延迟的项目即将结束时拼命增加工作人员可能会导致项目的进一步延迟，因为增加人员的协调需求可能超过增加资源所带来的好处。

- **将团队安排在一起**。如果团队在地理上是分散的，提高项目绩效的方法之一是将团队安排在同一个地点办公。这一措施总能增加团队成员之间的沟通，电子邮件、视频会议和其他基于网络的协作工具，使得"虚拟同一地点"成为可能。

- **要求项目团队投入更多的时间和精力**。如果某些团队成员将其精力分配在几个项目中，减轻他们的其他工作职责可能会增加项目的绩效。通常，高效的项目团队成员每周投入该项目的时间超过 40h，如果一些关键的任务需要特别的努力，大多数尽职尽责的项目团队会愿意投入几周时间，每天 14 小时来完成这项工作。然而，不要期望大多数团队成员能够连续几个星期每周工作 60～70h 却不觉得疲劳和倦怠。

- **将更多的精力集中在关键任务上**。根据定义，只有一个任务排序形成了关键路径。当利用额外的人员可以有效地攻克这一路径时，团队可能会选择暂时放弃一些或所有其他非关键任务，以确保及时完成关键任务。

- **聘用外部资源**。团队可以聘请外部资源，如聘请工程公司或短期承包商来执行一些开发任务。当一组任务被清楚地定义且协调的要求不是很严格时，选择外部公司通常是快速且相对经济的。

- **变更项目范围或进度**。如果所有其他努力都未能纠正项目计划中不受欢迎的偏差，则团队必须缩小项目范围，确定替换的项目目标，或延长项目进度，这些变更对维持一个可靠、有用的项目计划是必要的。

19.5 项目后评估

在项目完成后对其绩效情况进行评估，这对个人和组织的提升很有用。这种评估通常被称为项目后评估（postmortem project evaluation）或项目后评审（post-project review）。项目后评估通常是一个开放式的讨论，其内容包括项目计划的优点和不足、采用的开发流程、商业和技术结果，以及执行的质量。这种讨论有时由外部顾问或由公司内未参与该项目的其他项目领导开展，几个问题有助于引导讨论：

- 团队是否完成了任务说明书（包括战略、技术和财务目标）所明确表达的目标？
- 项目绩效的哪些方面（开发时间、开发成本、产品质量、生产成本、环境影响）是最积极的？
- 项目绩效的哪些方面最消极？
- 哪些工具、方法和实践对绩效产生了积极的影响？
- 哪些工具、方法和实践不利于项目的成功？
- 团队遇到了什么问题？
- 组织可以采取什么具体措施来提高项目绩效？
- 学到了什么具体的经验？如何与组织的其他成员共享这些经验？

准备一份项目后评估报告是项目正式终止的一部分，这些报告将用于未来项目的规划阶段，以帮助团队成员知道什么是可预期的，并帮助他们识别应避免的陷阱。这些报告也是公司产品开发实践的一个很有价值的历史数据来源。它与项目的其他文件（尤其是合同书）一起，为每个项目提供了"事前和事后"检查。

对于 Plegridy Pen 项目，项目后评估涉及六个核心团队成员，并持续了两个小时。讨论由一位熟悉但不参与项目的高级项目经理促成。该项目按时完成，并且经历了一次成功的产品发布，因此，很多讨论都集中在团队为这次成功所做的贡献上。团队成员认为，项目成功最重要的因素包括：

- 有效地解决团队问题。
- 强调遵守既定的进度计划和目标。
- 定期进行内部和外部沟通。
- 来自各职能部门经验丰富的学科专家的承诺。
- 团队会议的频率。
- 基于先前的自动注射笔开发经验。
- 制造能力的早期分析。

Plegridy Pen 团队也识别了一些改进的机会：

- 良好定义团队成员的角色、职责和期望。
- 明确沟通渠道，提高沟通透明度。
- 更好的资源规划，避免过度使用关键资源。

19.6　小结

成功的产品开发需要有效的项目管理。本章的主要思想包括：

- 项目由彼此间的依赖关系而连接在一起的任务组成。任务间的依赖关系可以是串行、并行或耦合的。
- 设计结构矩阵（DSM）可以用来表示任务间的依赖关系，甘特图用来表示任务的时间，PERT 图可以表示任务的依赖关系和时间，并常被用于计算关键路径。
- 项目计划包括任务清单、项目进度安排、人员需求、项目预算和风险计划，它们是合同书的关键要素。
- 相互依赖任务的最长路线决定了关键路径，它表明了项目的完成时间。大多数加快项目进程的机会出现在项目规划阶段，有很多方法能使开发项目更快地完成。
- 项目执行包括协调、评估进展以及采取行动纠偏。
- 评估项目的绩效可激励并促进个人和组织的进步。

参考文献

可以通过访问 www.pdd-resources.net 获得许多最新资料。

项目管理方面有许多基本的文章，尽管这些文章大多数都不集中于产品开发项目。PERT、关键路径和甘特图技术在大多数项目管理书籍中都有描述。这些经典文章和书籍还讨论了项目人员配置、计划、预算、风险管理、控制、监测和审计。

Kerzner, Harold, *Project Management: A Systems Approach to Planning, Scheduling, and Controlling*, twelfth edition, Wiley, New York, 2017.

Meredith, Jack R., Scott M. Shafer, and Samuel J. Mantel Jr., *Project Management: A Strategic Managerial Approach*, tenth edition, Wiley, New York, 2018.

在产品管理和项目管理领域，有专门的专业组织来开发工具和最佳实践，如 ProdBOK 和 PMBOK，这些"知识体系"不仅可以作为专业手册，而且可以作为培训和认证项目的基础。

Product Management Educational Institute, *The Guide to the Product Management and Marketing Body of Knowledge: ProdBOK*, 2013.

Project Management Institute, *A Guide to the Project Management Body of Knowledge: PMBOK Guide*, sixth edition, 2017.

有几位作者专门撰写了有关产品开发管理的文章。Smith 和 Reinertsen 提供了许多加快产品开发项目进程的想法，以及关于团队人员配备和组织的有趣见解。Wheelwright 和 Clark 深入讨论了团队领导力和其他项目管理问题。

Smith, Preston G., and Donald G. Reinertsen, *Developing Products in Half the Time: New Rules, New Tools*, second edition, Wiley, New York, 1997.

Wheelwright, Stephen C., and Kim B. Clark, *Revolutionizing Product Development: Quantum Leaps in Speed, Efficiency, and Quality*, The Free Press, New York, 1992.

Sobek, Ward 和 Liker 提出了基于"组"的并行工程原则，在这些工程中，产品开发团队推出几组设计解决方案，而不是只使用基于点的值来描述不断变化的设计。

Sobek II, Durward K., Allen C. Ward, and Jeffrey K. Liker, "Toyota's Principles of Set-Based Concurrent Engineering," *Sloan Management Review*, Vol. 40, No. 2, Winter 1999, pp. 67-83.

设计结构矩阵（DSM）已被 Eppinger 和他在麻省理工学院的研究小组应用于技术的项目规划和产品开发过程改进等。

Eppinger, Steven D., and Tyson R. Browning, *Design Structure Matrix Methods and Applications*, MIT Press, Cambridge, MA, 2012.

Krishnan 提出了一个重叠进行串行任务的框架，解释了在什么情况下最好将初始信息从上游转移到下游，以及什么时候将上游活动冻结可能更好。

Krishnan, Viswanathan, "Managing the Simultaneous Execution of Coupled Phases in Concurrent Product Development," *IEEE Transactions on Engineering Management*, Vol. 43, No. 2, May 1996, pp. 210-217.

Goldratt 开发了项目管理的关键链方法，该方法将安全时间从每个任务合计到项目和汇入缓冲区，并允许通过监测这些缓冲区来跟踪项目。关键链是由 Newbold 和 Lynch 发展而来的一种注重工作优先级和项目效率的管理技术。

Goldratt, Eliyahu M., *Critical Chain*, North River Press, Great Barrington, MA, 1997.

Newbold, Rob, and Bill Lynch, *The Project Manifesto: Transforming Your Life and Work with Critical Chain Values*, ProChain Press, Lake Ridge, VA, 2014.

项目管理协会讲授风险识别、分析和管理的结构化过程（参见 Kerzner（2017））。

Project Management Institute, *Practice Standard for Project Risk Management*, 2009.

Allen 已经对 R&D 组织中的沟通进行了广泛的研究。与 Henn 一起讨论了建筑和工作空间设计对沟通和组织有效性影响的开创性实证研究的结果。

Allen, Thomas J., and Gunter W. Henn, *The Organization and Architecture of Innovation: Managing the Flow of Technology*, Elsevier, Burlington, MA, 2007.

有几本书描述了敏捷软件开发实践。也许最广泛使用的敏捷项目管理方法是 Scrum，它最初由 Sutherland 开发。许多其他行业的设计团队都在尝试 Scrum，以学习如何应用这种方法。

Sutherland, Jeff, Rini van Solingen, and Eelco Rustenburg, *The Power of Scrum*, North Charleston, SC: CreateSpace, 2011.

练习

1. 准备晚餐的任务可能包括（括号内是任务的正常持续时间）：

   a. 为做沙拉清洗、切好蔬菜（15min）。

   b. 拌沙拉（2min）。

   c. 布置桌子（8min）。

   d. 开始煮米饭（2min）。

   e. 煮米饭（25min）。

   f. 将米饭盛入餐盘中（1min）。

   g. 混合烘焙配料（10min）。

   h. 进行烘焙（25min）。

   为这些任务准备一个 DSM。

2. 为练习 1 中的任务准备一张 PERT 图，一个人准备这顿晚餐最快要多久？如果是两个人一起准备呢？

3. 你将采取什么样的策略更快地准备晚餐？如果你提前 24h 准备这顿晚餐，你会采取什么方法以减少第二天从到家到吃饭之间的时间？

4. 参考图表 19-3 所示的 DSM，除了目前表示并行任务结构的虚线框外，还有哪些机会并行执行任务？

5. 采访一个项目经理（不一定在产品开发环境中），请他描述项目成功的主要障碍。

思考题

1. 当关键路径上的一个任务（如模具制造）延迟时，尽管完成项目所需的总工作量可能保持不变，但整个项目的完成也将被延迟。你认为这样的延迟对项目的总成本产生怎样的影响？

2. 本章关注的是项目管理中有关任务、依赖关系和进度中的"硬"问题。与项目管理有关的"软"问题或行为问题有哪些？

3. 你认为一个成功的项目经理应具有什么特征？

4. 在什么情况下，加快产品开发项目进程的努力也可能使产品质量提高和/或产品制造成本降低？当项目加速时，产品的这些特征在什么情况下可能会被弱化？